Quelle organisation pour les grandes régions en France et en Europe ?

GRALE

Le GRALE (Groupement de Recherche sur l'Administration Locale en Europe) est un groupement d'intérêt scientifique (GIS), rattaché au CNRS, et fondé sur un contrat de quatre ans renouvelable associant au Centre national de la recherche scientifique plusieurs institutions ou entreprises : les universités Paris-I - Panthéon-Sorbonne, Reims - Champagne-Ardenne – CRDT, et Lille-II - Droit et Santé – CERAPS, l'Institut d'études politiques d'Aix-en-Provence, l'Assemblée des Régions de France ; le conseil régional d'Île-de-France, Électricité de France, le Centre national de la fonction publique territoriale, et d'autres institutions ou entreprises, en fonction des projets.

Le GRALE, qui réunit une quarantaine de centres de recherches et institutions scientifiques nationales et internationales, a pour mission de promouvoir des recherches sur les collectivités locales, l'action publique territorialisée et des problèmes juridiques qui s'y rapportent. Il trouve sa raison d'être dans le réseau dense et diversifié des équipes de recherche ou associations scientifiques des diverses disciplines qu'il contribue à entretenir et à stabiliser. Ce réseau forme la base de l'Observatoire national de la décentralisation mis en place par le GRALE en 2004 en partenariat avec le ministère de l'Intérieur, et qui continue son activité de manière indépendante.

Le GRALE est également au centre d'un réseau international associant des chercheurs de plus de trente pays.

Contacts :
Université Paris I – 9 rue Malher – 75181 PARIS Cedex 04
Tél. : 01 44 78 33 44 ; Mel : grale@univ-paris1.fr, site : http://grale.univ-paris1.fr

Nicolas Kada, Directeur des publications du GRALE
Maud Lesueur, Chargée des publications

Dernières parutions

Gérard MARCOU, Anne-Christine EILLER, François-Mathieu POUPEAU et Carine STAROPOLI (dir.), *Gouvernance et innovations dans le système énergétique. De nouveaux défis pour les collectivités territoriales*, 2015.
Jean-Luc PISSALOUX (dir.), *Planification, développement durable et action publique locale*, 2015.
Matthieu HOUSER, *Le droit de la péréquation financière*, 2015.
Thomas ALAM et Marion GURRUCHAGA (dir.), *Collectivités, territoires et santé. Regards croisés sur les frontières de la santé*, 2015.
Nadine DANTONEL-COR (dir.), *Les politiques publiques locales de sécurité intérieure*, 2015.
Danielle PERROT (dir.), *Collectivités territoriales et organisations régionales. De l'indifférence à l'interaction*, 2015.

Sous la direction de
Jean-Claude Némery

Quelle organisation pour les grandes régions en France et en Europe ?

L'Harmattan

Les travaux universitaires réunis dans cet ouvrage sont tirés des actes d'un colloque international organisé à Reims, les 26 et 27 mars 2015, à la faculté de droit et de science politique de l'université de Reims Champagne-Ardenne, par le Centre de recherche sur la décentralisation territoriale (CRDT) et le Groupement de recherche sur l'administration locale en Europe (GIS-GRALE-CNRS)

GRALE   CNRS   UNIVERSITÉ PARIS 1 PANTHÉON SORBONNE   Grand Campus   UNIVERSITÉ DE REIMS CHAMPAGNE-ARDENNE

5-7, rue de l'Ecole-Polytechnique, 75005 Paris

http://www.harmattan.fr
diffusion.harmattan@wanadoo.fr

ISBN : 978-2-343-07576-1
EAN : 9782343075761

Sommaire

Deuxième partie

IMPACT DES GRANDES RÉGIONS SUR L'ORGANISATION TERRITORIALE FRANÇAISE

Titre I

Grandes régions, territoires et acteurs

Titre II
L'Europe des régions est-elle en marche ?

Auteurs

ALLEMAND Roselyne	Professeur de droit public, Université de Reims Champagne-Ardenne
AUMONIER Thierry	Délégué général de l'AERTE
BACHY Jean-Paul	Président de la Région Champagne-Ardenne
BEAUCHARD Jacques	Professeur de sociologie émérite, Université de Créteil Val-de-Marne
BRICAULT Jean-Michel	Maître de conférences en droit public, CRDT, Université de Reims Champagne-Ardenne
CASCALÈS Michèle	Directeur Projets – EDF, Professeur associé, Université de Reims-CRDT
COLE Alistair	Professeur, Triangle – Sciences Po Lyon, France, et université de Cardiff, Pays de Galles, Royaume-Uni
DAL CIN Patrick	Secrétaire général du Conseil économique social, et environnemental régional de Champagne-Ardenne
DELPÉRÉE Francis	Professeur émérite, Université de Louvain, Membre de la Chambre des représentants, Membre de l'Académie royale de Belgique, et de l'Institut de France
DERBOULLES Laurent	Maître de conférences HDR de droit public, CRDT, Université de Reims Champagne-Ardenne
DOLEZ Bernard	Professeur, Université Paris 1-Panthéon-Sorbonne
DOSIÈRE René	Député de l'Aisne
DUPÉRON Olivier	Maître de conférences en droit public HDR, membre du CRDT, Doyen de la Faculté de Droit et de Science politique de Reims
FIALAIRE Jacques	Professeur de droit public, Université de Nantes, Directeur du GRALE (GIS-CNRS)

HERTZOG Robert	Professeur émérite, Université de Strasbourg (IEP)
KADA Nicolas	Professeur à l'université de Grenoble, Codirecteur du Centre de Recherches Juridiques (CRJ – EA 1965), Directeur du GRALE (GIS-CNRS)
LUCARELLI Alberto	Professeur, Université Federico II, de Naples
MALARET Elisenda	Professeure de droit administratif, Université de Barcelone
MARCOU Gérard	Professeur, Université Paris 1 Panthéon-Sorbonne, UMR de droit comparé, École de droit de la Sorbonne, Directeur du GRALE (GIS-CNRS)
MEYER Gilbert	Maire de Colmar, Président de la communauté d'agglomération de Colmar, Président du Conseil économique social et environnemental régional de Champagne-Ardenne
NÉMERY Jean-Claude	Professeur, Directeur du Centre de recherche sur la décentralisation territoriale (CRDT, EA 3312 – GIS-GRALE-CNRS), Président du Conseil scientifique du GRALE
ORANGE Gérald	Professeur émérite de Sciences de gestion, Nimec, Université de Rouen
PISSALOUX Jean-Luc	Professeur, Université de Bourgogne, Vice-président du Conseil scientifique du GRALE
PONTIER Jean-Marie	Professeur, Université d'Aix-Marseille
POTVIN-SOLIS Laurence	Professeur, Université de Caen Basse-Normandie, Chaire Jean Monnet, Responsable de la commission « Collectivités territoriales et Union européenne » du GRALE
RANGEON François	Professeur de science politique, Université de Picardie Jules Verne, CURAPP-ESS, GRALE

SAINT-PIERRE Diane	Professeure, Chaire Fernand-Dumont sur la Culture, Institut national de la recherche scientifique (INRS), Québec (Canada)
SOHOUÉNOU Épiphane	Agrégé des Facultés de Droit, Maître de conférences, Université d'Abomey-Calavi (Rép. du Bénin)
STECKEL-ASSOUÈRE Marie-Christine	Maître de conférences HDR, Université de Limoges, Vice-présidente du Conseil scientifique du GRALE
TASSIN Patrick	Président du Conseil économique social et environnemental régional de Champagne-Ardenne
THURIOT Fabrice	Docteur en droit public HDR, Ingénieur d'études au CRDT, Université de Reims Champagne-Ardenne
VAUTRIN Catherine	Ancien ministre, Vice-présidente de l'Assemblée nationale, Députée de la Marne, présidente de Reims Métropole
WOLLMANN Hellmut	Professeur émérite Université Humboldt, de Berlin
YILMAZ Zulfiye	Doctorante, Université de Galatasaray, Turquie, Chercheur invitée au sein du CRDT

Maquette, mise en pages, suivi éditeur : Maud Lesueur (maud.lesueur@free.fr), avec l'aide de Stéphanie Ouhibi.

Remerciements

Nous remercions les partenaires qui ont permis la réalisation du colloque international « Quelle organisation pour les grandes régions en France et en Europe ? » les 25-26 mars 2015 à l'université de Reims Champagne-Ardenne, dont est issue la présente publication :

- Le Groupe La Poste ;
- Le Centre national de la fonction publique territoriale (CNFPT) ;
- L'Assemblée des Communautés de France (AdCF) ;
- La Région Champagne-Ardenne ;
- La communauté d'agglomération de Reims Métropole ;
- L'Association Française de Droit des Collectivités Locales (AFDCL) ;
- L'Association Européenne des Représentants Territoriaux de l'État (AERTE) ;
- La Faculté de Droit et de Science Politique de l'université de Reims Champagne-Ardenne ;
- L'université de Reims Champagne-Ardenne (URCA), en particulier :
  - la Présidence,
  - le service de reprographie,
  - la Direction de la Recherche,
  - la Direction de la Communication,
  - la Direction des Usages du Numérique ;
- Les équipes de recherche, administratives et techniques :
  - du Centre de Recherche sur la Décentralisation territoriale (CRDT EA 3312),
  - et du Groupement de Recherche sur l'Administration Locale en Europe (GIS GRALE CNRS).

Nous remercions les intervenants et les personnalités invitées au colloque pour la richesse de leurs contributions.

Enfin, qu'il nous soit permis de remercier les présidents de séance du colloque, qui ont assuré le bon déroulement des débats et les ont animés de leurs commentaires.

Questions introductives

QUEL IMPACT DE L'ÉMERGENCE DES GRANDES RÉGIONS ISSUES DE LA LOI DU 16 JANVIER 2015 ?

Quelles conséquences majeures de la Loi sur la nouvelle organisation de la République (NOTRe) dans le système territorial français ?

par

Jean-Claude NÉMERY

Professeur, Directeur du Centre de recherche sur la décentralisation territoriale (CRDT, EA 3312 – GIS-GRALE-CNRS)
Président du Conseil scientifique du GRALE

« Aux grandes régions l'économie, aux départements le social, aux métropoles, le vivre ensemble » : tel paraît être l'imaginaire d'une grande réforme des structures territoriales françaises. Réforme ou bouleversement ? Rationalisation imposée par la mondialisation de l'économie ou nouvelle forme de la décentralisation ? Rapprochement avec d'autres modèles européens et internationaux, ou véritable révolution de l'organisation politique française ?

Autant de sujets lourds qui s'entrechoquent dans plusieurs grands textes législatifs fondamentaux adoptés, ou en voie de l'être, au cours des deux dernières années écoulées : la loi du 27 janvier 2014 de modernisation de l'action publique territoriale et d'affirmation des métropoles (dite loi « MAPTAM ») ; la loi du 16 janvier 2015 relative à la délimitation des régions, aux élections régionales et départementales et le projet de loi portant nouvelle organisation territoriale de la République (dite projet NOTRe) adopté en 1re lecture au Sénat et à l'Assemblée nationale.

Plus particulièrement, la nouvelle délimitation des régions instaure dès le 1er janvier 2016 treize régions issues du regroupement des vingt-deux régions de la métropole. Ce redécoupage des grandes régions, ou fusion des régions existantes, aura des conséquences importantes sur l'organisation des services de l'État en région et sur les relations avec les autres collectivités territoriales à savoir communes et départements, et avec les établissements publics de regroupement intercommunal, métropole, communautés d'agglomération, communautés de communes.

Dans ce contexte de profonds changements des structures territoriales, le gouvernement a décidé lors d'un conseil des ministres du 4 mars 2015 d'engager la réforme de l'administration territoriale de l'État.

Quels sont les principes qui gouvernent cet ensemble de réformes structurelles fondamentales ?

La création de grandes régions est justifiée dans l'étude d'impact du projet de loi du 17 juin 2014 : en résumé, le redressement de la France passe par une réforme structurelle renforçant « l'efficacité de l'action des collectivités territoriales ». Si les régions sont devenues des collectivités territoriales à part entière dans la réforme Defferre de 1982, « la carte actuelle remonte aux circonscriptions des programmes d'action régionale des années 1950 ». L'adaptation de la carte des régions est donc nécessaire. « Il s'agit non seulement de l'adapter aux réalités géographiques et à l'Europe des régions, mais encore de relever le défi du redressement de l'économie et des comptes publics ». Les motivations sont donc claires : l'Europe implique des régions plus grandes, plus fortes économiquement, moins coûteuses en dépenses publiques locales. Il s'agit donc de faire des économies d'échelle, de renforcer le pouvoir des régions françaises dans l'ensemble européen. Ces constats et ces approches seront vivement contestés sur le fond et dans leurs modalités d'application.

Quant au texte de loi portant nouvelle organisation territoriale de la République (projet de loi NOTRe), l'étude d'impact du 17 juin 2014 et l'exposé des motifs du projet daté du 18 juin 2014 définissent les buts recherchés.

Il faut moderniser en profondeur l'organisation territoriale de la France, « armer le pays pour mieux résister aux chocs et confirmer notre capacité à s'inscrire en tête des pays développés… » Cela impose une clarification de l'organisation territoriale à commencer par la suppression de la clause générale de compétence pour le département et la région et une définition précise de leurs compétences respectives.

Il s'agit en fait de mener à son terme le mouvement de décentralisation engagé depuis 1981.

Cet ensemble de considérations est lui aussi débattu et durement contesté d'autant qu'il s'accompagne d'un renforcement de l'intercommunalité et de la création de « communes dites nouvelles ».

Enfin, cette réorganisation régionale offre pour le gouvernement l'opportunité de transformer en profondeur le mode d'action de l'État, « en le simplifiant et en distinguant le rôle de l'État en région centré sur les enjeux stratégiques, de celui en département, échelon de mise en œuvre des politiques publiques ».

Ainsi est ouvert un vaste champ de réformes dans lequel bâtisseurs et défenseurs du patrimoine institutionnel de la France vont s'affronter pendant les prochaines années.

Tel est le cas des débats parlementaires engagés lors de l'élaboration de la loi NOTRe tant au Sénat qu'à l'Assemblée nationale depuis le 18 juin 2014, date du dépôt du projet de loi en 1re lecture au Sénat. Les objectifs initiaux de cette loi NOTRe sont le renforcement des compétences des régions dans des domaines stratégiques (développement économique, déchets, transports...) et l'engagement d'une nouvelle phase de rationalisation de l'intercommunalité (accroissement de la taille des EPCI à fiscalité propre, diminution du nombre de syndicats et création des nouveaux outils en faveur de la solidarité des territoires).

Autant d'objectifs qui, comme nous le verrons dans les contributions du présent ouvrage, seront rabotés face à cette volonté de changer en profondeur le modèle d'organisation territoriale de la France.

En revanche, la plus importante réforme paraît bien être celle de la réorganisation territoriale des services de l'État et des établissements publics qui en dépendent. La nouvelle charte de la déconcentration définie par le décret du 7 mai 2015 établit un nouveau schéma d'organisation des services déconcentrés de l'État compte tenu de la fusion des grandes régions. L'objectif est la rationalisation et la mutualisation nécessaires pour l'État à un meilleur fonctionnement des services déconcentrés. Des préfets « préfigurateurs » ont été nommés pour les sept nouvelles régions issues des fusions avec pour mission de proposer, en lien avec les élus locaux, la réorganisation des services de l'État dans ces nouveaux périmètres. L'État territorial se réforme avant l'application de la loi NOTRe.

Ce calendrier de la réforme de l'État local est source de grandes tensions et vives inquiétudes dans les collectivités territoriales.

Le contexte européen de cette recomposition des instances décentralisées et déconcentrées de la France apparaît comme le moteur explicatif de ce vaste chantier institutionnel dans lequel l'objectif économico-financier est la première motivation de cette imposante réforme.

Les analyses scientifiques des auteurs des contributions publiées dans cet ouvrage ouvrent des perspectives de compréhension et d'appréciations libres et contradictoires d'un très haut niveau.

À chacun d'en tirer le meilleur profit.

Première partie

Enjeux juridiques, politiques et institutionnels

OÙ VA LE SYSTÈME FRANÇAIS D'ADMINISTRATION TERRITORIALE ?

La réforme de trop ?

par

Gérard MARCOU

Professeur, Université Paris 1 Panthéon-Sorbonne
UMR de droit comparé, École de droit de la Sorbonne
Directeur du GRALE (GIS-CNRS)

Le système français d'administration territoriale, tel que nous le connaissons et tel qu'il s'est constitué historiquement depuis la Révolution et l'Empire, repose sur deux piliers : l'État et la commune, le maire et le préfet[1]. Dans la Constitution comme dans la législation, seuls l'État et la commune ont un territoire. Jusqu'à la loi du 16 décembre 2010, la loi ne connaissait pour le département et la région que des « limites territoriales ». On a oublié, en effet, depuis 1982, lorsque le département et la région sont devenus le siège de collectivités territoriales de plein exercice, que ces circonscriptions avaient été créées pour les besoins de l'État et la mise en œuvre de son action, à la différence de la commune.

Mais la France urbaine du XXIe siècle reste organisée selon la carte communale de la France rurale de la fin du XVIIIe siècle. La généralisation de l'intercommunalité, rendue possible par la loi Chevènement de 1999, a engagé la réforme territoriale, mais elle ne suffit pas à réformer l'institution communale, comme les électeurs ont pu le constater lors des élections municipales de mars 2014 : si en principe les délégués communautaires ont été élus au suffrage direct, le mode

1. Nous avons développé cette notion dans diverses publications depuis : G. MARCOU, *La régionalisation en Europe : situation et perspectives d'évolution dans les États membres de l'Union européenne et dans les États d'Europe centrale et orientale candidats à l'adhésion*, Rapport pour le Parlement européen, févr. 2000, REGI 108 rév., 160 p.

d'élection choisi (sur les listes présentées aux élections municipales) l'a rendue invisible aux citoyens et les choix à opérer au niveau intercommunal ont été en général absents des campagnes électorales.

I. Quelle décentralisation ?

Pourtant, depuis la fin des années 1990, le débat sur la décentralisation se crispe sur la question du département et de la région. Mais on ne peut pas parler de décentralisation sans pouvoirs municipaux forts, non seulement sur le plan politique (légitimité et représentativité), mais également du point de vue des capacités administratives. Si le pouvoir municipal était situé au niveau des intercommunalités, il pourrait exercer la plupart des compétences des départements et des régions, à l'exception de certains services publics destinés à desservir un bassin de population plus étendu et de compétences de planification spatiale à grande échelle. C'est cela qui serait la vraie fin du « mille feuilles », la clarification des compétences toujours réclamée, mais en réalité pas vraiment souhaitée. Une telle organisation est possible, comme le montre la création de la métropole de Lyon, laquelle absorbe, à l'intérieur de ses limites territoriales, les compétences du département et une partie des compétences de la région en matière de développement économique. La mise en place de 12 métropoles par l'effet de la loi du 27 janvier 2014, et le renforcement prévu des autres intercommunalités avec l'élévation du seuil démographique requis (jusqu'à 20 000 habitants dans le projet de loi NOTRe) allaient dans le sens de la réforme communale, dans le prolongement des objectifs de la loi de 1999. La loi du 16 mars 2015 améliore le régime des communes nouvelles et levant certains obstacles à leur organisation, notamment en ce qui concerne les maires délégués, la période courant jusqu'aux prochaines élections municipales et l'application des règles d'urbanisme et constitue ainsi un pas en direction de la réforme de l'institution communale, permettant de dépasser la commune historique sans nier son héritage. Un pas modeste, car cette loi ne facilite pas la décision d'instituer la commune nouvelle, plus difficile à prendre que les anciennes fusions de communes.

Pourquoi fallait-il alors que le Président de la République annonce, le 14 janvier, lors de sa conférence de presse, une nouvelle orientation, clairement régionaliste, qu'il associait à l'effort de réduction des dépenses publiques, en raison des économies de structure qu'elle rendrait possible ? Et le 8 avril, le Premier ministre annonçait à son tour la suppression des conseils généraux, alors que la loi du 17 mai 2013, qui en changeait le nom et le mode d'élection, laissait penser que leur avenir était assuré[2].

Après de nombreuses tergiversations, le gouvernement a décidé que c'est la loi qui devrait déterminer les regroupements de régions, puis leurs compétences, dans la perspective de vider des départements de leur substance, puis qu'il valait mieux dissocier les élections départementales (mars 2015) et régionales (décembre 2015). Les conseillers départementaux ont donc été élus sans savoir quelles seraient leurs compétences, lesquelles dépendent des compromis que reflétera le contenu final de la loi NOTRe.

II. Une réforme inutile

La loi du 16 janvier 2015 relative à la délimitation des régions définit donc les limites territoriales de 12 régions, au lieu de 21, auxquelles s'ajoutent la Corse et les régions d'Outre-mer, non concernées par la réforme. Certaines régions métropolitaines restent dans des limites territoriales inchangées : Île-de-France, Bretagne, Centre, Pays de Loire, Provence-Alpes-Côte d'Azur.

Cette réforme est la réforme de trop. Elle ne réglera aucun des problèmes que rencontre encore le système français d'administration territoriale et elle va en créer de nouveaux[3].

Aucun des trois arguments couramment avancés pour justifier cette réforme ne résiste à l'analyse : économiser des frais de structure, avoir des régions de taille européenne, former des « espaces les plus cohérents possible ».

En ce qui concerne les frais de structure, aucune économie n'est à attendre. L'étude d'impact du projet de loi ne donne elle-même aucune indication sur le coût de la réforme ou les économies qu'elle pourrait entraîner. Le seul argument chiffré repose sur la comparaison des coûts moyens par habitant des régions, d'où il est déduit que les « petites régions » ont des coûts moyens plus élevés, mais la moyenne des petites régions intègre la Corse et les régions d'outre-mer, dont les coûts sont affectés par des données qu'on ne retrouve pas dans les autres régions continentales, notamment en matière de compétences (plus étendues) et

2. G. MARCOU, « Métropoles, régions, départements : qui l'emportera ? », *Les Cahiers français*, nº 384, janvier 2015.

3. *Ibid.*

d'emploi. La suppression des conseils généraux aurait pu être, à terme, une source d'économies, mais assez limitée, car elle n'aurait pas entraîné la suppression des services publics qu'ils gèrent, mais leur transfert à d'autres collectivités.

En réalité, la création des grandes régions est une assurance-vie pour les conseils départementaux. La très grande taille des nouvelles régions justifiera durablement le maintien de la collectivité départementale, y compris dans les régions à périmètre inchangé. Le remaniement gouvernemental du mois d'août 2014 a conduit le Premier ministre à garantir aux radicaux de gauche, dont le soutien était nécessaire au gouvernement, le maintien de la moitié des départements. Mais on peut penser aujourd'hui que les départements seront maintenus, comme collectivités territoriales, et pas seulement les départements ruraux. Même si le modèle de la métropole de Lyon est étendu, la périphérie restera sous administration départementale. Les débats parlementaires permettent de s'attendre à ce que les départements perdent leurs compétences en matière de transports au profit de la région, mais qu'ils conservent toutes les autres, y compris les routes. Le changement de majorité politique au Sénat et le basculement à droite de nombreux conseils départementaux en mars 2015 pèsent en ce sens.

On pourrait cependant penser que des économies seront réalisées par la restructuration et le regroupement des services déconcentrés de l'État consécutifs à la mise en place des « grandes régions ». Mais le ministre de l'Intérieur a annoncé le 26 novembre 2014 devant l'assemblée générale de l'Association du corps préfectoral et des hauts fonctionnaires du ministère de l'Intérieur que cette restructuration s'accompagnera d'un renforcement des services déconcentrés au niveau départemental, et d'autre part, les nouvelles mesures de déconcentration qui sont annoncées par la publication de la nouvelle « charte de la déconcentration » (décret du 7 mai 2015 : voir notamment, art. 12) ne vont certainement pas se traduire par des réductions d'effectifs. La réforme entraînera aussi une réorganisation des administrations académiques et des agences régionales de santé, dont il est encore impossible de prévoir la portée.

L'argument de la « taille européenne » des régions n'a aucun fondement. Tout d'abord, il ne tient pas compte des grandes variations de densité démographique des régions françaises, ni des inégalités démographiques considérables existant entre les régions des pays voisins, plus accusées qu'en France si on excepte le cas de la Corse – par exemple, la Rhénanie du Nord-Westphalie compte 17 millions d'habitants, mais la Sarre à peine un million ; la Lombardie compte environ 10 millions d'habitants, mais la Molise seulement 400 000. Si l'on prend en compte le poids économique des régions, il existe deux régions françaises (sur 22 avec la Corse) parmi les 10 premières en Europe, pour 4 *Länder* allemands, 2 régions espagnoles et une seule région italienne. Mais surtout, ce débat sur la taille ou le poids des régions ignore que la puissance économique ne dépend pas de la taille des régions, mais du dynamisme des régions urbaines. Personne n'a d'ailleurs jamais prétendu que l'Alsace, petite région, était handicapée par sa petite taille ! Enfin, si l'on se tourne du côté du droit de l'Union européenne, on peut seulement constater que les critères de la nomenclature des « unités territoriales statistiques » (NUTS), fixés par le règlement n° 1059/2003 du 26 mars 2003 placent la fourchette des circonscriptions de niveau NUTS 2 entre 800 000 et 3 millions d'habitants. Les régions françaises, italiennes ou espagnoles relèvent du niveau NUTS 2. Mais il ne faut pas oublier que ces unités statistiques sont utilisées pour déterminer l'éligibilité des régions à l'intervention des fonds structurels européens ou le niveau de certaines aides. Or, de très grandes régions peuvent atténuer les écarts statistiques et menacer l'éligibilité de certaines zones. Pour évier ce risque il faudrait que le niveau NUTS 2 reste, en France, celui des anciennes régions.

Quant à la « cohérence » des nouvelles régions, elle est bien difficile à établir. Les anciennes régions, délimitées en 1960, n'étaient pas arbitraires, comme on le lit trop souvent. Elles étaient proches des régions économiques dessinées par le décret-loi de 1938, qui se fondait sur les travaux menés alors depuis plus de vingt ans par le géographe Vidal de la Blache. Celui-ci avait étudié les phénomènes de polarisation et y voyait la base des régions économiques qu'il appelait de ses vœux comme cadre des interventions de l'État. La géographie de la France de l'Après-guerre et des « Trente Glorieuses » n'était guère éloignée de celle de Vidal de la Blache. Cette géographie a été remise en cause par les profondes restructurations que l'économie a connues en changeant de modèle productif et en s'ouvrant sur l'extérieur dans le cadre de l'Union européenne[4]. Mais ce n'est pas par un mécano improvisé, orienté par des négociations politiques, et sans étude préalable, que l'on peut espérer dessiner des « régions cohérentes », à supposer même que cette notion ait un sens, compte tenu des transformations économiques qui se sont produites, ce qui reste à démontrer[5]. Le gouvernement a demandé à France Stratégie, qui a succédé à l'ancien commissariat général au plan, de trouver des justifications économiques

4. G. MARCOU, « Quel avenir pour la région en France : décentralisation ou autonomies régionales ? », p. 147-177 *in* M. VERPEAUX, (dir.), *Régionalisme italien et régionalisme français : aspects constitutionnels, administratifs et fiscaux*, L'Harmattan, coll. « Logiques juridiques », 2012.

5. Ph. ASKENAZY, Ph. MARTIN, « Promouvoir l'égalité des chances à travers le territoire », *Les Notes du Conseil d'Analyse économique*, n° 20, février 2015.

à cette réforme. La note publiée conclut à la plus grande cohérence des nouvelles régions à partir d'une analyse des liens économiques entre départements d'une même grande région sur la base de deux indicateurs : les flux domicile-travail et les liens d'actionnariat, c'est-à-dire l'origine géographique des actionnaires des entreprises[6]. Sans surprise, on constate que de plus grandes régions favorisent une plus grande intégration de ces liens économiques, de même que l'augmentation de la taille des régions diminue les écarts démographiques entre elles et rapproche leur profil démographique[7]. Mais peut-on déduire de cet effet arithmétique une plus grande cohérence économique, qui donnerait davantage prise aux décideurs publics en matière de développement économique ? Si on poursuit le raisonnement, comme des régions encore plus grandes intégreraient encore davantage ces liens, elles seraient encore plus cohérences !

De ce point de vue, la fusion des régions existantes est une réforme inutile, dont il est douteux qu'elle dynamise le développement économique. Elle va masquer des inégalités profondes à l'intérieur de régions immenses : la Région Aquitaine-Limousin-Poitou-Charentes couvre un territoire équivalent à près de trois fois celui de la Belgique !

Pire, on voit déjà émerger les problèmes nouveaux que cette réforme va provoquer.

III. Les risques et les incertitudes

Alors que les anciennes régions étaient devenues capables de mener des politiques, il faudra des années aux nouvelles régions pour réorganiser sur le plan politique et administratif, partager les postes et redéfinir leurs politiques à l'échelle de ces nouveaux espaces. Les travaux engagés depuis 2013 sur les contrats de plan État-région doivent être repris en fonction de cette nouvelle organisation, sans parler de l'impact des élections régionales de décembre 2015 dont les résultats auront pour effet de remettre en cause les orientations dans certaines régions.

Ce scénario entropique de la mise en place des nouvelles régions pourrait profiter aux métropoles, bien mieux dotées en pouvoirs et en moyens, et pour lesquelles la nouvelle structure se substitue à l'ancienne à l'intérieur des mêmes

---

6. A. AMABILE, Cl. BERNARD, A. EPAULARD, « Réforme territoriale et cohérence économique régionale », *Note d'analyse n° 29*, mai 2015, France Stratégie.

7. L. BRIÈRE, H. KOUMARIANOS « Nouvelles régions : moins de différences interrégionales », p. 65 *sq*. *in* INSEE (2015), *Panorama des nouvelles régions françaises*.

limites territoriales, à l'exception de la métropole du Grand Paris, dont on voit, précisément, les difficultés de définition territoriale et institutionnelle. La globalité des compétences des métropoles par rapport à toutes les fonctions qui produisent la ville et leur capacité institutionnelle et administrative constitue pour elles un avantage compétitif par rapport aux régions et aux départements.

Mais la création des nouvelles régions ravive les régionalismes ethniques, jusqu'alors contenus et isolés, au nom d'identités mythiques et d'un passé rêvé. Ce phénomène idéologique a été préparé par l'évolution du discours politique depuis une quinzaine d'années. Le discours tend en effet à la personnification des territoires, comme si les « territoires » étaient capables d'être des sujets politiques[8]. On voit pourtant les risques politiques qui peuvent en résulter quand l'État est affaibli et que l'Union européenne ne peut, ni ne veut, prendre le relais. Les pressions indépendantistes qui se manifestent au Royaume-Uni avec l'Écosse, où la victoire du « non » à l'indépendance au référendum de l'automne 2014 n'a réglé aucun problème, ou encore en Espagne avec la Catalogne, où, cependant, les nationalistes catalans ont perdu du terrain par rapport à *Podemos*, le nouveau mouvement citoyen contre les politiques d'austérité. La France n'est pas à l'abri de telles tensions qu'alimenteront le rejet des partis traditionnels et la lassitude envers des politiques dont les résultats positifs se font attendre.

Ces mouvements soutiendront aussi la dynamique institutionnelle régionaliste, et la revendication de toujours plus de pouvoirs pour les régions.

Pour le président de l'Association des Régions de France, Alain Rousset, « la décentralisation aujourd'hui, c'est la régionalisation ». On peut craindre au contraire que cette voie soit celle de la centralisation régionale, au détriment des pouvoirs municipaux. La voie de la décentralisation passe par la réforme et le renforcement des pouvoirs municipaux, non par celle des pouvoirs intermédiaires. Derrière une telle évolution, qui n'est pas certaine, mais constitue seulement un des scénarios possibles, se profile un basculement qui représenterait un véritable bouleversement, sans qu'il ait été débattu ni qu'il n'ait donné lieu à une révision de la Constitution : alors que le système français d'administration territoriale a reposé, jusqu'ici, sur le couple État-commune, il pourrait à l'avenir reposer sur le couple État-région, ce qui engagerait la France sur la voie d'un fédéralisme qui ne dit pas son nom. La première étape est de faire admettre que la loi puisse ne pas être la même pour tous sur l'ensemble du territoire national. D'où l'importance du débat confus sur

8. G. MARCOU, « Quel avenir pour la région en France… », *op. cit.*

le pouvoir « normatif » des régions, qui pourrait aboutir à donner partiellement satisfaction aux régions avec les dispositions ajoutées par la loi NOTRe telle qu'elle a été votée en 1re lecture par l'Assemblée nationale : possibilité pour une ou plusieurs régions de demander au gouvernement et au Parlement l'adoption de dispositions législatives ou réglementaires spécifiques pour leur « territoire », sans qu'elles aient à avancer un quelconque motif d'ordre juridique justifiant une différence de traitement, et possibilité pour le législateur de laisser aux régions la possibilité de prendre des mesures d'application de la loi nationale à la place du pouvoir réglementaire gouvernemental si la loi ne renvoie pas au pouvoir réglementaire gouvernemental (nouvelle rédaction de l'article L. 4221-1 CGCT).

Enfin, n'oublions pas que l'État reste « chef de file » dans les fonctions essentielles : non seulement la sécurité, mais aussi l'éducation (à tous les niveaux comme le garantit le Préambule de la Constitution de 1946), la santé, le logement. Mais encore faut-il que l'État conserve les capacités administratives et financières nécessaires à la mise en œuvre de ses politiques en ces domaines, et les titulaires du pouvoir exécutif aient le courage d'affirmer les responsabilités nationales pour lesquelles ils ont été élus. Rien ne garantit qu'une telle volonté existe ou puisse exister ; aujourd'hui, en ce qui concerne l'organisation administrative et les fonctions, le management tient lieu de politique.

REDÉCOUPAGE RÉGIONAL ET PHILOSOPHIE DE L'ACTION PUBLIQUE : LES LEÇONS DE L'HISTOIRE

par

Jacques FIALAIRE

Professeur de droit public, Université de Nantes
Directeur du GRALE (GIS-CNRS)

La délimitation des régions résultant de la loi n° 2015-29 du 16 janvier 2015 marquera l'histoire des institutions locales françaises, obligeant pour le moins à actualiser à brève échéance les manuels de géographie administrative. À quelques ajustements près, les noms et délimitations des régions françaises étaient restés inchangés depuis l'instauration des « régions de programme » en 1956, en dépit des transformations ayant affecté la nature juridique de celles-ci. Le processus de décentralisation engagé en 1981 a délibérément laissé de côté cette question[1] de la même manière qu'il n'a point affecté jusqu'à une époque récente la carte communale.

L'accélération du calendrier frappe d'emblée. Une année s'est écoulée entre le discours du Président de la République annonçant celle-ci et la promulgation de la loi du 16 janvier 2015 portant délimitation des régions. Doit-on voir là un excès de précipitation pour une réforme produisant une sorte de « Bing bang territorial »[2] ?

1. Voir dans ce sens : J.-L. MASSON, *Provinces, départements, régions : l'organisation administrative de la France d'hier à demain*, Eds Lanore, 1984, p. 609. Alors député, Jean-Louis Masson rappelle qu'il fut à travers un amendement rejeté lors du débat parlementaire précédant le vote de la loi Defferre du 2 mars 1982, « le seul à évoquer d'une part le choix des limites régionales et départementales, et d'autre part le problème général de la taille des circonscriptions avec pour corollaire la coexistence de deux degrés d'administration » (*id.*, p. 621).

2. Formule employée dans un magazine européen d'informations en ligne (*EurActiv.fr*).

Si l'on ajoute que le volet de la nouvelle loi relatif au découpage régional entre en vigueur dès le 1er janvier 2016, cette refonte de la carte régionale surprend doublement, par sa survenance soudaine et par la rapidité de ses effets.

De surcroît, ce texte semble diffuser une nouvelle philosophie de l'action publique. La préférence pour une décentralisation fonctionnelle s'était imposée à partir des années 1980, au point que l'éventail des compétences locales était devenu le principal étalon de mesure de la décentralisation. Comment s'expliquer qu'aujourd'hui la réforme structurelle ait ainsi pris le pas sur la réforme fonctionnelle ? D'évidence, une prise de recul s'impose.

Il nous apparaît que la rationalisation des compétences locales n'a plus les mêmes repères que dans les années 1980. Déjà, Mathieu Doat soulignait dans sa thèse[3] que là-dessus « on est manifestement sorti d'une logique administrative. Il s'agit moins d'exercer telle ou telle compétence, construire des routes, etc., que de répondre aux nouvelles exigences économiques, et d'assurer un développement local au territoire ». Cela revient à dire que des exigences accrues pèsent sur le lien à opérer entre la cartographie territoriale et la définition des compétences locales, en vue d'optimiser les ressorts d'exercice de celles-ci. Ce moteur a déjà guidé les réformes successives de l'intercommunalité effectuées depuis la loi Chevènement du 12 juillet 1999. On formulera l'hypothèse suivant laquelle cette même rationalité managériale serait à l'œuvre dans la loi du 16 janvier 2015, dont l'objet essentiel portant sur la délimitation des régions s'articulerait avec les réformes en cours tendant à renforcer les compétences régionales.

Une nouvelle interrogation peut se faire jour. L'avènement des « grandes régions » ne menacerait-il pas la « Constitution administrative » de la France, que ce soit dans ses linéaments directement issus de la Constitution de l'An VIII et de la loi du 28 pluviôse An VIII, plaçant l'institution départementale au cœur d'une vaste organisation pyramidale[4], ou dans son corpus actuel, dominé par les principes d'indivisibilité et d'unité de l'État ? Autrement dit, une puissance politique régionale n'est-elle pas en germe ?

---

3. *Ibid.*, p. 276.

4. Voir dans ce sens : J.-A. CHAPTAL, *Exposé des motifs de la loi du 28 pluviôse An VIII*, cité par A. AULARD, « La centralisation napoléonienne : les préfets » *in Révolution française*, 1911, T. 61, p. 141 et s.

Nous tenterons d'apporter des éléments de réponse à ces questions en montrant :

- que le rythme accéléré de cette réforme a été rendu possible par l'existence d'un consensus latent dans les hautes sphères politico-administratives, ayant intégré la rationalité managériale poussant à la construction de « grandes régions » (I) ;
- que le processus de redélimitation des régions a été acclimaté à la « Constitution administrative » de la France (II).

I. Les « grandes régions » : conception et effets

La thèse des « grandes régions » a connu une notable progression dans l'appareil dirigeant politico-administratif (A), quelques principes venant s'incorporer dans une philosophie générale de l'action publique (B). Des doutes n'en surgissent pas moins concernant la pertinence de la démarche (C).

A. La défense de la thèse des « grandes régions »

Antienne entendue de plus en plus fortement à partir des années 2000[5] en lien avec les élargissements successifs de l'espace communautaire, cette thèse a gagné progressivement du terrain, *en s'imposant auprès des plus hautes autorités de l'État :* Nous relevons :

- qu'elle a été défendue de manière croissante au sein de la Haute Fonction publique de l'État. Tel administrateur civil, ancien directeur d'ARH écrit en 2005[6] que :

> « Le talon d'Achille des régions semble être leur taille. Avec 21 régions métropolitaines + la Corse, la France n'est guère armée pour faire le pendant aux puissants « Länder » allemands, aux régions italiennes et aux autonomies régionales espagnoles. Certains observateurs préconisent de créer une dizaine de grandes régions en France. Et on observera à cet égard que le nouveau mode de scrutin qui élit les conseillers régionaux par groupe de régions va dans ce sens ».

Administratrice au Sénat, Marie-José Tulard plaide aussi en 2008 pour « la délimitation d'espaces régionaux plus larges, permettant de constituer de grandes régions de taille européenne, sur tout le territoire »[7].

---

5. Selon le rapport Balladur (*Il est temps de décider, Rapport du comité pour la réforme des collectivités locales au Président de la République*, en date du 5 mars 2009), « certaines régions françaises sont moins peuplées que leurs homologues européennes, et leur périmètre est parfois contesté. L'objectif est de leur donner une taille critique de 3 à 4 millions d'habitants ».

6. P. BRÉMONT, *Institutions administratives européennes et françaises*, Ellipses, Optimum, 2005, p. 285.

7. M.-J. TULARD, *La région*, LGDJ, Politiques locales, 2008, p. 29.

– qu'elle a gagné l'opinion de différents courants d'opinion politique au sein du Parlement. Ceci se vérifie en ce que le regroupement des régions a été préconisé dans différents rapports parlementaires[8]. En même temps a cheminé l'idée suivant laquelle « la nature des pouvoirs à attribuer aux régions et leur rôle par rapport aux départements sont directement fonction de leur étendue »[9].

B. Les effets induits par la théorie des « grandes régions » sur la philosophie de l'action publique

Est postulée une *démarche rationnelle de réorganisation territoriale* orientée par plusieurs facteurs :

– *un principe d'adaptation du découpage régional à l'environnement économique et social des territoires locaux.* Ainsi le plaidoyer en faveur de « la modification de la délimitation des régions », déployé dans l'étude d'impact à l'appui du projet de loi initial, souligne à la fois le déphasage de « la carte actuelle remontant aux circonscriptions des programmes d'action régionale des années 1950 », et les nécessités de « l'adapter aux réalités géographiques et à l'Europe des régions », dans un contexte de « redressement de l'économie et des comptes publics ». On ne saurait négliger ici le contexte issu des changements récents opérés dans le cadre juridique de la coopération territoriale en Europe[10] ; dans ce cadre, il s'agit pour les régions françaises de rivaliser avec les « Euro-Régions »[11], dont les périmètres surplombent les frontières nationales ;

– *un préalable donné à la reconfiguration territoriale sur la réforme fonctionnelle*, qui rappelle le processus de fusion des communes ayant précédé en Allemagne dans les années 1960-1970 sur une base autoritaire, le réagencement des compétences locales. Selon ce schéma, la réforme fonctionnelle

8. Mission d'information de la commission des lois de l'Assemblée nationale, octobre 2008 ; *Rapport de la mission sénatoriale temporaire sur l'organisation et l'évolution des collectivités territoriales*, juin 2009 ; *Rapport de la mission commune d'information sur l'avenir de l'organisation décentralisée de la République*, oct. 2013.

9. Cette idée fut, au cours des débats parlementaires précédant l'adoption des lois de l'acte I de la décentralisation, initialement portée par Jean-Louis Masson (voir J.-L. MASSON, *ibid.*, p. 8).

10. Marqué notamment par l'essor récent des « Groupements européens de coopération territoriale » (GECT), tel la « Adriatic-Ionian Macro-Region » créée en 2012, voir A. GAMPER, « Regions and regionalism(s) : an introduction », *in* G.-M. GRABHER, U. MATHIS-MOSER (ed.), *Regionalism(s) – A Variety of Perspectives from Europe and the Americas*, New Academic Press, 119. Schriftenreihe, Institu fur Foderalismus, 2014, p. 18.

11. Nom donné aux groupements européens de coopération territoriale (GECT), dont le statut est posé dans le règlement (CE) n° 1082/2006 du Parlement européen du 5 juillet 2006.

doit suivre. D'où l'option clairement affirmée suivant laquelle *« les regroupements de régions se feront sans remettre en cause leurs compétences et leurs ressources »*[12].

– en phase avec l'ordonnancement précédent, une linéarité entre les deux étapes du processus, *la refonte territoriale induisant le cadre général d'une réforme fonctionnelle à venir.* Aussi l'étude d'impact, précise-t-elle qu'il « sera certainement nécessaire de doter ces collectivités de ressources fiscales leur permettant d'exercer leurs compétences »[13] ;

– l'indifférence aux revendications régionalistes en faveur de la reconnaissance d'identités territoriales différenciées. Jean-Marie Auby estimait que le découpage des circonscriptions territoriales obéit à deux conceptions essentielles :

> « Dans une perspective en quelque sorte naturaliste, l'État adopte des circonscriptions consacrées par l'histoire et dont l'unité traditionnelle tient à des facteurs physiques et humains. Au contraire, un point de vue rationaliste conduit à des déterminations purement logiques et à des circonscriptions qui sont dites artificielles[14] ».

– la première voie, de type régionaliste, a été décrite comme « le petit frère du fédéralisme »[15]. Cette option est étrangère à la réforme du 16 janvier 2015. Dès son annonce par le Président de la République dans sa conférence de presse du 14 janvier 2014, le processus de fusion des régions est associé à l'amélioration de la coordination des politiques publiques menées au niveau territorial ; il apparaît donc que la réforme récente doit conjuguer quête de « rationalité économique » et délimitation d'espaces régionaux artificiels. Au final, la loi n° 2015-29 du 16 janvier 2015 écarte à une exception près (cas de la Normandie) la prise en compte des identités territoriales ayant un possible substrat historique. Hautement symbolique de ce point de vue est la disposition temporaire prévue dans l'article 2 de la loi du 16 janvier 2015, prévoyant que : « Le nom provisoire [des nouvelles régions] est constitué de la juxtaposition, dans l'ordre alphabétique, des noms des régions regroupées. »

---

12. P. 37 de l'étude d'impact.

13. P. 40 de l'étude d'impact.

14. Voir J.-M. AUBY, *op. cit.* p. 35. Citation reprise par A. ROUX, *« Le découpage des circonscriptions administratives et électorales »*, *op. cit.*, p. 219.

15. A. GAMBER, *op. cit.*, p. 3.

C. Une conversion superficielle de la régionalisation économique à la logique de compétitivité des territoires

Le rétablissement du lien entre la réforme régionale et l'aménagement du territoire doit être contextualisé. La conception de cette politique a radicalement changé depuis les années 2000, l'objectif n'étant plus « d'atteindre une répartition harmonieuse des hommes et des activités sur le territoire », selon la finalité originelle, née du verdict livré par le géographe Jean-François Gravier dans son ouvrage brûlot *Paris et le désert français* (1947). Passe au premier plan un but proche de celui annoncé dans l'étude d'impact présentée à l'appui du projet de loi à l'origine de la loi RCT du 16 décembre 2010, à savoir l'adaptation de la législation territoriale française à une stratégie d'accroissement de la compétitivité des structures administratives dans le contexte européen[16].

L'efficience est aussi recherchée dans un contexte de rigueur budgétaire. Ainsi l'étude d'impact accompagnant le projet de loi portant refonte de la carte régionale fait valoir les « économies d'échelle importantes pour une meilleure administration des territoires qui peuvent résulter des regroupements de régions », en pointant le surcoût de fonctionnement occasionné par « les régions de métropole de moins d'un million d'habitants »[17].

La quête de la « taille régionale critique suffisante » est mise en avant, laquelle est censée permettre aux régions « d'exercer à la bonne échelle les compétences stratégiques qui leur sont attribuées, de rivaliser avec les collectivités comparables en Europe et de réaliser des gains d'efficience »[18]. Reste que l'« effet taille » des « grandes régions » se présente comme un postulat indémontrable, d'autant plus

16. Énoncé comme suit dans l'étude d'impact accompagnant le projet de loi à l'origine de la loi RCT du 16 décembre 2010 : « Dans un souci de renforcement de la compétitivité de nos grandes agglomérations, il est proposé la création d'une nouvelle catégorie d'établissement public de coopération intercommunale, disposant de compétences renforcées, et bénéficiant de transferts de compétences, de plein droit ou facultatifs, du département et de la région » (*sic*, p. 7). Plus loin, il est ajouté : « Il serait peu réaliste d'espérer que les objectifs puissent être atteints dans un cadre législatif inchangé [...] si les communautés urbaines fournissent un cadre institutionnel aux grandes agglomérations, des transferts supplémentaires sont nécessaires pour reconnaître le fait métropolitain dans toute sa dimension; [...] » (p. 7).

17. p. 37 de l'étude d'impact.

18. Argument mis en avant dans l'étude d'impact présentée à l'appui du projet de loi initial, p. 10. Le 3 juin 2014, dans une tribune de presse régionale, le président François Hollande annonçait que les futures régions fusionnées « seront ainsi de taille européenne et capable de bâtir des stratégies territoriales ».

qu'il est censé être mesuré selon l'exposé des motifs précédant le projet de loi initial, « sur le plan géographique, démographique et économique ». Il s'avère que « le gain d'efficacité économique avancé semble incertain, contrairement à l'affichage annoncé », ce que souligne Gérard Marcou[19]. Les faiblesses de l'argumentaire en faveur des « grandes régions » s'accusent au regard :

– du primat donné au critère démographique[20], alors que le peuplement d'une région n'est qu'un déterminant parmi d'autres de sa force et de son dynamisme.

– de la fragilité des justifications fournies à l'appui des regroupements de régions. Ici telle conviction affirmée en faveur d'un *statu quo* dans le sort réservé au stade du projet de loi initial à la région Aquitaine[21], est contredite par le choix de la fusion avec les régions Poitou-Charentes et Limousin, finalement retenu par le législateur. Là, il est affirmé que « la fusion entre ces deux régions ne ferait que renforcer les coopérations existantes actuellement entre la Bourgogne et la Franche-Comté, notamment dans le domaine de l'enseignement supérieur »[22]. Inversement, cette même synergie existant entre les universités de Bretagne et des Pays de Loire, réunies depuis peu dans la communauté d'universités et d'établissements (COMUE) de l'université Bretagne Loire, n'a pas conduit à opérer une fusion entre les deux régions concernées.

Ajoutons qu'il n'est guère tenu compte de l'impact de la transformation qu'ont connue les régions depuis les années 1980, mues d'administrations de mission telles que les avait conçues la loi n° 72-619 du 5 juillet 1972[23] en structures de gestion. Si le siège et le périmètre d'action des premières s'avèrent aisément déplaçables, il en va autrement des employeurs territoriaux importants que sont devenues les régions depuis les transferts de personnels opérés en application de la loi LRL du 13 août 2004.

---

19. Voir G. MARCOU, « Où va le système français d'administration territoriale ? La réforme de trop », contribution au colloque de Reims des 26-27 mars 2015, *Quelle organisation pour les grandes régions en France et en Europe ?*

20. L'étude d'impact accompagnant le projet de loi initial (p. 34) fait valoir qu'au regard du découpage annoncé dans le projet de loi, « la population moyenne des régions passera de 2,6 millions d'habitants à 4,3 millions, la moins peuplée comptant près de 3 millions d'habitants ».

21. S'agissant de la région Aquitaine, il est indiqué que « son équilibre économique et social et sa taille justifient que cette région reste seule » (étude d'impact, p. 42).

22. p. 45 de l'étude d'impact.

23. Établies alors sous la forme d'établissements publics territoriaux, les régions disposaient alors de compétences réduites à une « contribution au développement économique et social » (art. 4§I de la loi de 1972).

La pondération de tels critères eut sans doute mérité qu'une *place plus grande soit faite aux expertises et au débat public*. Le manque de méthode est aussi patent, alors qu'« il eût été plus logique de définir, sur la base des aires urbaines, les espaces politiques locaux et de les réunir ensuite pour former des régions »[24]. Alors que la réforme de 2015 procède de l'urgence, des fondements plus solides auraient pu être recherchés en suivant les préconisations d'une mission parlementaire, envisageant dès 2009 la « possibilité de regroupement volontaire ou de modification des limites territoriales des régions, sur proposition concordante des assemblées délibérantes des territoires concernés statuant à la majorité et ratifiée par un référendum organisé par les pouvoirs publics à l'issue d'un large débat »[25].

Un autre facteur non négligeable nous semble avoir contribué à faciliter l'adoption de la loi du 16 janvier 2015 : la sauvegarde des principes classiques de l'organisation territoriale française.

II. Une transformation compatible avec la « Constitution administrative » de la France

Une caractéristique majeure de la « Constitution administrative » de la France doit être rappelée.

> « N'admettant qu'une décentralisation administrative, respectueuse de la compétence exclusive de l'État unitaire dans l'exercice du pouvoir normatif initial, le système français ne dissocie pas ce qui relèverait d'une autonomie régionale spécifique, par rapport à une autonomie locale encadrée par le droit et les autorités étatiques[26] ».

Suivant cette grille, il est aisé de montrer que la refonte des limites régionales est un procédé soluble dans le schéma général d'organisation territoriale français, tant au regard des caractéristiques s'attachant aux « Euro-régions » que vis-à-vis des principes gouvernant cette organisation.

---

24. J. LÉVY, « Changer l'espace politique français : l'enjeu c'est le développement », *in* Institut de la gouvernance territoriale et de la décentralisation, *Agir et faire sens pour une gouvernance publique ambitieuse – réforme territoriale 2014 – décryptage*, 2014, publication de l'IGTD, p. 98.

25. Sénat, Rapport d'information n° 264 (2008-2009) de M. Y. KRATTINGER et Mme J. GOURAULT, fait au nom de la mission Collectivités territoriales, déposé le 11 mars 2009.

26. J. FIALAIRE, "Regionalism and Decentralization in France : Appeal and Limitations of Institutional Asymmetry", contribution au colloque international d'Innsbruck des 19-21 novembre 2013 sur *Regionalims : Lessons from Europe and America*, organisé par l'Institut universitaire français d'Innsbruck, *in* G. M. GRABHER, U. MATHIS-MOSER (éd.), *Regionalism(s) – A variety of Perspectives from Europe and the Americas*, Institut fur Foderalismus, 119 Schriftenreihe, New academic press, 2014, p. 51.

A. Des régions de programme aux régions de taille européenne : une apparente continuité

Probable source d'inspiration de la réforme opérée par la loi du 16 janvier 2015, le rapport sénatorial Raffarin-Krattinger d'octobre 2013 relance l'idée de « la constitution de grandes régions », capables d'embrasser « une réelle vocation d'aménagement du territoire »[27]. Comment ne pas entrevoir une lointaine filiation avec l'expérience des régions de programme lancée dans les années 1950 ?

En poussant cette logique jusqu'au bout, les régions doivent être soumises à *une évaluation périodique de l'adéquation de leurs périmètres à la poursuite des objectifs globaux d'aménagement du territoire*. Cela est rendu théoriquement possible par un cadre normatif suivant lequel :

- « les limites territoriales des régions sont modifiées par la loi après consultation des conseils régionaux et des conseils départementaux intéressés » (CGCT, art. L. 4122-1). Il n'est aucunement question, à l'instar de plusieurs États fédéraux[28], d'incorporer la liste des régions dans la Constitution française, ce qui figerait leur « état civil ». Elles demeurent des « régions ordinaires », dont le statut peut être modifié par la loi d'une législature à une autre ;
- suivant l'interprétation donnée par le Conseil constitutionnel, le principe de libre administration des collectivités territoriales « n'impose pas la consultation des collectivités territoriales préalablement au dépôt d'un projet ou à l'adoption d'une loi modifiant leurs délimitations territoriales »[29].

La loi du 16 janvier 2015 s'inscrit dans ce schéma dans ses dispositions relatives à la fixation du chef-lieu des nouvelles régions issues de regroupements, qu'il s'agisse du chef-lieu provisoire avant le 31 décembre 2015 ou du chef-lieu définitif postérieurement[30], prérogative laissée au pouvoir réglementaire national, les collectivités visées n'étant saisies que pour avis simple.

---

27. *Rapport de la mission commune d'information sur l'avenir de l'organisation décentralisée de la République*, *JO Sénat*, oct. 2013.

28. Voir sur ce point : M. VERPEAUX, *La région*, Dalloz, « Connaissance du droit », 2005, p. 25 et s.

29. Cons. const., n° 2014-709 DC, 15 janvier 2015, *Loi relative à la délimitation des régions*, consid. 5, *JORF* du 17 janv. 2015.

30. Article 2, §I, 2° et 3° de la loi du 16 janvier 2015.

Mais on soutiendra la thèse suivant laquelle *cette orientation a été pervertie doublement* au fil du temps, en ce que :

- *la fixité des périmètres des régions depuis 1960*, en dépit d'une norme apparemment souple, les a éloignés des objectifs initiaux qui leur étaient assignés. Un paradoxe affectait l'acte I de la décentralisation, qui a vu les lois de 1982[31] confirmer « la vocation originelle de la région, en lui confiant la promotion du développement économique et l'aménagement du territoire, sans même attendre qu'elle devienne collectivité territoriale »[32], tout en conservant les délimitations établies depuis 1956 ;
- l'ouverture par la loi RCT du 16 décembre 2010 (art. 27 à 29), en vue d'un regroupement possible de régions (CGCT, art. L. 4123-1), d'une fusion en une seule collectivité d'une région et des départements qui la composent (CGCT, art. L. 4124-1), ou d'« une modification des limites régionales visant à inclure » un département d'une région voisine « dans le territoire d'une région qui lui est limitrophe » (CGCT, art. L. 4122-1-1), de *procédures alliant un pouvoir d'initiative des assemblées locales et une approbation du projet final par référendum local*. Aussi aléatoires que soient ces voies, rendues peu praticables par les conditions de quorum imposées dans la loi, l'existence même de ces procédures valorise le jeu de la démocratie locale, sans que soit garantie l'harmonie géospatiale du découpage régional.

Retrouver l'esprit initial de l'institution régionale supposait que le législateur se saisisse de son pouvoir de révision des périmètres des régions. Tel est bien l'objet de la loi du 16 janvier 2015, affichée comme « s'inscrivant dans la continuité des textes depuis 1960 »[33]. Dont acte !

B. Un accommodement avec le principe non écrit d'uniformité territoriale

Entendons par un tel principe un des legs de la Révolution française, tenant dans l'unification et l'uniformisation politique et juridique du territoire national. Un moment essentiel fut la suppression des privilèges des anciennes provinces[34],

31. Il s'agit de la loi Defferre du 2 mars 1982 et de la loi n° 82-653 du 29 juillet 1982 portant réforme de la planification.

32. M.-J. TULARD, *op. cit.*, p. 76.

33. P. 15 de l'étude d'impact accompagnant le projet de loi initial.

34. À la suite de la « nuit du 4 août », l'assemblée constituante adopte un décret le 10 août 1789 dont l'article 10 énonce qu'« Une constitution nationale et la liberté publique étant plus avantageuses aux provinces que les privilèges dont quelques-unes jouissent et dont le sacrifice est nécessaire à

lesquelles possédaient « des modes d'administration distincts »[35], sans parler des régimes fiscaux eux aussi distincts. Il en a résulté l'affirmation du principe d'indivisibilité de la République[36]. Un prolongement contemporain réside dans le principe d'égalité entre les collectivités territoriales, reconnu depuis les années 2000[37].

Le sort réservé aux régions métropolitaines dans la loi du 16 janvier 2015, qui est *indifférent à toute forme d'autonomie régionale*, ménage l'ensemble de ce corpus. Ce *statu quo* se lit à travers :

– le choix exposé dans l'exposé des motifs présenté à l'appui du projet de loi relatif à la délimitation des régions, d'une *recomposition de la carte régionale* « par l'addition de régions actuelles entières sans modification des départements qui les composent ». Cette orientation a été confirmée dans la loi définitive. On rejoint ici l'option ancienne, suivant laquelle « les régions de programme définies en 1956 et les circonscriptions d'action régionale qui leur ont succédé en 1960 n'ont été constituées que par agrégation de départements existants »[38] ;

– *l'absence d'avancée vers une autonomie statutaire*. Les noms des régions originelles ont été fixés par un arrêté du 28 novembre 1956 relatif aux programmes d'action régionale. Nul changement notable n'est intervenu sur ce plan. En témoigne l'article 2 de la loi de 2015 selon laquelle pour chaque nouvelle région reconfigurée, « son nom et son chef-lieu définitifs sont fixés par décret en Conseil d'État pris avant le 1er octobre 2016, après avis du conseil régional de la région ».

---

l'union intime de toutes les parties de l'empire, il est déclaré que tous les privilèges particuliers des provinces [...] sont abolis sans retour [...] » (voir F. OLIVIER-MARTIN, *Histoire du droit français des origines à la Révolution*, Eds du CNRS, 1992, p. 676, s.).

35. M. DOAT, *Recherche sur la notion de collectivité locale en droit administratif français*, LGDJ, BDP, tome 230, 2003, p. 24.

36. Posé dès la monarchie tempérée dans la Constitution du 3 septembre 1791, ce principe est affirmé dans l'article 1er de la Constitution du 4 octobre 1958.

37. F. MELIN-SOUCRAMANIEN, « Le principe d'égalité entre collectivités territoriales », *Cahiers du Conseil constitutionnel nº 12*, dossier : « Le droit constitutionnel des collectivités territoriales », mai 2002.

38. J.-L. MASSON, *op. cit.*, p. 10. Rappelons que le décret nº 59-171 du 7 janvier 1959 (art. 1er) prévoyait : « Pour la mise en œuvre des programmes d'action régionale et d'aménagement du territoire, les départements de la France métropolitaine peuvent être groupés en circonscriptions qui seront définies par décret pris en Conseil des ministres sur le rapport des ministres de l'Intérieur, des Finances et des Affaires économiques et de la Construction. »

En outre, le *maintien d'une égalité entre les collectivités territoriales métropolitaines* découle :

– de la non-consécration d'une primauté régionale. C'est le choix de la régionalisation au détriment du « régionalisme institutionnel ». Leur opposition se résume en ces termes : « Alors que la régionalisation est un moyen tendant à faciliter la gestion administrative de la France dans le cadre de l'unité de l'État, le régionalisme considère au contraire que la région est une donnée intrinsèque avec laquelle l'État doit composer[39]. » De fait, le « régionalisme institutionnel » « répond aux nécessités d'organisation d'États composés, caractérisés par leur asymétrie régionale, au sein desquels l'action des pouvoirs publics se coordonne entre différents niveaux d'intérêts dans un équilibre constant entre unité politique de l'État et diversité régionale »[40]. On peut certes, tel Jean-Marie Pontier, percevoir une paralysie de la loi du 16 janvier 2015 à assumer pleinement l'option en faveur du « renforcement de la collectivité régionale », qui eût impliqué soit que soit réalisée « la suppression des départements »[41], soit pour le moins que ceux-ci perdent leurs compétences structurantes au profit des régions. Mais suivant une logique de préservation d'un cadre général d'uniformité territoriale, nous estimons plutôt que cette réforme est indifférente aux velléités régionalistes, autant que l'avait été la révision constitutionnelle du 28 mars 2003, à propos de laquelle le rapport Piron affirmait que « ni le principe de subsidiarité ni la notion de collectivité territoriale chef de file ne donne une place privilégiée aux régions »[42] ;

– du caractère réduit des normes dérogatoires introduites dans la loi du 16 janvier 2015. Elles ne visent que la dénomination « Normandie » donnée aux deux régions fusionnées de Basse et Haute-Normandie et le maintien de Strasbourg comme chef-lieu de région, les deux échappant aux procédures de droit commun

---

39. J.-L. MASSON, *Ibid.*, p. 7.

40. C. BARTHÉLÉMY, *Le régionalisme institutionnel en Europe*, L'Harmattan, Logiques juridiques, 2009, p. 25.

41. Voir J.-M. PONTIER, « Le couple Département/Région », contribution au colloque de Reims des 26-27 mars 2015, *Quelle organisation pour les grandes régions en France et en Europe ?*

42. Commission des lois de l'Assemblée nationale, *Gouverner en France : quel équilibre territorial des pouvoirs ?* Rapport d'information présenté par Michel Piron, *JO AN*, n° 2881, XIIe législature, p. 24.

prévues respectivement pour la fixation du nom des régions et pour la désignation de leurs chefs-lieux. Le moins que l'on puisse dire est que la marge donnée à une « territorialisation du droit »[43] est fortement limitée.

***
*

En définitive, on conviendra que la loi n° 2015-29 du 16 janvier 2015, dont l'objet reste centré sur la dénomination et la délimitation des régions, n'opère pas une révolution institutionnelle. Certes, elle implique des transformations importantes à venir dans la structure et le fonctionnement d'organisations publiques à rayonnement régional, lesquelles seront étudiées dans un vaste programme de recherche lancé d'ici 2016 par le GRALE, portant sur l'évaluation des effets des réformes territoriales en cours. Il demeure que nos institutions locales ne sont pas encore sorties de leur « jardin classique » à la française !

43. Sur cette notion on renverra à : J.-M. WOEHRLING, « La territorialisation du droit : Quelle signification ? » *in* J.-M. WOEHRLING (dir.), *Du droit local à la territorialisation du droit – perspectives et limites*, Institut du droit local alsacien-mosellan, 2014, p. 11 et s.

DES RÉGIONS SANS IDENTITÉ, UNE DÉCENTRALISATION SANS REPÈRES

par

Robert HERTZOG

Professeur émérite
Université de Strasbourg (IEP)

La loi du 16 janvier 2015 relative à la délimitation des régions, aux élections régionales et départementales est doublement historique. Pour la première fois est opéré un découpage du pays en collectivités territoriales régionales alors que celles qui existent ont été établies dans des circonscriptions d'action régionale conçues pour les services de l'État, à l'instar de ce qui s'était passé pour les départements. Le débat politique étant entièrement focalisé sur l'organisation du pouvoir décentralisé, on pourrait croire que la priorité était enfin donnée à la définition d'un territoire pertinent pour la collectivité région. Or, c'est aussi la première fois qu'une réforme territoriale de cette ampleur est adoptée sans études[1], ni expérimentations, ni consultation des assemblées locales ou des populations concernées, contre la volonté expresse du Sénat et celle de la quasi-totalité des élus d'une région (Alsace). Toutes les justifications avancées par l'exécutif s'étant effondrées au fur et à mesure, ne reste plus que l'argument cosmétique de la réduction du chiffre des régions.

Ceci interroge sur la signification du principe inscrit en 2003 dans l'article 1er de la Constitution selon lequel l'organisation de la République est décentralisée. Malgré l'usage ancien du terme, on manque d'une doctrine ferme et consensuelle.

1. Le Conseil constitutionnel (n° 2014-12 FNR du 1er juillet 2014) a certes jugé l'étude d'impact jointe au projet de loi conforme aux exigences de la LO n° 2009-403 du 15 avril 2009, mais sur le fond ce n'est qu'un plaidoyer.

Les lois se suivent et se contredisent, traitent les sujets (territoires, compétences, finances, élections) dans le désordre et sont le produit confus de marchandages qui expriment des intérêts sans aucune direction claire[2]. Il faudrait enfin trancher le nœud gordien et dire si les collectivités territoriales sont des créations arbitraires de l'État[3] ou si la décentralisation est un « consentement de l'État aux réalités locales[4] » que nous appellerons ici leur identité. S'il y eut sur ce sujet deux attitudes distinctes, une pour les communes et une pour les autres collectivités, le temps est venu de n'en avoir plus qu'une seule, exigée par l'unité de la règle constitutionnelle et la raison politique.

La Révolution a trouvé les communes plus qu'elle ne les a créées, écrivait Tocqueville. Le ban communal, cadastré et précisément cartographié, est l'unité de base de toutes les administrations, qui ne sont, géographiquement, que des agrégats de communes. Les départements, créés comme circonscriptions d'élection des représentants de la nation et d'administrations d'État et destinés à casser les identités et pouvoirs provinciaux ou seigneuriaux, furent dessinés avec méthode et l'assistance de géographes avertis. Au XIXe siècle, se développa, pour des raisons principalement juridiques (propriétés et budget distincts), dans ces mêmes limites et avec les mêmes organes, une collectivité locale à l'autonomie restreinte.

Cette décentralisation éclatée et donc faible correspondait au compromis français, « unité administrative et diversité anthropologique » d'un pays qui « ne contient pas un peuple, mais cent » et dont l'« histoire idéologique n'est qu'une longue suite de ruses, contre les conceptions particularistes, ethnocentriques, racistes »[5]. Les régions, refusées par le peuple[6] en avril 1969, en tant que collectivités, sont sorties du moule de l'État en devenant collectivités territoriales, en 1982-1986, par mimétisme avec les départements plus que par conviction.

---

2. Le dessin des régions résulte d'un compromis douloureux au sein du seul parti socialiste. Voyez également le destin du projet de loi NOTRe.

3. Il conviendrait encore de préciser où est le pouvoir d'État : dans l'appareil bureaucratique parisien ou dans les assemblées parlementaires où les représentants nationaux cumulent, majoritairement, des mandats locaux ?

4. J.-B. AUBY, *La décentralisation et le droit*, LGDJ 2006, 154 p., p. 132. Il renvoie aux débats anciens sur la fiction ou la réalité de la personne morale (Michoud) et sur l'institution selon M. Hauriou.

5. H. LE BRAS, E. TODD, *L'invention de la France*, Hachette, coll. « Pluriel », 1981.

6. Et par la classe politique locale, tous partis confondus !

La société s'étant profondément transformée, toutes les structures territoriales sont soumises à révision. Il faut des conditions favorables pour créer un nouveau patriotisme territorial, enraciner communautés ou métropoles et donner vie aux régions. Or, bien que le système politique tente en permanence d'édifier de nouvelles identités territoriales (transfrontalières, *supra* ou intercommunales, régionales) ou fonctionnelles (établissements publics), on ne cherche pas à comprendre les conditions de leur réussite[7], préférant s'en remettre aux marchandages entre titulaires des pouvoirs.

L'identité des communautés territoriales doit être mise au cœur de la théorie du pouvoir local, car que représente-t-il et pourquoi aurait-il une liberté de décision si un territoire n'a pas d'identité propre ? Ce sujet occupe peu la doctrine[8] de sorte qu'on manque de repères conceptuels aussi bien que d'instruments opératoires[9]. La réforme des institutions locales l'ignore[10], alors même que le sentiment d'identité explique l'opposition des populations aux tentatives de remodelage des

7. On ne manque pourtant pas d'organismes d'études : Commissariat général à la stratégie et à la prospective (France Stratégie), Secrétariat général pour la modernisation de l'action publique, Observatoire des territoires. Le Commissariat général à l'égalité des Territoires, qui a engagé des travaux, en accompagnement de la loi NOTRe, visant à définir la bonne taille des communautés, remplace l'expression bassin de vie, définie par l'INSEE, par celle de territoire vécu qui met l'accent sur la relation de la population avec les institutions et équipements fournisseurs de services. L'échec des pays mériterait une évaluation.

8. Géographes et historiens s'y intéressent de longue date. Juristes et politistes étudient les formes de l'autonomie, mais s'interrogent peu sur son fondement, probablement à cause des connotations idéologiques de l'identité. Il fallut du temps pour qu'elle trouvât sa place en sociologie. Le *Dictionnaire critique de la sociologie* de Bourdon et Bourricaud l'ignora. Le dilemme entre identité individuelle et collective constitua un frein important et la recherche s'intéressa d'abord aux troubles identitaires ! C. DUBAR, *La socialisation : construction des identités sociales et professionnelles*, Armand Colin, 2e éd., 1998.

9. Sur la relation entre taille des collectivités et compétences attribuées aux autorités locales.

10. L'exemple extrême est la loi du 16 janvier 2015. Les délimitations des communautés, laissées aux tractations entre élus, sont rarement appuyées sur des études constatant une identité économique et sociologique.

communes[11], départements[12] et régions, en Alsace[13] et ailleurs[14]. On touche aussi bien aux fondements de la démocratie locale qu'à l'efficacité socio-économique qui seront mieux servis si la libre administration s'exerce dans des communautés qui ont la conscience d'intérêts communs et le goût du vivre ensemble. Bien définir l'identité sert aussi à fixer l'autonomie des gouvernants pour répondre aux spécificités locales, ce qui renvoie au difficile sujet des compétences appropriées aux caractères du territoire.

Ce désintérêt est un des indicateurs (et causes) de l'inachèvement d'une décentralisation menée sans ligne directrice[15] ni évaluations. Or, on ne l'approfondira pas sans prendre parti sur la finalité des régions. Le pouvoir national doit dire si elles peuvent avoir un périmètre quelconque et une liste aléatoire de compétences ou si elles ont des fonctions d'une nature et d'une étendue particulières qui doivent être mises en adéquation avec leur identité définie en termes géographiques et démo-

11. L'échec de la loi du 16 juillet 1971 sur les fusions et regroupements de communes vint certes de la résistance des élus locaux qui bénéficiaient d'un soutien populaire dissuadant le gouvernement de vouloir passer en force.

12. Lorsqu'on a voulu les fusionner avec la région, en Corse (6 juillet 2003), Outre-mer, ou en Alsace (7 avril 2013).

13. L'absorption de la Région Alsace dans une mégarégion Est a vu fleurir des initiatives spontanées sur tout son territoire et porté un parti autonomiste, *Unser Land*, quasiment inconnu jusque-là, à la une des médias. Aux départementales de mars 2015 ses candidats ont dépassé parfois 15 % des suffrages ; il a revendiqué la troisième place dans les forces politiques de la région, avec 54 397 voix et 9,23 % des suffrages exprimés. La mise en œuvre de la loi du 16 janvier 2015 lui garantit une expansion durable ! La *Fédération démocratique alsacienne*, un collectif créé fin 2014, a réuni plus de 110 000 signatures (mai 2015) sur une pétition « Alsace, retrouve ta voix » demandant un référendum sur le statut de l'Alsace. S'est ainsi enclenchée une surenchère de revendications sur le statut et les pouvoirs de la *future* région défusionnée ! P. KRETZ, *Le nouveau malaise alsacien – essai sur une réforme absurde*, Le Verger 2015 ; P. KLEIN (dir.), *Indignations alsaciennes. Identité, démocratie, économie*, Allewil, mai 2015.

14. Le Mouvement Franche-Comté et le Parti Lorrain, autres fruits de la réforme régionale, en concertation avec des Alsaciens, ont manifesté devant la Cour européenne des droits de l'homme, le 17 mai 2015, pour protester contre la violation de l'art. 5 de la Charte européenne de l'autonomie locale (voir ci-après).

15. Diagnostic unanime. Rapport Balladur : *Il est temps de décider*, mars 2009 ; Cour des comptes *La conduite par l'État de la décentralisation*, octobre 2009 (« absence de bilan », « conduite hésitante ») ; E. HERVÉ, *Contribution à un bilan de la décentralisation*, Sénat n° 679, 28 juin 2011 ; Y. KRATTINGER, *Des territoires responsables pour une République efficace*, Rapport d'information au nom de la mission commune d'information sur l'avenir de l'organisation décentralisée de la République, 8 octobre 2013, Doc. Sénat n° 49.

graphiques, économiques, culturels et politiques. En 2014, on a choisi la première option[16], qu'il s'agisse de la configuration des régions ou de leurs compétences, aggravée par l'oubli de la dimension financière.

L'identité est le concept qui désigne de façon synthétique les multiples caractères qui distinguent une personne, physique ou morale, d'une autre. Elle est, par nature, d'une grande complexité, faite d'éléments objectifs et subjectifs, donnés et construits. Elle est biface. L'ensemble des caractères liés à un espace donne à celui-ci son identité territoriale[17] objective, mais aussi la matière sur laquelle se construit l'identité subjective ressentie, qui est celle qui émerge dans le champ politique. Comme il est impossible de tout saisir, l'image que chacun retient est toujours une réduction qui prête à interprétations, voire à manipulations. Si les combats politiques se font au nom d'enjeux susceptibles de rassembler un grand nombre de personnes (histoire, culture, langue, peuple), ils en cachent généralement d'autres, notamment économiques (Lombardie, Catalogne, Flandres, Écosse).

Les dérives politiques ne doivent pas faire rejeter le concept d'identité, qui est également reconnu avoir d'incontestables vertus économiques et sociétales[18]. Il est avéré qu'elle est une ressource[19] importante, notamment parce qu'elle peut stimuler la coopération des acteurs, elle-même condition du progrès. Elle est un patrimoine, lequel se définit comme « l'ensemble des éléments matériels et immatériels qui concourent à maintenir l'identité et l'autonomie de son titulaire dans le temps et dans l'espace par l'adaptation en milieu évolutif »[20].

---

16. Non sans hésitation si l'on en juge les déclarations successives et contradictoires faites entre avril et juin 2014 par le Président de la République et le Premier ministre sur la méthode de réforme des régions, l'avenir des départements et leurs compétences.

17. Alors que le communautarisme joue sur des facteurs déterritorialisés, notamment religieux ou raciaux.

18. D. REQUIER-DESJARDINS, « Territoires – Identités – Patrimoine : une approche économique ? », *Développement durable et territoires*, Dossier 12 | 2009, *http://developpementdurable.revues.org/7852.*

19. J.-Cl. RUANO-BORBALAN, « L'identité, une ressource pour l'action », Sciences Humaines, 15/06/2011, *http://www.scienceshumaines.com/l-identite-une-ressource-pour-l-action_fr_14309.html.* D. REQUIER-DESJARDINS, « Territoires – Identités – Patrimoine : une approche économique ? », *Développement durable et territoires*, Dossier 12 | 2009 *http://developpementdurable.revues.org/7852.*

20. H. OLLAGNON « Une approche patrimoniale de la qualité du milieu naturel », *in* N. MATHIEU, M. JOLLIVET (dir.), *Du rural à l'environnement : la question de la nature aujourd'hui*, ARF, Paris 1989, L'Harmattan, p. 258-268.

L'identité des régions, forme particulière d'identité des collectivités territoriales (I), est, paradoxalement, la plus difficile à définir (II). Elle n'a de sens que lorsque l'État en exprime les finalités et une conception argumentée des institutions. Moins que jamais ceci est le cas en France (III).

I. Les trois dimensions de l'identité d'une collectivité locale[21]

La définition de l'identité d'une collectivité locale et son emploi dans l'espace politique mettent face à des attitudes contradictoires. D'un côté, elle est survalorisée dans la communication, martelée dans le discours sur les territoires, gages de légitimation sociale et d'attachement aux valeurs d'un patrimoine[22]. On veut être visible de loin : qu'évoque le nom de ma collectivité à Shanghai ou à Los Angeles ? D'un autre côté, l'identité, réputée pure idéologie, est à manier avec prudence. Ses connotations sulfureuses (communautarisme, autonomisme, nationalisme, séparatisme)[23] attirent l'attention des médias, du politiste ou du sociologue surtout lorsqu'elle génère des situations conflictuelles[24] : l'identité qui s'affirme contre d'autres (Corse, Pays basque, Catalogne, Écosse).

Il faudrait ici faire une longue digression sur la distinction entre identité de la collectivité territoriale et identité de la société locale, identité de la région et identité régionale. La première est loin de comprendre la seconde, mais celle-ci se nourrit de la première. En Alsace, un débat s'est noué sur le thème suivant : la suppression de la région Alsace ne va pas faire disparaître l'identité alsacienne, mais elle la menace gravement[25]. La loi met « la préservation de son identité » au nombre des compétences du conseil régional et la nouvelle assemblée devra donc choisir entre inventer et imposer une identité commune ou promouvoir les trois

21. J. Moreau voit trois « éléments d'identification des collectivités territoriales » : le nom, le territoire et la population ; « L'état civil des communes, des départements et des régions », *Études offertes à Jean-Marie Auby*, Dalloz 1992, p. 431.

22. J.-Cl. NÉMERY, M. RAUTENBERG et F. THURIOT (dir.), *Stratégies identitaires de conservation et de valorisation du patrimoine*, L'Harmattan 2008, 150 p.

23. Les parlementaires alsaciens ont témoigné du désintérêt et de l'agacement manifestés par des collègues de tous bords ainsi que par les ministres pour leurs plaidoyers en faveur du maintien d'une région Alsace justifié par son identité. L'argument paraissait irrecevable ou de portée secondaire. Cela laisse perplexe, comparé à l'indigence des raisons invoquées en faveur des grandes régions.

24. Voir cependant : F. GUÉRIN-PACE et E. FILIPPOVA, *Ces lieux qui nous habitent. Identité des territoires, territoires des identités*, INED, L'Aube, 2008. 276 p.

25. Les inquiétudes portent sur le bilinguisme, la culture et le patrimoine, le droit local alsacien-mosellan, les relations transfrontalières.

identités existantes, dont la somme serait celle de l'ALCA. Cette alternative, à elle seule démontre l'absurdité de la réforme. Évoquée lors de l'examen parlementaire, elle n'a guère pesé dans la décision.

A. L'identité de la personne morale, ou les marqueurs juridiques d'une collectivité territoriale

La face la plus visible de l'identité d'une collectivité locale est son état civil[26], directement attaché à sa personnalité juridique : nom, âge, délimitation et donc superficie, nombre d'habitants ; il en résulte de nombreux caractères matériels qui dessinent l'image de chaque collectivité. Enregistrée dans des registres officiels, elle a un patrimoine, des organes qui expriment sa volonté, des intérêts et des droits protégés. Le nom, « élément central de leur état civil [...] voire des « droits de la personnalité publique » »[27], comporte une forte charge symbolique, parce qu'il est souvent au croisement de la géographie et de l'histoire[28] et qu'il qualifie aussi l'identité de personnes : alsaciennes, toulousaines, ardéchoises.

La jurisprudence a contribué à valoriser les traits distinctifs de chaque collectivité territoriale en élaborant la notion d'affaires locales qui détermine la compétence des autorités locales. Leurs décisions doivent non seulement correspondre à un intérêt relevant de la catégorie de collectivités concernée, mais à un intérêt individualisable de la collectivité, apprécié *in concreto*. Le droit des politiques locales est imprégné de cette idée qu'il y a des différences entre collectivités, qui font partie intégrante de la personnalité de chacune. Il y a des affaires champenoises qui ne sont ni lorraines ni alsaciennes. En quoi améliore-t-on les politiques correspondantes en les mettant entre les mains d'élus des Vosges et du Bas-Rhin ?

B. L'identification géographique des collectivités décentralisées

La première réalité d'une collectivité territoriale est géographique. Sa définition se fait dans des limites dessinées par un acte juridique qui lui donne sa taille, ses traits physiques et économiques, sa communauté humaine et trace le cadre des compétences des autorités publiques. Tout espace délimité acquiert une identité, car on peut le nommer et décrire. Il est paysage qui s'imprime dans l'esprit des

---

26. J. MOREAU, « L'état civil des communes, des départements et des régions », *Études offertes à Jean-Marie Auby*, Dalloz 1992, p. 431.

27. Ph. YOLKA, « Le nom en matière administrative », *AJDA* nº 6/2015 p. 305.

28. Nom d'un fondateur, d'un saint patron, d'une famille ou d'une ethnie (Bourgogne, Normandie, Bretagne).

habitants. Aussi bien sont-ce les géographes qui ont consacré le plus d'attention à l'identité des territoires, y compris dans leurs délimitations administratives[29]. Ils ont été les plus fermes à dénoncer les grandes régions[30]. La construction du concept de territoire accompagna la transformation des conceptions qu'on avait de la société politique et de son rapport à l'espace[31]. Le territoire apporte des facteurs économiques naturels, parfois très distinctifs[32]. Le niveau de richesse et de développement est un autre marqueur, les disparités économiques pouvant être cause de fierté ou de division. Les tensions peuvent provenir de territoires en décrochage, mais aussi de régions riches dont les velléités sécessionnistes, affichées sur des bases culturelles, sont aussi motivées par un refus de solidarité. Enfin, les édifices, monuments et autres artefacts qui s'incorporent à l'espace naturel sont destinés à frapper les esprits et participent puissamment à l'image d'une collectivité (Tour Eiffel, place Saint-Marc…).

C. Une communauté humaine consciente d'être une société politique

Le territoire délimite une communauté humaine et détermine le nombre d'habitants, auquel s'attachent de nombreux effets[33]. La population façonne la société politique. Elle a ses traits particuliers, parfois de nature ethnique, dont il n'est plus décent de parler, dans l'inculture ambiante. La Bourgogne n'a pas été occupée par les mêmes tribus que la Savoie ou la Bretagne. Au XVIIe siècle, l'Alsace, dont la population avait été décimée par la guerre de Trente Ans, fut repeuplée par des immigrants suisses, souabes et autrichiens.

29. *L'Espace Géographique* (2006, n° 4) : « L'identité territoriale en question » (Dossier).

30. Interview de Jacques Lévy (*Réinventer la France. Trente cartes pour une nouvelle géographie*, Fayard 2013), *Le Monde*, 18 novembre 2014.

31. G. DARCY, « Variations sur le concept de territoire », *Les Collectivités locales, Mélanges en l'honneur de Jacques Moreau*, Economica, 2003, p. 71 et s. ; « L'idée d'une distinction entre les divisions politiques et les divisions naturelles sourd fort lentement ».

32. Communes portuaires, minières, thermales. L'identité économique surclasse parfois la dénomination politique : qu'évoque Rhénanie-Westphalie par rapport à Ruhr, alors que les deux se superposent ?

33. Sur le droit politique ou le régime financier de la collectivité ; aussi bien, le juge administratif veille-t-il strictement sur les recensements ; J. MOREAU *op. cit.*, p. 435-436.

Ces sociétés locales, voire microlocales (quartiers urbains) ont des langages différents. Elles ont des histoires originales inscrites dans les sites, monuments et mémoires. Verdun, l'Alsace, la Savoie, la Normandie sont des noms de lieux et de chapitres d'une histoire toujours visible. Aucune réception ne se fait dans un hôtel de ville sans rappel des heures fastes ou sombres de la collectivité.

Au-delà de ces données objectives existe une identité de nature intellectuelle et affective, multiforme et globalisante, qui est la perception qu'ont les habitants ou tiers de l'unité et des particularismes de chaque collectivité. Ma commune ou ma région ; je lui appartiens, elle m'appartient un peu ! Le rapport des personnes à l'espace varie selon les collectivités. La commune est l'espace de vie, mais aussi celui d'une appropriation privée de sa plus grande partie. L'identité des départements, très inégalement ressentie[34], semble être principalement dans l'ordre politique, car il reste, de façon surprenante, déterminé par ses fonctions étatiques[35]. Les individus ne sont pas également attachés à leur collectivité ni pour les mêmes motifs[36]. Ceci a une puissante dimension politique et est un des ciments de la société[37]. Mais ce peut aussi avoir une face négative lorsqu'il y a refus de solidarités plus larges et que le régionalisme se pose en rival de l'identité nationale et de l'État.

II. La double indétermination de la région

La région est un mystère. Le terme est d'un emploi extrêmement répandu, en droit international, européen, constitutionnel et administratif dans de nombreux pays. Moderne et sympathique (l'Europe des régions), compris d'emblée par chacun, on le relie à des politiques prometteuses (développement régional), et pourtant il n'a aucune définition, que ce soit dans sa dimension spatiale ou institutionnelle, pour laquelle il n'existe aucun modèle.

---

34. Ce qui n'est pas sans rapport avec les forts taux d'abstention aux élections du conseil départemental.

35. Parmi les motifs du refus de la fusion des départements du Rhin et de la Région Alsace par les électeurs du Haut-Rhin figurait la crainte d'une suppression de la préfecture et du préfet de Colmar alors que le sort du président du conseil général laissait indifférent. Soulignons aussi que les départements n'ont pas, à de rares exceptions près, un nom de territoire, mais de cours d'eau.

36. Les cartes mentales que chacun porte en soi varient en fonction du lieu d'habitat, de scolarisation ou de travail, de loisirs, des modes de déplacement, du niveau de culture. Les régions sont essentiellement perçues à travers des paysages, des monuments et des données culturelles.

37. Ce n'est pas un hasard si la Suisse et les pays scandinaves, où le sentiment d'identité est très fort, dans des contextes démographiques très différents, et où les institutions sont très enracinées dans la société, sont aussi les pays les plus « heureux » et efficients, d'après les classements internationaux.

A. L'indéfinissable dimension de la région

Région est d'abord un terme de géographie physique[38] qui désigne des espaces de taille variée : la région de Chamonix, une région minière, celle des Grands Lacs d'Amérique du Nord, les organisations régionales des Nations unies. Plus que pour les autres circonscriptions administratives, la connotation spatiale est ici présente. Son nom, qui est celui du territoire, est souvent très antérieur à toute institution. Alsace est sur des cartes très anciennes. L'UE[39] et le Conseil de l'Europe[40] n'ont su donner de la région qu'une définition spatiale : première entité territoriale en dessous de l'État, ce qui correspond à des systèmes institutionnels variés. Contrairement à une idée répandue, peu de pays européens ont une organisation territoriale structurée en régions : ni les États fédéraux[41], ni le Royaume-Uni, ni l'Irlande, ni les pays scandinaves ou baltes, ni les petits États, ni la plupart des pays d'Europe centrale ou des Balkans.

Osons une hypothèse : le terme ne faisant référence ni à une taille de territoire ni à un modèle institutionnel ou politique précis[42], c'est son indétermination même qui séduit doctrinaires et politiques, qui en tirent une grande liberté.

---

38. D'après les dictionnaires, la région est un territoire relativement étendu possédant des caractères physiques et humains particuliers qui en font une unité distincte des régions voisines : région polaire, tropicale, désertique, cultivée, industrielle, montagneuse, marécageuse, etc.

39. « Le Comité des Régions est l'assemblée de l'UE des représentants régionaux et locaux. » (Déclaration de mission du CdR du 21 avril 2009). La nomenclature des unités territoriales statistiques (NUTS), établie par Eurostat, croise des données démographiques et des découpages administratifs ; les unités ne sont pas homogènes en termes institutionnels ! La France a neuf régions statistiques NUTS 1 ; les régions sont des NUTS 2 et les départements sont en NUTS 3.

40. Après plus de quinze ans de laborieux travaux préparatoires, la Conférence des ministres responsables des collectivités locales et régionales adopta, à Utrecht les 16-17 novembre 2009, le *Cadre de référence du Conseil de l'Europe pour la démocratie régionale*, qui offre une remarquable non-définition : « Les collectivités régionales sont des collectivités territoriales situées entre le pouvoir central et les collectivités locales. »

41 Dans le *Land* de Bade-Wurtemberg, les régions métropolitaines de Stuttgart ou du Pays de Bade-Rhin supérieur sont des espaces de planification et d'aménagement du territoire.

42. Le cadre de référence du CdE applique simplement les principes de la CEAL à une entité appelée région !

Ainsi, en 2014 on a entendu beaucoup de propos fantaisistes : Euro-régions, régions de taille européenne, à la taille critique pour une grande politique économique. Qu'est-ce qu'une région qui a quatre noms géographiques[43] ? Ces assemblages terminologiques, qui affichent les disparités géographiques, désignent une entité administrative parce que la loi le dit ! Ils ne font pas une région et encore moins une collectivité. Facteur aggravant : la plupart des nouvelles régions n'ont pas de capitale[44] qui les incarne naturellement[45]. De vives controverses ont lieu sur ce sujet, d'autant plus embrouillées que la loi « métropoles » du 24 janvier 2014 a défini un maillage qui n'est pas en phase avec celui des régions. Or, s'il est une certitude sur les régions, c'est que leur dynamisme et leur rayonnement dépendent de manière décisive de la synergie entre une métropole économique et culturelle, qui n'est pas nécessairement le siège des institutions, et le territoire[46]. Dans l'univers de la mondialisation, la compétition sur l'image-identité[47] n'est pas entre les régions (combien peut-on en citer de Chine ou d'Australie ?), mais entre les métropoles, qui sont les moteurs de l'innovation, de la croissance et de la productivité.

Le législateur s'est donc doublement fourvoyé : en prétendant faire des régions des champions internationaux et en les concevant de façon incohérente avec les métropoles, avec un effet destructeur d'identités[48], sans grande probabilité d'en voir naître de nouvelles, tant les discordances sont fortes. Il y aura des scissions ou défusions. On n'a aucune évaluation de la pertinence des découpages et des bénéfices attendus pour les citoyens, qui sont les porteurs d'une identité régionale. Toutes

43. Alsace, Lorraine, Champagne, Ardenne ; Midi-Pyrénées, Languedoc-Roussillon ; Aquitaine Limousin, Poitou-Charentes. Ou trois : Provence, Alpes, Côte d'Azur ; Rhône-Alpes, Auvergne ; Nord-Pas-de-Calais, Picardie.

44 Sauf Lyon et Bordeaux, avec quelques nuances.

45. C'est déjà le cas en Champagne-Ardenne et en Lorraine.

46. Munich-Bavière ; Barcelone-Catalogne ; Lyon-Rhône-Alpes ; OECD, *The Metropolitan Century. Understanding Urbanisation and its Consequences* Paris, 2015.

47. Les régions mettent volontiers en exergue leurs pouvoirs ; le Conseil de l'Europe distingue celles avec et sans pouvoirs normatifs et dans les colloques on vante le modèle espagnol ou italien. Or cela a souvent peu d'effet sur les facteurs réels de rayonnement. Les villes communiquent peu sur leur statut, alors qu'il est démontré que la gouvernance des métropoles a un impact significatif sur leur efficacité économique : OECD, *The Metropolitan Century,* précité.

48. Reims-Champagne ; Nancy-Lorraine ; Strasbourg-Alsace sont mondialement reconnus ; le nouvel ensemble (ALCA ?) n'a de signification pour personne. L'Alsace est un nom sur des cartes très anciennes. L'intégrer dans la même *région* que la Meuse, le plateau de Langres et les Ardennes est saugrenu.

les politiques sont rendues plus compliquées et bureaucratisées. Les arguments invoqués, dans une admirable langue de bois, sont ineptes[49]. La taille des régions françaises était dans la moyenne européenne. Lier la richesse d'une région à sa superficie est une sottise[50]. L'économie, le PIB, les évolutions démographiques, la densité de la population, les systèmes de déplacements sont très différents en Grand-Est ou Sud-Ouest, ce qui rend illusoire la conception d'une politique économique commune, vu les instruments dont dispose une région. Ces grosses structures vont fabriquer en leur sein un surcroît de confusion en essaimant des services sur leurs vastes étendues. Et les économies budgétaires, chiffrées de façon fantaisiste, resteront des mirages, car la réorganisation générera d'importants surcoûts. La seule amélioration est d'ordre statistique : agrandir les régions rapproche les ratios moyens et réduit mathématiquement les écarts[51]. Qu'on n'annonce cependant pas un recul des inégalités, car elles s'accentuent au sein de chacune[52] !

« La carte idéale des régions n'est pas seulement celle qui tient compte des ressources objectives, comme la présence ou non de métropoles. C'est celle qui prend en compte les *ressources subjectives des territoires*, telles que le vouloir

49. « L'objectif poursuivi est de doter les régions françaises d'une taille critique qui leur permette d'exercer à la bonne échelle les compétences stratégiques qui leur sont attribuées, de rivaliser avec les collectivités comparables en Europe et de réaliser des gains d'efficience. » (*Étude d'impact*) Qui sont ces collectivités comparables ? En concurrence sur quoi : lycées, TER, formation professionnelle, aides aux entreprises ?

50. Voyez Bâle, Genève, Luxembourg, Pays-Bas, *Land* de Hambourg, Singapour… Ruhr et Lorraine sont de taille similaire : cherchez la différence. En Espagne, les grandes communautés sont aussi les plus pauvres. L'effet taille joue pour les métropoles, à condition qu'elles aient une gouvernance appropriée (OECD, précité).

51. INSEE, *La France et ses territoires, éd. 2015, « Nouvelles régions : moins de différences interrégionales »* L. BRIÈRE, H. KOUMARIANOS. L'étude constate une homogénéisation en termes démographiques, de PIB et de répartition des activités économiques. Elle distingue « deux groupes homogènes » en population, hors Île-de-France, Rhône-Alpes-Auvergne (plus de 7,5 Mios), Outre-mer et Corse : cinq régions ont de 5 à 6 Mios d'habitants et cinq autres ont de 2 à 4 Mios chacune. Et alors ?

52. L. DAVEZIES, *La crise qui vient. La nouvelle fracture territoriale*, Paris, Seuil, La République des idées, 2012, 111 p.

vivre ensemble des habitants et l'identification à leur région[53]. » En 2014, on n'a tenu compte ni des unes ni des autres. Le refus d'écouter les représentants des territoires a même atteint des sommets inédits[54].

B. L'identité fonctionnelle, faiblesse congénitale des régions françaises

Les missions[55] des personnes publiques sont leur identifiant majeur[56] parce qu'elles sont tout entières instituées en vue d'un faire[57]. Les personnes morales, privées ou publiques, ont un statut qui définit leur objet et leur raison sociale. Entreprises collectives, elles sont destinées à produire des biens ou services et sont, à cet effet, enfermées dans une certaine spécialité[58]. Leur nom énonce souvent leur activité : musée, opéra, université, hôpital, régie des transports. Les relations que créent ces productions avec l'appareil public contribuent à fabriquer la société locale. Les personnes connaissent les administrations par ce qu'elles font ; pour beaucoup, la région se résume aux lycées et aux TER.

Et cela comporte aussi d'importants enjeux économiques. Or, il y a un décalage abyssal entre les écrits théoriques sur le principe de subsidiarité ou l'optimum territorial et ce qui se passe effectivement. Les transferts de compétences aux régions et aux départements ont été faits sans que cette problématique ne soit débattue, les attributions se faisant à la collectivité territoriale du même niveau où les services de l'État géraient ces affaires, ce qui favorisa mécaniquement le département et figea les situations sur des modèles remontant à plus d'un siècle.

---

53. Jacques Lévy, entretien au *Monde*, précité, « Raboter les identités risque de créer des replis ».

54. Aucun parlementaire alsacien n'a approuvé le nouveau découpage, les deux députés socialistes s'abstenant. Les conseils généraux et le conseil régional ont adopté des motions à d'écrasantes majorités, ainsi que beaucoup de conseils municipaux. Les mobilisations citoyennes ont été sans précédent.

55. Terme moins polysémique que *compétences*. Notre contribution : « Les personnes publiques n'ont pas de compétences », *Mélanges J. Waline, Gouverner, administrer, juger*, Dalloz, 2002, p. 235-253.

56. J. MOREAU parle des rapports « passionnants et actuels entre compétence et territoire », car ils concernent les « aptitudes des personnes » (*op. cit.*, p. 432).

57. Une personne physique aussi est définie par ce qu'elle fait : elle *est* médecin, fleuriste, journaliste, peintre.

58. État et collectivités territoriales, qui semblent échapper à cette règle en raison de l'indétermination de leurs missions, se distinguent bien des organismes privés et des autres organismes publics au vu de leurs fonctions dominantes. Commune et État ont, en outre, une figure de pouvoir tutélaire.

La faiblesse des régions françaises, en comparaison internationale aussi bien qu'au regard des autres collectivités françaises, provient fondamentalement de l'insuffisance de leurs compétences et ressources, expression de l'indéfinissable finalité et l'identité fonctionnelle des régions. Ni la théorie politique ni le droit comparé ne fournissent de réponse sûre.

Le cadre de référence du Conseil de l'Europe pour la démocratie régionale, précité, illustre cette impuissance. Les recommandations du Congrès des pouvoirs locaux et régionaux énumèrent des compétences qu'il est souhaitable ou fréquent de leur confier ; la liste recouvre presque tous les domaines de l'action publique, précisant chaque fois régional, sans expliquer en quoi consiste la dimension spécifiquement régionale de la culture, de la protection de la santé ou de l'éducation. Les préconisations sur les institutions et les finances transposent celles de la Charte européenne de l'autonomie locale. Les revendications les plus typiquement régionalistes portent sur un pouvoir normatif et sont fondées sur des caractères culturels et linguistiques, voire ethniques qui, par définition, ne sont pas également distribués sur le territoire d'un État. On passe alors de l'autonomie à diverses gradations de séparatisme ou de « nationalisme ».

Lors de travaux sur la régionalisation dans sept États[59], nous avons été frappés par l'inaptitude des gouvernants d'expliciter les raisons d'établir de telles collectivités. La plus générale, inavouée, est qu'elles font partie du standing d'un État moderne. Dans les motifs exprimés, nous avons entendu : la croyance – inexacte – que c'est une obligation au regard des institutions européennes[60] ; l'idée que cela facilitera l'obtention de fonds de l'UE et le développement régional[61] ; le constat que les collectivités existantes sont trop petites[62] ; le souhait d'établir une assemblée élue à côté d'un échelon existant d'administration d'État ; l'attente candide des bienfaits d'une régionalisation[63].

---

59. Au titre de l'assistance législative apportée par le Conseil de l'Europe (CdE) : Albanie, Arménie, Bulgarie, Géorgie, Moldavie, Roumanie, Ukraine.

60. Comité des Régions et politiques régionales de l'UE ; Congrès des pouvoirs locaux et régionaux du CdE…

61. Spécialement dans les États non encore membres de l'UE.

62. Dans plusieurs pays, l'alternative a été entre fusion de communes et création de régions qui apparaissait politiquement plus facile, mais plus coûteuse.

63. « Nous voulons des régions car rien ne marche dans ce pays » (Vice-ministre de l'administration territoriale). Cette attente est forgée par certains experts et par la description enjolivée de *modèles* (espagnols, italiens, allemands) sans analyse des conditions qui font que ces institutions fonctionnent dans un contexte donné, ni de leurs aspects problématiques.

Deux constantes caractérisent les régions. La première est le besoin d'un niveau d'administration territoriale au-dessus du local, notion très relative en termes dimensionnels[64]. Plus caractéristique, la seconde tient au fait que les États régionalisés[65] appliquent tous un modèle asymétrique, avec des régions à statuts et compétences différenciés pour des motifs géographiques (îles), ethniques ou culturels. *C'est donc autant l'exigence d'une différenciation horizontale entre les territoires qui justifie un niveau régional que le besoin d'un échelon spécifique dans la pyramide des institutions.* Le ressenti d'identités différentes au sein d'un État unitaire, dont on déplore l'uniformité des institutions et politiques, crée une demande de régionalisation soit sur le terrain, soit même dans l'administration centrale, consciente de ne pouvoir embrasser la diversité des situations réelles[66]. Paradoxalement, l'architecture fédérale est plus régulière que celle des États régionalisés.

La France n'a pas de doctrine régionaliste. Elle n'est au programme d'aucun grand parti national et il n'existe pas de partis régionaux nationalement audibles. Les mouvements régionalistes[67] (corse, basque, breton, alsacien, outre-mer…) ne se concertent que superficiellement et guère pour peser au niveau national[68]. Les transferts de compétences d'État furent faits avec une méconnaissance obstinée de la région. Les corrections envisagées par le projet de loi NOTRe sont mises à mal au Parlement. N'importe quelle fonction appartenant aux régions ou aux départements a vocation à être remise à l'autre niveau[69]. Où voit-on la spécificité de la région ?

---

64. Des régions géorgiennes, moldaves ou albanaises seraient moins étendues et peuplées que des communes danoises, des *Kreis* allemands ou de petits départements français. Et des régions de pays européens sont plus grandes que des États membres de l'UE.

65. France comprise, surtout avec l'Outre-mer.

66. L'administration déconcentrée de l'État comporte un échelon régional dans la plupart des pays unitaires : Albanie, Géorgie, Arménie, Ukraine, Algérie…

67. Depuis 2014, les autonomistes alsaciens ont multiplié les contacts avec des mouvements corses ou bretons. Un mouvement politique (Initiatives citoyennes Alsaciennes – ICA qui revendique près de 4000 adhérents) a lancé une proposition de *Conseil culturel d'Alsace*, qui s'inspire expressément du *Conseil culturel de Bretagne et* dont la création a été décidée par le Conseil régional en juin 2015.

68. Leurs revendications sont très différentes. Corses, Bretons, Mahorais ou Calédoniens n'ont pas besoin d'appuis extérieurs pour obtenir des satisfactions.

69. La loi n° 2004-809du 13 août 2004, relative aux libertés et responsabilités locales, qui devait être d'inspiration régionaliste, a fini en consécration des départements.

La région est le fruit d'un non-pensé, à chacune des étapes qui l'ont menée de circonscription de l'État en 1960[70] au statut de collectivité de plein exercice. Faute de donner suite aux propositions de regroupement des départements, on posa une copie de l'institution étatique au niveau régional qui, après expérimentation, fut concrétisée par des décrets du 14 mars 1964. Si les services régionaux n'avaient pas de pouvoir hiérarchique au sens juridique du terme, ils avaient néanmoins des fonctions de coordination et de direction qui en faisaient des ensembliers placés au-dessus des services départementaux. Depuis 2010, la REATE a encore sensiblement accentué la suprématie régionale dans les services déconcentrés. L'État, premier régionaliste en France !

La collectivité territoriale n'est pas née sur un modèle hiérarchique[71]. La transformation de l'établissement public régional en collectivité territoriale en 1982-1986 s'est faite par symétrie avec les départements, avec peu d'ambitions, quoique la loi mentionne des champs d'intervention tellement larges qu'ils en sont inconsistants[72]. À partir de 1983, on transféra à la région des missions de même nature que celles des départements ou communes (services publics, équipements). Elle n'a aucun pouvoir pour devenir seule le coordonnateur que l'État cessait d'être[73]. Même là où la loi lui donne une primauté, l'aide aux entreprises, elle est concurrencée. Elle a néanmoins exercé un rôle d'animation et de coordination tant qu'elle avait des ressources pour cofinancer les politiques des autres collectivités. Ce levier est brisé par la perte du pouvoir fiscal et la croissance des dépenses propres. Les substituts technocratiques compliqués, comme la mutualisation ou l'obscure notion de chef de file occupent les fonctionnaires, avec des résultats modestes. L'idée réitérée, à l'occasion de la loi de NOTRe, que la région sera chef de file exclusif en matière

70. Sur la base d'études antérieures, le décret nº 60-516 du 2 juin 1960 portant harmonisation des circonscriptions administratives donne la première définition normative de la circonscription d'action régionale de l'État.

71. Plans et schémas divers ont peu de prise sur le secteur public ou privé, faute d'être obligatoires et… utiles.

72. Art. 59 de la loi nº 82-213 du 2 mars 1982, codifié au CGCT art. L. 4221-1 al. 3 consacré aux pouvoirs du conseil régional : « Il a compétence pour promouvoir le développement économique, social, sanitaire, culturel et scientifique de la région et l'aménagement de son territoire, ainsi que pour assurer la préservation de son identité et la promotion des langues régionales, dans le respect de l'intégrité, de l'autonomie et des attributions des départements et des communes. »

73. Ensemble, ils exercent partiellement ce rôle par les contrats de plan État-région. Du reste, la Constitution (art. 72) interdit à une collectivité territoriale d'exercer une tutelle sur une autre, principe interprété strictement par le juge administratif.

économique aura peu de traduction concrète. Toutes les collectivités se mêlent d'économie et la région n'a pas de pouvoir de politique économique[74], malgré la répétition de formules fleurant bon les années 1970[75].

Le constat final est que la région n'est qu'un grand département spécialisé dans certaines affaires. Ce caractère sera accentué par la loi NOTRe si la suppression de la clause de compétence générale est votée : départements et régions sont fonctionnellement juxtaposés, sur des espaces géographiques différents. La conséquence logique serait de fusionner les deux pour créer, d'un coup, de grands départements et de puissantes régions. Vu les masses respectives[76], ce sera plus une départementalisation des régions que la régionalisation des départements, même si l'on gardera la région[77]. Mais cela se heurte au paradoxe suivant : le législateur a déstabilisé les régions en les agrandissant d'une manière qui interdit de les renforcer par fusion avec les départements !

III. Une région sans identité a-t-elle un sens et un avenir ?

Même appuyé sur de solides études et justifié par des arguments objectifs, un périmètre territorial reste un objet politique. La conciliation des intérêts et opinions se fait en principe par la négociation et les consultations qui permettent, en bonne logique démocratique, l'exposé des raisons pratiques et l'expression des souhaits des personnes concernées ; ce ne fut pas fait en l'occurrence (1). Peut-on tenter alors une prospective sur le devenir de l'identité régionale ? (2).

---

74. Formation professionnelle, aide aux entreprises, TER ont des effets économiques. Mais la région n'a aucun outil pour influencer la croissance et la compétitivité : fiscal, monétaire, droit du travail, normes, foncier. Les CESR émettent des avis et rapports de qualité, dont l'effet se mesure en *nano* points de PIB régional !

75. « La montée en compétences des conseils régionaux qui s'affirment aujourd'hui pleinement comme l'échelon stratégique et de planification en matière d'économie, de transports, d'aménagement ». *Étude d'impact* précitée.

76. En 2013, les dépenses des régions étaient de 28,7 Md€ et celles des départements de 72,4 Md€ (*Rapport OFL 2014*). Pour éviter l'écrasement de la région, il faudrait sortir de la nouvelle collectivité les fonctions d'assistance.

77. Les sondages montrent la relative faveur qu'a la région dans l'opinion, quoique l'on connaisse mal son rôle. En Alsace, ils indiquaient depuis les années 1990 un net soutien – entre 65 et 70 % – à l'idée de réunir les départements et la région. Le projet soumis au référendum du 7 avril 2013 fut cependant si confus qu'il a provoqué 64 % d'abstention, entraînant le rejet en raison des règles de quorum, malgré un vote global favorable de 57,65 % des suffrages exprimés.

A. L'omission des garanties de l'identité politique : études et consultations préalables

Le « droit au territoire » est l'élément constitutif fondamental d'une collectivité territoriale. Il définit la communauté politique qui bénéficie de la libre administration, c'est-à-dire de droits et libertés fondamentaux[78]. L'établissement de ce droit, comme sa modification, mérite des garanties renforcées. En l'absence d'un pouvoir d'auto-organisation confié aux pouvoirs locaux eux-mêmes[79], elles sont, dans l'histoire française comme en droit comparé, constituées de formalités de consultation des assemblées locales ou des citoyens (référendum). On pouvait raisonnablement considérer qu'il y avait là soit un principe fondamental reconnu par les lois de la République, au sens du préambule de la Constitution de 1946, soit une composante de la libre administration[80]. Le Conseil constitutionnel a sèchement écarté ces interprétations à propos des régions[81].

1. Une tradition législative française continue

L'exigence d'une consultation préalable des collectivités concernées par une modification des limites territoriales figure dans la loi depuis le XIXe siècle. Les dispositions du Code général des collectivités territoriales relatives aux communes (art. L. 2112-2 et s.) remontent, pour l'essentiel, aux articles 3 à 6 de la loi du 5 avril 1884 sur l'organisation municipale, qui reprennent, eux-mêmes, des lois plus anciennes[82]. Cette formalité était assortie d'une obligation d'enquête de *commodo* et *incommodo*. Consultation et études sont liées. L'importance de la consultation

78. « La libre administration des collectivités territoriales est-elle une liberté fondamentale ? » L. FAVOREU, A. ROUX, *Cahiers du Conseil constitutionnel* n° 12, mai 2002.

79. Sur la modification de la carte des collectivités territoriales, voir l'étude très fouillée en droit constitutionnel et administratif de M. BAUBONNE *Les instruments juridiques de la rationalisation de l'organisation territoriale décentralisée*, Thèse Bordeaux, février 2015, 509 + LXXVIII p. Un pouvoir d'auto-organisation existe pour les syndicats et les communautés et se voit également dans les réaménagements conventionnels de compétences.

80. Dans leur saisine du Conseil constitutionnel, « les députés requérants considèrent qu'en l'espèce, aucun intérêt général ne justifie l'absence de consultation préalable de collectivités concernées, et qu'une telle carence constitue une atteinte excessive au principe constitutionnel de libre administration des collectivités territoriales… »

81. Décision n° 2014-709 DC du 15 janvier 2015.

82. La *loi d'attributions municipales* du 18 juillet 1837 comportait un article 2 aux termes duquel, en cas de réunion de communes ou de « distraction » d'une section de commune, « le préfet prescrira préalablement, dans les communes intéressées, une enquête tant sur le projet en lui-même que sur ses conditions. Les conseils municipaux […], les conseils d'arrondissement et le conseil général

ne tient pas seulement à l'expression formelle d'une opinion par des autorités élues ou des citoyens, même si cela a une valeur propre en démocratie. Elle tient tout autant à des raisons de fond. Une demande de consultation est nécessairement assortie d'un exposé des motifs adossé à des études et à des données économiques, sociopolitiques et démographiques. Enquête, étude de coûts-avantages, étude d'impact : on ne modifie pas les institutions locales sans justifications rigoureusement étayées. L'article 50 de la loi organique du 10 août 1871, sur les conseils généraux, disposait que « Le conseil général donne son avis sur les changements proposés à la circonscription du territoire du département, des arrondissements des cantons et des communes et la désignation des chefs-lieux… » Les formalités sont actuellement décrites dans les articles L. 3112-1 et s. du CGCT[83].

À la date où le projet de réforme régionale avait été déposé, l'article L. 4122-1 du CGCT comportait cette obligation : « Les limites territoriales des régions sont modifiées par la loi après consultation des conseils régionaux et des conseils généraux intéressés. » Cette disposition, qui n'a pas valeur constitutionnelle, imposait au gouvernement une procédure spécifique pour préparer les projets de loi en la matière, qui n'a pas été respectée, ce que le Conseil constitutionnel ne voulut pas sanctionner. On connaît le raisonnement juridique, mais il est choquant que pareilles règles n'aient aucune portée et que la volonté expresse du parlement puisse être froidement outrepassée. Où sont les principes de sécurité juridique et de confiance légitime ?

2. Un principe méconnu de la Charte européenne de l'autonomie locale[84]

Les principes décrits ci-dessus sont également consacrés par ce traité international signé par la France le 15 octobre 1985 et en vigueur depuis le 1er mai 2007. Il a donc « une autorité supérieure à celle des lois », même s'il n'est pas directement

---

donneront leur avis. » L'article 4 prévoyait que ces modifications sont prononcées par ordonnance du roi « en cas de *consentement* des conseils municipaux » ou à défaut, pour celles de moins de 300 habitants, « sur *l'avis affirmatif* du conseil général ». Sinon, il fallait une loi.

83. *Chapitre II : Limites territoriales et chef-lieu.* Donne également lieu à consultation préalable la modification des chefs-lieux des cantons, départements et régions. Le redécoupage des circonscriptions régionales emporte des disparitions et relocalisations de chefs-lieux, qui sont des enjeux considérables dans la symbolique des pouvoirs locaux, ce qui crée de vifs conflits. Les marchandages augurent qu'on saupoudrera les institutions sur plusieurs villes, rendant l'identité et l'unité de la région encore moins perceptibles.

84. *La Charte européenne de l'autonomie locale : la vérification d'une convergence entre l'évolution en Europe et en France* (Sénat – Étude du service des collectivités territoriales nº 1, 2006-2007, 15 janvier 2007).

invocable devant le juge constitutionnel. Il énonce de façon synthétique les principes constitutifs de la décentralisation selon une doctrine commune aux États fondateurs du Conseil de l'Europe[85].

L'article 5 est, tout entier, consacré à la « Protection des limites territoriales des collectivités locales » marquant l'importance que lui accordaient ses rédacteurs : « Pour toute modification des limites territoriales locales, les collectivités locales concernées doivent être consultées préalablement, éventuellement par voie de référendum là où la loi le permet. » Le rapport explicatif est limpide.

> « Les propositions tendant à modifier ses limites territoriales – dont les projets de fusion avec d'autres collectivités représentent le cas extrême – revêtent évidemment une importance fondamentale pour une collectivité locale et ses citoyens. Si, dans la plupart des pays, il est considéré comme irréaliste de s'attendre à ce que la communauté locale ait un droit de veto à l'égard de telles modifications, sa consultation préalable, directe ou indirecte, est indispensable. »

Le député André Schneider avait déposé, le 5 août 2014, une question écrite n° 62681 au Premier ministre soulignant que « l'omission de cette formalité substantielle minerait gravement la légitimité même de la loi si elle venait à être adoptée. » Il n'a reçu aucune réponse. Lors du débat à l'Assemblée nationale, la question est revenue à plusieurs reprises devant des ministres restés muets. En troisième lecture à l'Assemblée nationale, à la 2e séance du lundi 8 décembre 2014, M. André Vallini, secrétaire d'État chargé de la Décentralisation, donna enfin cette étonnante explication :

> « La Charte européenne de l'autonomie locale a une force juridique certes supérieure à celle de la loi, mais inférieure à celle de la Constitution. Elle ne peut donc pas servir de fondement à la suppression d'une prérogative que la Constitution a attribué au législateur. Celui-ci est parfaitement en droit de procéder aux découpages régionaux. »

On confond attribution de compétence et exercice d'une compétence. Les régions sont créées comme collectivités territoriales de la République par l'art. 72 de la Constitution. La loi en fixe le régime en vertu de l'art. 34 de la Constitution, ce qui n'est pas une prérogative, et le législateur doit respecter toutes les règles qui s'imposent à lui. La Charte impose des procédures dont la violation est patente.

---

85. Elle a inspiré la révision constitutionnelle du 28 mars 2003 : disposition de l'article 72-1 relative au référendum en matière de modification des limites territoriales des collectivités territoriales; art. 72-2 sur l'autonomie financière (voir art. 9, CEAL).

3. Une consécration constitutionnelle

L'article 72-1, introduit par la loi constitutionnelle n° 2003-276 du 28 mars 2003 relative à l'organisation décentralisée de la République, dispose, dans sa dernière phrase que : « La modification des limites des collectivités territoriales peut également donner lieu à la consultation des électeurs dans les conditions prévues par la loi ». Cette procédure, qui s'ajoute à celles prévues par la législation, aurait pu être établie par une loi. Si elle a été inscrite dans la Constitution, c'est, à notre avis, pour faire pendant à la procédure traditionnelle de consultation des assemblées locales qu'on estimait déjà fondée sur un principe constitutionnel coutumier, ce que le Conseil constitutionnel n'a pas consacré.

B. Essai de prospective : repenser l'identité régionale pour fonder des régions qui font sens

Le système politique français n'a cultivé que deux sentiments porteurs d'une identité territoriale : nationale et communale[86]. Les régions n'ont été conçues ni sur un principe politique ni sur un constat identitaire, qui sont refusés par peur d'une renaissance des provinces d'ancien Régime. Néanmoins, elles ont été créées et la loi leur a formellement reconnu une vocation identitaire. En France, comme dans tous les pays européens[87], le sentiment d'identité régionale et son intensité sont très inégalement répandus, et l'État français n'est pas devant une revendication organisée, ce qui devrait lui donner un peu de raison et de sérénité pour traiter le sujet. L'idée régionale semble mal s'ajuster à l'obscur principe d'indivisibilité proclamé à l'article 1er de la Constitution. En fait, elle heurte davantage un principe plus enraciné dans la conscience collective, l'égalité « de tous les citoyens » devant la loi. Ces deux principes doivent être conciliés avec celui rajouté en 2003 : l'organisation décentralisée de la République, à défaut de quoi on reste dans l'approximation et le bricolage permanent[88].

---

86. On affiche volontiers son patriotisme communal – la fierté d'être Malouin, Lillois, Niçois, Bordelais, qui est bien reçu par les tiers, car il n'entre en conflit avec aucun autre.

87. Les cantons suisses sont pensés comme *communes*, et la plupart des régions italiennes sont constituées autour des villes historiques.

88. Et certains territoires d'outre-mer sont bien au-delà de la décentralisation.

La réforme de 2015 a accentué les disparités institutionnelles, politiques et de gestion des régions qui se répartissent désormais en quatre catégories aux caractéristiques bien tranchées. On imagine mal que ce désordre puisse persister. Mais on voit mal comment établir un nouvel ordre régional, à moins d'une grande audace politique et d'un changement de paradigme qui donne sens à la région.

1. Quatre catégories de régions : un système désarticulé

Un premier cercle comprend les régions d'outre-mer, la Corse et dans une certaine mesure la Bretagne, qui existent depuis l'origine des régions, ont une identité manifeste et un régime approprié[89]. La gouvernance y est en état normal de marche. Un second cercle comprend les régions qui restent dans leurs limites, qui ont acquis une certaine identité forgée par le temps puisqu'on y trouve un préfet de région depuis plus de cinquante ans (RIF, PACA, Centre, Pays de Loire) ; n'ayant pas à engager de réorganisation, elles peuvent concentrer leurs efforts sur la poursuite des politiques définies. Le troisième cercle, plus hétérogène, comporte des régions recomposées, dont la forme n'est pas optimale, mais ne présente pas non plus de fortes contre-indications, et où la réforme n'est pas vivement contestée, de sorte que la cohabitation pourrait conduire au mariage d'amour… un jour (les Normandie, Bourgogne-Franche-Comté, Rhône-Alpes-Auvergne) ; mais en période de crise financière, elles supporteront des coûts de réorganisation et doivent repenser les politiques. Un dernier cercle comprend les trois mégarégions de l'Est, du Midi et du Sud-Ouest, ainsi que Nord-Pas-de-Calais – Picardie. Tout y est problématique : une taille excessive pour des administrations régionales, des disparités qui interdisent la définition d'une stratégie économique concrète, la rivalité des capitales, l'absence de traditions partagées et d'identité sur tous les plans (historique, économique, culturels et démographiques, linguistique), une contestation récurrente, quoiqu'inégalement organisée et vigoureuse. En chantiers onéreux pour des années, elles auront d'immenses difficultés pour fonctionner dans un contexte extrêmement politisé. Les coûts d'inefficacité seront considérables. L'effet régressif de la réforme imposera d'autres changements qui maintiendront ces régions dans d'interminables phases de réorganisations.

89. Le périmètre de la Région Bretagne pose problème au regard de l'histoire, comme on l'a vu lors des manifestations en 2014 à propos de la Loire-Atlantique ; mais ce manque n'affaiblit pas la collectivité actuelle. Et si elle n'a pas de statut dérogatoire, elle a un Conseil culturel qui, sans être un organe de la région, y joue un rôle important.

Sortir de ce paysage régional chaotique ne peut être par simple retour au *statu quo ante*. Il faut une solution de fond ce qui suppose un grand débat politique, à l'occasion des élections nationales de 2017. Il faudra énoncer les principes et orientations pour engager rapidement une révision constitutionnelle, décidant du sort respectif ou conjoint des départements et des régions et comportant des dispositions sur les communautés. Dans la mise en œuvre, il faudra beaucoup de persévérance, d'études et un peu d'imagination si l'on veut construire l'armature institutionnelle pour les cent ans à venir.

2. Changer de paradigme : de l'identité régionale à la culture régionale

Donner un sens à la région exige de trouver son déterminant propre. L'identité n'est pas un concept satisfaisant, car ou bien on la prend dans un sens idéologique et politique et ses termes sont alors définis arbitrairement[90] ou l'objet d'éternelles confrontations; ou bien on la ramène à la somme des apparences concrètes qui distinguent un territoire et l'arbitraire sera alors dans la délimitation du territoire et la définition des indicateurs notables du particularisme régional.

Risquons une proposition doctrinale en partant de l'hypothèse que ce qui peut le mieux définir une région et justifier qu'on y implante un pouvoir politique, c'est une culture, sans chercher à préciser davantage ce terme, en le prenant toutefois dans un sens très large et non élitiste. Il y a certes des cultures locales et même microlocales, mais on peut distinguer dans notre pays des aires culturelles larges, plus ou moins typées; celles des îles, de l'Alsace ou de la Bretagne sont évidentes, mais il y en a d'autres. Elles doivent être couplées avec une aire métropolitaine qui est le centre de l'innovation, composante indissociable d'une culture vivante. La culture régionale est, par nature, largement partagée par la population. Elle est portée par des institutions sociales profondes, comme la famille, ainsi que cela a été montré par E. Todd, H. Le Bras, E. Le Roy Ladurie ou Braudel, auparavant. Elle est un patrimoine, un bien collectif par excellence, ni exclusif ni en rivalité, qui a un fort pouvoir extrinsèque sur la vie économique[91]. Science et pratiques

90. Le dialecte alsacien, si typique de la région, ne concerne qu'une faible partie des habitants.

91. On ne prétend pas que toute culture – régionale ou non – est favorable au développement et à l'innovation; certaines sont manifestement réfractaires. La diversité des cultures, qui justifie la diversité des découpages territoriaux, entraîne une diversité de pratiques sociales, de résultats économiques, de gestions de l'environnement, etc. qu'on reconnaît.

économiques sont elles-mêmes des produits culturels. Il est impossible de penser l'idée d'économie régionale sans en voir la dimension culturelle qui fait la différence, toutes choses égales par ailleurs.

La recherche économique sur ces questions est très minoritaire, car on s'éloigne des lieux de pouvoir de la macro-économie et de la finance et cela oblige à prendre du recul par rapport à la théorie dominante sur la rationalité du marché et aux méthodes de modélisation mathématique. Pourtant, depuis les origines de la pensée économique et de la sociologie certains auteurs lient l'économie au reste de la société (Stuart Mill, Max Weber...). Le célèbre historien-économiste Karl Polanyi écrivait en 1957 :

> « L'économie humaine est [...] encastrée et englobée dans des institutions économiques et non économiques. Il importe de tenir compte de l'aspect non économique. Car il se peut que la religion et le gouvernement soient aussi capitaux pour la structure et le fonctionnement de l'économie que les institutions monétaires... »

Des travaux récents illustrent cela en France[92] et on peut transposer le constat à l'Europe[93]. Des économistes de l'Université de Strasbourg (A. Héraud, R. Kahn...), qui travaillent sur le capitalisme rhénan (qui ne se confond pas avec la politique économique de la République fédérale) ont montré que ce modèle est lié à des comportements et des traits culturels qui ne sont pas exclusifs à cette région, mais qui y sont plus marqués et qui distinguent l'économie alsacienne de ses voisines françaises, mais aussi suisses et allemandes.

Le critère déterminant d'une culture-identité territoriale est qu'elle a une histoire et qu'elle est mémoire collective. Située dans le temps long, elle perdure grâce à une transmission dans les familles et des réseaux sociaux. Elle est produite par la langue, l'histoire (si importante en Alsace, mais aussi, différemment, en Lorraine et Champagne-Ardenne), la géographie, l'économie (agricole, viticole, minière, maritime...). C'est moins le contenu de la culture et notamment ses « folkloriques » qui

---

92. R. KAHN, R. LESQUÈRE, J.-M. KOSIANSKI, *Culture régionale et développement économique – Des ressources territoriales pour les économies régionales*, L'Harmattan 2014, 358 p.

93. Malgré l'uniformisation des règles structurantes du système économique les différences restent immenses, non seulement du fait du passé et des réalités physiques, mais du fait d'une application différente des règles et du poids des cultures nationales, encore très typées, entre les extrêmes (Grèce et Allemagne), mais aussi entre des pays d'apparence proches comme le Danemark et les Pays-Bas. *L'intégration* n'est pas seulement affaire de règles et mécanismes !

importent, car elle est toujours complexe[94], que le fait qu'elle a des canaux de diffusion intergénérationnelle, et multiformes qui sont eux les vraies caractéristiques régionales (associations, fêtes, gastronomie, folklore, sports, chants, musique et récits…). Les activités collectives sont plus intenses dans les régions qui ont une identité affichée (Bretagne, Pays basque, Alsace, Nord flamingant…). En termes marxistes, elle est de l'ordre des infrastructures face à des institutions politiques dont elle détermine le fonctionnement, même si elles rétroagissent. Lorsqu'elle est culture, l'identité a généralement un fort effet intégrateur; loin d'être repli sur soi et exclusion de l'autre (encore que cela puisse être dans la nature de certaines cultures) elle a une grande capacité d'attraction[95].

Nous voyons bien l'objection majeure à la thèse qui consiste à vouloir donner un fondement culturel à l'institution régionale : sous l'effet des relais de culture actuels (télévision internet, réseau social, etc.), elle s'uniformise et sera de plus en plus difficile à percevoir dans une forme territorialisée et alors que l'économie, pour sa part, se globalise. Cela ne peut être contesté. Mais il y a aussi des indices de sens contraire et une culture originale peut être un formidable atout. La région que nous esquissons n'est pas destinée à faire de la muséologie et sa fonction économique n'est pas de vouloir faire ce que faisait l'État dans les années 1970. C'est de comprendre en quoi le système culturel original donne à cette région des atouts et des faiblesses qu'il appartient au pouvoir politique de soutenir ou corriger. C'est d'ailleurs à cela que devaient servir les CESE des régions et cela consiste, finalement, à faire ce que dit la loi : promouvoir l'identité régionale.

94. Le seul consensus sur la définition de l'identité alsacienne est qu'elle est une alchimie rare d'éléments multiples et souvent opposés (vin-bière, montagne-plaine, traditions-goût de l'innovation, localisme et mondialisme, culture germanique et française) et en mouvement. M. LIENHARD, *Histoire et aléas de l'identité alsacienne*, Strasbourg, La Nuée Bleue, 2011.

95. Bâle comprend de nombreux étrangers qui parlent avec l'accent local et prennent les comportements des gens du cru. Les médias ont rapporté qu'un grand nombre de manifestants contre la grande région Est n'habitaient en Alsace que depuis peu d'années, mais se sentaient Alsaciens. La non-intégration n'est pas seulement imputable à la culture du lieu d'accueil, mais souvent au lieu de départ!

***
*

Concluons. On est frileux en France sur l'autonomie régionale parce qu'elle présente deux risques sérieux. Le premier est celui de l'instabilité du système politique. Une région s'affirme nécessairement face aux autorités au-dessus et en dessous. L'autonomie étant un concept élastique, les équilibres sont fragiles. Dans l'État fédéral, les compromis sur la répartition des pouvoirs sont scellés dans la Constitution, ce qui leur assure une certaine solennité et pérennité. Les partages faits par la loi dans l'État régionalisé sont susceptibles de réformes et controverses permanentes comme le montrent d'innombrables exemples en Europe même. Le second problème est celui de la solidarité. Au sein même de la société apparaissent des signes très préoccupants de fractures dont on pourrait craindre qu'elles ne soient amplifiées par un renforcement de l'individualisme régional. Il n'y a pas de réponse certaine, mais c'est dans des unités plus petites que la nation ou l'Europe que la vraie solidarité entre personnes et groupes peut prospérer, surtout si la culture régionale ambiante s'y prête. L'enjeu de la restauration du vivre ensemble est très important, et pas seulement en France[96]. Ensuite, il y a la solidarité plus large, nationale, par la fiscalité et les systèmes sociaux. Il y aura toujours des régions riches et moins riches et les premières sont de moins en moins disposées à partager vu les niveaux atteints par les flux de redistribution[97]. Un État fort, arbitre, régulateur et distributeur reste donc indispensable, sachant que contrairement aux espérances passées, ces fonctions ne seront pas assumées par les institutions européennes.

96. R. SENNETT, *Ensemble. Pour une éthique de la coopération*, Albin Michel, 2014.
97. L. DAVEZIES, *Le nouvel égoïsme territorial, le grand malaise des Nations*, Paris, Seuil, « La République des idées », 2015.

LA REDISTRIBUTION DES COMPÉTENCES ENTRE LE DÉPARTEMENT ET LA RÉGION

par

Jean-Marie PONTIER

Professeur
Université d'Aix-Marseille

Les collectivités territoriales sont entraînées depuis plusieurs années dans un maelström de réformes qui se succèdent à un rythme soutenu, de nouvelles réformes intervenant avant que celles prévues par une précédente loi aient commencé à s'appliquer, le Parlement (et le gouvernement) semblant pris d'une frénésie de réformes impossible à arrêter.

Pour prendre un peu de recul nécessaire, il est d'abord indispensable de rappeler quelques données du problème. En premier lieu, la décentralisation s'exprime nécessairement par la reconnaissance de compétences suffisantes, ou suffisamment étendues, aux collectivités territoriales. Et, dans un pays tel que le nôtre, où l'État dispose traditionnellement de compétences étendues, la décentralisation s'exprime nécessairement par des transferts de compétences de l'État vers les collectivités territoriales. Ces transferts de compétences sont au moins aussi importants que la liberté – toujours relative – du pouvoir de décision reconnu à des autorités représentatives des collectivités territoriales.

Un deuxième point à rappeler est que les transferts de compétences qui se sont produits en France ont été jusqu'à présent presque exclusivement des transferts de compétences de l'État vers les collectivités territoriales. La raison en est dans l'inégalité et la dissymétrie qui ont caractérisé les relations entre l'État et les collectivités territoriales. Il est à noter un paradoxe : cette faiblesse des collectivités territoriales est à rapprocher, au moins pour les communes, de la compétence générale qui leur a été reconnue à travers ce qu'il est convenu d'appeler la clause générale de compétence (ou clause de compétence générale). Or aujourd'hui, ce qui est caractéristique, ce n'est plus cet aspect, c'est un transfert de compétences entre collectivités territoriales, plus précisément entre le département et la région.

Un troisième point est à rappeler, qui est une véritable inversion des problématiques. En 1982, la question que se pose le législateur est de savoir ce que l'on peut donner comme compétences aux régions qui sont créées. La situation est alors tout à fait nouvelle, car c'est la première fois en France que les régions sont créées, si l'on fait abstraction du projet rejeté de 1969. Et le législateur éprouve manifestement un certain embarras pour déterminer les compétences des régions, car il n'est pas question, politiquement, en 1982, de « prendre » des compétences sur les autres collectivités territoriales (départements et communes) pour les donner à la région. Or, en 2015, la problématique s'est inversée, la question devenant de savoir ce que l'on peut laisser aux départements, en raison du sort théoriquement incertain de ces derniers – et même si personne ne croit plus en leur suppression[1] – et de l'accent qui est mis sur les régions.

Pourquoi parler de redistribution de compétences ? Parce qu'il s'agit bien, comme dans un jeu de cartes, de redistribuer celles-ci. Nous avons vécu avec un certain équilibre, quel qu'il ait pu être, entre les collectivités territoriales, et cet équilibre est modifié parce que les pouvoirs publics se sont rendu compte – ce qui apparaissait évident à certains depuis longtemps – qu'il fallait renforcer les régions, ces dernières étant l'échelon largement privilégié à l'échelon de l'Union européenne[2].

Que dire d'une telle redistribution, telle qu'elle apparaît à travers la loi ? Cette redistribution s'effectue indiscutablement au profit des régions, et à un certain détriment des départements, et si elle était inévitable, elle demeure à l'heure actuelle encore tâtonnante.

1. Certes, ce n'est pas directement le département en tant que tel dont il a été proposé et affirmé la suppression par le Président de la République, mais les conseils départementaux. Mais on ne voit pas comment une collectivité territoriale pourrait subsister sans son assemblée délibérante. La suppression des conseils départementaux implique nécessairement la disparition des départements. En revanche, il est parfaitement possible de supprimer la collectivité départementale en laissant subsister la circonscription administrative avec à sa tête le préfet.

2. D'ailleurs, il est significatif, même s'il s'est ouvert à d'autres catégories de collectivités territoriales que les régions, que le Comité des Régions porte cette dénomination.

I. Une redistribution des compétences inévitable

Dès lors qu'il y a pluralité de personnes publiques, et même dans un État centralisé et concentré, il y a nécessairement un certain partage des compétences, notamment entre le niveau central et les niveaux locaux. Une certaine répartition des compétences a ainsi été opérée entre le département et la région, mais elle présentait un caractère très discutable, l'insatisfaction qui en a résulté étant à l'origine d'une recherche de clarification toujours actuelle.

A. Le caractère contestable de la répartition entre le département et la région

Lors de la création des régions, le législateur détermine quelles sont les compétences de ces dernières, il le fait sans aucune rationalité, parce qu'aucune réflexion de fond ne préside à ce travail.

1. L'absence de rationalité du partage...

Relevons d'abord une particularité historique qui a disparu, mais qui a pesé sur l'appréciation portée sur les différentes collectivités territoriales. Cette particularité tient à la nature juridique de la région lors de sa création en 1982.

Il aurait été logique que la région fût créée par une modification de la Constitution, ce que semblaient appeler les dispositions alors applicables. Pour des raisons diverses, qui sont largement politiques, les pouvoirs publics ont choisi la voie législative pour créer la région, et cette voie a été validée par le Conseil constitutionnel. Mais, du coup, il existait une dissymétrie entre les catégories de collectivités territoriales, les communes et les départements ayant un statut constitutionnel, alors que la région n'avait « qu' » un statut législatif. Cette anomalie a été supprimée lors de la réforme constitutionnelle de 2003, mais elle a contribué pendant des années à un sentiment d'infériorité de la région[3].

Bien avant que la région ne devienne collectivité territoriale on a pensé aux compétences qu'elle pouvait avoir. Mais on y a pensé de manière négative : il était entendu que les régions ne devaient pas « faire de l'ombre » aux collectivités existantes, c'est-à-dire ne pas empiéter sur leurs compétences. Ce n'étaient

3. Et il ne faut pas oublier qu'en matière d'organisation administrative, comme dans des domaines où l'on est prêt à les admettre plus facilement, les considérations irrationnelles ne sont pas absentes. Les sentiments, les considérations émotionnelles, pèsent tout autant, sinon plus, même dans l'organisation administrative, que les considérations rationnelles.

pas tellement les communes qui étaient visées, mais les départements, parce que naturellement ces derniers étaient plus proches de la région que les communes. Les départements ont perçu les régions – il n'est pas certain que ce ne soit pas toujours le cas, en témoignent les débats que nous allons examiner sur les transferts éventuels de compétences des départements aux régions – comme des concurrents, la méfiance a toujours été de mise.

Les textes portent trace de ces hésitations et de ces réserves à l'égard de la région, quels qu'aient pu être les discours sur celle-ci. Si l'alinéa 1er de l'article L. 4221-1 du CGCT issu de la loi du 2 mars 1982 dispose que « le conseil régional règle, par ses délibérations, les affaires de la région », paraissant ainsi aligner les régions sur les communes[4], en revanche l'alinéa 2 de cet article paraît plus restrictif. Il dispose que le conseil régional « a compétence pour promouvoir le développement économique, social, sanitaire, culturel et scientifique de la région et l'aménagement de son territoire et pour assurer la préservation de son identité dans le respect de l'intégrité, de l'autonomie et des attributions des départements et des communes ».

Si l'on passe sur ce terme de « promouvoir » – que ne promeut-on pas aujourd'hui ? – une telle formulation paraît particulièrement laborieuse. Le terme de « développement » utilisé par cet alinéa paraît spécialiser la région, lui donner une vocation particulière. Et l'idée de « spécialisation » est bien celle qui apparaît à travers les débats parlementaires. Dans l'exposé des motifs du projet de loi relatif à la répartition de compétences entre les communes, les départements, les régions et l'État, le ministre de l'Intérieur et de la Décentralisation, définissant le rôle de chaque collectivité locale (on ne parlait pas encore de collectivité territoriale) déclarait que « la région, de création récente, a fait la preuve de son aptitude à innover, à planifier et à coordonner les investissements publics »[5], faisant implicitement référence, non pas à la collectivité territoriale qu'était la région, et qui n'avait pu faire la preuve, à cette date, de rien du tout, mais de l'établissement public régional, voire, auparavant, des préfets de région, ce qui est tout différent.

4. Il faut remarquer qu'il en a été de même en 1982 pour les départements, en ce sens qu'avant cette loi, les compétences du département n'étaient pas définies par cette formule, et que, contrairement à une opinion répandue, on pouvait douter de l'attribution aux départements d'une clause générale de compétence, en revanche, à partir de 1982 les choses sont parfaitement claires, le législateur ayant adopté pour le département la même formule bien connue applicable à la commune. Voir J.-M. PONTIER, *Semper manet*, sur une clause générale de compétence, *RDP* 1985, p. 1443.

5. Annexe n° 409, Doc. parl. Sénat, deuxième session ordinaire de 1981-1982, p. 6.

2. … révèle une absence de véritable réflexion sur la région

Pourquoi les choses se sont-elles passées ainsi, pourquoi est-on obligé ou se sent-on obligé de revenir sur la question des compétences de la région, pourquoi procède-t-on à ce qui est plus qu'une rectification des compétences, mais une véritable redistribution ? N'aurait-on pas pu dès le départ éviter d'avoir à reprendre sans cesse cette question du partage des compétences ?

Une première explication tient à l'avènement – on est tenté de dire à la naissance difficile – de la région. La région a longtemps été rejetée, récusée : sous la Troisième République, les propositions de loi de création des régions n'ont pas manqué, elles ont été systématiquement repoussées. Sous la Quatrième République, les dirigeants n'ont pas plus admis la région, même si la brièveté d'existence de ladite République et les préoccupations politiques externes comme internes, ajoutées à la paralysie progressive des institutions, n'ont pas permis qu'un véritable débat ait lieu sur la région. Mais sous la Cinquième République, les réticences seront encore fortes, les partis politiques, notamment à « gauche », ne se convertiront que très lentement à la région. Le référendum de 1969 signe l'échec des pouvoirs publics, du Président de la République spécialement, d'instituer la région, même si plusieurs explications autres peuvent être présentées[6]. Les départements, à travers leurs élus, sont alors très hostiles à l'égard de la région, en laquelle ils voient – et ce n'était d'ailleurs pas à tort – un concurrent potentiel.

La suite de l'histoire montre d'ailleurs des pouvoirs publics hésitants, indécis, prudents quant à la politique à suivre concernant la collectivité régionale. Une véritable collectivité régionale faisant peur, les pouvoirs publics se tournent vers la formule de l'établissement public, d'autant plus pratique que l'évolution de la formule de l'établissement public autorise des solutions intermédiaires qui satisfont des intérêts divers : c'est la formule de l'établissement public territorial. Cette formule est désormais bien connue, puisqu'elle est utilisée depuis 1959 (voire

6. Certes, la réforme du Sénat, proposée en même temps que la création de régions, a dû jouer un rôle non négligeable, mais, d'une part, étant donné qu'il y avait deux questions et une seule réponse, il est impossible de dire à quoi véritablement les Français ont répondu « non », d'autre part, le refus d'une collectivité régionale était encore très fort à cette date.

depuis 1890) pour la coopération intercommunale. La région naît donc dans une relative discrétion et un assez large consensus sous la forme de l'établissement public territorial. Elle le restera jusqu'en 1986[7].

L'absence de réflexion de la région apparaît encore dans le choix effectué pour le découpage régional, plus précisément d'ailleurs l'absence de découpage ou de redécoupage. Car le cadre des régions de 1982-1986 est, à quelques corrections près, le cadre de l'établissement public territorial[8], qui était lui-même de cadre de la circonscription administrative, soit encore le cadre défini par le décret du 2 juin 1960, qui n'avait jamais été pensé pour une collectivité territoriale. La logique aurait été que le découpage régional fût repris, repensé, en fonction de ce que l'on souhaitait que les régions fussent. Par crainte de ne pouvoir maîtriser une telle opération, les pouvoirs publics ont choisi en 1982 la voie de la facilité, qui était celle d'un découpage purement administratif conçu pour les besoins de la planification de l'État à l'échelon local. Et il est tout aussi caractéristique qu'il ait fallu attendre 2015 pour qu'un redécoupage soit opéré, encore n'est-il pas vraiment le produit d'une réflexion sur le cadre d'une collectivité régionale[9].

L'absence de réflexion est encore notable dans la méthode adoptée pour définir les compétences des régions. Une double définition, quelque peu embarrassée, a été adoptée. D'une part, en effet, l'article L. 4211-1, dispose : « La région a pour mission, dans le respect des attributions des départements et des communes et, le cas échéant, en collaboration avec ces collectivités et avec l'État, de contribuer au développement économique, social et culturel de la région par… », cette affirmation étant suivie d'une longue énumération. La formule « développement économique, social et culturel » est une formule convenue, presque un cliché, qui peut recouvrir à peu près toutes les actions possibles et, indiscutablement, tous les domaines, l'énumération qui suit restreignant en revanche le champ des interventions de la région.

7. 1986 et non 1982 puisque, de par la volonté expresse du législateur, si la création des régions date bien de 1982, leur naissance était subordonnée à l'élection des premiers conseils régionaux au suffrage universel direct, laquelle est intervenue (pour différentes raisons) avec retard, en 1986.

8. L'article L. 4111-1, second alinéa, du CGCT, dispose : « Elles sont créées dans les limites territoriales précédemment reconnues aux établissements publics régionaux. »

9. D'une part, en effet, ce redécoupage n'est en fait qu'un regroupement différent de départements, en réduisant le nombre de régions, d'autre part, il semble que cette opération ait été effectuée un peu rapidement, sans trop laisser le champ à la réflexion, pour permettre l'adoption d'une loi.

D'autre part, l'article L. 4221-1 du même code dispose : « Le conseil régional règle par ses délibérations les affaires de la région[10]. » Cette disposition appelle deux observations. En premier, le législateur a utilisé pour la région la même formule qui existait pour la commune, et qui a été étendue en 1982 aux départements, en vue d'avoir des formulations comparables, ce qui s'explique bien. Mais, en second, cette formule a été entendue, pour la commune, comme fondant ce qu'il est convenu d'appeler la clause générale de compétence ou la clause de compétence générale. Et la même formule ne peut avoir que la même signification lorsqu'elle est utilisée pour la région.

B. La recherche d'une clarification des compétences

Les pouvoirs publics, Parlement et gouvernement, affirment en chœur qu'il est indispensable d'opérer une clarification des compétences, et ils s'emploient à effectuer cette clarification. Mais ce qu'il est possible de dire dès l'abord, c'est qu'il s'agit d'un long chemin, et il ne semble pas, nonobstant les affirmations réitérées des lois, que l'on en voie le terme.

1. Les voies explorées en vue d'une clarification

Comment clarifier la répartition des compétences entre les collectivités publiques, avec cette situation « déséquilibrée » que constitue le double pôle, d'une part, de l'État, dont les compétences peuvent, *a priori*, être relativement bien définies[11], d'autre part, des collectivités territoriales qui, elles, sont plurielles, avec les communes, dont le principe même n'est pas discuté, et les départements et les régions, dont la proximité est, elle, source de problèmes ? Deux voies ont été suivies jusqu'à présent, et successivement, celle de la « vocation » et celle de la spécialisation.

---

10. La loi du 16 décembre 2010 de réforme des collectivités territoriales a ajouté à cette phrase la formule « dans les domaines de compétence que la loi lui attribue », formule supprimée par la loi de modernisation et d'affirmation des métropoles du 27 janvier 2014, avant que la nouvelle loi de 2015 ne la rétablisse (ou établisse une formule équivalente…).

11. Mais ce n'est qu'une apparence. Il est habituel de dire que l'État possède un socle de compétences qui n'appartiennent qu'à lui, les compétences dites « régaliennes ». Mais, outre que, à supposer que l'on puisse clairement identifier ces compétences régaliennes, le problème subsisterait, dans la mesure où, précisément, le débat est le plus vif dans les autres domaines, la notion de compétences régaliennes est loin d'être simple que ce l'on affirme habituellement.

Le recours au terme de « vocation » pour les collectivités territoriales[12] peut surprendre à juste titre. D'une part, c'est un terme qui n'a rien de juridique, il relève d'abord du domaine religieux, où il signifie appel, appel de Dieu à une personne ou à un peuple, et l'on voit mal *a priori* comment on pourrait appliquer ce terme aux collectivités territoriales. D'autre part, même si l'on prend le terme au sens large, au sens d'inclinaison vers quelque chose, de penchant, on ne voit toujours pas comment on pourrait l'appliquer à ces dernières. Il faut alors comprendre ce terme au sens de missions qu'elles ont. Mais à ce moment-là, on est loin de l'idée originelle de vocation, car les missions sont imparties, elles ne sont pas « naturelles »[13], la vocation est une réponse d'une personne à un appel.

Mais au-delà de cette terminologie quelque peu critiquable, cette idée a trouvé depuis de nombreuses années, en fait depuis pratiquement la loi de 1982, une expression concrète avec la notion de « bloc de compétences ». Cette terminologie est juridique, et elle est relativement claire : un bloc de compétences c'est un ensemble de compétences remis à une institution, afin de simplifier l'organisation de la matière, d'éviter que l'on ne s'interroge indéfiniment sur la personne compétente. Et la notion de « bloc de compétences » est familière au surplus aux juristes, puisqu'elle est appliquée jurisprudentiellement en ce qui concerne la répartition des compétences entre les juridictions administratives et les juridictions judiciaires[14]. L'idée est donc intéressante, et l'on part de bonnes intentions. Comment n'approuverait-on pas ce qui apparaît comme une tentative louable pour mieux répartir rationnellement les compétences.

Mais la réalité à laquelle on est parvenu n'est pas celle-là. Pourquoi donc ? Il faut observer au préalable que tous, gouvernement comme Parlement, sont d'accord pour constater que la répartition des compétences n'a pas suivi la logique des blocs. Tous les rapports au Parlement reviennent sur ce constat : on a voulu au départ instituer des blocs de compétences, et on n'y est pas parvenu. Et il s'ensuit une proposition : il faut recommencer ce que l'on n'a pas réussi à faire jusque-là,

12. On le trouve utilisé dans plusieurs rapports parlementaires et dans les débats parlementaires. Voir par ex. le *Rapport d'information de la mission temporaire sur l'organisation et l'évolution des collectivités territoriales* intitulé *« Faire confiance à l'intelligence territoriale »*, Sénat 17 juin 2009, n° 471, p. 17.

13. Et l'on ne peut considérer que les collectivités territoriales détiendraient « par nature » certaines compétences. Les compétences ne peuvent qu'être attribuées par l'État.

14. L'un des blocs de compétences les plus simples et les plus connus est celui qui est reconnu au juge judiciaire en ce qui concerne les litiges opposant les usagers aux services publics à caractère industriel et commercial.

il faut corriger les erreurs qui ont été commises pour parvenir enfin à réaliser ces blocs de compétences. Mais un tel constat est contestable, comme la proposition qui l'accompagne, parce que les pouvoirs publics font régulièrement les mêmes erreurs d'appréciation. Ces erreurs sont les suivantes :

– En premier lieu, ceux qui considèrent les blocs de compétence comme une solution se trompent lorsqu'ils affirment que le législateur a institué de tels blocs en 1982. En effet, selon l'article L. 1111-4 du CGCT[15] premier alinéa :

> « La répartition des compétences entre les collectivités territoriales et l'État s'effectue, dans la mesure du possible, en distinguant celles qui sont dévolues aux communes, aux départements ou aux régions de telle sorte que chaque domaine de compétences ainsi que les ressources correspondantes soient affectés en totalité soit à l'État, soit aux communes, soit aux départements, soit aux régions. »

Mais comment ne pas relever que la formule « dans la mesure du possible » ruine l'affirmation et surtout l'objectif poursuivi ? Comment croire que chaque domaine de compétences puisse être affecté « en totalité » à l'État ou à une collectivité territoriale dès lors que des exceptions sont envisagées, et à juste titre ? Comment ne pas penser que dans la réalité, qui est complexe, avec le poids de l'histoire, des considérations d'opportunité, de telles exceptions vont se multiplier, anéantissant le principe posé ? Une telle disposition, telle qu'elle a été adoptée, comporte des énoncés contradictoires.

– En second lieu, à supposer même que des blocs de compétences aient été institués – et ce n'est pas le cas – l'histoire a montré que les lois intervenues depuis, et elles sont extrêmement nombreuses, soit ont modifié directement sur tel ou tel point la répartition des compétences[16], soit ont eu indirectement des incidences sur cette répartition. Cela n'a rien d'étonnant, car dans la mesure où les collectivités publiques interviennent aujourd'hui dans la plupart des domaines, il suffit que le législateur veuille intervenir dans l'un de ces domaines – quel qu'en soit le motif, et même si la décentralisation n'est pas en cause – pour que, de manière quasi mécanique, la répartition des compétences en soit affectée.

---

15. Le texte de cet article résulte d'abord de la loi du 7 janvier 1983, il a été modifié ensuite par plusieurs lois, en particulier la loi n° 2004-809 du 13 août 2004 et la loi n° 2010-1563 du 16 décembre 2010, mais la formule utilisée et commentée ci-dessus n'a pas été modifiée.

16. Aucun domaine n'a échappé à ces corrections ou inflexions, qu'il s'agisse du « social », domaine immense qui donne lieu en permanence à des rectifications de compétence, des interventions économiques, de la culture, du sport, du tourisme, etc.

Que déduire de tout cela ? Que le souhait, parfaitement compréhensible et parfaitement légitime, d'établir des blocs de compétences, est une illusion, que toutes les politiques conduites en ce sens sont vouées à l'échec. La bonne volonté des dirigeants n'est pas en cause, c'est la réalité qui, par sa complexité, interdit les blocs de compétences. Ce qui est critiquable dans l'action des pouvoirs publics c'est leur persévérance dans une voie qui est une impasse.

Une autre voie, distincte de la précédente, même si elle paraît en être une modalité, est celle de la spécialisation. Celle-ci signifie ou implique, comme son nom l'indique, un cantonnement des compétences de la catégorie de collectivités considérée, les collectivités dont les compétences sont ainsi encadrées ne pouvant intervenir que dans les champs de compétences qui leur sont expressément dévolus. Ce mécanisme n'est pas sans rappeler, mais en sens inverse, le mode de détermination des compétences au sein d'un État fédéral pour la définition des compétences de ce dernier. Et a priori, cette idée paraît, sinon séduisante[17], tout au moins convaincante, car de nature à éviter les empiétements réciproques de compétences. Il reste à savoir si une telle spécialisation est envisageable et réaliste.

2. Les difficultés d'une clarification des compétences

Il ne suffit pas d'énoncer avec une conviction touchante un principe pour que ce dernier soit effectivement applicable. Et, dans le domaine qui nous concerne, une remarque préalable est indispensable sur cette clarification. La recherche d'une clarification des compétences n'est pas, en effet, une nouveauté, une découverte que l'on ferait d'une solution à laquelle on penserait tout d'un coup, c'est plutôt l'inverse : la recherche de la clarification des compétences apparaît comme une préoccupation récurrente.

Cette préoccupation est même plus ancienne que ne le pensent et ne l'affirment les autorités politiques. C'est dans les années 1962, soit tout au début de la Cinquième République, que de telles préoccupations commencent à se manifester. Il n'est pas difficile d'en retrouver la trace dans les débats parlementaires et dans quelques circulaires adoptées. Par ailleurs, cette clarification est demandée de manière explicite dans l'un des premiers rapports déposés relativement à la réforme des

17. Pour les collectivités territoriales françaises, la spécialisation ne peut évidemment apparaître que comme un « recul » dans la mesure où, jusque-là, elles étaient supposées pouvoir intervenir dans tous les domaines dès lors qu'un intérêt public local était en jeu et que la compétence n'avait pas été remise de manière exclusive à une autre catégorie de personnes.

collectivités locales[18], et cette préoccupation ne cessera d'animer les commissions qui sont désignées ensuite, notamment la commission Mondon-Pianta. De manière plus récente, on peut relever que cette clarification des compétences occupe un titre entier dans plusieurs des dernières lois adoptées.

Et il faut bien déduire de ce constat l'une ou l'autre (ou les deux) des deux affirmations suivantes : ou bien les parlementaires s'y sont vraiment très mal pris dans les dispositions qu'ils ont adoptées pour clarifier les compétences, puisqu'ils se sentent obligés (et à juste titre) d'y revenir régulièrement ; ou bien l'objectif est en fait un objectif inaccessible et le Parlement poursuit des chimères. Ceci étant posé, deux observations peuvent être présentées, qui éclairent, sans nécessairement les expliquer, les difficultés rencontrées.

En premier lieu, la clarification des compétences ne peut être absolue, complète, elle est toujours nécessairement une clarification approchée, incomplète. En témoigne, notamment, la loi du 16 décembre 2010 qui entendait précisément clarifier les compétences en supprimant la clause de compétence générale des départements et des régions. La loi est en définitive très compliquée, il n'est pas certain que, telle qu'elle avait été votée, elle aurait effectivement apporté une simplification sur ce point[19], mais le plus caractéristique, du point de vue qui nous intéresse, est représenté par les atténuations et les exceptions à cette spécialisation des compétences des départements et des régions[20].

Trois domaines, notamment, ont été exclus de cette spécialisation : la culture, le sport, le tourisme. Cela veut dire clairement que dans ces trois domaines les départements et les régions pouvaient continuer d'intervenir comme auparavant, il n'y avait rien de changé pour ces trois domaines. Une telle atténuation à ce qui apparaissait et était présenté comme un changement profond appelle plusieurs remarques. En premier lieu, on peut comprendre que le législateur ait hésité à s'engager sur la voie d'une spécialisation des compétences en ces trois domaines. Au Parlement, dans les rapports comme dans les débats, il a été dit clairement qu'il

18. Il s'agit du rapport de V. BOURREL intitulé *Rapport au nom de la commission d'études des problèmes municipaux*, Paris 1965.

19. Toutes les dispositions de la loi de 2010 n'ont pas été abrogées, mais celles qui nous concernent, en particulier concernant la suppression de la clause de compétence générale, l'ont été par la loi du 27 janvier 2014.

20. Voir J.-M. PONTIER, « Requiem pour une clause générale de compétence », *JCP* A 2011, n° 2015.

était impossible de procéder à une spécialisation des compétences dans ces trois domaines, tant ils étaient enchevêtrés du fait de la multiplicité des interventions des différentes collectivités territoriales.

En deuxième lieu, on ne peut qu'être étonné par la formulation adoptée par le Parlement. Soit le terme de « culture », qui est le plus significatif des trois : dans le domaine de la culture, donc, départements et régions peuvent continuer à intervenir, comme les communes d'ailleurs. Mais que recouvre ce domaine de la culture ? Il faudrait, pour le déterminer – ce qui paraît indispensable puisqu'il s'agit d'une exception à un principe, pouvoir définir de manière incontestable la culture. Or ce n'est pas le cas. La notion de culture peut faire l'objet d'appréhensions et de définitions extrêmement diverses, et qui sont plus ou moins larges[21]. Si l'on adopte une interprétation plutôt large, ce qui est la conception dominante aujourd'hui, presque tout peut entrer dans le domaine de la culture. Il est possible de dire que la culture concerne le social, c'est le plus évident[22], mais également l'économique[23]. Et la culture n'est guère dissociable du sport[24], comme elle n'est guère dissociable du tourisme[25].

La déduction à tirer des développements précédents est assez simple : par le biais de ces trois domaines, on met en échec la spécialisation. Celle-ci n'a plus grande signification dès lors que par ces trois exceptions des domaines extrêmement nombreux, extrêmement variés, peuvent entrer dans le champ de compétences des collectivités soi-disant spécialisées. Et, du coup, il n'y a pas ou plus de clarification des compétences : si toutes les collectivités peuvent continuer à intervenir dans ces différents domaines, où est la clarification ? On peut même inverser la problématique en affirmant que des lois telles que la loi du 16 décembre 2010 ne peuvent que contribuer à une complication supplémentaire au lieu de simplifier. Car les

21. Sachant que la tendance à notre époque est plutôt à une interprétation large de la culture.

22. D'ailleurs, il existe un domaine qui emprunte à la fois au « social » et au « culturel », c'est le domaine socioculturel, qui penche tantôt plus du côté de la culture et tantôt plus (cas le plus fréquent) du côté du social.

23. Il suffit, par exemple, de prendre en considération les transports, pour faciliter l'accès à un équipement culturel.

24. Les communes ont d'ailleurs créé des équipements qui sont à la fois des équipements sportifs et des équipements culturels.

25. Cet aspect est encore plus évident que le précédent : un monument historique concerne évidemment la culture, mais il peut intéresser également le tourisme, et les autorités locales ne s'intéressent souvent à la dimension culturelle que parce que le monument présente, aussi, un intérêt touristique.

dispositions sur les financements croisés, supposées limiter les interventions des collectivités territoriales, et de toutes les collectivités, sont tellement compliquées que l'on peut douter de leur efficacité, sans compter, naturellement, leur absence de lisibilité.

Un autre facteur contribue à rendre une clarification des compétences compliquée, c'est l'ambiguïté de la dualité départements/régions. Pourquoi et en quoi une telle dualité est-elle susceptible d'affecter la clarification des compétences, de la compliquer ou de l'entraver? Une raison simple l'explique : le fait que les départements et les régions sont deux catégories trop proches l'une de l'autre. En théorie, la création des régions ne devait pas obscurcir la répartition des compétences : ne demandait-on pas, depuis longtemps, la création de régions, celles-ci n'étaient-elles pas considérées, économiquement et même administrativement[26], comme indispensables?

Mais si, prises isolément, ces deux catégories pouvaient trouver en elles-mêmes une justification, leur coexistence soulevait question en raison de leur dimension. Les départements ont leurs limites territoriales fixées au moment de leur création, à la Révolution[27]. Mais si ce découpage convient pendant tout le XIXe siècle et même encore au début du XXe siècle, avec l'urbanisation et l'industrialisation, il manifeste ses limites, ses insuffisances. Mais les résistances à un redécoupage sont très fortes : la proposition de redécoupage en diminuant par deux le nombre de départements, faite au milieu du XXe siècle par un jeune sénateur, se heurte à une opposition presque unanime de la classe politique.

Le choix effectué en 1982 de conserver le découpage de 1960, comme nous l'avons vu précédemment, ne peut qu'accentuer les difficultés. Il est probable qu'un nombre restreint de régions – par exemple au nombre de sept, comme cela fut proposé dans certains schémas élaborés par la DATAR – aurait soulevé moins de tensions avec les départements, parce que leur champ territorial aurait été très différent. Mais les régions ainsi constituées étaient au fond relativement

26. Le sentiment de la nécessité de disposer administrativement d'un niveau régional était ressenti depuis longtemps et, au moment des crises graves que la nation a connues, ce niveau est apparu comme indispensable, comme, par exemple, après la Libération, des inspecteurs généraux en mission extraordinaire (IGAME).

27. On sait qu'après les propositions délirantes du rapport Thouret, et l'intervention bienvenue de Mirabeau, le découpage des départements a été effectué en fonction de critères plus réalistes, notamment celui des limites « naturelles » (fleuve, montagne, etc.), l'un des « modèles » retenus (et peu connu) ayant été celui des diocèses institués au IVe siècle.

proches des départements. Il s'en est ensuivi que les compétences pouvaient être attribuées aussi bien à l'une qu'à l'autre catégorie, mais aussi qu'aucune attribution de compétences n'était incontestable, que tout pouvait être discuté, que rien ne s'imposait avec évidence, sans discussion.

Pour que deux catégories de collectivités puissent coexister, il faut qu'elles soient territorialement très séparées, que les fonctions assumées puissent être bien différenciées, ce qui n'était pas le cas. De plus, la nouveauté de la région, son acceptation récente, la mettait en position d'infériorité par rapport à une collectivité, le département, dont la légitimité avait pu être contestée, mais dont les élus, pour cette raison, avaient dû s'imposer, et y étaient parvenus au fil du temps. C'est là qu'a résidé l'ambiguïté qui a subsisté jusqu'à aujourd'hui. Et cela explique que les tentatives de redistribution des compétences demeurent tâtonnantes.

II. Une redistribution des compétences tâtonnante

Les considérations qui précèdent expliquent que toute recherche d'une redistribution des compétences, poursuivie par les gouvernements successifs, est condamnée à être tâtonnante, car les différents domaines à attribuer peuvent susciter des discussions et ces interrogations et hésitations recouvrent une incertitude sur ce que doivent être le département et la région.

A. Des domaines privilégiés et des domaines discutés

Les pouvoirs publics sont partis en 1982 de l'idée que les collectivités territoriales avaient des vocations différenciées justifiant des compétences déterminées. Cette conception a peu ou prou été reprise par la suite, sans que les choix effectués pour ces différentes collectivités soient vraiment remis en cause. Laissons de côté la commune, qui ne nous intéresse pas ici[28], et qui a été considérée comme devant avoir les compétences en matière d'urbanisme et d'équipements de proximité[29]. Les deux catégories de collectivités que sont les départements et les régions semblent s'être vu reconnaître des compétences privilégiées, mais d'autres sont discutées.

28. Tout au moins pas directement. Mais, indirectement, les choix effectués pour la commune – par exemple, le transfert de compétences à un échelon supra-communal, quel que soit l'EPCI bénéficiaire, peut avoir un retentissement sur les compétences du département (moins sur celles de la région).

29. La notion d'équipement de proximité est d'ailleurs sujette à discussions, parce que l'on peut penser que la proximité n'est pas la même selon le type d'équipement, selon qu'il s'agit d'un équipement social, culturel ou sportif et, au sein de chacun de ces domaines, selon la nature de l'équipement.

1. Les compétences privilégiées

Les compétences privilégiées sont celles qui, dans la conception qui prévaut au sein du monde politique, semblent devoir revenir de préférence à telle ou telle collectivité. La détermination de ces compétences privilégiées semble plus aisée à faire pour le département que pour la région.

S'agissant des départements, il a été affirmé que cette collectivité assurait une mission de « solidarité » et de péréquation, par la gestion notamment des services d'aide sociale. Très rapidement, après leur création, les départements sont chargés de fonctions sociales. C'est ainsi que sous le Premier Empire, et du fait de la misère consécutive aux dépenses de guerre, un décret de 1808 donne compétence aux départements pour lutter contre la mendicité et organiser à cette fin des dépôts de mendicité[30]. Par la suite, cette orientation des compétences vers les fonctions sociales sera maintenue. En fait, le terme de compétence n'est d'ailleurs pas très bien adapté, car ce ne sont pas véritablement des compétences que détient le département. Celui-ci est surtout un échelon de redistribution d'aides décidées par l'État, cette situation de dépendance du département étant facilitée par le fait que jusqu'en 1982 le préfet, représentant de l'État, est en même temps l'exécutif de la collectivité départementale.

En 1983, le gouvernement propose que le département prenne en charge « l'ensemble des prestations légales d'aide sociale ». La loi du 22 juillet 1983 décide que le département est responsable, et assure le financement, des services et actions suivants : service départemental d'aide sociale ; service d'aide sociale à l'enfance ; aide aux personnes handicapées. En matière d'action sanitaire, le département se voit reconnaître les responsabilités suivantes : protection sanitaire de la famille et de l'enfance ; lutte contre les fléaux sociaux ; dépistage précoce des affections cancéreuses et surveillance après traitement des anciens malades ; actions de lutte contre la lèpre (qui concernent essentiellement les départements d'outre-mer) ; services départementaux de vaccination ; centres et consultations de protection maternelle et infantile, activités de protection maternelle et infantile à domicile, formation et agrément des assistantes maternelles ; dispensaires antituberculeux et services de vaccination de la population civile par le vaccin antituberculeux BCG, dispensaires antivénériens.

30. Décret n° 3828 sur « l'extirpation de la mendicité » du 5 juillet 1808, *Bull. des lois* n° 211 p. 165. Les communes se voient chargées par un décret de 1812 de distribuer des « soupes populaires ».

La liste de ces domaines semble conforter la vocation « sociale » du département et aller dans le sens d'un véritable partage des compétences. Cependant, une telle appréciation est à nuancer, pour différentes raisons. Ainsi tout d'abord, l'affectation à une catégorie de collectivités déterminée d'une compétence ne s'impose jamais avec évidence, elle est toujours le produit d'un choix, et d'un choix qui doit moins à des considérations rationnelles qu'à des facteurs circonstanciels. En voilà deux exemples.

En 1983, l'allocation simple aux personnes âgées est considérée comme devant relever de l'État, tandis que l'aide à l'enfance est remise aux départements. Y a-t-il là une répartition qui pourrait se prévaloir d'une logique ? La réponse semble d'autant moins assurée que dans le projet de 1978 l'aide à l'enfance était considérée, à l'inverse, comme devant relever de l'État... Et si des appréciations opposées peuvent ainsi être portées, à quelques années d'écart seulement, c'est probablement moins parce que les circonstances auraient changé qu'en raison de préoccupations qui, elles, ont varié.

La division entre l'aide sociale aux personnes âgées (aide ménagère, foyers-restaurants, placements, etc.), qui relève du département, et l'allocation simple à domicile aux personnes âgées, qui relève de l'État, ne s'impose pas avec plus d'évidence. La notion de solidarité nationale, dont relèveraient certaines prestations, n'est guère plus claire.

En réalité, le découpage de certaines formes d'aide ou d'action sociale ressemble à un véritable « charcutage » comme l'avait observé E. Alfandari[31]. Cet auteur fait remarquer, par exemple, que l'hygiène scolaire n'est demeurée une compétence étatique qu'en raison de certaines pressions syndicales. Il fait valoir que « l'on aurait pu comprendre que l'État, chargé d'une mission unificatrice, se réserve la compétence pour les allocations, alors que les prestations en nature, nécessairement variables, auraient été de la compétence du département. Mais cette idée n'a pas été retenue » (article précité).

Qu'en est-il alors de la « vocation » de la région ? Déjà en 1982 certains parlementaires affirmaient que la région ne devrait avoir qu'une compétence spécialisée – ce qui n'a pas été le cas dans les lois de 1983. L'un d'eux déclarait : « Cette compétence devrait être limitée aux domaines économique, social et culturel : cela montre également la volonté des auteurs du projet de faire de la région une

31. E. ALFANDARI, « Les nouvelles compétences dans le domaine sanitaire et social », *in* F. MODERNE (dir.), *Les nouvelles compétences locales*, Economica 1985 p. 125.

sorte d'animateur de la vie économique et sociale. Ce rôle lui confère notamment la responsabilité de définir une politique d'aménagement du territoire qu'elle recouvre[32]. » Remarquons cependant que la formule utilisée par le parlementaire (« économique, social et culturel »), reprise de l'article L. 4221-1 du CGCT est, comme nous l'avons vu, la plus large qui puisse être et de nature à justifier n'importe quelle intervention dans n'importe quel domaine. Un autre rapporteur évoquait le « rôle de réflexion et d'impulsion [...] en matière de planification, d'aménagement du territoire et plus généralement d'action économique et de développement »[33]. Deux pôles principaux délimitent les compétences que l'on peut qualifier de « privilégiées » des régions.

Un premier pôle est celui de la formation professionnelle. S'il est un domaine dont on peut créditer le législateur de n'avoir pas trop varié dans les attributions qu'il en faisait aux collectivités territoriales, c'est celui de la formation professionnelle. Les régions se sont vu reconnaître par la loi du 7 janvier 1983 une compétence de droit commun dans la mise en œuvre des actions de formation professionnelle continue et d'apprentissage. Cette compétence est d'ailleurs reliée au second pôle. L'exposé des motifs du projet de loi relatif à la répartition de compétences entre les communes, les départements, les régions et l'État[34] peut être rappelé : « La formation professionnelle constitue [...] le prolongement indispensable des attributions reconnues par ailleurs à la région en matière de planification de développement économique et d'aménagement du territoire[35]. » Les lois suivantes vont conforter cette compétence et l'étendre et la loi de 2015 ne fait pas exception.

Un second pôle est celui de compétences dans le domaine économique. Il n'y a guère à s'étonner que certaines compétences soient effectivement reconnues à la région en matière économique. D'une part, en effet, en consacrant de telles compétences le législateur s'est situé dans le prolongement des fonctions qui avaient été reconnues à la région lorsqu'elle était un établissement public ter-

32. M. GIRAUD, Sénat 1981-1982, Annexe n° 33, t. II, p. 177.

33. M. MERCIER, *Pour une République territoriale*, rapport précité p. 169.

34. Rappelons, car l'erreur continue d'être fréquente, y compris chez les parlementaires, que la loi est bien une loi relative à la répartition *de* compétences et non une loi relative à la répartition des compétences, car il ne s'est jamais agi de redéfinir l'ensemble des compétences des collectivités publiques, mais seulement de *certaines* de ces compétences.

35. Projet de loi, *JO* Doc. parl., 1981-1982, n° 109, p. 16-17.

ritorial[36]. D'autre part, il était logique que la région se vît reconnaître de telles compétences, car la dimension communale comme la dimension départementale apparaissaient insuffisantes pour définir les orientations économiques en matière de développement comme en matière d'aides, notamment aux entreprises.

Les contrats de plan État-régions, devenus contrats de projet État-régions et redevenus, en 2014, contrats de plan[37], sont ou étaient l'expression de ce rôle reconnu aux régions en matière économique. En effet, si les régions n'étaient pas les seules personnes publiques à pouvoir conclure avec l'État de tels contrats, il se trouve que c'est la seule forme de contrats de plan, tels qu'ils étaient prévus à l'origine, qui a « réussi ». Les autres collectivités territoriales n'ont pas passé de tels contrats et ont « greffé » en quelque sorte leurs interventions sur le contrat conclu par la région.

Mais la notion de contrat de plan s'est considérablement diluée depuis quelques années, et cela sur un double plan. D'une part, s'agissant des engagements des parties, ces contrats ressemblent de plus en plus à de simples engagements financiers de part et d'autre, la dimension comptable l'emporte sur la dimension contractuelle. De ce fait, d'autre part, les contrats de plan ressemblent de moins en moins à des contrats, la nature juridique des contrats de plan, consacrée par le Conseil d'État avec réserve lorsque ces contrats apparaissaient bien comme une déclinaison du plan de la nation, est beaucoup moins évidente aujourd'hui où ces contrats ne peuvent plus s'appuyer sur une référence légale, et le juge serait parfaitement légitimé à ne plus les analyser comme des contrats administratifs.

36. Il faudrait ajouter également que ces compétences économiques se situent également dans le prolongement des préoccupations qui ont donné lieu au découpage régional de 1960 qui, comme nous l'avons vu, a été conservé en 1982-1983.

37. Cette évolution appelle deux remarques. D'une part, le sigle désignant ces contrats n'a jamais changé, il est demeuré celui de CPER. D'autre part, et surtout, si la dénomination « contrats de projets » n'était pas la meilleure possible, celle de « contrats de plan » n'a aucun sens, puisqu'il n'existe plus (de fait) de plan de la nation, que ces contrats ne peuvent pas être considérés, comme le prévoyait la loi, des contrats conclus pour l'application du plan, qui a disparu.

2. Les domaines discutés

Plusieurs domaines d'intervention des collectivités territoriales ont fait l'objet de points de vue divergents au sein du Parlement concernant l'attribution de ces compétences, soit au département, soit à la région. Trois d'entre eux méritent d'être examinés, car si la nouvelle loi tranche en faveur de la région, il n'est pas certain qu'il n'y aura pas de retour en arrière.

Un premier domaine est celui de l'éducation. Rappelons deux points qui ne sont pas sans importance. Le premier est le partage fait en 1983 entre le département et la région : le premier reçoit des responsabilités relativement aux collèges, la seconde des responsabilités relatives aux lycées. Et ce partage ne donne guère lieu à discussion, comme s'il allait de soi : puisque l'enseignement secondaire comporte deux cycles, le premier et le second cycle, il était au fond commode, parce que cela satisfaisait tout le monde, d'attribuer un cycle à une catégorie de collectivités et un autre cycle à l'autre catégorie. Et il est apparu logique que les départements deviennent responsables des collèges, tandis que les régions devenaient responsables des lycées.

Un second point concerne la qualification de ce qui a été transféré aux départements et aux régions : ce ne sont pas des compétences à proprement parler – bien que ce soit le terme utilisé régulièrement au Parlement – ce sont des responsabilités. Et la différence de terminologie n'a rien d'innocent ni d'arbitraire : disposer d'une compétence, c'est se voir reconnaître un pouvoir étendu concernant le domaine sur lequel on est compétent. Or ce n'est manifestement pas le cas en l'espèce, et c'est à juste titre – pour une fois – que le législateur a employé le bon terme. Une responsabilité est, dans l'ordre administratif[38], la reconnaissance de fonctions à exercer, d'un rôle à assumer, elle est, par définition, limitée, elle s'inscrit dans le cadre de compétences et d'attributions d'autres personnes. L'État garde la haute main sur les programmes, la pédagogie et, naturellement, le monopole de la délivrance des diplômes.

38. Le terme de responsabilité peut prendre des sens différents selon qu'on utilise l'adjectif avec le verbe avoir ou le verbe être : on peut *être* responsable moralement, juridictionnellement, politiquement, ce qui signifie que l'on doit *rendre compte* ; avoir une ou des responsabilités c'est se voir reconnaître un rôle dans un processus. Avoir des responsabilités peut naturellement entraîner une responsabilité au sens contentieux du terme.

Et il faut souligner qu'en 1983 ce partage s'effectue dans un très large consensus. Non seulement le partage entre le département et la région ne suscite guère de contestations, mais, de plus, le fait qu'il s'agisse de responsabilités et non de compétences, l'essentiel de celles-ci demeurant à l'État, ne choque personne, est considéré même comme allant de soi[39]. Or il n'y a aucune évidence en ce domaine, les solutions adoptées sont bien françaises, elles ne se retrouvent guère dans les autres pays : le personnel enseignant de ce qui correspond à notre système scolaire primaire et secondaire est souvent, ou bien un personnel dépendant des collectivités locales, ou bien même un personnel sous statut de droit privé. En France, une telle chose était impensable, tout ce qui concerne la pédagogie est considéré comme devant relever de l'État. Et un tel choix est parfaitement défendable, à condition d'en avoir conscience, de savoir que l'on privilégie l'État dont on considère qu'il a en la matière un rôle irremplaçable.

Mais, par la suite, la distinction entre la responsabilité départementale et la responsabilité régionale en matière d'enseignement secondaire ne va plus aller de soi. Les situations – certes appelées à devenir de moins en moins nombreuses – dans lesquelles un même ensemble de bâtiments abrite un collège et un lycée soulèvent des questions de coordination entre les deux collectivités, comme les établissements scolaires qui reçoivent des élèves d'autres collectivités voisines, sans compter la question (jamais soulevée en 1983) de l'absence de pertinence, du point de vue pédagogique, entre ces deux cycles, avec les complications qui en résultent du fait de la dualité de collectivités compétentes.

D'où les propositions tendant à unifier les responsabilités pour ces deux cycles au profit d'une seule catégorie de collectivités. Et, alors que le projet de loi NOTRe s'était prononcé initialement pour la région[40], il n'est pas inutile de rappeler que certaines propositions ont tendu à unifier la responsabilité, mais au profit du département. Un rapport parlementaire d'information de 1990 faisait valoir que « plusieurs arguments militent en faveur d'une compétence du département pour

39. Par exemple, l'un des rapports sur le projet de loi relatif aux responsabilités locales déclare : Le secteur de l'éducation « a fait l'objet d'une ligne de partage relativement claire – le "matériel" aux collectivités locales, le "spirituel", la pédagogie, à l'État », M.-P. DAUBRESSE, *Rapport au nom de la commission des lois sur le projet de loi relatif aux responsabilités locales*, AN 12 février 2004, nº 1435, p. 37.

40. Le Sénat d'abord, l'Assemblée qui a suivi le Sénat ont rétabli le régime existant c'est-à-dire la responsabilité des départements à l'égard des collèges (même si, au moment où ces lignes sont écrites, la loi n'était pas adoptée, il ne semble pas que le gouvernement veuille forcer la main des assemblées pour remettre cette responsabilité aux régions comme prévu au départ).

les lycées » : les départements ont fait la preuve de leur capacité à gérer les équipements de proximité, ce que sont les lycées ; le rattachement de l'ensemble des établissements du secondaire à une même collectivité simplifierait la planification scolaire ; dans l'hypothèse (qui avait eu la faveur de la mission) d'une décentralisation de l'enseignement supérieur à l'échelon régional « le transfert des lycées aux départements allégerait le poste éducation des régions »[41].

Un autre domaine discuté est celui du tourisme. La répartition des compétences en matière de tourisme n'avait pas été effectuée par les lois de 1983, mais par une loi de 1992[42]. Selon cette loi, le tourisme relève de la compétence « coordonnée » de l'État, des régions, des départements et des communes, qui doivent l'exercer « en coopération », cette formulation n'étant pas des plus précises qui soient. L'État dispose d'abord en propre de certaines fonctions[43], il doit, en liaison avec les collectivités territoriales, définir et conduire les opérations de promotion touristique nationale et mettre en œuvre, toujours en y associant les collectivités territoriales, la politique nationale du tourisme. Quant aux collectivités territoriales, elles se voyaient chargées de conduire, « dans le cadre de leurs compétences propres et de façon coordonnée », des politiques dans le domaine du tourisme.

De manière plus spécifique, la région est compétente pour définir les objectifs à moyen terme du développement touristique régional et de coordonner sur son territoire les initiatives publiques et privées dans le domaine du développement, de l'information touristique et de la promotion sur les marchés étrangers à travers le comité régional du tourisme (CRT). À cette fin, elle élabore un schéma régional de développement du tourisme et des loisirs[44].

---

41. D. HOEFFEL, *Rapport d'information au nom de la mission commune chargée d'étudier le déroulement et la mise en œuvre de la politique de décentralisation*, Sénat 27 mars 1991, nº 248, p. 140-141. Le rapporteur ne se cachait pas que la mise en œuvre d'un tel principe se heurtait à des obstacles. Mais le rapport souhaitait cependant que les départements qui l'auraient désiré puissent bénéficier d'une « compétence » d'ensemble à l'égard de l'enseignement secondaire en se voyant confier, par convention avec la région, la responsabilité des lycées.

42. Loi nº 92-1341 portant répartition des compétences dans le domaine du tourisme, *JO* 24 décembre p. 17757. Sur cette loi, voir J.-M. PONTIER, *La répartition des compétences dans le domaine du tourisme*, Act. législ. Dalloz, 3 juin 1993, p. 99.

43. Ces fonctions exclusives sont : la définition de la politique nationale du tourisme ; la détermination et la mise en œuvre des procédures d'agrément et de classement des équipements, organismes et activités touristiques ; la détermination et la mise en œuvre des orientations de la coopération internationale en ce domaine ; le concours à apporter aux actions de développement touristique que les collectivités territoriales engagent, notamment par la signature des contrats de plan avec les régions.

44. Ce schéma est prévu à l'article L. 131-7 du Code du tourisme.

Le département est chargé de définir la politique du tourisme du département par l'établissement, « en tant que de besoin », d'un schéma d'aménagement touristique départemental qui doit prendre en compte les orientations définies par le schéma régional de développement du tourisme et des loisirs[45]. Il peut créer (sans aucune obligation) un comité départemental du tourisme et, dans ce cas, la loi l'autorise à déterminer librement le régime de ce comité[46].

Cette répartition des compétences peut donner lieu, à l'évidence, à concurrence, ou à des doubles emplois, chaque collectivité territoriale étant très attachée à sa liberté dans la définition d'une politique touristique et les rapports ont souligné la nécessité de renforcer la coordination en ce domaine[47]. C'est pourquoi le projet de loi de 2015 désignait la région comme chef de file en matière de tourisme, ce qui a suscité des oppositions au Parlement. L'article L. 1111-9 du CGCT tel que prévu par le projet dispose que la région, en tant que collectivité chef de file, est chargée d'organiser les modalités de l'action commune des collectivités territoriales et de leurs groupements dans le domaine du tourisme. Elle est chargée d'établir un schéma régional de développement touristique qui se substitue à la fois au précédent schéma régional et au schéma départemental.

B. Les incertitudes qui subsistent

Outre le fait que la suppression des départements n'est plus, semble-t-il, d'actualité, et que ce changement de perspectives est de nature à réorienter le partage des compétences ou tout au moins à laisser planer un doute sur la pérennité des dispositions qui déposséderaient le département de certaines compétences emblématiques ou jugées importantes, deux incertitudes subsistent.

---

45. Par ailleurs, l'article L. 361-1 du Code de l'environnement charge le conseil général d'établir, après avis des communes intéressées, un plan départemental des itinéraires de promenade et de randonnées.

46. Il peut donc s'agir aussi bien d'un service non personnalisé du département qu'une personne morale, et l'on songe naturellement, dans ce cas, à la formule associative, en raison de ses avantages.

47. Voir le rapport d'information au nom de la mission temporaire sur l'organisation et l'évolution des collectivités territoriales, intitulé *Faire confiance à l'intelligence territoriale*, par Y. KRATTINGER et J. GOURAULT, Sénat 17 juin 2009, n° 471, p. 91 et s. Si les auteurs du rapport concèdent qu'il ne serait pas judicieux de réserver la compétence exclusivement au niveau départemental, ils estiment qu'« il serait toutefois également inopportun d'en priver d'exercice ce dernier », car, selon les auteurs, lorsqu'un département ne comporte pas de sites exceptionnels « le département possède une légitimité naturelle qu'il convient de préserver pour développer des projets et des structures d'intérêt supra communal » (rapport p. 93).

1. Les incertitudes résultant de la dualité circonscription administrative/ collectivité territoriale

Il paraît indispensable d'avoir une réflexion sur la dualité que représentent la circonscription administrative et le territoire d'une collectivité territoriale[48], avec l'interrogation sous-jacente qui est de savoir s'il est possible et/ou souhaitable de dissocier les deux.

La question ne se pose pas pour toutes les collectivités territoriales ni pour toutes les circonscriptions. À l'échelon de la commune, la solution choisie depuis la Révolution est celle du dédoublement fonctionnel, le maire étant d'abord agent de la commune, mais étant également, dans certains cas, agent de l'État. Si cette situation peut donner lieu à quelques problèmes compliqués, notamment en matière de police, le principe n'en a jamais été vraiment remis en cause. La question de la conjonction d'une autorité représentant l'État et d'une autorité représentant la collectivité territoriale se pose pour ces deux collectivités qui sont précisément en interrogation, le département et la région. Dans les deux cas, on peut s'interroger sur le bien-fondé de la synchronie territoriale.

L'interrogation n'est pas nouvelle. Déjà, le rapport Picq s'interrogeait sur un « découplage » possible de la carte territoriale de l'État et de celle des collectivités locales[49]. Selon le rapport, trois raisons invitaient à expérimenter un tel découplage.

> « L'État doit jouer à fond la décentralisation, ce qui doit le conduire, d'une part, à sortir du face-à-face qui avait sa justification quand le préfet était l'exécutif du conseil général et de l'établissement public régional, d'autre part, à renforcer sa position d'arbitre et de contrôle. Il doit regrouper ses forces au bon niveau pour mieux exercer ses responsabilités et ce niveau ne coïncide pas obligatoirement avec celui des collectivités locales. Enfin, il inciterait ainsi les collectivités locales à coopérer, voire un jour à se regrouper[50]. »

Le contexte d'aujourd'hui n'est plus celui dans le cadre duquel le rapport Picq faisait ses recommandations, mais certains arguments avancés demeurent valides, en particulier l'idée selon laquelle l'État doit « regrouper ses forces », idée qui

---

48. À supposer que l'on puisse parler de « territoire » pour toutes les collectivités territoriales. Certains auteurs en doutent et considèrent que ce terme ne peut véritablement être appliqué que pour l'État et les communes. Voir en ce sens G. MARCOU, « Existe-t-il un territoire des régions ? », *AJDA* 2013 p. 1556.

49. Rapport au Premier ministre de J. PICQ, *L'État en France : servir une nation ouverte sur le monde*, La Documentation française, 1995.

50. Rapport précité p. 117. Le rapport relève, dans un encadré, ce qui paraît évident à bien des auteurs depuis des années, l'hétérogénéité des circonscriptions territoriales de l'État.

n'a pu qu'être confortée, d'abord par la défunte RGPP, ensuite et aujourd'hui par la MAP[51]. La suppression du département si elle avait eu lieu – mais la suppression générale[52] n'est plus d'actualité – aurait mis en lumière cette question, car il aurait été parfaitement envisageable que le département disparaisse en tant que collectivité territoriale alors qu'aurait subsisté la circonscription administrative.

Le découplage paraît moins évident en ce qui concerne l'échelon régional, mais la question mérite cependant d'être posée. D'une part, la contractualisation établie entre l'État et les régions implique que le président du conseil régional puisse avoir du côté de l'État un interlocuteur. Les contrats de plan[53] sont depuis leur création conclus entre l'État d'un côté, chaque région de l'autre. Et, naturellement, rien n'empêche de modifier le régime de ces contrats de plan, d'en faire des contrats avec d'autres collectivités territoriales, ou de prévoir différents cocontractants possibles. Cependant, le mécanisme des contrats de plan est éprouvé[54] et il ne semble pas que le législateur soit disposé à remettre en chantier – même si, sous certains aspects, ce serait souhaitable – le système de contractualisation entre l'État et les régions.

D'autre part, la recomposition régionale, avec la réduction du nombre de régions, le mouvement n'étant peut-être pas, au surplus, achevé, met en interrogation le système de représentation de l'État à l'échelon régional : doit-il évoluer, doit-il être maintenu avec les nécessaires adaptations qu'implique la réorganisation régionale ? L'État n'a pas apporté jusqu'à présent de réponse nette à cette interrogation.

51. D'ailleurs depuis plusieurs années il est question de la suppression d'un certain nombre d'arrondissements ce qui, naturellement, fait « grincer des dents » et soulève l'opposition, non seulement des agents de l'État, mais également des communes concernées.

52. Il se peut que soient supprimés certains départements, notamment ceux dans lesquels se trouve une métropole, mais le gouvernement est largement revenu sur la suppression généralisée des départements.

53. Les contrats de plan de la loi n° 82-653 du 29 juillet 1982 sont devenus contrats de projet avant de redevenir, en 2014, contrats de plan, et bien qu'il n'existe plus depuis longtemps, de fait, de plan de la nation.

54. Bien que de nombreuses modifications aient été apportées et que les derniers contrats, encore plus ceux qui sont à venir, ressemblent de moins en moins à des contrats et s'éloignent de plus en plus de la conception qui avait été consacrée par la loi du 29 juillet 1982.

2. Les incertitudes découlant de la pluralité de personnes concernées

Il n'est plus possible de considérer le binôme départements/régions de manière isolée, d'autres collectivités ou d'autres institutions doivent être prises en compte, c'est le cas des EPCI et plus spécialement des métropoles, là où elles ont été constituées et là où il peut s'en constituer. La redistribution des compétences entre le département et la région ne peut faire abstraction de cette nouvelle catégorie d'établissements publics, qui disposent de compétences étendues. Et les implications sur la redistribution des compétences peuvent être différentes selon les cas, parce que les situations sont différentes.

Ce vers quoi l'on tend à se diriger, même s'il convient d'apporter des nuances, c'est une différenciation de la distribution des compétences. Le système administratif français territorial a été marqué depuis la Révolution par l'uniformité, une uniformité qui était proclamée même lorsque, dans la pratique, il fallait lui apporter des aménagements, cette uniformité étant pensée comme un gage d'unité. Mais cette uniformité apparaît comme de moins en moins soutenable, de moins en moins praticable, ses inconvénients sont plus grands que les avantages supposés en découler. Le législateur s'est refusé jusqu'à présent à admettre des aménagements à l'unité normative, qui caractérise peut-être constitutionnellement notre système républicain. Il est en revanche plus aisé d'abandonner l'uniformité dans les règles de répartition des compétences en admettant que les compétences exercées par les collectivités territoriales peuvent ne pas être les mêmes selon les parties du territoire et selon les collectivités. Reste à savoir, ce qui est toujours le plus difficile, où placer le curseur.

QUEL ÉTAT DÉCONCENTRÉ DANS LES GRANDES RÉGIONS ?

par

Nicolas KADA

Professeur, Université de Grenoble
Codirecteur du Centre de Recherches Juridiques (CRJ – EA 1965)
Directeur du GRALE (GIS CNRS)

Loin de se concurrencer ou de se présenter en solutions alternatives, déconcentration et décentralisation se développent au contraire en parallèle ou conjointement[1]. Évidemment, cette conjonction des deux phénomènes génère invariablement des chevauchements, des financements croisés et une relative illisibilité de l'organisation administrative sur l'ensemble du territoire. Mais peut-il en être autrement ? Pour garantir l'efficacité de la décentralisation, il est légitime que les autorités décentralisées puissent aisément trouver, au même niveau territorial qu'elles, des autorités déconcentrées agissant au nom de l'État. Ainsi, le président du conseil régional peut-il discuter et, le cas échéant, négocier efficacement avec le préfet de sa région… sans doute plus efficacement qu'avec une autorité centrale qu'il lui faudrait d'abord identifier.

À l'inverse, pour que l'État puisse aisément dialoguer avec les collectivités territoriales et s'assurer en même temps du bon exercice des compétences transférées, une corrélation directe entre ses circonscriptions administratives d'action et les territoires dévolus aux collectivités décentralisées apparaît comme nécessaire,

1. Lire à ce propos : J.-M. PONTIER, « La réforme territoriale et le couple décentralisation-déconcentration » *in* N. KADA, (dir.), *De la réforme territoriale à la réforme de l'État*, Grenoble, PUG, coll. « CERDHAP », 2011. p. 271 et s.

tout au moins dans le discours dominant. Rares ont été en effet les voix, ces dernières années, à proposer un découplage entre ces deux modes d'organisation administrative[2].

Mais alors que les deux processus semblent parallèles et complémentaires, l'un occulte traditionnellement l'autre. En effet, les réformes territoriales débattues et difficilement adoptées au Parlement depuis 2010 comme les précédentes grandes réformes décentralisatrices menées en France depuis 1982 ont toujours sensiblement éclipsé une autre réforme, sans doute moins médiatique, plus discrète : celle des services de l'État. Dès lors, l'idée s'impose peu à peu dans l'opinion publique, mais aussi dans la doctrine qu'une seule réforme mérite de retenir l'attention – la décentralisation – quand sa sœur jumelle – la déconcentration – serait finalement revêtue d'une moindre noblesse aux yeux des observateurs. Or, l'une ne va pas sans l'autre, comme toute l'histoire de l'administration française depuis la Révolution française peut en attester.

La réforme de l'administration territoriale ne doit donc pas faire illusion : l'État a en effet toujours été présent sur le territoire et l'adaptation permanente de ses services déconcentrés accompagne – ou parfois, préfigure – les évolutions des collectivités décentralisées. Pour autant, cette déconcentration continue de l'État est loin de constituer un *Long fleuve tranquille* pour reprendre le titre d'un film d'Étienne Chatiliez sorti en salles en 1988. Or, la métaphore cinématographique est particulièrement heureuse tant la réorganisation des services de l'État promet d'être placée sous le signe du suspense, de l'angoisse voire des larmes pour les agents et institutions concernés. Si la RéATE[3] en 2010 avait déjà été mise en place de manière particulièrement rapide, les délais annoncés par le gouvernement pour remettre en cause l'organisation de ses services suscitent en effet tant de stupeur et d'interrogation qu'un grand maître du suspense peut, par quelques titres de sa filmographie, résumer à lui seul les différents scénarii possibles dans les mois à venir : Alfred Hitchcock.

2. Voir notamment le rapport rédigé par J. PICQ, *L'État en France, servir une nation ouverte sur le monde*, Paris, La Documentation française, 1995.

3. Réforme de l'administration territoriale de l'État. Lire à ce propos : N. KADA, et I. MÜLLER-QUOY, « Les ratés de la RéATE », *AJDA*, avril 2011, nº 14, p. 765 et s.

I. La Mort aux trousses *(1959)*

La RéATE n'a que cinq ans, mais elle semble d'ores et déjà condamnée… La déconcentration s'est en effet perpétuée et perfectionnée depuis 2007 sous une autre appellation : la réforme de l'administration territoriale de l'État (RéATE). Celle-ci s'inscrivait pleinement dans le cadre de la Révision générale des politiques publiques (RGPP) devenue depuis la Modernisation de l'action publique (MAP) et répond à des enjeux d'importance largement identifiés depuis 2010. Dans ce contexte, la RéATE, tout au moins à la lecture des circulaires qui l'ont organisée, entendait conforter l'institution préfectorale dans son rôle de représentant unique de l'État et de seul décideur au plan local. La RéATE se voulait donc une réforme globale de l'État sur le territoire, portant tout autant sur les relations entre préfets de région et de département que sur l'organisation administrative des services de l'État dans les circonscriptions départementales et régionales. Ainsi, concernant le niveau régional, affirmé comme le « niveau de droit commun du pilotage des politiques publiques », une organisation type a été imposée et respecte les principaux découpages ministériels. Néanmoins, de nouvelles structures ont été créées et l'autorité des secrétaires généraux aux affaires régionales (SGAR) ainsi que leurs missions ont été étendues. En revanche, au niveau départemental, outre le fait que le préfet a conservé quelques compétences sensibles en son nom propre pour lesquelles il reste subordonné directement au gouvernement (pouvoirs de police, droit des étrangers), la logique ministérielle a été délibérément rompue afin de répondre au mieux aux besoins des citoyens sur le territoire. Ainsi, le 1er janvier 2010 ont été instituées par décret des directions départementales interministérielles (DDI) en lieu et place des anciens services déconcentrés de l'État dans le département.

Ainsi, si l'on excepte l'Île-de-France, la Corse et l'outre-mer, l'administration départementale est-elle désormais structurée autour de la préfecture, des sous-préfectures, des unités territoriales (UT) des directions régionales interministérielles (DREAL, DIRECTE, Culture), de la délégation départementale de l'Agence Régionale de Santé (ARS), de la direction départementale de la population et de la cohésion sociale (DDPCS), de la direction départementale des territoires (DDT), de l'inspection d'académie, de la direction départementale des finances publiques, ainsi que des services chargés de la sécurité intérieure. Dans les départements dont l'importance démographique ou les nécessités en matière de cohésion sociale ou de politique de la ville le justifient, la DDPCS se scinde entre, d'une part, une direction départementale de la cohésion sociale (DDCS) et d'autre part, une direction départementale de la protection des populations (DDPP).

Or, le secrétaire d'État chargé de la Réforme de l'État et de la Simplification, Thierry Mandon, dans une communication au Conseil des ministres, a affirmé que le gouvernement avait engagé début mars 2015 « une des plus puissantes réformes de l'État qui ait jamais été mise en œuvre pour ce qui relève de l'État territorial [...]. Cette réforme va repenser très profondément la façon pour l'État de se comporter dans les régions et les départements. Il ne s'agit pas de s'adapter à la réforme territoriale, c'est beaucoup plus que ça », a-t-il souligné après le Conseil des ministres devant l'Association de journalistes parlementaires à l'Assemblée nationale. Outre la mort annoncée de la RéATE, ces propos proposent un calendrier de réforme très resserré puisqu'il indique que

> « dès le mois d'avril, le gouvernement désignera des préfets de région et des directeurs régionaux préfigurateurs [...]. À l'été 2015, il fixera par décret les chefs-lieux provisoires (et) au plus tard en juin 2016, les assemblées régionales nouvellement élues donneront un avis sur le choix des chefs-lieux définitifs et se prononceront sur l'emplacement notamment des hôtels de région ; enfin, avant octobre 2016, le gouvernement arrêtera par décret la liste des chefs-lieux définitifs ».

Et le secrétaire d'État à la Réforme de l'État et à la Simplification de compléter :

> « Cette réorganisation territoriale de l'État s'accompagnera de deux réformes essentielles : la revue des missions et la déconcentration des pouvoirs [...]. Vous aurez treize préfets de grandes régions qui auront un rôle beaucoup plus stratégique que les actuels préfets de région, les préfets de département étant plutôt en charge de la déclinaison opérationnelle des politiques publiques »,

soulignant combien l'implantation des services régionaux allait devoir s'articuler avec celle des services déconcentrés de l'État (agences régionales de santé, rectorats...) dont la carte.

Ainsi, quelques semaines seulement après l'adoption au Parlement d'un nouveau découpage régional pour les collectivités territoriales[4], la RéATE est enterrée et doit laisser la place à une nouvelle organisation des services déconcentrés, source d'angoisses pour nombre d'agents de l'État.

II. Sueurs froides *(1958)*

La nouvelle centralisation des services de l'État dans les treize grandes régions et la revalorisation des préfectures de département ne va pas sans générer du stress et de l'inquiétude parmi les agents des services concernés.

4. Loi n° 2015-29 du 16 janvier 2015 relative à la délimitation des régions, aux élections régionales et départementales et modifiant le calendrier électoral, *JORF* n° 0014 du 17 janvier 2015, p. 777.

Un exemple suffit à illustrer ces angoisses : dans le cadre de la fusion des Régions Bourgogne et Franche-Comté, le 19 mars 2015, les deux préfets de région correspondants ont présenté de manière informelle aux membres du conseil commun de la fonction publique leurs premières pistes pour la réorganisation des services régionaux de l'État dans leurs territoires. Si certaines premières pistes ont plutôt été bien accueillies par les syndicats, une vive inquiétude s'est exprimée concernant notamment la question de la mobilité des agents. Au vu de ces premiers discours tenus localement par les syndicats de fonctionnaires, le gouvernement a évidemment cherché à rassurer les agents et les directeurs de services déconcentrés. C'est ainsi que le ministre de l'Intérieur, Bernard Cazeneuve, et Thierry Mandon, secrétaire d'État à la Réforme de l'État, ont présenté en Conseil des ministres, le 22 avril 2015, les choix qui ont été faits et qui devront rapidement être mis en œuvre. Afin de s'adapter aux nouveaux périmètres des régions, effectifs dès le 1er janvier 2016, le gouvernement a ainsi décidé de conforter le niveau départemental – à rebours de la tendance engagée par la RéATE – et d'instituer un État stratège au niveau régional.

Sept préfets préfigurateurs[5] vont être nommés pour construire ce que le gouvernement dénomme « l'état-major de l'État en région ». Ils seront chargés de mener, dans les régions dont les périmètres vont évoluer, les concertations avec les personnels, les élus et les syndicats pour élaborer un projet d'organisation régionale visant à ordonnancer des capacités d'animation, d'expertise, d'évaluation et de contrôle de région. Ils devront rendre leur copie au gouvernement pour la fin juin 2015 afin que des décisions de réorganisation interviennent dès le mois de juillet. Ils doivent également faire des propositions concernant le choix du siège des futurs chefs-lieux provisoire.

Synonymes de flexibilité, mais aussi sources d'incertitudes, des organisations à géométrie variable sont envisagées afin de permettre de répartir des pôles d'expertises régionaux de l'État. Ainsi les anciennes directions régionales seront-elles unifiées, mais pas forcément localisées dans la ville chef-lieu de région et les directions régionales de l'État pourront-elles avoir des services répartis entre plusieurs lieux si ceux-ci sont bien reliés entre eux. En revanche, une organisation interministérielle des fonctions supports devra être proposée au moins pour l'immobilier et les achats

5. Ces préfets préfigurateurs sont les préfets des actuelles régions Alsace, Aquitaine, Bourgogne, Midi-Pyrénées, Haute-Normandie, Nord-Pas-de-Calais, et Rhône-Alpes.

et il est en outre annoncé, sans autre précision, un renforcement de l'organisation dans les départements en veillant tout particulièrement aux anciennes capitales régionales.

Les administrations de la santé[6] et de l'éducation nationale[7] également concernées, les recteurs devant par exemple travailler avec les préfets à une nouvelle organisation interacadémique susceptible d'aboutir à une fusion ou à des coopérations renforcées. En outre, le gouvernement confie au commissariat général à l'égalité des territoires (CGET) le soin d'assurer le suivi et l'évaluation des impacts territoriaux de la réorganisation de l'État territorial. Enfin, le gouvernement annonce une mise en place effective des nouveaux services dès le 1er janvier 2016 avec un déploiement pour mener à bien les réorganisations sur trois années au maximum.

« Une RGPP en pire » ; « Cette accumulation de réformes est anxiogène pour les agents. Il s'agit d'un vaste projet à mener en moins de six mois. Notre crainte, c'est d'assister à une RGPP en pire », tels sont les premiers jugements portés sur la réforme par Denis Turbet-Delof, délégué général à la fonction publique du syndicat Solidaires. Autant dire que les inquiétudes des agents sont réelles, notamment en ce qui concerne une inévitable obligation de mobilité (fonctionnelle et/ou géographique) pour nombre d'entre eux. Mais les agents des services déconcentrés ne sont pas les seuls à s'inquiéter. Les élus locaux comme de nombreux hauts fonctionnaires se demandent en effet quelle sera concrètement l'implantation physique des services de l'État d'ici quelques années.

III. Psychose *(1960)*

Psychose ? Le mot est un peu fort… Mais il est vrai que l'effet « boule de neige » de cette réforme sur l'ensemble des services de l'État va très vite générer des angoisses. On parle ainsi déjà d'un redécoupage des académies.

---

6. Pour les agences régionales de santé, sept directeurs généraux préfigurateurs (Lorraine, Aquitaine, Rhône-Alpes, Bourgogne, Midi-Pyrénées, Basse-Normandie et Nord-Pas-de-Calais) doivent également préparer l'adaptation des agences à la future organisation régionale.

7. Neuf recteurs coordonnateurs sont désignés dans les sept nouvelles régions (respectivement les recteurs de Nancy-Metz, Bordeaux, Lyon, Besançon, Toulouse, Caen, Lille) ainsi que dans les régions d'Île-de-France et de Provence-Alpes-Côte d'Azur (recteurs des académies de Paris et d'Aix-Marseille).

À titre d'exemple, la fusion des académies suscite un choc tant le conservatisme semblait dominer en la matière il y a encore quelques mois. « Le ministère nous a demandé, comme à toutes les académies, d'étudier les scenarii de fusion », a ainsi déclaré Jean-Jacques Pollet (recteur de l'académie de Lille) lors de ses vœux à la presse début 2015. Mais le recteur a immédiatement tenu à se montrer très prudent sur le résultat des réflexions et discussions engagées, rappelant qu'en Île-de-France comme dans les régions Rhône-Alpes, et Provence-Alpes-Côte d'Azur, plusieurs académies cohabitaient aujourd'hui.

Comme pour la RéATE en son temps, les premières critiques se rejoignent sur différents points de la réforme. Elles portent principalement sur les incidences en matière de ressources humaines, de finances, de redéfinition des relations entre le niveau départemental et le niveau régional et enfin plus substantiellement sur la légitimité du rôle de l'État.

Concernant la gestion des ressources humaines, les agents redoutent les tensions internes que pourraient susciter les regroupements fonctionnels. Sur un plan culturel, la cohabitation des agents venus d'administrations différentes est toujours redoutée, à l'instar de ce que vivent depuis 2010 les agents des nouvelles directions départementales de la cohésion sociale et de la protection des populations : « la DDCSPP apparaît comme un objet non identifié de la sphère administrative. Il est difficile d'associer des vétérinaires et des conseillers du service de la Jeunesse et des sports qui n'ont pas la même culture administrative » déplorent quelques préfectures[8].

De façon plus générale, sur un plan logistique et pratique, les agents redoutent toujours une harmonisation rapide de leurs statuts ainsi que les sempiternelles questions relatives aux horaires, à l'organisation du service, aux régimes de pointage ou encore aux primes restant gérées de façon différente par chaque ministère alors que désormais les agents partagent le même bureau pour remplir des missions comparables. L'harmonisation des corps de fonctionnaires est donc encore à améliorer tant les possibilités de mobilités interministérielles restant très limitées compte tenu de contraintes techniques (plafonds d'emplois par ministère, dates des commissions administratives paritaires…).

8. Propos cités par : N. KADA, et I. MÜLLER-QUOY, « Les ratés de la RéATE », *AJDA*, avril 2011, nº 14, p. 765 et s.

Concernant l'aspect financier de la réforme, la Loi organique relative aux lois de finances (LOLF) apparaît toujours en contradiction avec la logique de mutualisation. En effet, la structure budgétaire par ministère et par programme ne correspond pas à l'interministérialité prônée dans les départements.

Plus largement, concernant l'articulation entre les différents niveaux, il apparaît en effet nécessaire de définir avec précision les rôles respectifs du futur échelon régional et des DDI dans la gestion des politiques locales, mais également de renforcer les effectifs à l'échelon du département pour assurer l'ensemble des missions techniques et réglementaires et garantir une mise en œuvre satisfaisante des politiques publiques. De même, il est à craindre que le futur grand préfet de région n'ait une autorité excessive sur les préfets de département et chefs de service.

Enfin, concernant le rôle de l'État et sa légitimité à s'organiser au niveau des grandes régions, la question de la valeur ajoutée de la réforme en termes de représentation de l'État reste entière et, à ce jour, sans réponse. C'est évidemment un recul en termes de proximité, peut-être cela peut-il présenter une avancée en termes d'autorité et d'efficacité ? Il s'agit ici d'un enjeu fort de la réforme que les différents acteurs publics ont bien identifié. Les divers arrangements et négociations auxquels on peut assister ne sauraient faire l'économie de cette réflexion plus générale, au risque de rendre encore plus confuse encore une réforme menée à marche forcée.

IV. Complot de familles *(1976)*

À peine la réforme est-elle annoncée qu'est déjà venu le temps des arrangements, des discussions, des négociations sur l'ensemble du territoire national. Pour obtenir un ou plusieurs services de l'État en guise de compensation de la réforme régionale ou pour tenter de peser dans le débat parlementaire sur le projet de loi relatif à la nouvelle organisation territoriale de la République (NOTRe).

Dans le premier cas, les exemples ne manquent pas de marchandages et discussions d'ores et déjà engagés en différents lieux du territoire national pour tenter d'amoindrir les effets localement prévisibles de la réforme régionale. La presse quotidienne régionale fourmille d'illustrations de ce type de mobilisation. Ainsi, le *Courrier Picard* relate-t-il, par exemple, les faits suivants :

> « La scène se déroule le jeudi 19 février 2015. Après être passée chez la préfète de région, une troïka missionnée par le Premier ministre frappe au bureau de Brigitte Fouré, maire UDI d'Amiens. Il y a là deux inspecteurs généraux (des affaires sociales et des finances), et le préfet, Hervé Masurel. Le trio est chargé d'évaluer l'organisation territoriale de l'État après la fusion des régions. "J'ai très vite compris que pour eux Lille était déjà la future capitale régionale", s'émeut

> Brigitte Fouré. "Comme si cela pouvait nous suffire, ils ont émis l'idée qu'Amiens pourrait avoir la direction régionale de l'agriculture et de la forêt ! C'est là que je me suis dit que nous devions absolument faire le buzz, avant qu'il soit trop tard". »

Désormais, la question n'est donc plus celle du siège de la future assemblée, qui de toute évidence ne pourra pas se tenir ailleurs qu'à Lille. Mais celle de l'organisation concrète des services de l'État entre Lille et Amiens »[9]. Et les élus locaux ont même évalué à près de 7 000 emplois perdus le coût de la réforme pour Amiens…

Cet exemple se retrouve dans bon nombre de régions concernées par la fusion : les relations se tendent entre Toulouse et Montpellier, la rivalité traditionnelle entre Caen et Rouen est ravivée, Strasbourg concentre un certain nombre de critiques quant à son positionnement dans la future région Alsace-Lorraine-Champagne-Ardenne, Grenoble et Clermont-Ferrand craignent de perdre leurs rectorats dans la future région Rhône-Alpes-Auvergne, etc.

Plus largement, le chantier de la réorganisation des services de l'État se double d'une revue des missions de l'État, remédiant ici à une des lacunes principales de la précédente réforme. Sur le plan de la clarification des compétences, l'exercice de revue des missions de l'État n'a pas formellement fait l'objet de communication au cours du Conseil des ministres du 22 avril. Mais les concertations se poursuivent tant avec les personnels qu'avec les associations de collectivités. Ainsi, le secrétariat d'État à la réforme de l'État a évoqué quelques pistes de réflexion qui montrent que, là encore, des discussions sont engagées et ouvrent de nouveaux horizons. Il en va ainsi du rôle dévolu aux DIRECTE, car le renforcement du rôle des régions en matière d'appui au développement économique devrait logiquement conduire l'État à se recentrer sur des fonctions stratégiques (veille, prospective et connaissance) et donc à limiter son intervention sur des dossiers individuels. De même, le contrôle et le conseil aux collectivités sont également discutés et le gouvernement envisage de réduire (encore) la liste des actes transmissibles et de renforcer la dématérialisation pour simplifier l'exercice du contrôle de légalité. Le conseil pourrait quant à lui se concentrer davantage sur les plus petites collectivités. Toujours dans un objectif de simplification, le dossier unique de subvention est également en débat et pourrait être mis en place pour les associations. Par ailleurs, pour assurer un meilleur positionnement des préfectures de département, des possibilités de transferts de tâches vers les chambres consulaires ou les collectivités

9. P. MUREAU : « Réforme territoriale : Amiens, une résistance capitale », *Le Courrier Picard*, édition du 3 mars 2015.

locales ou des opérateurs (tels que La Poste) sont envisagées par l'État. Enfin, en ce qui concerne les activités culturelles, la cohésion sociale, la prévention et la gestion des risques, mais aussi la sécurité, la discussion est également engagée afin de clarifier davantage les rôles respectifs de l'État et des collectivités décentralisées.

***
*

Pour conclure, de manière nécessairement provisoire tant la réforme des services de l'État n'en est encore qu'à ses balbutiements, un dernier titre d'un film d'Alfred Hitchcock semble pouvoir illustrer les évolutions qui s'annoncent : *Le passé ne meurt pas* (1928). Le projet de loi NOTRe en cours de discussion au Parlement ne doit pas nous conduire, en effet, à oublier les réformes législatives précédentes et notamment la loi ATR[10] (Administration territoriale de la République) du 6 février 1992 qui soulignait déjà, ne serait-ce que pas son titre, la liaison étroite entre décentralisation et déconcentration, relançant sensiblement cette dernière et annonçant une future charte de la déconcentration qui fut consacrée par le décret[11] du 1er juillet 1992. Ces deux textes ont ainsi consacré le principe de subsidiarité jusqu'ici surtout utilisé au niveau européen et érigé l'échelon départemental en niveau de droit commun pour l'intervention de l'État sur le territoire. Mais la loi du 6 février 1992 renforçait également le rôle du préfet de région de manière générale tout en rappelant sa vocation spécialisée dans les domaines économique, social et d'aménagement du territoire. Chargé de mettre en œuvre, dans la région, les politiques nationales et communautaires, il dispose par conséquent, pour la première fois, d'un quasi-pouvoir hiérarchique sur les préfets de département puisque ces derniers doivent désormais prendre des décisions conformes à ses orientations, puis lui en rendre compte. Par la suite, et notamment en 2010 lors de la mise en œuvre de la RéATE, la réorganisation des services de l'État a été, dans un premier temps, mise en œuvre sur la base de simples circulaires, qui ont fait du cadre régional le niveau de pilotage de droit commun des politiques publiques de l'État. Il a néanmoins fallu recourir au pouvoir réglementaire classique, c'est-à-dire au décret, afin de réformer les liens hiérarchiques entre autorités déconcentrées. Cette redistribution des pouvoirs des services de l'État dans les régions s'est alors accompagnée d'une recherche de

10. Loi d'orientation n° 92-125 du 6 février 1992 relative à l'administration territoriale de la République (*JO* du 8 février 1992, p. 2064).

11. Décret n° 92-604 du 1er juillet 1992 portant charte de la déconcentration (*JO* du 4 juillet 1992, p. 8898).

cohérence et d'unité de l'action de l'État. On mesure ainsi la constance des objectifs poursuivis au-delà des cadres territoriaux retenus pour l'action administrative. La prochaine étape demeure elle-même inchangée : il s'agira d'en mesurer l'impact sur la qualité des services rendus aux usagers.

BRÈVES OBSERVATIONS SUR LA DÉLIMITATION DES GRANDES RÉGIONS

par

Jean-Luc PISSALOUX

Professeur, Université de Bourgogne
Vice-président du Conseil scientifique du GRALE

Le 16 janvier 2015 a été promulguée la loi n° 2015-29 relative à la délimitation des régions[1] : cette loi modifie la carte des régions françaises.

Cela faisait un certain temps qu'était posée la question du redécoupage des régions.

En vérité, dès la mise en place des établissements publics régionaux en 1972, des voix s'étaient élevées pour déplorer leur périmètre jugé trop restreint pour l'exercice de leurs compétences en matière de développement économique et de réseaux de transport.

1. Le titre complet de cette loi du 16 janvier 2015 est en vérité « Loi relative à la délimitation des régions, aux élections régionales et départementales et modifiant le calendrier électoral » (*JORF* du 17 janvier). Conformément à son intitulé, cette loi ne se contente pas en effet de redécouper les régions ; elle reporte les élections régionales de mars à décembre 2015 ; en revanche, elle maintient à mars 2015 (22 et 29 mars) les élections départementales, étant précisé que le mandat des conseillers généraux de Mayotte a été prolongé de mars 2014 à mars 2015, et que celui des conseillers généraux de Guyane et de Martinique a été prolongé jusqu'à la création de la collectivité territoriale unique en décembre 2015.

Le Conseil constitutionnel, saisi le 19 décembre 2014 d'un recours, avait rendu sa décision le 15 janvier 2015 (décision n° 2014-709 DC) : celle-ci a certes déclaré l'essentiel de la loi conforme à la Constitution, mais a censuré pour méconnaissance du principe d'égalité devant le suffrage une disposition suspendant pour les élections départementales pour la période antérieure au 17 septembre 2014 l'application de la règle interdisant à un candidat d'utiliser les indemnités et avantages mis à disposition des parlementaires pour couvrir les frais liés à l'exercice de leur mission.

C'est pourquoi, depuis quelques années, ont émergé plusieurs réflexions sur l'évolution du découpage des régions, leur nombre idéal, leur taille et leurs moyens.

Les rapports Belot (2009)[2], Balladur (2009)[3], et Warsmann (2008)[4] ont ainsi préconisé une simplification des structures territoriales en liaison avec la spécificité des territoires, simplification passant avant tout par une réduction du nombre des collectivités au sein d'un même échelon : tous trois ont en effet recommandé que soit redécoupée la carte des régions et des départements en fonction des réalités et des dynamiques locales, et que soit opérée une diminution du nombre des régions et des départements, le rapport Warsmann allant même jusqu'à demander – dans le prolongement du rapport Attali – la suppression des départements au profit des régions, afin de simplifier le millefeuille administratif.

Les rapports Balladur et Belot envisageaient plus précisément, d'une part, des fusions ou des regroupements volontaires des régions et départements, et, d'autre part, la possibilité de fusionner une région avec ses départements. Cependant, bien que de nombreuses cartes aient alors circulé, le rapport du comité Balladur, remis le 5 mars 2009 au Président de la République, et intitulé *Il est temps de décider*, ne devait *in fine* proposer aucune carte régionale, même s'il exprime le vœu que la France soit dotée d'environ une quinzaine de régions[5].

Plus récemment, en 2013, la mission commune d'information du Sénat, présidée par un autre ancien Premier ministre, Jean-Pierre Raffarin, avec comme rapporteur Yves Krattinger[6], a proposé de réduire entre huit et dix le nombre des régions métropolitaines, et a milité « pour la constitution de grandes régions, sans ambition

---

2. Rapport d'étape sur « La réorganisation territoriale », *Rapport n° 264, Sénat mars 2009, fait au nom de la mission temporaire sur l'organisation et l'évolution des collectivités territoriales* par M. Y. KRATTINGER et Mme J. GOURAULT, dit « rapport Belot » du nom du président de la mission, complété par le rapport n° 471, *Faire confiance à l'intelligence territoriale*, Sénat juin 2009. Par la suite, par « rapport Belot », on visera le rapport n° 264 de mars.

3. Rapport du comité pour la réforme des collectivités locales au Président de la République dit « rapport Balladur » du nom du président du comité, intitulé *Il est temps d'agir*, et remis le 5 mars 2009.

4. Rapport d'information n° 1153, présenté en octobre 2008 par MM. D. QUENTIN ET J.-J. URVOAS, intitulé *Clarification des compétences des collectivités territoriales*, dit « rapport Warsmann » du nom du président de la mission qui l'a élaboré.

5. Le rapport Balladur fait du reste état de l'existence de plusieurs projets en ce sens, à l'initiative de certaines régions, projets qu'il n'y aurait – selon lui – que des avantages à encourager.

6. Rapport d'information n° 49 (2013-2014), *Des territoires responsables pour une République efficace*, de M. Y. KRATTINGER, fait au nom de la mission commune d'information sur l'avenir de l'organisation décentralisée de la République, Sénat, 8 octobre 2013.

de proximité, mais qui auraient une réelle vocation d'aménagement du territoire », tout en précisant – observation importante et significative – que le redécoupage des régions ne représentait pas l'unique voie permettant de renforcer la puissance des régions françaises, en soulignant en effet que la puissance économique d'une région n'est pas uniquement liée à sa démographie ou à sa superficie, mais repose aussi – et avant tout – sur les compétences exercées et les moyens budgétaires dont elle dispose pour les assumer.

Le projet de loi gouvernemental enregistré à la présidence du Sénat le 18 juin 2014 prévoyait, en son article 1er, 14 régions issues de la fusion des régions existantes au nombre de 22[7] au niveau métropolitain, les régions d'Outre-mer n'étant pas concernées par la réforme proposée. Plus précisément, dans le projet de loi : 6 régions ne font l'objet d'aucune modification de leur périmètre – il s'agit des régions Aquitaine, Bretagne, Île-de-France, Nord-Pas-de-Calais, Pays de la Loire, Provence-Alpes-Côte d'Azur ; la collectivité territoriale de Corse n'est pas touchée par la nouvelle carte proposée ; seules 15 autres régions font l'objet de fusion – Alsace et Lorraine ; Auvergne et Rhône-Alpes ; Bourgogne et Franche-Comté ; Centre, Limousin et Poitou-Charentes ; Champagne-Ardenne et Picardie ; Languedoc-Roussillon et Midi-Pyrénées ; Haute-Normandie et Basse-Normandie.

En 1re lecture, l'Assemblée nationale devait modifier l'article 1er du projet de loi pour aboutir à 13 régions, qui seront du reste celles retenues lors de la lecture définitive.

Le Sénat, qui avait, en 1re lecture, rejeté l'article 1er sur la carte des régions, ainsi que l'article sur le report en décembre 2015 des élections des conseillers départementaux et des élections régionales, devait, en deuxième lecture, voter un amendement portant à quinze le nombre des futures régions : Alsace ; Aquitaine, Limousin et Poitou-Charentes ; Auvergne et Rhône ; Bourgogne et Franche-Comté ; Bretagne ; Centre ; Corse ; Champagne-Ardenne et Lorraine ; Île-de-France ; Languedoc-Roussillon ; Midi-Pyrénées ; Nord-Pas-de-Calais et Picardie ; Basse-Normandie et Haute-Normandie ; Pays de la Loire ; Provence-Alpes-Côte d'Azur.

Mais en deuxième lecture, l'Assemblée nationale a rétabli la délimitation des régions telle qu'elle l'avait votée en 1re lecture[8].

---

7. Rappelons qu'en vérité, la Corse n'est pas *stricto sensu* une région, même si elle en exerce les compétences.

8. L'Assemblée nationale a également voté, comme en 1re lecture, le report des élections des conseillers départementaux à mars 2015 et celui des élections régionales à décembre 2015.

À compter du 1er janvier 2016, l'article 1er de la loi du 16 janvier 2015 substitue donc finalement aux 22 régions métropolitaines existantes les 13 régions suivantes, constituées pour 7 d'entre elles par la réunion d'anciennes régions sans modifications des départements les composant : Alsace, Champagne-Ardenne et Lorraine ; Aquitaine, Limousin et Poitou-Charentes ; Auvergne et Rhône-Alpes ; Bourgogne et Franche-Comté ; Bretagne ; Centre ; Corse ; Île-de-France ; Languedoc-Roussillon et Midi-Pyrénées ; Nord-Pas-de-Calais et Picardie ; Basse-Normandie et Haute-Normandie ; Pays de la Loire ; Provence-Alpes-Côte d'Azur. Ainsi, par rapport au projet de loi : la Région Centre est en fin de compte restée seule et donc inchangée ; le Nord-Pas-de-Calais a quant à lui fusionné avec la Picardie ; l'Alsace a non seulement fusionné avec la Lorraine, mais aussi avec Champagne-Ardenne ; et la Région Poitou-Charentes a finalement fusionné avec le Limousin ainsi qu'avec l'Aquitaine.

Le but affiché et poursuivi est d'avoir, avec cette nouvelle carte régionale fondée sur le non-démembrement des régions actuelles, une puissance renforcée au niveau européen et mondial de nos régions : la diminution du nombre de régions est en effet considérée comme un facteur d'efficacité de l'action publique locale, par la simplification du millefeuille administratif.

L'objectif officiellement assigné à la réforme est ainsi défini :

> « Doter les régions françaises d'une taille critique qui leur permette d'exercer à la bonne échelle les compétences stratégiques qui leur sont attribuées, de rivaliser avec les collectivités comparables en Europe et de réaliser des gains d'efficience. »

Mais en fait, non seulement les arguments avancés pour justifier le nouveau découpage régional sont infondés ou inopérants (I), mais la méthode mise en œuvre est également très largement critiquable (II).

I. Des justifications infondées et/ou inopérantes

Aucune des justifications du nouveau découpage régional n'est en vérité pertinente, qu'il s'agisse de la recherche d'une « taille critique » appropriée (A) ou de l'impact économique positif du redécoupage opéré (B). Par ailleurs, est également inopérant l'argument fondé sur la nécessité de bâtir des « régions européennes » (C), étant en effet rappelé – comme l'a du reste souligné Michel Delebarre, rapporteur en 1re lecture devant le Sénat – que l'objet du projet de loi « n'(était) pas tant de faire des économies que de bâtir des régions "de taille européenne" ».

A. La recherche d'une « taille critique » des nouvelles régions françaises : un argument infondé

Depuis longtemps, de façon récurrente, il est reproché aux régions françaises d'être trop petites – en termes de superficie et de population – par rapport aux grandes régions des autres pays européens, cela dans le but de justifier la réduction de leur nombre et/ou leur regroupement volontaire. M. Carlos Da Silva, rapporteur devant l'Assemblée nationale, fait valoir un argumentaire similaire[9], lorsqu'il écrit que :

> « Les 21 régions métropolitaines[10] regroupent en moyenne 2,98 millions d'habitants contre 5,1 millions d'habitants dans les Länder allemands et 4,4 millions d'habitants dans les régions italiennes (hors régions à statut spécial) », que « 10 régions métropolitaines françaises regroupent moins de 2 millions d'habitants », ou encore, en reprenant l'étude d'impact du projet de loi, que « seules 4 (Île-de-France, Rhône-Alpes, Provence-Alpes-Côte d'Azur et Nord-Pas-de-Calais) comptent plus de 4 millions d'habitants tandis que 4 des 17 communautés autonomes espagnoles, 7 des 16 *Länder* allemands et 8 des 20 régions d'Italie dépassent ce seuil. »

Ces critiques ne sont pas totalement fondées : comme le faisait déjà observer le rapport Belot précité de 2009, les *régions européennes* pour reprendre une formule commode, mais largement inexacte[11] sont en effet elles aussi marquées par une grande diversité de taille et de population.

1. Sur la superficie moyenne des régions françaises actuelles[12]

Il est tout d'abord inexact de dire que les régions françaises actuelles ont toujours une superficie inférieure à celle des autres pays européens.

La plus petite des régions françaises de métropole, l'Alsace, a en effet une superficie de 8 288 km^2. Or, nombre de régions européennes ont des superficies plus petites. L'on peut citer ainsi : les régions de Bruxelles en Belgique ; le grand-duché du Luxembourg ; les *Länder* de Berlin, de Brême, de Hambourg et de Sarre en Allemagne ; les communautés autonomes Cantabrique, Pays basque, La Rioja en

---

9. Voir son rapport AN n° 2120, déposé le 10 juillet 2014.
10. Hors collectivité territoriale de Corse.
11. Voir *infra*.
12. Par « régions françaises actuelles », on entend les régions existant avant l'entrée en vigueur de la loi du 16 janvier 2015, donc jusqu'au 31 décembre 2015.

Espagne ; les régions Vallée d'Aoste, Ligurie, Frioul-Vénétie Julienne en Italie[13] ; les douze provinces des Pays-Bas ; quatre des neuf États fédérés de l'Autriche ; le Flevoland au Danemark ; ou l'Attique en Grèce.

Inversement, les régions françaises actuelles les plus vastes, à savoir Midi-Pyrénées (45 418 km^2) et Rhône-Alpes (43 686 km^2), ont une plus grande superficie que la Belgique, le Luxembourg, le Danemark. La superficie moyenne (25 091 km^2) des 21 régions métropolitaines[14] *stricto sensu* est en vérité supérieure à celle des *Länder* allemands (22 313 km^2).

Par ailleurs, et au demeurant, la taille n'est un critère ni nécessaire ni suffisant ; en d'autres termes, elle n'est point un critère pertinent pour garantir le succès d'un territoire :

> « Les technocrates français sont les seuls à croire qu'il faut qu'une université soit grande pour réussir : les universités les mieux classées sont toutes plus petites que la plus petite des universités françaises ! C'est pareil pour les régions[15]. »

La taille n'est pas forcément un gage de réussite, comme le montrent les exemples de l'Alsace, du Nord-Pas-de-Calais ou encore de la Corse :

> « L'Alsace, qui est une petite région (en termes de superficie), réussit très bien toute seule. [...] Le Nord-Pas-de-Calais fonctionne bien. La Corse a beaucoup d'identité et peu de métropoles : elle fonctionne aussi sans qu'on ait besoin d'opérer une fusion. »
> « Si l'on respecte une logique de taille et d'importance et si l'on part des métropoles, l'Île-de-France, qui est une aire urbaine, dispose d'un réseau de transports et d'un marché de l'emploi devrait cesser d'être une région pour devenir la métropole de la région de Paris étendue au Bassin parisien. Elle bénéficierait alors d'un poids équivalent au *Land* Rhénanie-du-Nord-Westphalie[16]. »

2. Sur la population moyenne des régions françaises actuelles

Il est tout aussi inexact d'affirmer que les régions françaises seraient toutes moins peuplées que celles des autres pays européens.

---

13. Sans compter le Trentin et le Haut-Adige-Sud Tyrol qui sont en réalité deux régions autonomes.

14. D'un strict point de vue juridique.

15. Voir J. Lévy, professeur de géographie et d'aménagement de l'espace à l'École polytechnique fédérale de Lausanne, lors de son audition le mardi 24 juin 2014 devant le Sénat.

16. *Idem.*

Si l'on considère uniquement les 21 régions françaises métropolitaines, la moins peuplée d'entre elles est le Limousin, avec 742 000 habitants. Or, en Europe, outre le Grand-Duché du Luxembourg, de nombreuses régions comptent moins d'habitants que le Limousin ; l'on peut citer à titre d'exemple : le *Land* de Brême ; trois régions italiennes ; trois régions espagnoles ; cinq des douze provinces des Pays-Bas ; cinq des neuf États fédérés de l'Autriche.

La population moyenne des régions françaises de métropole est de trois millions d'habitants, ce qui est certes inférieur à celle des *Länder*[17], mais supérieur à la moyenne des régions d'Italie, des communautés autonomes d'Espagne ou encore des régions polonaises.

En fait, et on y reviendra, dans tous les pays du monde, les découpages régionaux sont le fruit de l'histoire et de la géographie et se traduisent par des tailles de région extrêmement diverses en termes de population. Ainsi : le rapport entre le *Land* allemand le plus peuplé (celui de la Rhénanie du Nord Westphalie) et le moins peuplé (celui de Brême) est de 27 ; il est de 26 en Espagne entre l'Andalousie et La Rioja ; il atteint 76 en Italie entre la Lombardie et le Val d'Aoste ; en vérité, il s'avère bien moindre en France métropolitaine, puisqu'il est seulement de 16 entre l'Île-de-France et le Limousin, et il tombe même à 8 si l'on exclut l'Île-de-France. En termes de population, les régions françaises sont donc moins hétérogènes que les régions d'autres grands pays européens ; et à cet égard, comme l'a souligné le professeur Gérard-François Dumont lors de son audition le 24 juin 2014 devant le Sénat, « l'idéal d'homogénéisation porté par le projet de loi ne correspond pas à une bonne compréhension du réel ».

En conclusion, l'argument de la « taille critique » n'est pas un argument pertinent et décisif : il n'y a pas de corrélation positive systématique entre la taille d'une région en termes de superficie et de population et sa puissance économique ; au regard de ces deux critères (superficie et population), il n'existe pas d'*optimum régional*. De ce point de vue, il n'y avait pas dès lors de nécessité impérative de redessiner la carte des régions françaises.

Celles-ci ont une dimension moyenne supérieure à celle des *Länder* allemands : on ne peut donc pas leur reprocher d'être trop petites. En outre, il existe en Allemagne, en Espagne et en Italie nombre de régions moins peuplées que la région

17. Mais l'histoire démographique de l'Allemagne n'est pas celle de la France, dont le taux de fécondité a commencé à baisser à la fin du XVIIIe siècle, soit un siècle avant l'Allemagne.

française la moins peuplée[18], ce qui ne les empêche nullement de connaître un taux de chômage largement inférieur au taux de chômage français. Par conséquent, la petite taille et la faible démographie ne sont donc pas nécessairement des handicaps : certains élus, très réservés sur la perspective d'une course à la taille appréhendée comme une garantie d'efficacité et d'efficience de l'action publique locale, n'ont du reste pas manqué de le faire observer lors des auditions devant le Parlement[19].

Par ailleurs, la constante référence au modèle allemand, *id est* à des *Länder* issus d'un découpage opéré au lendemain de la Seconde Guerre mondiale pour organiser l'occupation du territoire allemand, n'apparaît pas véritablement justifiée, dans la mesure où la France ne peut pas s'identifier à un modèle fédéral qui ne correspond pas à son histoire[20].

B. De l'absence d'impact économique de la réduction du nombre de régions

Les partisans du nouveau découpage régional ont aussi fait valoir son impact économique en termes d'abord d'économies générées (1), et de renforcement de la puissance économique des nouvelles grandes régions ensuite (2) : c'est pour le moins discutable.

1. Sur les prétendues économies générées par la fusion de régions

La fusion de régions et – par voie de conséquence – la réduction du nombre de régions généreraient de substantielles économies : tel a été l'un des arguments immédiatement mis en avant pour justifier la réforme.

---

18. Du reste, Michel Delebarre le reconnaît lui-même dans son rapport (p. 30) : « En termes de population, les régions françaises sont plutôt assez proches de leurs homologues italiennes et espagnoles, mais bien moins peuplées que les régions allemandes. S'agissant de la superficie, les régions françaises sont plutôt plus grandes que celles des autres pays européens. »

19. Voir ainsi les observations lors de leur audition, le mardi 24 juin 2014 devant le Sénat, de M. Loïc Cauret, vice-président chargé du développement économique et de l'emploi, président de Lamballe Communauté, et de M. Marc Fesneau, membre du conseil d'orientation de l'Assemblée des Communautés de France, président de la communauté de communes de Beauce et Forêt.

20. Sans compter que la fiscalité allemande diffère de la fiscalité française et que le modèle allemand a aussi ses défauts : comme l'a rappelé M. Philippe Subra lors de son audition le mardi 24 juin 2014 devant le Sénat, « Le grand investissement d'intérêt fédéral et national de l'aéroport de Berlin-Brandebourg est une faillite qui fait scandale. Hambourg, dont la ville, Land, ne couvre que 40 % de l'agglomération, a dû négocier pendant trois ans un traité d'État avec les deux Länder voisins pour mettre en place une instance de gestion à l'échelle de l'aire urbaine. »

En mai 2014, M. André Vallini, secrétaire d'État chargé de la Réforme territoriale, avait évoqué le chiffre de 12 à 25 milliards d'euros d'économies grâce à la réforme territoriale, en se fondant sur une réduction de 5 à 10 % des dépenses totales des collectivités. Quelque temps après, le 3 juin, à l'issue du Conseil des ministres, ses projections devaient être légèrement revues à la baisse : d'ici cinq à dix ans, devait-il dire, « en faisant des économies d'échelle, en supprimant les chevauchements de compétences, les doublons, on peut arriver à une dizaine de milliards d'euros [...] ». Le même jour, le président de l'Association des Régions de France (ARF), M. Alain Rousset, affirmait, sur *Europe 1*, qu'« on ne peut pas chiffrer aujourd'hui » l'impact financier de la réforme !

Comme le fait observer Michel Delebarre dans son rapport en 1re lecture devant le Sénat, les estimations d'André Vallini portaient en vérité sur l'ensemble de la réforme territoriale, c'est-à-dire sur les deux textes déposés le 18 juin 2014, et au demeurant principalement sur le second, à savoir le projet de loi portant nouvelle organisation territoriale de la République, dit « projet de loi NOTRe », qui prévoit des mutualisations importantes au niveau communal, mais également régional, à partir des transferts de compétences des départements.

Au demeurant, Michel Delebarre ne semble pas lui-même convaincu par le fait que la seule réduction du nombre de régions permettra de réduire le niveau des dépenses par habitant; il souligne, de plus, que les chiffres présentés par le gouvernement portent sur les dépenses réelles totales, et comprennent donc les dépenses d'investissement.

Observons du reste que l'étude d'impact n'a elle-même procédé à aucune évaluation de ces prétendus « gains d'efficience », lesquels dépendront *in fine* des décisions des collectivités elles-mêmes et des mutualisations qu'elles sauront ou non mettre en œuvre.

En fait, la fusion de régions n'engendrera pas des économies : au contraire, la mise en œuvre des fusions forcées ainsi opérées se traduira par un certain nombre d'inconvénients et de coûts.

Pratiquement, tout le monde (géographes, économistes, juristes) en dehors de ceux qui ont porté et défendu le projet de loi reconnaît que de telles fusions forcées engendreront – au moins à court et moyen termes – des coûts (il faudra fusionner les services, financer des déménagements, aligner les statuts et les conditions salariales entre les agents des différentes régions originaires, ce qui se fait toujours sur les plus avantageux, donc les plus coûteux) et de nombreux effets externes négatifs, comme les tensions liées au choix de la capitale régionale.

Mais il ne faut pas également oublier, parmi ces effets externes négatifs, ceux liés à l'implication ou plutôt aux risques de non-implication des habitants. En effet, pour que des citoyens s'investissent sur un territoire, cela suppose qu'ils éprouvent un attachement à l'égard celui-ci, en d'autres termes qu'ils s'y identifient : il ne faut pas ignorer les identités régionales[21].

2. Sur le prétendu renforcement de la puissance économique des nouvelles grandes régions

Contrairement au discours officiel véhiculé, la nouvelle délimitation régionale ne va pas nécessairement renforcer le poids des régions françaises en Europe.

Le temps que les élus, leurs collaborateurs et leurs administrations consacreront à la mise en œuvre des nouvelles grandes régions sera en vérité du temps perdu, sans avantages à terme, compte tenu des multiples effets externes négatifs[22]. Surtout, ce temps, qui se comptera en années, n'est pas – et ne sera pas – consacré à l'essentiel, à savoir l'amélioration de la situation économique et sociale des régions françaises et de leur positionnement en Europe grâce à une meilleure gouvernance régionale qui pourrait pourtant être facilitée par des avancées significatives en matière de décentralisation.

Par ailleurs, il ne faut pas croire que le « mariage » de deux régions va obligatoirement leur donner plus de force économique.

D'une part, « l'addition de deux régions faibles ne suffit pas à faire une région forte »[23].

D'autre part, même lorsque dans un couple ou un trio, il y a au moins une région forte, la fusion n'entraîne pas nécessairement et automatiquement des effets positifs : il faut en effet regarder les choses en profondeur. Ainsi, dans la nouvelle Région Alsace, Champagne-Ardenne et Lorraine, l'Alsace et la Lorraine, en raison de leur histoire, n'ont pas les mêmes inclinations : la Lorraine s'est toujours tournée vers la partie septentrionale de la Lotharingie, et profite aujourd'hui de sa proximité avec la Wallonie, la Sarre, le Luxembourg et une partie de la Rhénanie-Palatinat ; l'Alsace, en revanche, regarde vers l'Est, *id est* vers le pays de Bâle et le Bade-

21. Voir *infra*, II B.
22. Voir en particulier, comme on l'a déjà souligné, les coûts générés par les tensions liées au choix de la nouvelle capitale régionale.
23. Voir H. Le Bras, démographe, audition le 24 juin 2014 devant le Sénat.

Wurtemberg. Entre les deux actuelles régions, Alsace d'un côté et Lorraine de l'autre, les flux économiques sont en fait très faibles : on peut dès lors légitimement s'interroger sur les projets économiques communs qu'elles pourront développer.

Sans compter qu'avec le nouveau découpage électoral, l'on ouvre une boîte de Pandore susceptible d'attiser inéluctablement les rivalités historiques : quelle sera, du fait des rivalités entre Toulouse et Montpellier, la capitale de la nouvelle Région Midi-Pyrénées – Languedoc-Roussillon[24] ? Parmi les régions recomposées, seule la nouvelle Région Alsace, Champagne-Ardenne, Lorraine se voit imposer une capitale, en l'occurrence Strasbourg, ce qui a fait dire à un député[25] que le principe d'égalité n'était pas respecté entre les nouvelles régions.

Par conséquent, la fusion de deux régions, si elle ne s'intègre pas dans un projet commun de développement, ne sert à rien et a de fortes chances de s'avérer un leurre.

Fusionner depuis Paris la Haute et la Basse-Normandie ne changera rien, par exemple, à la dynamique de ces régions.

Croire que sous prétexte qu'une région sera plus grande et plus peuplée, elle sera automatiquement plus dynamique est tout à fait faux. On a à l'étranger, en Allemagne, en Espagne et en Italie, des petites et de grandes régions ; et l'on constate que, souvent, les petites s'en tirent aussi bien que les grandes quand elles ont une bonne gouvernance. En effet, il n'y a aucune corrélation en Europe entre la taille des régions et leur taux de chômage : dans certains cas, des régions relativement peuplées ont effectivement un taux de chômage faible, voire résiduel comme la Bavière en Allemagne ; dans d'autres cas, comme en Italie ou en Espagne, ce sont les régions les moins peuplées qui comptent les niveaux d'emploi les plus satisfaisants et vice-versa[26].

On est le seul pays où l'on discute sans arrêt d'un redécoupage, comme s'il y avait un « optimum régional » enclenchant automatiquement un développement économique.

---

24. C'est pourquoi d'aucuns, pour essayer d'atténuer les conflits potentiels, prétendent distinguer une *capitale administrative* et une *capitale économique*.

25. M. Guillaume Larrivé, à l'occasion de l'examen de l'article 2 du projet de loi (voir rapport AN n° 2417 de M. Carlos Da Silva, 3 déc. 2014).

26. Ainsi, en Espagne, l'Andalousie qui est l'une des régions les plus vastes d'Europe a un taux de chômage particulièrement élevé.

En fait, rien ne permet de dire que le changement de la délimitation des régions puisse produire automatiquement des avantages en termes d'attractivité et d'amélioration de l'emploi. Certes, la recomposition des régions donnera naissance à des « ensembles plus homogènes en termes de population à l'échelle du territoire national » selon la formulation de l'étude d'impact du gouvernement fournie au Parlement[27]. Mais une telle homogénéité plus grande engendre-t-elle des avantages ?

En conclusion, il apparaît que les arguments invoqués pour justifier les regroupements finalement opérés par la loi du 16 janvier 2015, celui de la recherche d'une taille critique (en termes de superficie et de population) et celui de l'impact économique (en termes d'économies d'échelle, ainsi que de poids économique, d'attractivité et d'emploi des nouvelles régions), ne sont nullement convaincants et à tout le moins démontrés.

C. Sur le caractère fictif de la notion de « région européenne »

La référence à la nécessité de « bâtir des régions européennes » n'est pas pertinente elle aussi, dans la mesure où la notion de « région européenne » est en vérité largement factice, y compris au sein des instances de l'Union européenne, ou tout au moins ne correspond nullement à une réalité uniforme.

Certes, deux éléments pourraient *a priori* laisser penser que cette notion de « région européenne » existe effectivement.

En premier lieu, il y a le fait que l'Union européenne publie périodiquement des *données régionales*, notamment dans le cadre d'Eurostat ; mais en vérité, ces données régionales ne traduisent nullement l'existence d'un échelon régional comparable dans tous les pays.

Ces publications sont en effet fondées sur des « régions » dont le périmètre est déterminé dans le cadre d'une « Nomenclature commune des unités territoriales statistiques » ou « NUTS », introduite pour permettre la collecte de données statistiques territorialisées dans un cadre uniformisé, servant notamment de base aux décisions relatives à la mise en œuvre de la politique européenne de cohésion. Ces unités statistiques sont réparties en trois niveaux supposés respecter des fourchettes

27. Étude d'impact, 17 juin 2014, p. 34.

démographiques : les régions relevant de la nomenclature NUTS 1 ont entre 3 et 7 millions d'habitants ; les régions NUTS 2 entre 800 000 et 3 millions d'habitants ; et les régions NUTS 3 entre 150 000 et moins de 800 000 habitants.

Mais ces fourchettes démographiques ne sont pas toujours respectées par les délimitations définies par Eurostat. Par exemple, la Région Île-de-France, qui compte plus de 11 millions d'habitants, est considérée comme une région NUTS 2, alors que le *Land* de Brême en Allemagne, avec moins de 800 000 habitants, est classé comme une région NUTS 1. En outre, comme tous les pays n'ont pas toujours des unités administratives correspondant aux seuils précités, certains niveaux n'y sont pas utilisés. Il convient enfin de faire observer que les unités territoriales sur lesquelles reposent les cartes régionales d'Eurostat et qui sont donc définies uniquement pour des besoins statistiques ne correspondent pas forcément aux unités administratives officielles[28].

En second lieu, l'existence du Comité des Régions pourrait aussi laisser penser que les différents pays de l'Union européenne disposent tous d'une organisation régionale semblable.

Or, en dépit de son intitulé, le Comité des Régions n'est nullement un représentant exclusif des régions d'Europe : il représente en effet l'ensemble des collectivités territoriales, locales et régionales, des pays de l'Union européenne. Par ailleurs, certains de ses membres sont certes des élus régionaux dans les pays où de tels élus existent, comme la France, la Belgique, l'Italie, ou encore les Länder allemands ; mais d'autres membres du Comité des régions représentent des collectivités ou des organisations territoriales propres à chaque pays : grandes villes ou communes rurales en France ; *Kreise* et municipalités en Allemagne ; communautés et communes en Belgique ; comtés, conseils généraux et municipalités en Suède...

28. C'est en particulier le cas de la représentation de l'Allemagne : celle-ci est en effet fondée non point sur ses 16 Länder, mais sur ses 41 districts *(Regierungsbezirk)*, lesquels n'ont pas la personnalité morale et sont gérés non par des élus, mais par des personnes désignées par le gouvernement du *Land*, et qui, par leur superficie moyenne (8 700 km^2), sont plus proches des départements français métropolitains (dont la superficie moyenne est de 5 750 km^2) que des régions françaises métropolitaines (dont la superficie moyenne est supérieure à celle des *Länder* allemands, voir *supra*).

La composition même de ce Comité des Régions démontre donc l'extrême diversité des structures territoriales des États européens, diversité qui est souvent sous-estimée[29], et qui résulte d'héritages historiques différents et de choix institutionnels variés effectués dans les divers États membres.

Le géographe-démographe, Gérard-François Dumont, dans une étude très fouillée[30], distingue ainsi dix types régionaux en Europe, allant de l'absence d'un échelon régional spécifique à des régions dont la nature institutionnelle est celle d'États fédérés ou confédérés, en passant par de nombreuses situations intermédiaires[31], et conclut, aux termes de son analyse, qu'il n'y a pas de « définition consensuelle du contenu institutionnel du terme "région" », et que « malgré la généralisation du fait régional en Europe, par suite du souci politique du développement interterritorial, des obligations de la politique régionale communautaire, de la recréation de régions, de décisions de régionalisation ou de dévolution, on ne peut donc pas observer de convergence institutionnelle ».

Renvoyer à des « régions européennes » est donc, à l'heure actuelle en tout cas, une référence pour le moins artificielle.

---

29. Voir le chapitre « Europe », *in* GRALE et G. MARCOU (dir.), *Premier rapport mondial sur la décentralisation et la démocratie locale, Cités et gouvernements locaux unis*, Barcelone, Éditions L'Harmattan, Paris, 2008.

30. Voir G.-F. DUMONT, « Les régions d'Europe : une extrême diversité institutionnelle », janvier 2014, *Dumont/diploweb.com*. Cette étude analyse également la situation suisse.

31. Cet auteur distingue plus précisément les dix types régionaux suivants :
1. Une augmentation de compétences sans régionalisation (Pays-Bas, Portugal, Suède) ;
2. Une régionalisation administrative née des règles de l'Union européenne (Bulgarie, Hongrie, Roumanie) ;
3. Une régionalisation recréée dans le cadre communautaire (Pologne, République tchèque) ;
4. Une décentralisation s'accompagnant d'une régionalisation (France, Italie) ;
5. Une régionalisation originelle au profit de régions périphériques (Italie, Portugal) ;
6. Une régionalisation contrainte par « dévolution » à des entités historiques (Royaume-Uni) ;
7. Une autonomie régionale différenciée (Espagne) ;
8. Des régions ayant le titre d'États (Allemagne, Autriche) ;
9. Un « double fédéralisme » (Belgique) ;
10. L'échelon régional dans le cadre confédéral (Suisse) ;
Certains pays peuvent ainsi relever de plus d'un type.

II. Une méthode de délimitation critiquable

La carte définitivement adoptée, comme celle initialement proposée, repose sur le principe de non-démembrement des régions actuelles, *id est* sur la fusion de certaines d'entre elles, et non sur l'intégration des départements composant telle ou telle région dans une ou plusieurs autres régions ou bien encore sur les bassins de vie et d'emploi, bref sur les réalités et les dynamiques locales. Cette « méthode » de délimitation des nouvelles grandes régions, qui, au demeurant, s'apparente davantage à une *approche* plutôt qu'à une véritable *méthode*, a suscité de nombreuses et fortes critiques (A) ; a notamment été souligné l'oubli de l'histoire et de l'identité des habitants (B).

A. Des critères de délimitation inappropriés ou inopérants

Diverses critiques ont d'abord été formulées à l'encontre du principe du non-démembrement des régions existantes, consistant donc – comme dans un jeu de puzzle – à fusionner certaines d'entre elles sans toucher à leurs territoires, et en particulier à leurs départements constitutifs ; le recours à ce principe est dès lors considéré comme étant bien souvent une source d'incohérences : certaines régions auraient dû en effet être modifiées, voire démantelées.

Ainsi, selon un auteur, géographe, il aurait fallu toucher à la Région Picardie :

> « L'Oise qui est une très grande banlieue, doit rentrer dans la Région Île-de-France ; la Somme et l'Aisne doivent être réparties autrement, plutôt en direction de Champagne-Ardenne[32]. »

Selon un autre auteur, politologue, il aurait fallu supprimer la Région Pays de Loire, qui est pourtant restée inchangée :

> « La Mayenne et la Loire-Atlantique doivent être rattachées à la Bretagne, la Sarthe et le Maine-et-Loire au Centre, tandis que la Vendée, qui forme un ensemble économique, social et territorial cohérent, doit rester toute seule : elle fait système[33] ».

D'autres experts sont allés plus loin dans leurs critiques, car ils ont stigmatisé une recomposition régionale fondée exclusivement sur la notion de *périmètres*, et *a fortiori* sur les périmètres non remis en cause des actuelles régions.

32. Voir Philippe Subra, Audition le 24 juin 2014 devant le Sénat.
33. Voir Romain Pasquier, Audition le 24 juin 2014 devant le Sénat.

Comme l'a fait observer un géographe-aménageur auditionné par le Sénat,

> « dans une société en réseaux, la cohérence et la pertinence ne coïncident pas avec les périmètres définis. Les opérateurs de réseaux, qu'ils soient publics ou privés, ont mis la main sur les biens communs, comme les réseaux numériques, environnementaux ou de transport, et leur gouvernance est complexe[34] ».

Le même auteur, au demeurant, souligne que non seulement la nouvelle délimitation des régions ne prend pas en compte les différents réseaux existants, mais qu'elle ne traite point également de la question fiscale ainsi que de celle du contrat démocratique « à repenser de façon post-territoriale »[35]. Les territoires sont aujourd'hui des espaces polycentriques où s'épanouissent de nombreux types de réseaux, dont certains – comme les réseaux de transports et les réseaux numériques – sont absolument essentiels dans notre société actuelle et suscitent et/ou impliquent des transactions permanentes entre les différents acteurs : l'approche mise en œuvre pour aboutir au nouveau découpage régional est donc pour le moins réductrice.

Comme l'a fait également observer le sénateur Pierre Jarlier[36], par ailleurs vice-président de l'Association des Maires de France (AMF), pour qui « un débat préalable dans chaque territoire eût été opportun », le redécoupage régional en grandes régions fait en outre planer deux risques : « L'éloignement des citoyens et la représentation d'un nombre accru d'habitants par un nombre réduit d'élus ».

Au-delà sinon de la nécessité du moins de l'intérêt d'un débat public préalable dans chaque territoire régional actuel, l'on peut carrément se demander, avec Romain Pasquier[37], si le fait de commencer par une carte ne constitue pas une erreur de méthode majeure, qui occulte bien des données essentielles, comme le poids de l'histoire et des identités qui semblent en effet avoir été en l'espèce largement oubliées.

B. L'oubli fondamental de l'histoire et de l'identité

Pour essayer de justifier le nouveau découpage opéré par la loi du 16 janvier 2015 et l'approche mise en œuvre pour y parvenir, certains, et en particulier le rapporteur devant l'Assemblée nationale, M. Carlos Da Silva, ont prétendu que les actuelles régions françaises seraient une création récente.

---

34. Voir Martin Vanier, géographe aménageur, Audition le 24 juin 2014 devant le Sénat.
35. *Idem.*
36. Voir son audition le 24 juin 2014 devant le Sénat en tant que vice-président de l'AMF.
37. Voir son audition le 24 juin 2014 devant le Sénat.

Là encore, c'est inexact[38].

La délimitation des actuelles régions est en effet très largement le produit de l'histoire : à l'exception de la séparation entre la Haute et la Basse-Normandie, cela concerne en particulier l'Alsace, la Bretagne, la Bourgogne.

Preuve en est que la grande majorité des actuelles régions ont un nom simple (Alsace, Aquitaine, Auvergne, Bretagne, Bourgogne...), éventuellement double (Poitou-Charentes), qui renvoie toujours à l'histoire. Seules quelques régions ont effectivement une dénomination plus récente, mais avec une référence géographique claire, comme Rhône-Alpes ou Midi-Pyrénées[39], ou qui aurait pu être historique[40]. En outre, l'identité territoriale des régions est le plus souvent affirmée par un centre incontestable, leur capitale, métropole régionale de création généralement plus que millénaire. À l'évidence, le nom d'une région a donc une valeur identitaire forte, et lui permet de se positionner surtout au niveau international ; il est dès lors fondamental pour une région d'avoir un nom valorisable et connu pour contribuer à l'attractivité de son territoire, car la notoriété est un élément important – pour ne pas dire essentiel – de compétitivité.

Aussi, la seule véritable anomalie dans la carte régionale française – était, et reste au demeurant à la suite de la promulgation de la loi du 16 janvier 2015 – la dénomination ainsi que le périmètre *in fine* inchangé de la Région Centre, qui avait souhaité en vain la changer en Centre-Val de Loire, dénomination choisie par la communauté d'universités et d'établissements réunissant les universités d'Orléans et de Tours.

C'est donc une erreur de n'avoir pas pris en compte l'histoire des régions et les réalités identitaires dans le redécoupage de certaines nouvelles grandes régions créées par la loi du 16 janvier 2015, d'avoir fait en somme une lecture sans racine et sans affect du territoire national, alors même que la réalité identitaire exprime toujours plus une demande de proximité et semble bien souvent manifester sinon un rejet du moins une certaine méfiance à l'égard de la technocratie européenne, perçue comme lointaine, inaccessible et incompréhensible.

38. Sauf d'un point de vue strictement juridique.

39. Cette région a cependant tenté, mais en vain, dans les années 1990 de changer son nom en « Occitanie centrale ». Rappelons aussi la tentative avortée de Georges Frêche, président du conseil régional du Languedoc-Roussillon, de dénommer sa région « Septimanie » en 2005 par référence à son origine romaine.

40. C'est le cas du Nord-Pas-de-Calais qui pourrait s'appeler « Artois-Flandres ».

Ce qui fait la réussite – en termes de dynamisme économique – d'un territoire, il faut en être parfaitement conscient et totalement convaincu, c'est l'investissement de ses acteurs : ses habitants, ses entreprises, ses administrations. Ce qui suppose, on l'a déjà souligné, qu'ils s'identifient à leur région : l'identité constitue un facteur de développement économique ; l'identification de tous les acteurs et l'adhésion des populations aux régions délimitées sont donc absolument essentielles.

C'est d'autant plus important au niveau français, que la région n'y bénéficie pas de la même légitimité administrative et juridique que le département, et qu'il n'y a pas – on l'a également relevé – de modèle régional européen.

***
*

Il est pour le moins présomptueux et délicat de prétendre *a priori* (pouvoir) établir une carte idéale des régions françaises.

Le fantasme d'*un redécoupage territorial idéal* relève en vérité de l'esprit cartésien à la française. Il n'y a pas, il ne peut pas y avoir, de découpage ou de redécoupage idéal, car les régions ont toutes – du point de vue économique, de la mise en œuvre des politiques publiques, de leur construction identitaire ou encore du jeu politique – des fonctions diverses et/ou qui ne s'expriment point de façon semblable d'une région à une autre, de sorte qu'« un bon découpage » en termes de cohésion identitaire n'aura pas forcément beaucoup d'efficacité économique ou politique. Dès lors, l'on ne peut viser que le meilleur ou le moins mauvais des découpages !

Il faut donc être à la fois pragmatique et réaliste. Comme a pu le dire une personnalité auditionnée à l'occasion de la discussion du projet de loi :

> « Aucun redécoupage ne peut satisfaire tout le monde. Ceux de 1790 et de 1956 ont donné lieu à de vives protestations. Redécouper la carte impacte forcément la hiérarchie des villes ; il y aura toujours des gagnants et des perdants[41]. »

De façon paradoxale, le rapport Belot de 2009 faisait observer qu'un découpage plus fin que le découpage en vigueur jusqu'au 31 décembre 2015 pouvait amener à diviser certaines régions existantes afin de procéder à des regroupements jugés plus pertinents, ce qui pouvait conduire à un nombre plus élevé de régions !

41. Voir P. Le Lidec, Audition le 24 juin 2014 devant le Sénat.

De toute façon, le problème n'est pas tant de savoir combien il doit y avoir de régions, mais de savoir dans quelle mesure ces régions seront à même d'améliorer leur attractivité, d'accroître leur puissance économique, et en particulier de stimuler l'emploi.

Et pour rendre attractive une région, plutôt que de prétendre rechercher une taille en somme idéale, il faut avant tout s'efforcer de créer un environnement législatif et réglementaire propice, afin que les régions soient mieux gouvernées, ce qui implique de clarifier les compétences de l'État et des collectivités territoriales, et entre les différents échelons territoriaux. À cet égard, même si la suppression de la clause de compétence générale participe à l'évidence de cette clarification des compétences, cela ne suffit certainement pas. Ainsi, à l'heure actuelle, le département a un rôle considérable en matière sociale, et il va très vraisemblablement le conserver à la suite de l'adoption du projet de loi NOTRe en cours de discussion devant le Parlement; or force est de constater qu'un certain nombre de régions ont également développé des services sociaux. Par conséquent, supprimer la clause de compétence générale ne suffit pas si on ne précise pas clairement qui va s'occuper de quoi. En d'autres termes, il faut (autant que faire se peut!) mettre en place des compétences spéciales ou propres à chaque échelon territorial : la lisibilité de la répartition des compétences doit impérativement accompagner le nouveau redécoupage régional, dont on ne peut que prendre acte.

PLANIFICATION ET GRANDES RÉGIONS OU LE RENFORCEMENT DE LA PLANIFICATION RÉGIONALE DANS LE PROJET « NOUVELLE ORGANISATION TERRITORIALE DE LA RÉPUBLIQUE »

par

Roselyne ALLEMAND

Professeur de droit public
Université de Reims Champagne-Ardenne

Un des objectifs du projet NOTRe[1] est de renforcer le rôle de la région en lui transférant certaines compétences du département (routes, transport scolaire et interurbain, collèges…) et en lui donnant les moyens d'assurer un leadership territorial dans les domaines de développement économique, de l'aménagement et du développement durable du territoire à travers une planification opposable. Contrairement aux transferts de compétences du département vers la région, ce dernier aspect n'a pas été remis en cause en 1re lecture au Sénat et à l'Assemblée nationale.

D'un point de vue historique, la région a été, dès son origine, associée à la promotion du développement économique et à l'aménagement du territoire, mais sans disposer de véritables moyens juridiques pour influencer les politiques publiques infrarégionales.

Pourtant, le législateur a confié aux schémas des missions ambitieuses, le schéma régional de développement économique (SRDE) « vise à promouvoir un développement économique équilibré de la région, à développer l'attractivité de son territoire et prévenir les risques d'atteinte à l'équilibre économique de tout ou

1. Projet de loi portant nouvelle organisation territoriale de la République n° 636, déposé le 18 juin 2014, dit « projet de loi NOTRe ».

partie de la région »[2]. Le schéma régional d'aménagement et du développement du territoire (SRADT) « fixe les orientations fondamentales, à moyen terme, du développement durable du territoire régional »[3].

Autant de missions qui contrastent avec la portée juridique faible des schémas. Selon les termes de Jacques Fialaire : « Un décalage se fait sentir entre une effectivité réduite de la planification régionale et le besoin croissant d'y recourir[4]. »

Dans le domaine du développement économique, la loi du 13 août 2004 n'a pas fait le choix de la régionalisation qui était, pourtant, préconisée par le gouvernement de l'époque. Un dispositif comparable à celui instauré par le présent projet de loi avait été adopté en 1re lecture avant d'être retiré, à la suite de craintes exprimées par les communes et les départements d'une prééminence de la région. Les schémas régionaux de développement économique (SRDE) sont restés facultatifs, non opposables et expérimentaux. Le rôle de coordinateur dans l'octroi des aides aux entreprises et de chef de file du développement économique, n'a pas toujours pas permis d'imposer les orientations stratégiques de la région aux collectivités infrarégionales. Ceci est particulièrement vrai vis-à-vis des métropoles et des EPCI qui disposent de moyens importants pour mettre en œuvre leur propre politique économique. De nombreux rapports[5] ont souligné l'absence de cohérence des aides aux entreprises liées à la multiplication des structures et des dispositifs.

Parallèlement au domaine économique, la région élabore de nombreux documents de planification relatifs à l'aménagement du territoire. On n'en recense pas moins d'une dizaine, à côté du schéma régional d'aménagement et du développement du territoire institué par la loi n° 83-8 du 7 janvier 1983, l'on peut citer le schéma d'infrastructure des transports, du climat-air-énergie ou encore des déchets dangereux. La plupart n'ont pas d'effets contraignants, leurs modes d'élaboration et leurs durées diffèrent, ce qui ne favorise pas la cohérence et la visibilité des orientations de la région[6].

---

2. Art. 1– II, loi n° 2004-809 du 13 août 2004 relative aux libertés et responsabilités locales.
3. Art. 34, loi n° 83-8 du 7 janvier 1983, modifiée par la loi n° 2014-58 du 27 janvier 2014.
4. J. FIALAIRE, « Planification régionale et territorialisation du droit », *Pouvoirs locaux* n° 98-III/2013 p. 76
5. Cour des comptes, l'État et le financement de l'économie, synthèse du rapport public thématique, 2012, 37 p. ; *Rapport d'information sur l'évaluation des dispositifs publics d'aide à la création d'entreprises*, n° 763, AN, 28 février, 2013.
6. J.-L. PISSALOUX (dir.), *Planification, développement durable et action publique locale*, L'Harmattan, coll. « GRALE », 2015.

Après une présentation des nouvelles responsabilités des régions en matière de planification prévue par le projet de loi NOTRe, nous envisagerons les bénéfices que pourraient en tirer les grandes régions.

I. De nouvelles responsabilités en matière de planification

Le projet de loi NOTRe, propose une rationalisation de la planification régionale en confiant à la région l'élaboration d'un schéma régional de développement économique, d'internationalisation et d'innovation SRDEII (art. 3) et d'un schéma régional d'aménagement et de développement durable du territoire, SRADDT (art. 6). Ces deux schémas seraient opposables. L'objectif est de consacrer la région comme échelon pertinent pour assurer la synergie des politiques publiques de développement économique et d'aménagement du territoire.

A. L'instauration d'un schéma régional de développement économique d'internationalisation et d'innovation obligatoire

L'article 2 du projet de loi affirme que la région est responsable, sur son territoire, de la définition des orientations en matière de développement économique. Pour ce faire, elle établit un schéma régional de développement économique, d'innovation et d'internationalisation. Il doit s'agir d'un schéma obligatoire et non plus expérimental qui concerne l'aide aux entreprises et les aides à l'investissement immobilier. Il inclut également le soutien à l'internationalisation et à l'innovation des entreprises. Le schéma organise la complémentarité des actions menées sur territoire régional, contribue à un développement équilibré du territoire et veille à ne pas favoriser les délocalisations. Les députés ont ajouté en 1re lecture[7] la définition des orientations en matière de développement de l'économie sociale et solidaire et la fixation des actions en matière d'égalité professionnelle entre les femmes et les hommes.

Le schéma fait l'objet d'une concertation avec les métropoles, la métropole de Lyon, les EPCI à fiscalité propre et d'une discussion dans le cadre de la conférence territoriale de l'action publique (CTAP) et avec les organismes consulaires. Il est adopté par le conseil régional dans l'année qui suit son renouvellement. Le rejet du projet de schéma par au moins trois cinquième des EPCI, adopté en 1re lecture par le Sénat[8] n'a pas été retenu par les députés.

---

7. Projet de loi adopté en 1re lecture à Assemblée nationale n° 482, 10 mars 2015.
8. Projet de loi adopté en 1re lecture au Sénat n° 54, 27 janvier 2015.

Les compétences économiques du département devaient être supprimées, cependant un amendement du gouvernement adopté en 1re lecture à l'Assemblée nationale leur permet de continuer d'accompagner financièrement des filières agricoles locales dans le cadre de convention avec la région. Il est également prévu que les communes et EPCI puissent déléguer au département des compétences en matière de gestion du foncier et de l'immobilier d'entreprise. En revanche, les compétences économiques du bloc communal sont conservées à condition que leurs actes en matière d'interventionnisme économique soient compatibles avec le schéma, ce qui permet de s'assurer d'une certaine cohérence des actions puisque celles-ci ne pourront pas être contraires au schéma.

Toutefois, le projet prévoit un régime particulier pour les orientations applicables sur le territoire d'une métropole : elles doivent être adoptées conjointement par les instances délibérantes de la métropole concernée et de la région. Cette procédure doit permettre la recherche d'une convergence dans la définition des orientations économiques. À défaut, les orientations adoptées par la métropole prennent en compte le schéma régional, cette disposition laisse aux métropoles une plus grande marge de manœuvre puisqu'elles pourront plus facilement s'écarter du schéma régional.

Ainsi, la capacité d'influence de la région sera moindre dans les métropoles. Le projet adopté en 1re lecture par le Sénat proposait en cas de désaccord avec la région, de prévoir comme pour les autres collectivités un principe de compatibilité afin d'éviter tout risque de rivalité, dans les interventions économiques des régions et métropoles. Une telle obligation de compatibilité aurait présenté une forte incitation pour les deux parties à s'entendre sur des orientations communes, mais les députés ne l'ont pas reprise.

Par ailleurs, dans le prolongement du rapport de la Cour des comptes de 2007[9] et du rapport Queyranne de 2013[10] le projet de loi, à l'article 3, propose une clarification des compétences dans le domaine des aides. La région se voit confier le monopole de la définition des régimes d'aides aux entreprises et de l'octroi de ces aides sur son territoire. Ces aides revêtent la forme de prestations de services, de subventions, de bonifications d'intérêts, de prêts et avances remboursables à taux nul ou à des conditions plus favorables que les conditions du marché.

---

9. Cour des comptes, *Les aides des collectivités territoriales au développement économique*, rapport public thématique, La Documentation française, 2007, 111 p.

10. J.-J. QUEYRANNE, *Pour des aides simples et efficaces au service de la compétitivité*, *Rapport au Premier ministre*, juin 2013.

La région a aussi pour mission explicite de soutenir les pôles de compétitivité. Les compétences maintenues aux autres collectivités sont donc les aides à l'investissement immobilier des entreprises, de location de terrains ou d'immeubles, attribuées aux communes, intercommunalités ainsi qu'à la métropole de Lyon, dans le respect du SRDEII.

Afin de ne pas remettre en cause complètement les actions menées aujourd'hui par les autres collectivités, le projet de loi prévoit que les communes ou leur groupement peuvent, dans le cadre d'une convention passée avec la région, participer au financement des aides aux entreprises. Il prévoit également la possibilité de leur déléguer l'octroi de certaines aides. En 1re lecture, le Sénat avait supprimé cette possibilité de participer au financement des aides aux entreprises par convention, dans le but de renforcer la compétence exclusive attribuée à la région.

Il est aussi prévu de confier à la seule région la compétence pour accorder les aides aux entreprises en difficulté. Les communes ou leur groupement pouvant intervenir dans le cadre d'une convention passée avec la région.

Enfin, le projet prévoit l'élargissement des possibilités de prise de participation en capital aux SEM ou sociétés ayant pour objet l'accélération des transferts de technologies, ou à des sociétés commerciales, si cela correspond aux orientations stratégiques du SRDEII (dans la limite de 33 % du capital). Les collectivités infrarégionales ne pourront participer au capital qu'en complément de l'intervention régionale et après convention conclue avec la région.

B. L'institution du schéma régional d'aménagement et de développement durable du territoire intégrateur

Face à la multiplicité des schémas dans le domaine de l'aménagement du territoire, aux effets juridiques variables, le projet de loi propose la mise en place d'un SRADDT. Celui-ci vise à assurer l'intégration dans les documents d'urbanisme, des orientations stratégiques et des modalités de mise en œuvre dans les domaines de l'aménagement du territoire, de l'offre de déplacement, de la maîtrise de l'énergie, de la pollution de l'air, de la gestion des déchets, de l'offre de logements ou encore de la préservation des espaces naturels. Les députés ont ajouté en première lecture la définition des orientations pour le désenclavement et l'amélioration de l'offre de service dans les territoires ruraux, ainsi que l'identification des axes routiers d'intérêt régional.

L'ambition du gouvernement tend à faire du SRADDT un schéma intégrateur regroupant, outre l'ancien SRADT, le schéma régional de l'intermodalité, le schéma climat air énergie et le plan régional de prévention et de gestion des déchets (lequel regroupe lui-même trois anciens schémas départementaux et régionaux). D'autres documents élaborés par la région pourront être ajoutés, à titre optionnel.

En pratique, les futurs SRADDT comporteront :

- un rapport de présentation où figurent les orientations générales et objectifs du développement régional dans les domaines cités ci-dessus ;
- un fascicule comprenant des chapitres thématiques fixant des règles générales opposables correspondant notamment au schéma sectoriel repris ;
- une cartographie de synthèse.

Le SRADDT sera doté d'effets prescriptifs à l'égard des documents d'urbanisme (SCoT – PLU) ainsi que des chartes de parcs naturels régionaux, des plans de déplacements urbains et des plans climat-énergie territoriaux. Ces documents devront être compatibles avec les chapitres spécifiques, c'est-à-dire avec les modalités de mise en œuvre du schéma et devront prendre en compte les orientations stratégiques et les objectifs régionaux.

En raison de l'étendue du territoire concerné, les règles du SRADDT pourront comporter des déclinaisons territoriales destinées à tenir compte des spécificités locales. Le rapport de compatibilité pourrait aller jusqu'à la préconisation de mesures différenciées. Comme c'est déjà le cas en Île-de-France (SDRIF), en Corse (plan d'aménagement et de développement durable), dans les régions d'Outre-mer et en Nouvelle-Calédonie.

L'élaboration du SRADDT, sous l'égide du conseil régional procède d'une concertation avec l'État, les chambres consulaires, les collectivités territoriales et leurs groupements. Comme pour le SRDEII, le Sénat a insisté sur la nécessité de renforcer la procédure de co-élaboration, estimant que la nature prescriptive de ces documents impose une association étroite de l'ensemble des collectivités territoriales et leurs groupements.

Les départements et EPCI sont associés à l'élaboration du schéma. Une fois arrêté par la région, le schéma est soumis pour avis à la CTAP, puis à enquête publique. La possibilité de rejeter le projet si trois cinquièmes des EPCI et la moitié des départements de la région ont émis un avis défavorable, prévue par les sénateurs, n'a pas été reprise par les députés.

Afin d'écarter tout risque de contrôle d'opportunité de l'État, le Sénat a également précisé le rôle du préfet de région lors de l'approbation des deux schémas. Le préfet doit se limiter à vérifier le respect de la légalité alors que le projet du gouvernement prévoyait qu'il pouvait modifier le SRADDT (art. 4251-5.VII).

Les EPCI ou une collectivité à statut particulier peuvent conclure des conventions pour la mise en œuvre du schéma.

Le projet de loi rappelle que le SRADDT doit être :

- conforme aux règles générales d'aménagement et d'urbanisme et servitudes d'utilité publique ;
- compatible avec les projets d'intérêt général, les objectifs et orientations du SDAGE et du plan de gestion des risques d'inondation ;
- prendre en compte les orientations de la charte d'un parc national et de la gestion durable de la ressource en eau (art. 211-1, C. env.), ainsi que des projets de localisation des grands équipements et infrastructures.

II. Quels bénéfices pour les grandes régions ?

La nouvelle planification pourrait être l'occasion pour les grandes régions de construire leur identité autour d'orientations et de priorités d'actions partagées et de renforcer leur visibilité et légitimité face à l'État et aux intercommunalités.

A. La planification et l'émergence d'une nouvelle identité régionale

Le décloisonnement de la planification doit permettre une vision d'ensemble du développement territorial. Les politiques publiques de développement économique ne doivent pas être dissociées des politiques publiques d'aménagement et de développement durable du territoire. La promotion d'un environnement favorable aux entreprises passe moins par les aides que par la recherche d'un équilibre social, spatial et environnemental.

Les deux schémas apparaissent complémentaires et devront être articulés, ce qui suppose de dépasser la logique de service et de prendre en compte les problématiques du territoire en termes de développement intégré. Les schémas devront refléter une vision politique et fédératrice à partir d'un diagnostic commun et permettre d'affirmer l'identité des nouvelles régions.

L'application de la réforme va obliger les grandes régions à harmoniser, à mettre de l'ordre et de la cohérence dans les différents schémas existants. Ce doit être l'occasion de donner du sens à l'action régionale et de mobiliser les collectivités infrarégionales et les habitants autour d'un projet commun. Les schémas devraient être élaborés dans les trois ans à compter de la promulgation de la loi NOTRe et permettre, ainsi, d'afficher les priorités des grandes régions. Par ailleurs, l'on peut penser que la rationalisation en un seul schéma intégrateur d'un ensemble de documents cloisonnés, aux procédures longues et coûteuses, devrait permettre quelques économies de fonctionnement.

Jusqu'à présent, mis à part quelques régions comme le Nord-Pas-de-Calais ou les Pays de la Loire, peu ont réellement défini une stratégie de développement pour leur territoire. Toutefois, l'exercice s'avérera d'autant plus difficile à réaliser, avec des territoires régionaux plus vastes, une diversité des identités locales et une multiplicité des acteurs concernés. La phase de concertation au sein des CTAP sera particulièrement importante, son succès sera lié à la recherche d'un consensus politique et institutionnel, elle encourt, toutefois, le risque d'aboutir à une planification peu contraignante visant à satisfaire le plus grand nombre.

Quoi qu'il en soit, l'établissement des schémas devrait être l'occasion d'affirmer la visibilité et la légitimité des nouvelles régions, en particulier, à l'égard de l'État et des intercommunalités.

B. Une plus grande légitimité face à l'État et aux intercommunalités

L'institution de schémas globalisés et prescriptifs devrait renforcer la position des grandes régions face à l'État. Les régions pourront s'appuyer plus systématiquement qu'aujourd'hui sur les schémas pour négocier les contrats de plan État-région (CPER) et faire prévaloir les priorités régionales. Jusqu'à présent, les contrats étaient surtout établis à partir des stratégies de l'État en région. Il est prévu une clause de revoyure en 2017 pour les contrats de projets afin de procéder aux ajustements nécessaires.

La position des régions pourrait également être renforcée vis-à-vis des territoires infrarégionaux par le biais des contrats territoriaux qu'elle passe sur la base des CPER. Les schémas ont aussi vocation à devenir des cadres de référence pour la gestion des fonds structurels européens que la loi MAPAM a transférée aux régions[11].

11. Loi n° 2014-58 du 27 janvier 2014 de modernisation de l'action publique et de modernisation des métropoles.

La réforme devrait permettre de limiter la concurrence entre les territoires en particulier entre la région et les intercommunalités au profit de leur coopération. Les relations avec les EPCI sont importantes dans la mesure où ces derniers ont des compétences en matière de développement économique et d'aménagement de l'espace et maîtrisent de plus en plus le foncier et l'immobilier. Le seuil minimal de 20 000 habitants devrait encore renforcer la capacité d'action des communautés.

L'on notera que l'avant-projet de réforme de l'action publique présenté en 2013, avait prévu d'unifier le bloc de compétence aménagement et développement local des intercommunalités en supprimant l'intérêt communautaire. Cette disposition n'a pas été reprise, elle aurait permis une clarification des compétences au sein du bloc communal.

Toutefois, le projet de loi en instaurant une hiérarchie de planification au profit des grandes régions devrait permettre de clarifier la place du bloc communal. En regroupant plusieurs documents au sein d'un seul schéma intégrateur, les communes et EPCI devraient bénéficier d'une plus grande lisibilité des orientations pour élaborer leurs documents d'urbanisme. Il s'agit pour les grandes régions d'offrir un cadre de référence à l'action des collectivités territoriales et leurs groupements.

Cependant, des associations d'élus locaux ont manifesté leur inquiétude concernant le rapport de compatibilité avec le SRDE II et les modalités de mise en œuvre du SRADDT. La prescriptibilité présente-t-elle un risque pour l'autonomie des collectivités territoriales ?

Du point de vue juridique, la compatibilité n'empêchera pas le bloc communal de développer ses propres actions en matière d'aide à l'immobilier, d'aménagement du territoire ou encore de développement durable, à condition qu'elles ne soient pas contraires aux schémas. Le bloc communal apparaît comme un niveau de mise en œuvre des orientations et objectifs régionaux, mais il lui reste des marges de manœuvre importantes, par exemple, dans l'octroi ou non de l'aide, dans le type d'aide à l'immobilier…

Dans tous les cas, la portée des schémas dépendra du degré de précision des normes. Mais, même si la norme supérieure est précise, le Conseil d'État veille à ce que le rapport de compatibilité laisse une marge de manœuvre suffisante à la collectivité concernée (voir CE 10 juin 1998, *Société Leroy Merlin*). De son côté, le Conseil constitutionnel a, dans une décision de 2000, considéré que le rapport de compatibilité permettait de garantir la libre administration des collectivités territoriales[12].

Ainsi, le Conseil constitutionnel[13] et le Conseil d'État[14] vérifient que le degré de détail du texte supérieur ne conduit pas à méconnaître l'autonomie communale. Le rapport de prise en compte est un peu moins contraignant dans la mesure où il permet de déroger à la norme supérieure pour des motifs d'intérêt général. Il s'applique aux orientations et objectifs du SRADDT qui n'ont pas vocation à créer des obligations précises. Compte tenu du périmètre étendu des schémas, le juge administratif devrait avoir l'occasion d'apporter son éclairage sur leur portée normative.

Certes, la mise en place d'une planification prescriptive sera un exercice difficile, mais particulièrement important pour les nouvelles régions qui pourraient en tirer de nombreux bénéfices. Elle permettra de mesurer tout autant leur capacité d'intervention dans les territoires que leur faculté d'influencer les politiques publiques des collectivités infrarégionales. Par contre, la clarification des compétences risque de rester un vœu pieux avec le développement probable d'une mosaïque de conventions pour la mise en œuvre des schémas.

Pour conclure, on peut parler d'un renforcement de l'échelon régional dans la mesure où le projet confère des pouvoirs spécifiques à la région. D'ailleurs en complément de la planification, le projet de loi inscrit au niveau législatif, la reconnaissance d'un pouvoir réglementaire à la région dans le cadre de ses compétences. Cette disposition invite le législateur comme le pouvoir national, à laisser aux régions des marges de manœuvre dans l'application des lois, soit en s'abstenant d'intervenir soit en habilitant expressément les régions à adapter les règles. Le projet prévoit également qu'un ou plusieurs conseils régionaux pourront présenter au Premier ministre des propositions d'évolution normative relative à leur compétence, leur organisation ou leur fonctionnement. Ces dispositions doivent permettre d'adapter les normes à une région ou un groupe de région et de sensibiliser le gouvernement sur des difficultés d'application d'une réglementation.

12. Cons. const. 7 décembre 2000, n° 2000-436 DC relative à la loi SRU, considérants n° 12 et 13.

13. Cons. const. 17 janvier 2002, n° 2001-454 DC à propos du plan d'aménagement et de développement durable de la Corse.

14. CE avis 349-324 du 5 mars 1991, à propos du schéma directeur de la Région d'Île-de-France.

Jugeant que la reconnaissance du pouvoir réglementaire n'était pas assez ambitieuse, le président de l'association des régions de France a proposé un amendement plus précis, voté en 1re lecture à l'Assemblée nationale. L'amendement prévoit que :

> « Sous réserve du pouvoir réglementaire du Premier ministre, la région est compétente pour adopter les mesures d'application des lois concernant l'exercice de ses compétences en cas de non-renvoi au pouvoir réglementaire de l'État ou en complément de celui-ci. À défaut de réponse dans un délai de douze mois, le silence de l'État vaut acceptation. En cas de refus de ces propositions, le Premier ministre notifie aux régions concernées les motifs de ce refus dans un délai de six mois à compter de la réception de la demande de modification ou d'adaptation. »

Il s'agit ici d'inciter fortement l'État à prendre position sur les propositions des régions, soit par un refus explicite, soit par un silence qui vaudra acceptation.

De son côté, l'État a opéré en 2010[15] une régionalisation de l'administration étatique en confiant au Préfet de région le pilotage des politiques publiques et une certaine autorité sur les préfets de département[16]. La réorganisation des services déconcentrés à l'échelle de la grande région devrait réduire à 13 le nombre de préfets de région, ce qui renforcera son rôle stratégique. Ainsi, qu'il s'agisse de la région en tant que collectivité territoriale ou de la région déconcentrée c'est bien à une recentralisation des politiques publiques au niveau régional que l'on assiste.

Toutefois, cette recentralisation repose pour la région – collectivité territoriale – sur une nécessaire collaboration avec les EPCI et, en particulier, la métropole régionale qui concentre de nombreux pouvoirs.

15. Décret 2010-146 du 16 février 2010 relatif aux pouvoirs des préfets, à l'organisation et à l'action des services de l'État dans les régions et départements.

16. R. ALLEMAND, « Incidences sur la Région des réformes de l'État et des collectivités territoriales », *in* J.-Cl. NÉMERY (dir.), *RGPP et réformes des collectivités territoriales*, L'Harmattan, coll. « GRALE », 2012, p. 85-98.

RÉFORME TERRITORIALE ET TRANSFORMATION DU PERSONNEL POLITIQUE LOCAL

Les élections départementales de mars 2015

par

Bernard DOLEZ

Professeur, Université Paris 1 – Panthéon-Sorbonne

La loi ordinaire et la loi organique du 17 mai 2013 ont profondément modifié les règles électorales locales, et notamment les règles du scrutin départemental. Le conseiller territorial, institué par la loi du 16 décembre 2010 de réforme des collectivités territoriales, a été supprimé. Mais cette suppression ne signifie pas un retour au *statu quo ante*. Les conseillers généraux, qu'il convient désormais d'appeler « conseillers départementaux », sont désormais élus au scrutin binominal majoritaire à deux tours afin que les assemblées départementales soient désormais composées de manière paritaire. Dans chaque canton, les électeurs ont désigné en mars 2015 un homme et une femme, élus sur le même ticket, pour siéger au conseil départemental. Ce changement de mode de scrutin, à nombre d'élus départementaux constant, s'est traduit par une réduction de 50 % du nombre de cantons et, donc, par un nouveau découpage de la carte cantonale.

Ce nouveau mode de scrutin a transformé le personnel politique départemental. L'adoption du scrutin binominal pour le scrutin départemental avait pour objectif affiché « de conserver l'ancrage territorial des élus tout en améliorant leur représentativité, et de poursuivre l'objectif de parité au sein des assemblées départementales, qui ne [comptaient] que 13,8 % de femmes »[1] ; en d'autres termes, d'instaurer la parité dans les conseils départementaux tout en conservant le scrutin majoritaire à deux tours. Mais le nouveau mode de scrutin ne s'est pas seulement traduit par une stricte parité dans les conseils départementaux. Il a également provoqué un renouvellement et un rajeunissement du personnel politique départemental et s'est accompagné d'une moindre représentation des territoires ruraux (I).

La modification du mode de scrutin a également eu un impact indirect sur les exécutifs départementaux, avec la formation d'exécutifs paritaires, même si les femmes restent peu nombreuses à présider des conseils départementaux. Il faut également souligner l'impact des nouvelles dispositions relatives au cumul des mandats, issues de la loi organique du 14 février 2014, qui interdiront à compter de 2017 le cumul entre un mandat parlementaire et un exécutif local (II).

I. Les Assemblées : nouvelles règles, nouveaux élus

L'instauration du scrutin binominal majoritaire à deux tours pour favoriser la parité implique une diminution par deux du nombre de cantons (nouvel article L. 191-1, Code électoral). Cette diminution ne s'est pas opérée par la simple fusion des cantons deux à deux, mais a engendré un complet redécoupage de la carte cantonale, vieille de plus de deux siècles.

On sait que les cantons ont été créés par la loi du 22 décembre 1789 qui prévoyait que la France serait désormais divisée en départements, districts et cantons. On sait moins que le territoire des cantons était à l'origine défini sur des bases exclusivement géographiques puisque, selon l'article 1 al. 3 de la loi de 1789 : « Chaque district sera partagé en divisions appelées cantons, d'environ quatre lieues carrées ». Depuis cette date, comme le souligne l'étude d'impact qui a précédé la loi du 17 mai 2013, « la carte cantonale n'a(vait) jamais connu de redécoupage d'ensemble »[2].

1. Compte-rendu du Conseil des ministres du 28 novembre 2012. *http://www.gouvernement.fr/gouvernement/election-des-conseillers-departementaux-des-conseillers-municipaux-et-des-delegues-comm* (consulté le 29 octobre 2013).

2. Projet de loi relatif à l'élection des conseillers départementaux, des conseillers municipaux et des délégués communautaires, et modifiant le calendrier électoral, étude d'impact, 26 novembre 2012, p. 6.

Depuis la loi du 8 pluviôse an IX (28 janvier 1801) qui avait réduit d'environ un quart le nombre de cantons créés en 1789, « près des trois cinquièmes des cantons [n'avaient] pas connu de modification de leurs limites territoriales »[3]. Les cantons faiblement peuplés, sauf rares exceptions, n'avaient pas été supprimés. En revanche, de nombreux cantons avaient été créés en milieu urbain, les cantons atteignant le double de la moyenne départementale de la population cantonale étant en principe scindés en deux. Au début des années 2010, le territoire des cantons restait donc encore défini sur des bases essentiellement géographiques, même si un correctif démographique y avait été régulièrement apporté.

C'est évidemment sur d'autres principes que le nouveau découpage cantonal a été établi. Comme le Conseil constitutionnel le rappelle dans le considérant 37 de sa décision du 16 mai 2013, en écho à sa jurisprudence Nouvelle-Calédonie sur le découpage des circonscriptions électorales[4], « l'organe délibérant d'un département doit être élu sur des bases essentiellement démographiques selon une répartition des sièges et une délimitation des circonscriptions respectant au mieux l'égalité devant le suffrage »[5].

Concrètement, le nouvel article L. 3113-2 III. du CGCT fixe trois principes :
- « le territoire de chaque canton est défini sur des bases essentiellement démographiques ;
- le territoire de chaque canton est continu ;
- est entièrement comprise dans le même canton toute commune de moins de 3 500 habitants ».

Son paragraphe IV autorise néanmoins « des exceptions de portée limitée, spécialement justifiées, au cas par cas, par des considérations géographiques ou par d'autres impératifs d'intérêt général ».

La loi du 17 mai 2013 opère donc un renversement complet de paradigme. Hier, le territoire des cantons était défini sur des bases essentiellement géographiques, un correctif démographique y étant parfois apporté. Demain, il sera défini sur des bases essentiellement démographiques, sauf exception pour des raisons géographiques.

3. *Idem*.

4. Cons. const., 8 août 1985, n° 85-196 DC, *Loi sur l'évolution de la Nouvelle-Calédonie*.

5. Cons. const., 16 mai 2013, n° 2013-667 DC, *Loi relative à l'élection des conseillers départementaux, des conseillers municipaux et des conseillers communautaires, et modifiant le calendrier électoral*. Voir M. VERPEAUX, « Réformes des modes de scrutin locaux : révolutions et continuités », *La Semaine Juridique Administrations et Collectivités territoriales* n° 26, 24 juin 2013, 2186.

Le nouveau découpage, effectué par décret en Conseil d'État (article L. 3113-2 du CGCT) met ainsi fin aux écarts démographiques entre cantons d'un même département qui étaient jusqu'alors, selon l'expression utilisée dans l'étude d'impact, « très significatif. Le rapport entre le canton le plus peuplé et le canton le moins peuplé, au sein d'un même département, attei(gnait) 1 pour 47 dans le département de l'Hérault. Dans 88 départements, ce ratio (était) supérieur à 1 pour 5 ; dans 49 départements, il (était) supérieur à 1 pour 10 et dans 18 départements, il (était) supérieur à 1 pour 20. »

Le découpage du département de l'Aude élaboré par les services du ministère de l'Intérieur permet d'avoir une idée plus concrète du rééquilibrage démographique opéré et de ses effets. Ce département comptait auparavant 35 cantons. Le plus petit d'entre eux, Mouthoumet, avait une population de 1 414 habitants ; le plus peuplé, celui de Narbonne-Ouest, en comptait 26665, soit un écart de 1 à 19. Le nouveau découpage ramène l'écart de 1 à 1,5 entre le moins peuplé, celui de Rieux-Minervois (15 164 habitants) et le plus peuplé, celui de Coursan (22 400 habitants)[6].

A. Les bouleversements sociologiques

Ce rééquilibrage démographique entre cantons bouleverse les équilibres sociaux des assemblées départementales.

Il a directement pour effet de modifier la représentation des territoires ruraux et des territoires urbains au sein des assemblées départementales. Au-delà du cas de l'Aude, il concerne quasiment tous les départements. Le département de la Somme, par exemple, comprenait jusqu'à la réforme 46 cantons. Une simple comparaison avant/après est édifiante. Avant le redécoupage, Amiens et sa proche banlieue était divisée en 8 cantons, soit 8 conseillers généraux ; le nouveau découpage lui offre désormais 7 cantons, soit 14 conseillers départementaux. En revanche, la partie la plus rurale du département comptait 15 cantons (Ailly sur Somme + Molliens Dreuil + Picquigny+ Ham + Chaulnes + Nesles+ Péronne + Combles + Roisel + Poix + Hornoy + Oisemont+ Rue + Ailly le Haut Clocher + Crécy en Ponthieu) ; le nombre de cantons y a été réduit à 5, soit 10 conseillers départementaux[7].

---

6. « Aude : les 19 futurs cantons », *Midi Libre* 19 septembre 2013. URL : *http://www.midilibre.fr/2013/09/12/aude-les-19-futurs-cantons.755995.php* (consulté le 31 octobre 2013).

7. Merci à Patrick Lehingue, professeur à l'université d'Amiens, de m'avoir communiqué ces éléments.

La loi du 17 mai 2013 a également bouleversé la sociologie des élus départementaux. La division par deux du nombre de cantons, la parité et le fait que plus de 86 % des élus sortants étaient des hommes a provoqué un renouvellement très important du personnel politique. 64 % des conseillers départementaux élus en mars 2015 sont de « nouveaux » élus départementaux[8]. Jamais sans doute depuis la Seconde Guerre mondiale le taux de renouvellement des élus n'avait été aussi élevé, tous scrutins confondus. Avec le nouveau mode de scrutin, près de la moitié des 3 996 conseillers sortants (49 % exactement) ont été « sortis » avant même le premier tour. Le nouveau découpage a très souvent placé en concurrence deux, voire parfois trois sortants de la même famille politique. Dans le département du Pas-de-Calais, par exemple, qui comptait 77 cantons jusqu'à la réforme, 32 élus ne sollicitaient pas un nouveau mandat. Ces retraits étaient tout sauf volontaires, puisqu'ils touchaient 30 hommes (sur 67) pour 2 femmes (sur 10); ils concernaient également plus la majorité départementale (28/63) que l'opposition (4/14). Le Pas-de-Calais n'est pas un cas isolé : dans le département des Ardennes, on enregistrait des chiffres semblables[9].

Ce renouvellement d'ampleur inégalée, dès le stade de la candidature, s'est accompagné d'un rajeunissement du personnel politique. L'âge moyen des nouveaux conseillers départementaux est désormais de 54 ans[10], contre 62 ans pour l'ensemble des conseillers sortants. Cette baisse sensible de la moyenne d'âge des élus départementaux s'explique de deux façons. Elle tient, d'une part, à l'âge moyen des nouveaux élus. Le renouvellement appelle mécaniquement le rajeunissement. L'âge moyen des nouveaux élus est de 51 ans. Mais cette baisse s'explique également par l'âge moyen des conseillers sortants qui sollicitaient le renouvellement de leur mandat. Quand deux sortants « hommes » de la même famille politique se sont trouvés projetés l'un contre l'autre dans le même canton par la grâce du nouveau découpage, c'est très souvent le plus vieux des deux qui s'est effacé. Ainsi, dans le canton de Lille 1 (Nord), Jean-Claude Debus s'est retiré au profit d'Olivier Henno; dans le canton de Nœux-les-Mines (Pas-de-Calais), Jacques Villedary a renoncé pour laisser le champ libre à Michel Dagbert. L'âge

8. « Élections départementales 2015 : qui sont les élus des nouveaux conseils départementaux ? », Analyse Harris Interactive de données publiées par le ministère de l'Intérieur, avril 2015.
URL : *http://www.harrisinteractive.fr/news/2015/01042015.asp* (consulté le 21 avril 2015).

9. « Élections départementales : 150 candidats pour 38 sièges », *L'Union*, 18 février 2015.

10. « Élections départementales 2015 : qui sont les élus des nouveaux conseils départementaux ? », *op. cit.*

moyen des conseillers sortants qui sollicitaient le renouvellement de leur mandat était ainsi de 59 ans (contre 62 ans pour l'ensemble des conseillers sortants). Féminisation, renouvellement, rajeunissement : le nouveau mode de scrutin n'a pas seulement entraîné une transformation de la sociologie du personnel politique départemental, il a aussi induit des bouleversements de nature politique.

B. Les bouleversements politiques

Sur le plan électoral, le changement du mode de scrutin a favorisé la nationalisation du scrutin.

Le nouveau mode de scrutin a eu pour premier effet de transformer l'offre électorale et de la politiser. Le nombre de candidats a été peu élevé (4,4 binômes par canton en 2015, contre 4,7 candidatures par canton en 2008-2011). Surtout, le scrutin de 2015 est marqué par la fin des candidatures non partisanes, présentées par exemple au non de la « défense des intérêts cantonaux ». De fait, la plupart des candidatures étaient cette fois-ci présentées ou soutenues par une (ou plusieurs) formation(s) politique(s). Deux éléments y ont concouru, qui rendaient tous les deux les candidatures fondées uniquement sur des ressources notabiliaires plus difficiles : d'une part, la taille plus élevée des cantons ; d'autre part, l'exigence de constituer une liste de quatre noms (deux candidats et deux suppléants, en respectant la parité).

La politisation de l'offre a mécaniquement provoqué la politisation du vote, chaque candidature pouvant être aisément resituée sur l'échiquier politique. La politisation du vote a également été renforcée par un second facteur. Jusqu'à la réforme, les élections départementales demeuraient encore un scrutin où la personnalité des candidats et leur enracinement dans le tissu local jouaient un rôle important. Le taux de réélection des conseillers sortants est traditionnellement élevé, la « prime au sortant » pouvant être évaluée, en moyenne, à au moins 5 points. Elle était bien évidemment plus élevée dans les cantons de faible dimension que dans les cantons urbains plus peuplés.

Avec le nouveau découpage, on sait que les cantons ont en moyenne une taille deux fois plus élevée qu'auparavant. Mais cette moyenne cache des disparités importantes qui occultent le fait que, dans le monde rural, la taille des cantons fait très souvent plus que doubler. La médiane est probablement un meilleur indicateur du bouleversement de la carte cantonale. Ainsi, dans l'Aude, la taille médiane des cantons était naguère de 8 500 habitants ; avec le nouveau découpage, elle est désormais de 19 500 habitants.

Surtout, les anciens « petits » cantons, tel celui de Mouthoumet dans l'Aude, se sont retrouvés noyés dans des cantons beaucoup plus vastes, d'une taille parfois dix fois supérieure. On a déjà souligné que beaucoup de sortants de ces petits cantons n'ont pas été en mesure de se représenter parce qu'ils ont été placés politiquement en concurrence avec d'autres sortants dont le canton avait également disparu et parce que les binômes devaient être paritaires. Surtout, les conseillers départementaux sortants qui étaient malgré tout candidats à leur réélection ont dû se représenter devant un corps électoral composé pour l'essentiel d'électeurs étrangers à leur ancien canton : proprement « déracinés », le travail politique effectué depuis leur première élection ne leur a été que d'un faible secours. Face à leurs nouveaux électeurs, seule leur étiquette politique a importé, ce qui a favorisé une fois encore la nationalisation du scrutin. Politiquement, cela a défavorisé la force politique dominante, c'est-à-dire la gauche qui administrait 60 départements métropolitains depuis le renouvellement de 2011. Mais la gauche a surtout souffert de la logique des élections intermédiaires que la loi du 17 mai 2013 a encore accentuée.

Jean-Luc Parodi désigne sous ce nom le mouvement pendulaire du corps électoral, qui sanctionne le ou les partis au pouvoir lors de scrutins qui se tiennent entre deux élections décisives[11]. Lors de ces élections locales, l'impopularité du pouvoir en place rejaillit en quelque sorte mécaniquement sur les candidats soutenus localement par la majorité parlementaire. Ce phénomène est bien connu au Royaume-Uni où les élections locales sont toujours difficiles pour le parti au pouvoir, ou encore aux États-Unis, où les *mid-term elections* tournent souvent au désastre électoral pour le parti du Président. En France, le phénomène est plus récent. Pour que les élections locales deviennent un test pour la majorité en place, il a fallu qu'un certain nombre de conditions soient réunies. La première est, justement, l'apparition de la notion de « majorité » lors de la séquence politique de l'automne 1962, qui a obligé chaque force politique à se déterminer pour ou contre la réforme constitutionnelle puis, quelques semaines plus tard, lors des élections législatives qui ont suivi la dissolution de l'Assemblée nationale, pour ou contre de Gaulle. La seconde condition, qui ne sera réunie qu'au milieu des années 1970, est l'identité des configurations politiques locales et nationales. À Marseille, par exemple, Gaston Defferre administra la ville à la tête d'une coalition socialo-centriste jusqu'aux municipales de 1977, contre les gaullistes et les communistes. L'orthogonalité des configurations partisanes nationales et locales empêchait alors

11. J.-L. PARODI, « Dans la logique des élections intermédiaires », *Revue politique et parlementaire*, avril 1983, 903, p. 42-72.

la nationalisation du scrutin municipal. Après l'élection présidentielle de 1974, François Mitterrand impose aux barons socialistes de rompre leurs alliances locales avec les centristes pour se conformer à la stratégie nationale d'Union de la gauche. Concrètement, à Marseille, Gaston Defferre est alors contraint de procéder à un renversement d'alliances, en accueillant le Parti communiste sur ses listes, tandis que Jean-Claude Gaudin et les centristes sont rejetés avec les gaullistes dans l'opposition municipale. Dans toutes les villes de France ou presque, deux listes, ou deux coalitions s'affrontent désormais, l'une se réclamant clairement de la majorité et l'autre de l'opposition. Deux conséquences en découlent : d'une part, les configurations locales sont partout identiques ; d'autre part, les alliances partisanes locales sont, partout, le reflet des alliances conclues nationalement. Ces deux phénomènes conjugués vont, pour la première fois sous la Quatrième République, inciter les partis à mener une véritable campagne nationale à l'occasion d'un scrutin municipal pour imposer un sens national à la consultation, autorisant ainsi, au lendemain des élections, une lecture nationale des résultats. En 1977, la gauche conquiert soixante villes de plus de 30 000 habitants, la droite n'enregistrant que trois gains. En 1983, au contraire, la droite gagne trente-six villes tandis que la gauche n'en gagne qu'une seule. Depuis, le même phénomène se reproduit régulièrement, même s'il n'est pas systématique. La logique des élections intermédiaires ne se met en place que lorsque les élections locales sont suffisamment éloignées de la présidentielle précédente, en cas de forte impopularité de l'exécutif. Dans ce cas, les scrutins locaux tournent au vote sanction contre les candidats de la majorité en place, qui sont alors emportés par la vague.

Près de trois ans après l'élection de François Hollande à la présidence de la République, les élections départementales de 2015 ont, sans surprise, pleinement obéi à la logique des élections intermédiaires. Comme à chaque fois, les candidats issus de la majorité comptaient surtout sur leur implantation locale. Mais en déracinant les conseillers départementaux sortants socialistes ou communistes, le nouveau découpage leur a offert moins de ressources pour résister à la vague, contribuant ainsi à assurer une très large victoire à la droite.

II. Les exécutifs ou l'écho adouci des réformes

A. Des exécutifs paritaires

La loi du 17 mai 2013 ne s'est pas contentée de modifier le mode de scrutin pour que les conseils départementaux soient désormais composés de manière paritaire. Elle prévoit également la parité au sein de la commission permanente comme pour l'élection des vice-présidents (art. L. 3122-5, CGCT), comme c'est déjà le cas dans les conseils régionaux depuis 2010 en vertu de la loi du 31 janvier 2007 (art. L. 4133-5, CGCT).

Il est encore trop tôt pour tirer un bilan de ces dispositions. Mais il est toutefois possible de tirer les premiers enseignements de la mise en œuvre de ces nouvelles dispositions.

En premier lieu, les conseils généraux restent très majoritairement présidés par des hommes, seules neuf femmes ayant été élues à la présidence d'un conseil départemental.

En second lieu, même quand le président est un homme, le premier vice-président est le plus souvent… un homme. C'est le cas notamment dans les cinq départements de la nouvelle Région Nord-Pas-de-Calais – Picardie (Nord, Pas-de-Calais, Aisne, Oise et Somme). Si la parité s'applique désormais aux vice-présidences, le « couple » que le président et son premier vice-président composent reste donc le plus souvent masculin. La loi mériterait sans doute d'être amendée sur ce point.

Enfin, il est probable qu'une « division sexuelle du travail exécutif » se mette en place, équivalente à celle qui prévaut au niveau municipal. Michel Koebel note ainsi que, à l'échelon communal, « la plupart des attributions les plus élevées dans la hiérarchie municipale sont massivement confiées à des hommes. À l'inverse, les attributions les moins convoitées sont confiées très majoritairement à des femmes »[12]. Sous réserve d'investigations supplémentaires, un premier aperçu des délégations accordées aux vice-présidents semble confirmer cette hypothèse. Les Finances, par exemple, semblent beaucoup plus souvent confiées à un homme plutôt qu'à une femme.

B. Vers la fin du cumul ?

La loi organique du 14 février 2014 interdit, à horizon 2017, le cumul d'un mandat parlementaire avec une fonction exécutive locale. Il ne sera alors plus possible d'être député ou sénateur et président ou vice-président d'un conseil départemental.

12. M. KOEBEL, « Dans l'ombre des maires. Le poids des hiérarchies dans le choix des adjoints des villes moyennes françaises », *Métropolitiques*, 20 janvier 2014. URL : *http://www.metropolitiques.eu/Dans-l-ombre-des-maires.html.*

Les élections départementales de 2015 ont été marquées par une application anticipée de ces nouvelles dispositions. Les parlementaires en situation de cumul ont commencé à se délester de leurs mandats locaux, tandis que les autres recherchent moins souvent un mandat local qu'auparavant. Ainsi, à la veille du scrutin de 2015, 197 parlementaires détenaient un mandat départemental, dont 45 présidents. Moins de la moitié d'entre eux sollicitèrent le renouvellement de leur mandat (tableau 1). Mais il est frappant de constater que ceux qui présidaient un exécutif départemental ont plus volontiers choisi de se représenter (73 %) que les autres (37 %). D'autre part, parmi les parlementaires qui n'exerçaient pas jusqu'ici de mandat départemental, seuls 21 députés et 3 sénateurs étaient candidats (tableau 2). Finalement, après les élections de mars 2015, seuls 10 % des parlementaires détiennent un mandat départemental, contre 21 % auparavant. Le changement est surtout spectaculaire au Sénat, qui était jusque maintenant le grand défenseur de l'institution départementale. Seuls 11 % des sénateurs sont aujourd'hui conseillers départementaux, contre 28 % avant le renouvellement de mars 2015 (tableau 3).

Ces chiffres semblent esquisser la façon dont la loi de février 2014 sera appliquée. Les présidents d'un exécutif départemental ont massivement choisi de solliciter le renouvellement de leur mandat, suggérant ainsi que la plupart d'entre eux abandonneront leur mandat national en 2017, donnant raison à Jules César selon qui « mieux vaut être le premier dans son village que le second à Rome ». Les autres choisiront sans doute de conserver leur mandat parlementaire, quand l'heure du choix viendra : beaucoup d'entre eux ont renoncé en mars 2015 à se représenter; les autres ont intégré qu'ils ne seront plus, à terme, que simples conseillers départementaux. Quant aux parlementaires qui n'avaient pas de mandat départemental, la loi organique du 14 février 2014 les a dissuadés d'être candidats.

Les élections départementales de mars 2015 n'auront pas seulement été marquées par un renouvellement inédit du personnel politique local. Elles annoncent également, à l'horizon 2017, un renouvellement en profondeur du personnel politique national, à la faveur de la nouvelle réglementation du cumul des mandats. Les « grands élus » locaux déserteront alors massivement le parlement, pour se replier sur leur fief. Il reste à savoir si ce mouvement se traduira par un appauvrissement du parlement ou favorisera, au contraire, son renouveau.

Tableau 1

Le cumul entre un mandat parlementaire et un mandat départemental à la veille des élections départementales de 2015

	Assemblée nationale			Sénat			Total		
	CD	PCD	**Total**	CD	PCD	**Total**	CD	PCD	**Total**
Sortants	90	11	**101**	62	34	**96**	152	45	**197**
dont candidats	36 40 %	10 91 %	**46** **46 %**	20 32 %	23 68 %	**43** **45 %**	56 37 %	33 73 %	**89** **45 %**

*Source : Observatoire de la vie politique et parlementaire (*Le Monde, *23 février 2015).*

Tableau 2

Les parlementaires et les élections départementales de 2015

	Assemblée nationale	Sénat	Total
Candidats	**67**	**46**	**113**
dont sortants	*46*	*43*	*89*
dont nouveaux candidats	*21*	*3*	*24*
Élus	**51**	**38**	**89**

Source : Le Monde, *2 avril 2015.*

Tableau 3

Le cumul entre un mandat parlementaire et un mandat départemental avant et après les élections départementales de 2015

(Synthèse des tableaux 1 et 2)

	Assemblée nationale (577)	Sénat (348)	Assemblée nationale + Sénat (921)
Avant 03/15	101 (18 %)	96 (28 %)	197 (21 %)
Après 03/15	51 (9 %)	38 (11 %)	89 (10 %)

Deuxième partie

Impact des grandes régions sur l'organisation territoriale française

Titre I

Grandes régions, territoires et acteurs

QUELLE RÉGION *CHEF DE FILE* POUR L'ANIMATION DES COMPÉTENCES LOCALES ?

par

Olivier DUPÉRON

Maître de conférences en droit public HDR, membre du CRDT
Doyen de la Faculté de Droit et de Science politique de Reims

Derrière la question dite du *chef de filât* régional en matière de compétences locales, nous trouvons un sujet qui constitue un véritable serpent de mer de la décentralisation en France : celui de la clarification et de la simplification de la répartition des compétences entre l'État et les collectivités territoriales d'une part et entre collectivités d'autre part, de la bonne identification du rôle de chaque acteur, de l'efficacité dans l'action publique locale.

Serpent de mer, car chaque acte ou réforme de la décentralisation, depuis plus de trente ans, s'articule autour de ces enjeux fondamentaux, au nom de la cohérence territoriale, en tentant de réaliser, à travers les compétences, ce que l'on ne parvient pas à opérer au niveau des structures et des institutions : simplifier et clarifier. Les mécanismes sont, selon les époques, différents : logique de blocs de compétence[1],

1. En 1983, l'article 3 de la loi 83-8 du 7 janvier 1983 relative à la répartition des compétences entre les communes, les départements, les régions et l'État disposait que « la répartition des compétences entre les collectivités territoriales et l'État s'effectue, dans la mesure du possible, en distinguant celles qui sont mises à la charge de l'État et celles qui sont dévolues aux communes, aux départements ou aux régions, de telle sorte que chaque domaine de compétences, ainsi que les ressources correspondantes soient affectées en totalité soit à l'État, soit aux communes, soit aux départements, soit aux régions ». Toute la difficulté (et l'échec) de la mise en œuvre de ce principe résultera de l'incapacité à bien cerner le « dans la mesure du possible ».

de subsidiarité[2], recherche de spécialisation des collectivités[3], suppression/rétablissement/limitation de la clause générale de compétences, désignation de chefs de file[4], mais tous ne sont pas forcément conciliables entre eux et la difficulté bien souvent (que l'on observe également dans la phase actuelle) est que les projets peuvent entrer avec leur logique et leur cohérence au Parlement, pour en sortir avec une autre, lorsqu'il en reste une.

En matière de compétences donc, la loi MAPTAM[5] repose sur un triptyque, en voie de dépassement avec la loi NOTRe[6] : rétablissement de la clause générale pour les régions et départements, désignation de chefs de file dans un assez grand nombre de domaines et mise en place des conférences territoriales de l'action publique dans les régions. La région semble sortir renforcée de ce texte et en position d'animer les compétences locales, en recevant le plus de chefs de filât, dans des matières stratégiques, et en présidant, *via* son exécutif, la conférence territoriale. Cependant, comme souvent, la situation qui se met en place est faussement claire, la région apparaît comme un chef de file en trompe-l'œil, pour reprendre une expression souvent appliquée aux réformes de la décentralisation ; et, dans le contexte du passage aux nouvelles régions[7] (grandes ou pas) et donc de l'adoption de la loi

2. Art. 72 de la Constitution, issu de la loi constitutionnelle 2003-276 : « Les collectivités territoriales ont vocation à prendre les décisions pour l'ensemble des compétences qui peuvent le mieux être mises en œuvre à leur échelon », formule qui introduit sans le désigner le principe de subsidiarité dans notre droit de la décentralisation, selon une logique descendante, de l'État vers les collectivités territoriales, sans que toute la portée pratique ait pu encore être déduite de cette disposition.

3. Approche retenue par la loi 2010-1563 du 16 décembre 2010 de réforme des collectivités territoriales qui supprimait la clause générale de compétences pour les départements et les régions au 1er janvier 2015, en indiquant alors que les conseils généraux et les conseils régionaux devaient régler les affaires de leurs territoires respectifs *dans les domaines de compétences* que la loi leur attribue.

4. À partir de cet autre paragraphe de l'article 72 C., issu de la révision de 2003, sur lequel nous reviendrons : « Aucune collectivité territoriale ne peut exercer une tutelle sur une autre. Cependant, lorsque l'exercice d'une compétence nécessite le concours de plusieurs collectivités territoriales, la loi peut autoriser l'une d'entre elles ou un de leurs groupements à organiser les modalités de leur action commune. »

5. Loi n° 2014-58 du 27 janvier 2014 de modernisation de l'action publique territoriale et d'affirmation des métropoles, *JORF*, 28 janv. 2014, p. 1562.

6. Projet de loi portant nouvelle organisation territoriale de la République, n° 636, déposé au Sénat le 18 juin 2014.

7. Loi 2015-29 du 16 janvier 2015 relative à la délimitation des régions, aux élections régionales et départementales et modifiant le calendrier électoral, *JORF*, 17 janv. 2015, p. 777.

NOTRe, on voit surgir certaines incohérences ou certains questionnements (entre les textes, entre les territoires), de nature à placer sans doute la région au cœur de problématiques récurrentes de concurrences territoriales multiples.

I. L'affirmation de la vocation de la région à animer un grand nombre de compétences locales

En premier lieu, il convient donc de nous attarder sur le mécano incertain de la coordination des compétences locales, qui s'apparente trop souvent à un jeu de chamboule-tout et à cette position particulière de la région *chef de file*.

La loi du 27 janvier 2014 contient plusieurs dispositions consacrées aux « collectivités territoriales chefs de file » (chapitre 2 du texte), pour des compétences dont l'exercice nécessite le concours de plusieurs d'entre elles, la collectivité *chef de file* étant celle qui est chargée d'organiser les modalités de l'action commune, soit exactement la formule de l'article 72 de la Constitution.

La région est désignée ainsi en 2014 *chef de file* pour des compétences ou missions[8] économiques (développement économique, soutien de l'innovation, internationalisation des entreprises, soutien à l'enseignement supérieur et à la recherche), environnementales (aménagement et développement durable du territoire, protection de la biodiversité, climat, qualité de l'air et énergie), ainsi que pour l'intermodalité et la complémentarité entre les modes de transports, que l'on peut situer au point de jonction des deux premières. Déjà, en 2015, la loi NOTRe adoptée en 1re lecture par l'Assemblée nationale[9] apporte des modifications substantielles à cet édifice. Elle supprime les compétences économiques proprement dites (en laissant le soutien à l'enseignement et à la recherche) comme chef de file, la région devenant *responsable de la définition des orientations en matière de développement économique sur son territoire*, ce qui se traduit par l'élaboration d'un nouveau schéma régional de développement économique, d'innovation et d'internationalisation, lequel doit définir des orientations et organiser la complémentarité des actions. Elle ajoute, en revanche, le tourisme dans le chef de filât régional[10].

---

8. Jean-François Brisson souligne, par exemple, que le dispositif mis en place par la loi MAPTAM porte davantage « sur des activités que sur des compétences au sens strict » ; Voir son article, « Clarification des compétences et coordination des acteurs », *AJDA* 2014, p. 605.

9. Voir texte adopté n° 482, Assemblée nationale, 10 mars 2015.

10. Ajout qui fait l'objet d'un désaccord entre l'Assemblée nationale et le Sénat.

Plusieurs remarques s'imposent à partir de ce cadre général, que nous pouvons répartir en trois séries d'observations :

1. Sur la portée de cette notion de collectivité chef de file, cela a souvent été rappelé, notamment lors d'une précédente journée organisée à Reims[11] ou encore par notre présidente de séance[12], le chef de file n'est pas en position de direction et de décision sur ses compétences : sa désignation s'opère dans le respect du principe de l'absence de tutelle entre collectivités et en combinaison avec ce principe, ce que le Conseil constitutionnel a plusieurs fois rappelé[13]. Cette notion est ainsi juridiquement « bordée » et on peut dire du chef de file qu'il anime et coordonne les compétences confiées, à l'image de la formule qui a longtemps prévalu dans la déconcentration avec les pouvoirs des préfets de département sur les services territoriaux de l'État. La limite de l'exercice se situe à l'acceptation des propositions du chef de file par les autres acteurs publics locaux concernés : celui qui anime ne dirige pas.

2. Sur la signification plus générale du recours à cette technique, on explique souvent que son émergence a marqué la faillite de la logique des blocs de compétence[14], la consécration du fait qu'un certain nombre de compétences sont par nature partagées (ce que la loi NOTRe en l'état de son examen rappelle pour le tourisme, le sport et la culture) et qu'il vaut mieux dès lors chercher à en organiser la prise en charge de la façon la mieux ordonnée possible plutôt que de

11. Voir H. Groud, « La notion de collectivité « chef de file » : efficacité ou inutilité ? », *in Hommes de droit – La place des juristes dans la société (Liber amicorum Philippe Guillemin)*, Paris, Mare & Martin, 2014, p. 29-45.

12. Voir G. Chavrier, « Le chef de file n'a absolument aucun pouvoir de contrainte », *La Gazette des communes*, 5 juill. 2013.

13. Le Conseil constitutionnel indique toujours que le dispositif de la collectivité *chef de file* ne saurait avoir pour effet d'instaurer de tutelle d'une collectivité sur une autre. On relève notamment l'invalidation de l'article 18 de la loi relative aux contrats de partenariat en 2008, en ce qu'il autorisait une collectivité non seulement à organiser l'action commune à plusieurs collectivités, mais aussi lui conférait un pouvoir de décision pour déterminer cette action commune. Voir Cons. const., 24 juill. 2008, dec. n° 2008-567 DC, *Rec. Cons. const.*, p. 341.

14. La formule est employée par les commentateurs de l'article 72 dans l'édition LexisNexis 2014 du Code constitutionnel : « Cet article consacre également la faillite du principe de répartition des compétences par blocs cohérents posés par les lois de décentralisation (notamment L. du 7 janvier 1983), aggravée par la propension des collectivités à sortir du cadre strict de leurs compétences au nom de la clause générale et suscitant *opacité* et confusion, notamment en matière de financements croisés. » Voir *Code constitutionnel commenté* Th. S. Renoux et M. de Villiers (dir.), LexisNexis, 2014, p. 974.

les attribuer à un seul niveau, introuvable. La désignation plus répandue qu'auparavant de chefs de file a été analysée ainsi comme le pendant du rétablissement de la clause générale de compétences en 2014, en lien avec le raisonnement précédent. Mais, précisément, sa nouvelle suppression, annoncée en 2015, pose la question de la cohérence sur ce point entre les lois MAPTAM et NOTRe. En effet, si l'on renforce la logique de spécialisation et de compétences exclusives, à quoi bon désigner des chefs de file ? Cela peut apparaître contradictoire, mais notons aussi que : 1. Cette logique de spécialisation n'a jamais abouti réellement, car sans doute elle ne le peut pas[15] (voir tourisme, culture, sport) ; 2. Même pour une compétence « naturellement » et prioritairement régionale comme le développement économique, avec un dépassement de la notion de collectivité *chef de file*, la discussion parlementaire en cours montre que l'on n'en privera sans doute pas totalement les métropoles et autres EPCI, dans une relation assez complexe avec le futur schéma régional en particulier.

3. Enfin, pour revenir sur le mécanisme de la loi de janvier 2014, il faut évoquer les conférences territoriales de l'action publique (CTAP), objet de la section 2 du chapitre 2 de la loi et là aussi certaines de leurs limites : composées des représentants de toutes les grandes collectivités ou EPCI (de plus de 30 000 habitants) de la région et ensuite de représentants par strates (un représentant élu des EPCI de moins de 30 000 habitants ayant leur siège sur le territoire de chaque département, *idem* pour les communes de plus de 30 000 habitants, puis les communes de 3 500 à 30 000 habitants, puis les communes de moins de 3 500 habitants), ces conférences, placées sous la présidence du président du conseil régional, sont chargées de favoriser un exercice concerté des compétences locales. Elles doivent débattre des projets visant à coordonner les interventions des personnes publiques et à rationaliser les compétences partagées, en particulier. Pour celles pour lesquelles des chefs de file ont été désignés, elles doivent examiner les projets de conventions territoriales d'exercice concerté des compétences, que les régions comme les départements dans leurs domaines doivent préparer (c'est

15. Sur les échecs des tentatives de clarification et leurs causes multiples, dues en premier lieu aux incohérences du législateur lui-même et à la distance entre les *rêves et réalités* en la matière, Jean-Marie Pontier a donné l'essentiel des explications en 2010, Voir J.-M. PONTIER, « L'enchevêtrement des compétences » *in* J.-Cl. NÉMERY (dir.), *Quelle nouvelle réforme pour les collectivités territoriales françaises ?*, Paris, coll. « GRALE », L'Harmattan, p. 107-119.

seulement une possibilité pour le bloc communal), avec des propositions sur les délégations de compétences entre collectivités, la création de services unifiés, les modalités des interventions financières.

Par rapport au projet initial, nombreux sont les commentaires qui soulignent la version finalement *a minima* retenue de ces CTAP qui ne peuvent que formuler des observations sur les projets de convention, lesquels sont soumis à l'approbation de chaque entité concernée et dont les stipulations ne sont ensuite opposables qu'aux seuls signataires[16]. Même si certains auteurs considèrent que la CTAP supplante la région *chef de file*[17]*, point que nous reprendrons, il faut déjà souligner qu'avec ces dispositions, on est loin du pacte de gouvernance territoriale initialement envisagé, adopté par la conférence territoriale et contenant un schéma d'organisation des compétences entre collectivités.*

Le 5 octobre 2012, lors des états généraux de la démocratie locale, le Président de la République avait exposé une version très volontariste, dynamique et directive de ce que devait être un chef de file. Il indiquait que l'*objectif* était « d'identifier clairement la collectivité responsable d'une politique de façon à faire en sorte que toute autre collectivité qui en aurait l'envie ne puisse intervenir que dans le cadre qui aura été fixé par l'autorité qui en a eu compétence ». Il proposait alors concrètement de renforcer dans ce sens le rôle et la place des régions, en particulier dans les domaines de l'emploi et de la formation. La loi MAPTAM apparaît en retrait par rapport à cette vision politique, timide certainement dans son contenu en raison de réticences parlementaires (au Sénat notamment), mais aussi limitée par les contraintes constitutionnelles pesant sur la notion de collectivité *chef de file*, qui ne peuvent pas être ignorées. Dans le domaine de l'économie, la loi NOTRe

16. Bertrand Faure explique notamment que le Sénat a souhaité la rédaction la plus légère possible de ces articles sur la CTAP, la vidant de tout pouvoir de contrainte, même s'il n'y avait « certainement pas outrance dans ces dispositions qui ne vidaient pas le principe de libre administration de son contenu » : possibilité d'amender et/ou d'adopter les conventions d'exercice concerté, possibilité de limiter l'accès aux cofinancements, autosaisine sur toute question d'intérêt local, etc. Voir B. FAURE, « "Penser le changement" ou "changer le pansement" ? » *AJDA*, 2014, p. 600.

17. C'est le cas de Nelly Ferreira qui considère que la CTAP est « érigée en nouveau capitaine du navire « compétences » », la procédure montrant une « mise en retrait du chef de file au profit de la CTAP », qui, « disposant d'une vision d'ensemble sur les compétences partagées, pourra donner un avis éclairé qui saura certainement s'imposer aux chefs de file ». Voir N. FERREIRA, « Chef de filât et conférence territoriale de l'action publique », *JCP/La Semaine juridique, éd. Administrations et Collectivités territoriales*, n° 8, 24 févr. 2014. Voir aussi, N. FERREIRA, « La réforme territoriale… pour quelle décentralisation ? », *AJ Collectivités Territoriales*, 2014, p. 412.

pourrait tirer les conséquences de ces limites, en passant cette fois à une logique de compétence exclusive au profit de la région. Toute ambiguïté ne serait pas levée toutefois, si l'exclusivité en question devait ne pas l'être totalement, s'agissant par ailleurs de l'articulation avec les autres compétences où la notion de chef de file resterait opérante et dans le contexte du passage aux nouvelles et parfois grandes régions.

II. Chef de filât et responsabilités régionales en matière de compétences dans le contexte des nouvelles régions

Il importe maintenant d'examiner l'articulation entre les dispositions législatives de 2014 et de 2015 (non définitives) et d'envisager plus globalement la réforme régionale dans une perspective d'efficacité de l'action publique locale.

Du point de vue d'abord de la stricte logique de la répartition des compétences, le moins que l'on puisse dire est que l'objectif de meilleure lisibilité et articulation entre les collectivités s'éloigne et, qu'au contraire, les dynamiques de concurrences territoriales ne devraient pas disparaître.

La résistance des départements et des intercommunalités, métropoles en tête, face aux régions, certes moins bien représentées au Parlement, produit ses effets et les transferts envisagés initialement dans le cadre du projet de loi NOTRe sont en partie abandonnés (collèges, routes départementales notamment), à l'image de ce qui s'était passé en 2004 au moment de l'acte II de la décentralisation. Il n'est d'ailleurs pas nécessairement inopportun de ne pas aboutir finalement à surcharger les régions en compétences lourdes de gestion, mais le dispositif qui se dessine permet, là aussi, de poser quelques questions et développer certaines observations :

1. Qu'en sera-t-il des futurs nouveaux schémas régionaux dans les domaines de l'économie et de l'aménagement et en particulier du « schéma régional de développement économique, d'innovation et d'internationalisation »[18] ? Auront-ils cette force prescriptive qui placerait les régions en position d'impulsion et de *responsabilité*, comme l'indique la loi en l'état de son adoption en mars 2015, ou les dispositions permettant selon les cas d'associer, de prendre en compte, de concerter les autres acteurs ne conduiront-elles pas à les parasiter en partie ? En effet, l'impératif de ne pas se heurter à l'obstacle constitutionnel de l'impossibilité d'établir une tutelle d'une collectivité sur une autre et donc d'aboutir à

18. Article 2 de la loi adoptée en 1re lecture le 10 mars 2015.

attribuer un véritable pouvoir de direction à une collectivité territoriale oblige le législateur à bien peser les formules utilisées. Dès lors qu'il s'avère pratiquement impossible de réserver à une seule entité, en l'occurrence la région, l'exclusivité des interventions économiques, les limites que l'on rencontre avec la notion de chef de file se retrouvent en partie dans le cadre d'un schéma de ce type, même s'il permet d'aller un peu plus loin. Ainsi, même s'il fera l'objet d'une *présentation* et d'une *discussion* au sein de la CTAP, le schéma régional de développement économique sera adopté par le seul conseil régional. Par ailleurs, il devra organiser la *complémentarité* des actions menées par la région avec celles menées par les autres collectivités territoriales et leurs groupements (prévues au CGCT) et les actes de ces derniers en matière d'aides aux entreprises devront être *compatibles* avec le schéma régional. On utilise là un vocabulaire connu en droit de l'urbanisme, notamment pour les rapports entre les différents documents de ce domaine, le rapport de compatibilité étant distinct d'un rapport de conformité. Un peu plus que le chef de file donc, sans aboutir à un pouvoir de direction et la réserve est encore plus forte s'agissant des relations à venir entre les régions et les métropoles en matière économique. La future loi devrait indiquer ici que les orientations du schéma régional applicables sur le territoire d'une métropole seront *élaborées et adoptées conjointement par le conseil métropolitain concerné et le conseil régional*. À défaut d'accord, la métropole *élabore un document d'orientations stratégiques qui prend en compte le schéma régional* et c'est avec ce document que devraient être compatibles les actes des métropoles en matière d'aides aux entreprises. Le résultat est assez incertain concernant les relations effectives entre ces niveaux et on retrouve des dispositions semblables prévoyant l'*association* des différents acteurs du territoire régional et la *prise en compte* ainsi que la *compatibilité* de plusieurs documents territoriaux (schémas de cohérence territoriale, plans locaux d'urbanisme, cartes communales, plans de déplacements urbains, plans climat-énergie territoriaux, chartes des parcs naturels régionaux) avec le futur *schéma régional d'aménagement, de développement durable et d'égalité des territoires*.

2. Revenant aux domaines pour lesquels la région est et doit rester collectivité chef de file, des interrogations existent aussi à propos des répartitions exactes des missions avec les collectivités (ou EPCI) elles aussi *chefs de file* dans d'autres domaines ou conservant des compétences parfois proches de celles de la région, ce qui interroge quant à l'équilibre de l'ensemble. Les périmètres des chefs de filât pourraient ainsi entrer en concurrence lorsque, par exemple, la région l'est pour le *développement durable du territoire* et le département pour *la solidarité des territoires*. De la même manière, la commune ou l'EPCI qui en a reçu la

compétence apparaissent chefs de file pour la *mobilité durable* (en lien avec la notion nouvelle d'autorité organisatrice de la mobilité), mais la région l'est pour *l'intermodalité et la complémentarité entre les modes de transports*. Au-delà de ces points de rencontre possibles, on peut regretter une certaine dilution de la logique de désignation d'un chef de file pour l'animation des compétences locales, dès lors que tous les niveaux finissent par l'être à des titres divers. On pense notamment au bloc commune-intercommunalité, dont la vocation à être un chef de file rencontre beaucoup de scepticisme. De manière logique, Hervé Groud[19] estime qu'« il est plus aisé de coordonner, de définir *les modalités d'une action commune* à un niveau supérieur, plutôt qu'à un niveau inférieur », que « logiquement, ce sont donc les régions qui devraient être désignées comme étant les *chefs de file* » et qu'« en revanche, on voit mal comment des communes de petite taille pourraient exercer ce leadership ». Nelly Ferreira se pose, elle aussi, la question de la « pertinence de l'ériger en chef de file »[20], à moins que la signification à en retenir soit que, ce faisant, la loi MAPTAM vide la notion de chef de file de son esprit, si ce n'est de son contenu, consacrant l'absence d'autorité, de prépondérance, que devrait pourtant chercher à obtenir un chef de file vis-à-vis de ses partenaires, dans la pratique, puisque le droit ne le permet pas.

3. *Quid* enfin des CTAP, qui, selon certains avis, seraient condamnées à l'échec ou la dilution dans le cadre des grandes régions[21], mais qui malgré tout se mettent en place : la conférence de la Région Pays de la Loire a été installée en octobre 2014[22], celle de Lorraine avait même anticipé l'adoption de la loi

19. *Op. cit.*

20. *Op. cit.*

21. On peut citer, par exemple, des auteurs qui considèrent que « la proposition de CTAP [...] risque fort de ne trouver aucune traduction concrète, d'autant que l'annonce présidentielle des fusions régionales et suppressions départementales la rend obsolète. Les CTAP et les conventions thématiques entre territoires qu'elles doivent élaborer vont donc rejoindre les pôles métropolitains au rayon des « machins » du grand magasin, un peu déserté ces temps-ci, de la gouvernance multiniveaux ». Voir D. BÉHAR, Ph. ESTÈBE et M. VANIER, « Réforme territoriale : avis de décès de l'interterritorialité ? », *Métropolitiques*, 13 juin 2014. URL : *http://www.metropolitiques.eu/Reformeterritoriale-avis-de-deces.html.*

22. Voir, par ex., *http://www.connexite.fr*, mardi 7 octobre 2014, « La première conférence territoriale de l'action publique installée à Nantes », avec ces propos du président de la région, Jacques Auxiette : « L'enjeu n'est pas pour moi d'exercer une quelconque tutelle régionale sur les autres échelons territoriaux, de faire du « jacobinisme régional », bien au contraire : l'enjeu est de renouveler nos pratiques de coopération, de voir ce qui peut être exercé par la région, ce qui peut être exercé par d'autres, y compris les départements et leurs outils d'intervention. »

MAPTAM et possède son site internet[23], les élections pour la désignation des représentants des communes et EPCI de moins de 30 000 habitants s'organisent dans les départements et la ministre de la Décentralisation et de la Fonction publique les évoque encore, après les fusions de régions et dans le cadre de la discussion de la loi NOTRe, comme des lieux de concertation, de discussion, d'adaptation territoriale des compétences, *via* les conventionnements[24]. D'ailleurs, la loi NOTRe contient plusieurs dispositions qui prévoient l'avis, l'information, la saisine, etc. de la CTAP.

On manque de recul sur le sujet, mais on peut aussi imaginer d'autres formes de concurrences territoriales, à travers ces CTAP, dans les nouvelles régions. Un rapide calcul montre que dans une région comme celle réunissant les actuelles régions Alsace, Lorraine et Champagne-Ardenne, la CTAP comprendra un peu plus de 60 membres, issus de tous les territoires et surtout des départements de la nouvelle région, la base de sa composition étant essentiellement départementale. Le président du conseil régional la préside, mais la région n'y est pas autrement représentée et on pourrait voir évoluer ces CTAP vers des sortes de « sénats régionaux », lieux d'expression des territoires de la région, qui se trouveront plus éloignés du conseil régional lui-même. Une CTAP trop puissante pourrait ainsi s'ériger en contre-pouvoir du conseil régional et il n'est pas certain que la collectivité régionale elle-même en sorte renforcée.

Au final, plusieurs scénarios sont envisageables aujourd'hui quant à cette perception de la région *chef de file*, animatrice des compétences locales. La version la plus aboutie conduirait à l'émergence d'une république régionalisée que certains annoncent déjà ou appellent de leurs vœux, avec de grands territoires régionaux, de

23. Voir *http://ctap.lorraine.eu/accueil.html.* Une « Charte des collectivités locales de Lorraine pour une nouvelle action publique » y est présentée, traduisant l'engagement des collectivités représentées lors de l'installation de la conférence du 9 décembre 2013 ; ainsi que le « Règlement intérieur » de la CTAP de Lorraine.

24. Voir *http://www.lemoniteur.fr*, 12 janvier 2015, « Réforme territoriale : la discussion sur les compétences entre dans le vif du sujet », la ministre, Mme Marylise Lebranchu, expliquant que « l'important est de laisser les collectivités libres de discuter entre elles d'une délégation de compétences au nom du principe de subsidiarité. Les CTAP doivent servir à cela : elles sont prévues pour être le lieu de débat sur tous les sujets relatifs aux compétences lorsqu'elles nécessitent coordination ou délégation ».

larges compétences, un rôle de chef de file développé et, à travers les possibilités de délégations, adaptations locales, etc., une ouverture vers la différenciation régionale en germe depuis 2004[25].

Toutefois, le contenu des textes adoptés ou en voie de l'être montre qu'en réalité, on est loin encore de l'affirmation juridique de cette république régionalisée, qui devrait pourtant être l'aboutissement logique du chemin emprunté. Trop de nuances, de prudences, d'imprécisions ou de morcellement des dispositions caractérisent l'ensemble. La région va sans doute reperdre la clause générale de compétences, son pouvoir réglementaire ne sera peut-être pas beaucoup plus que ce qu'il est aujourd'hui, son pouvoir fiscal n'émerge pas, l'État ne lui transfère pas tout ce qu'il gère lui-même dans la région et elle n'a aucune autorité sur les niveaux inférieurs, interdiction de tutelle oblige. Au surplus, ces niveaux, qui pour certains étaient appelés à disparaître (le département), regagnent maintenant en prérogatives par rapport à ce qui était prévu, en garanties sur leurs moyens et compétences et le paradoxe est certainement qu'après la loi MAPTAM qui avait engagé un mouvement dans ce sens, c'est la création des nouvelles régions qui a sauvé ou renforcé les collectivités infrarégionales, au nom de la nécessaire proximité.

Le flou ou les imprécisions des textes renvoient donc à la bonne entente, la bonne coopération, la bonne coordination locale, pour que la réforme territoriale débouche réellement sur les effets de rationalité, d'efficacité et de performance attendus. Le drame sans doute est que très rapidement, d'autres réformes devront être lancées pour clarifier celle-ci. Cela vaudra à la communauté scientifique encore de beaux colloques et nous reprendrons alors ces questions. Les conditions politiques ne le permettent sans doute pas aujourd'hui, mais la conclusion est aussi que la vraie réforme structurelle sera celle qui débutera, comme en 2003, par une révision de la Constitution, avec cette fois-ci de vrais choix à effectuer sur les principes fondamentaux : l'égalité, la libre administration, le pouvoir réglementaire régional, les niveaux de collectivités, les rapports entre eux, pour éviter de chercher à faire sans le dire, ce que l'on ne parvient pas à faire en le disant.

---

25. Voir, en ce sens, le « vœu » adopté par l'assemblée générale de l'Association des Régions de France le 4 décembre 2013 (disponible sur le site : *http://www.arf.asso.fr)*, qui repose sur la « nécessité d'un changement radical dans l'organisation de l'action publique » et se conclut par la revendication d'un « droit à la différence pour les régions ».

LES RELATIONS DE COHABITATION CONSENSUELLE ET CONFLICTUELLE ENTRE LES NOUVELLES GRANDES RÉGIONS ET LES COMMUNAUTÉS D'AGGLOMÉRATION

par

Marie-Christine STECKEL-ASSOUÈRE

Maître de conférences HDR, Université de Limoges
Vice-présidente du Conseil scientifique du GRALE

Les relations de cohabitation entre les 13 nouvelles grandes régions[1] et les 226 communautés d'agglomération[2] ne peuvent se comprendre et s'expliquer qu'à partir d'un commentaire combiné, d'une part, de la loi n° 2015-29 du 16 janvier 2015 relative à la délimitation des régions, aux élections régionales et départementales et modifiant le calendrier électoral et, d'autre part, du projet de loi n° 636 portant nouvelle organisation territoriale de la République. Or, la discussion en séance publique de la deuxième lecture dudit texte est programmée au Sénat les 26, 27, 28 et 29 mai 2015 et de nombreux points de désaccord persistent avec l'Assemblée nationale tout particulièrement sur les compétences des départements, mais aussi sur celles des intercommunalités, dont les métropoles. Néanmoins, à la différence de la loi 29 mai 2015-58 du 27 janvier 2014 de modernisation de l'action publique territoriale et d'affirmation des métropoles (MADAME) valorisant les métropoles, le projet de loi NOTRe renforce surtout les régions[3]. Pour autant, à l'image des régions, toutes les catégories d'établissements publics de coopération intercommunale (EPCI) à fiscalité propre apparaissent d'ores et déjà comme les grandes gagnantes de la réforme en cours.

1. Les chefs-lieux de ces nouvelles grandes régions, mises en place dès le 1er janvier 2016, correspondent aux villes les plus peuplées et aux capitales les plus attractives sur le plan économique.

2. Chiffre arrêté à la date du 1er janvier 2015.

3. G. MARCOU, « Métropoles, régions, départements : qui l'emportera ? », *Les Cahiers français*, n° 384, 2015, p. 84-90.

Tout particulièrement, le projet de loi NOTRe incite les communautés de communes à se transformer en communautés d'agglomération afin de relever le seuil démographique des EPCI à fiscalité propre, étend leurs compétences obligatoires aux aires d'accueil des gens du voyage et à la promotion du tourisme par la création d'un office de tourisme et prévoit à leur profit une compétence optionnelle pour les maisons de service au public[4]. Ainsi, les communautés d'agglomération constitueront au détriment des communes[5] l'échelon de proximité sur lequel s'appuieront les grandes régions surtout dans les zones géographiques à faible densité démographique.

Par conséquent, il apparaît intéressant de s'interroger dès à présent sur les relations à géométrie variable entre les grandes régions et les communautés d'agglomération. Compte tenu de la grande diversité des territoires français – urbains et ruraux – et de la complexité d'édifier des structures épousant parfaitement les frontières délimitant les bassins de vie, les relations entre les grandes régions et les communautés d'agglomération pourront bien sûr être sur le plan fonctionnel et matériel complémentaires malgré leur différence originelle et statutaire. Cependant, les relations pourront d'autant plus s'avérer conflictuelles qu'elles seront parasitées par les compétences dévolues dans la durée aux départements et surtout aux métropoles. Il en résultera des relations de cohabitation consensuelles (I) ou conflictuelles (II).

---

4. La loi du 27 janvier 2014 MADAME avait déjà étendu les compétences des intercommunalités et des régions en élargissant le rôle de chef de filat dans plusieurs domaines. J. FIALAIRE, « Les compétences locales dans l'acte 3 de la décentralisation », *Pouvoirs locaux*, n° 103, IV/2014-2015, p. 46-53.

5. « Les EPCI se voient reconnaître au fil du temps des compétences de plus en plus étendues, de plus en plus importantes. À chaque nouvelle étape, lorsque sont créés de nouveaux établissements de coopération, les compétences transférées sont un peu plus nombreuses, et l'on a l'impression, pour employer une image, de vases communicants : les communes se vident de leurs compétences tandis que les EPCI en gagnent toujours plus. On est donc amené à se demander ce que signifient compétence spécialisée pour l'établissement public et compétence générale pour la commune ». J.-M. PONTIER, « L'intercommunalité, hier, aujourd'hui et demain », *in* M.-Ch. STECKEL-ASSOUÈRE, (dir.), *Regards croisés sur les mutations de l'intercommunalité*, L'Harmattan, coll. « GRALE », 2014, p. 31-67. Voir aussi J.-Cl. NÉMERY, « L'évolution du concept d'intercommunalité », *in* M.-Ch. STECKEL-ASSOUÈRE, (dir.), *Regards croisés sur les mutations de l'intercommunalité, Ibidem*, p. 115-127 ; M.-Ch. STECKEL-ASSOUÈRE, « Les EPCI, fossoyeurs des communes ? », *Bulletin Juridique – Collectivités Locales*, n° 10/2013, p. 651-654.

I. Des relations de cohabitation consensuelle entre les nouvelles grandes régions et les communautés d'agglomération

Les grandes régions et les communautés d'agglomération entretiendront des relations de cohabitation consensuelle dans la mesure où elles font l'objet d'une spécialisation fonctionnelle (A) afin de collaborer dans l'intérêt du développement économique de la France (B).

A. Une spécialisation fonctionnelle des grandes régions à l'instar des communautés d'agglomération

Le projet de loi NOTRe tend à rapprocher sur le plan fonctionnel les grandes régions des communautés d'agglomération. À l'instar des autres établissements publics de coopération intercommunale à fiscalité propre[6], les communautés d'agglomération créées par la loi nº 99-586 du 12 juillet 1999 demeurent fondées sur le principe de spécialisation fonctionnelle.

Conformément à la version actuelle de l'article L. 5216-1 du Code général des collectivités territoriales[7],

> « la communauté d'agglomération est un établissement public de coopération intercommunale regroupant plusieurs communes formant, à la date de sa création, un ensemble de plus de 50 000 habitants d'un seul tenant et sans enclave, autour d'une ou plusieurs communes centre de plus de 15 000 habitants[8] [...]

---

6. Cette intercommunalité de projet se distingue de l'intercommunalité de gestion. N. KADA, « Intercommunalité », *in* N. KADA, M. MATHIEU, *Dictionnaire d'administration publique*, PUG, 2014, p. 277 ; M.-Ch. STECKEL-ASSOUÈRE, « Mythes et réalités de la solidarité financière entre CT », *Lamy Collectivités territoriales*, 2012, p. 57-58.

7. La rédaction a été modifiée par la loi nº 2014-58 du 27 janvier 2014.

8. Mais, selon cet article, « le seuil démographique de 15 000 habitants ne s'applique pas lorsque la communauté d'agglomération comprend le chef-lieu du département ou la commune la plus importante du département. Le seuil démographique de 50 000 habitants est réduit à 30 000 habitants lorsque la communauté d'agglomération comprend le chef-lieu du département. Le seuil démographique de 50 000 habitants peut également être apprécié en prenant en compte la population telle que définie à l'article L. 2334-2, à la double condition que cette dernière excède ce seuil d'au moins 20 % et qu'elle excède la population totale de plus de 50 %. Le périmètre d'une communauté d'agglomération ne peut comprendre une commune qui est déjà membre d'un autre établissement public de coopération intercommunale soumis au régime prévu par les dispositions de l'article 1609 *nonies* C du Code général des impôts au 1er janvier 1999, si le conseil municipal de la commune intéressée a émis une délibération défavorable à l'arrêté dressant la liste des communes ou si plus du quart des conseils municipaux des communes membres de l'établissement existant s'opposent au retrait de ladite commune ». De plus, « à titre expérimental et pendant une durée maximale de

Ces communes s'associent au sein d'un espace de solidarité, en vue d'élaborer et conduire ensemble un projet commun de développement urbain et d'aménagement de leur territoire. Lorsque la communauté d'agglomération comprend un ou plusieurs quartiers prioritaires de la politique de la ville, ce projet commun intègre un volet relatif à la cohésion sociale et urbaine permettant de définir les orientations de la communauté d'agglomération en matière de politique de la ville et de renforcement des solidarités entre ses communes membres. Il détermine les modalités selon lesquelles les compétences de la communauté d'agglomération concourent aux objectifs de cohésion sociale et territoriale ».

D'un côté, le projet de loi NOTRe confirme la spécialisation des compétences des communautés d'agglomération tout en élargissant leur domaine d'intervention obligatoire et facultatif, d'un autre côté, il supprime la clause générale de compétence des régions. Sous l'empire de l'article 1er dudit texte, le conseil régional restera « compétent pour promouvoir le développement économique, social, sanitaire, culturel et scientifique de la région et l'aménagement de son territoire » et il deviendra compétent en matière de « soutien »[9] à l'accès au logement et d'amélioration de l'habitat. De plus, conformément à un amendement voté par les sénateurs lors de la 1re lecture et non modifié par les députés, le conseil régional sera, aussi, habilité à soutenir la politique de la ville, la rénovation urbaine, les politiques d'éducation et l'égalité de ses territoires. Par contre, des points de désaccord persistent entre les assemblées sur, d'une part, le nouveau pouvoir réglementaire dévolu aux régions pour l'exercice de leurs compétences dont l'étendue serait définie par la loi, d'autre part, sur le régime des aides aux entreprises.

---

trois ans à compter de la promulgation de la loi n° 2013-403 du 17 mai 2013 relative à l'élection des conseillers départementaux, des conseillers municipaux et des conseillers communautaires, et modifiant le calendrier électoral, l'État peut autoriser la constitution d'une communauté d'agglomération, au sens du premier alinéa, lorsque celle-ci forme un ensemble d'au moins 30 000 habitants et comprend la commune la plus peuplée du département. À titre expérimental et pendant une durée maximale de dix-huit mois à compter de la promulgation de la loi n° 2014-58 du 27 janvier 2014, l'État peut autoriser la constitution d'une communauté d'agglomération, au sens du premier alinéa, lorsque celle-ci forme un ensemble d'au moins 25 000 habitants autour d'une commune centre de plus de 15 000 habitants et que la majorité des communes membres, dont la commune centre, sont des communes littorales au sens de l'article L. 321-2 du Code de l'environnement ».

9. Cette précision a été apportée par les députés lors de la première lecture.

B. Une collaboration fonctionnelle des grandes régions et des communautés d'agglomération

L'exposé des motifs et l'étude d'impact de la loi n° 2015-29 du 16 janvier 2015 relative à la délimitation des régions et du projet de loi n° 636 portant nouvelle organisation territoriale de la République révèlent leur fondement commun.

Il s'agit de rationaliser la carte territoriale pour permettre à la France de relever les enjeux économiques. Précisément, « la nécessité d'adapter cette carte des régions est soulignée de plus en plus régulièrement. Il s'agit non seulement de l'adapter aux réalités géographiques et à l'Europe des régions, mais encore de relever le défi du redressement de l'économie et des comptes publics »[10]. Dans le même dessein, le gouvernement poursuit le renforcement des compétences des régions dans des domaines stratégiques (développement économique, déchets, transports, routes, collèges…) et (engage) une nouvelle phase de rationalisation de l'intercommunalité (accroissement de la taille des EPCI à fiscalité propre, diminution du nombre de syndicats et création de nouveaux outils en faveur de la solidarité des territoires, tout en favorisant la transparence et responsabilité financière)[11]. Même si ces réformes s'inscrivent dans la logique – plus ou moins cohérente – retenue par le pouvoir central, il en résultera, le cas échéant, des relations de cohabitation conflictuelle.

II. Des relations de cohabitation conflictuelle entre les nouvelles grandes régions et les communautés d'agglomération

Les nouvelles grandes régions et les communautés d'agglomération sont susceptibles d'entretenir des relations de cohabitation conflictuelle à cause de leur démocratisation à géométrie variable (A) et d'une répartition nécessairement déséquilibrée de leurs compétences au profit des régions (B).

10. Étude d'impact sur le projet de loi de délimitation des régions, NOR : INTX1412841L/Bleue-1, 2014, p. 3.

11. Étude d'impact sur le projet de loi NOTRe, NOR : RDFX1412429L/Bleue-1, 2014, p. 6.

A. L'organisation plus démocratique des grandes régions par rapport aux communautés d'agglomération

Malgré l'élection au suffrage universel direct des conseillers de tous les établissements publics de coopération intercommunale de plus de 1 000 habitants[12], les communautés d'agglomération souffriront toujours d'un manque de légitimité démocratique et d'une faible protection juridique dans la mesure où elles bénéficient seulement du statut législatif d'établissement public contrairement aux régions, qui jouissent du statut constitutionnel de collectivités territoriales.

Cependant, les nouvelles grandes régions seront encore plus éloignées des citoyens et des administrés. Bien que cela soit paradoxal, les communautés d'agglomération sont enclines à représenter à terme l'échelon de proximité, sous réserve d'une pérennisation réelle des communes et des départements, mais elles devront respecter le cadre fixé par la région à laquelle elles seront géographiquement rattachées.

B. La répartition nécessairement déséquilibrée des compétences des grandes régions par rapport aux communautés d'agglomération

Compte tenu de l'état des discussions du projet de loi NOTRe, les communes vont devoir transférer aux communautés d'agglomération, avant le 30 juin 2016, leurs compétences en matière de développement économique, de promotion du tourisme, d'accueil des gens du voyage, et, avant le 30 juin 2017, celles portant sur l'eau, l'assainissement, la collecte et le traitement des déchets et avant le 1er janvier 2018, la gestion des milieux aquatiques et la prévention des inondations (GEMAPI) sans parler de la compétence fondamentale relative au plan local d'urbanisme, dont le transfert a déjà été planifié par la loi n° 2014-366 du 24 mars 2014 pour l'accès au logement et un urbanisme rénové (ALUR) dans les trois ans suivant son entrée en vigueur. En outre, les communes pourront transférer aux communautés d'agglomération la compétence liée aux maisons de service au public. Au-delà de l'élargissement de leurs compétences, les communautés d'agglomération détermineront de surcroît à l'avenir l'intérêt communautaire à la majorité simple au lieu des deux tiers de leurs membres requis actuellement.

12. Sur la base de la loi n° 2013-403 du 17 mai 2013, la première élection directe des conseillers communautaires a été organisée en mars 2014 concomitamment aux scrutins relatifs à l'élection des conseillers municipaux.

Habilitées à promouvoir le tourisme notamment par la création d'un office de tourisme, les communautés d'agglomérations pourront aussi voter la taxe de séjour. Mais, dans le même souffle, la région devient chef de file pour élaborer le schéma régional de développement touristique même si c'est avec la collaboration des collectivités territoriales et des groupements compétents. Par ailleurs, les actions de développement économique portées par les communautés d'agglomération devront respecter le schéma régional de développement économique, d'innovation et d'internationalisation.

Au-delà de ces relations de cohabitation consensuelle et conflictuelle, les communautés d'agglomération et les nouvelles grandes régions semblent constituer les deux niveaux pertinents retenus par le gouvernement dans le cadre de la réforme en cours pour donner à la France les moyens d'assurer au niveau local l'efficacité, l'efficience et l'économie des politiques publiques.

NOUVELLE ORGANISATION TERRITORIALE… QUELLES MAILLES, POUR QUELLE COHÉRENCE ?

par

Michèle CASCALÈS

Directeur Projets – EDF
Professeur associé, Université de Reims-CRDT

Depuis les premières lois de décentralisation, la question de l'« organisation territoriale » est en débat ; débat récurrent, qui s'est concentré majoritairement sur l'organisation territoriale des collectivités et ponctuellement sur l'État territorial. Ainsi, l'intervention du législateur sur cette question s'est multipliée à souhait, créant parfois une certaine confusion et en faisant, quelle que soit la majorité, « l'affaire de l'État ».

Sur la décennie en cours, après un débat passionné, le vote puis l'abrogation de la loi de réforme des collectivités territoriales[1] de décembre 2010, instaurant le « conseiller territorial », le projet de loi de décentralisation (conseil des ministres du 10 avril 2013), a proposé une nouvelle architecture territoriale, articulée sur les régions existantes, le renforcement de l'intercommunalité – aux dépens de l'action publique départementale des conseils généraux – et la reconnaissance du fait urbain par l'affectation d'un statut différencié donné aux métropoles.

I. Un dispositif législatif fragmenté au service d'une cohérence implicite

Sous l'effet du *lobby* des conseils généraux, la cohérence du projet vole en éclats et trois textes distincts sont annoncés portant respectivement sur les métropoles, les régions et la clarification des compétences des collectivités.

1. Loi de réforme des collectivités territoriales 16 décembre 2010.

Figure 1

MAPTAM, L'émergence des métropoles…

Source : Élaboré par nos soins sur la base de données de l'AdCF. Note juridique, loi n° 2014-58 du 27 janvier 2014 de modernisation de l'action publique territoriale et d'affirmation des métropoles (« MAPTAM »). Analyse des principales dispositions après la décision du Conseil constitutionnel n° 2013-687, *(en ligne : page consultée le 13 sept. 2015,* http://www.adcf.org/files/Note-AdCF-MAPTAM-28 janvier-2014-post-DC-2013-687.pdf).

La loi n° 2014-58 du 27 janvier 2014 de modernisation de l'action publique territoriale et d'affirmation des métropoles octroie un statut différencié aux métropoles.

Elle prévoit, notamment, qu'« au 1er janvier 2015, sont transformés par décret en une métropole, les EPCI à fiscalité propre qui forment un ensemble de plus de 400 000 habitants dans une aire urbaine de plus de 650 000 habitants » (art. L. 5217-1 CGCT).

S'agissant des métropoles de droit commun, la loi acte le transfert de compétences « de base » à la métropole, ouvre la possibilité de « compétences déléguées ou transférées à la métropole par l'État » et prévoit pour chacune d'elles et de manière différenciée l'intégration par décret de compétences complémentaires.

S'agissant des « compétences de base », MAPTAM anticipe la Loi sur la transition énergétique pour la croissance verte en intégrant à l'article 43 la compétence « Contribution à la transition énergétique »[2].

A. Le « fait régional », un débat récurrent...

La question du périmètre et des compétences des régions est récurrente, quelles qu'en soient les motivations profondes...

En 2009, le « rapport Balladur »[3] préconisait de s'appuyer sur quinze régions pour « adapter l'échelon régional aux conditions nouvelles de la compétitivité économique notamment au regard de l'importance du niveau régional dans les politiques européennes de développement » et insistait sur la nécessité de répartir les compétences de manière plus efficiente en affectant un rôle propre à chaque niveau de collectivités.

Quelques années plus tard, en 2013, le rapport Raffarin-Krattinger[4] préconisait la fusion des régions (8/10) afin de « conduire des politiques d'investissement préparant les territoires aux enjeux stratégiques de demain ».

La loi de 2015 relative à la délimitation des régions s'inscrit totalement dans l'esprit des rapports précités et avance des critères essentiellement économiques : PIB, taille critique et poids des régions, clin d'œil à l'Union européenne et notamment aux *Länder*.

---

2. Art. 43 la compétence « Contribution à la transition énergétique » (Soutien aux actions de maîtrise de la demande d'énergie, élaboration et adoption du plan climat-énergie territorial en application de l'article L. 229-26 du Code de l'environnement, en cohérence avec les objectifs nationaux en matière de réduction des émissions de gaz à effet de serre, d'efficacité énergétique et de production d'énergie renouvelable, Concession de la distribution publique d'électricité et de gaz, Création, aménagement, entretien et gestion de réseaux de chaleur ou de froid urbains, Création et entretien des infrastructures de charge nécessaires à l'usage des véhicules électriques ou hybrides rechargeables).

3. *Rapport Balladur*, mars 2009.

4. *Rapport du Sénat, J.-P. Raffarin et Y. Krattinger*, 9 octobre 2013.

Figure 2

Nouveau découpage des régions

Le nouveau découpage des régions porte leur nombre à treize et entrera en vigueur au 1er janvier 2016, soit au lendemain des élections régionales de décembre 2015.

Source : Élaboré par nos soins sur la base de données du ministère de l'Intérieur. « L'actu du ministère, l'Assemblée nationale adopte une carte à 13 régions » (en ligne), page consultée le 14 sept. 2015.
http://www.interieur.gouv.fr/Actualites/L-actu-du-Ministere/L-Assemblee-nationale-adopte-une-carte-a-13-regions.

Parallèlement, le gouvernement engage la réforme des services déconcentrés de l'État, réforme de l'État territorial adaptée à la nouvelle carte issue du redécoupage régional et nomme sept préfets préfigurateurs pour les sept futures nouvelles régions.

B. NOTRe, « le coup d'envoi de la nouvelle architecture de la République ».

Deuxième volet de la réforme territoriale, le projet de loi relatif à la nouvelle organisation territoriale de la République (NOTRe) est présenté comme « le coup d'envoi de la nouvelle architecture de la République ». Complémentaire des deux lois précitées, NOTRe précise le cadre juridique du « Grand Paris », les compétences des collectivités et leurs relations, notamment région/EPCI.

NOTRe marque la volonté de faire monter en puissance les Intercommunalités, par le relèvement du seuil de population à 20 000 habitants (sauf dérogations), par une augmentation de leurs compétences, compétences principalement opérationnelles et par la diminution des syndicats intercommunaux, source d'économies dans les services locaux au public.

Parallèlement, le projet de loi relatif à la transition énergétique pour la croissance verte[5] s'inscrit dans la logique territoriale de NOTRe et renforce le rôle majeur des collectivités sur les questions relatives à l'habitat, à la production locale d'énergie et à l'efficacité énergétique notamment.

Ce long cheminement emprunté par les pouvoirs publics depuis des décennies nous conduit à porter un regard sur la réorganisation territoriale de grands groupes mise en œuvre ces dernières années dans l'hexagone.

En effet, la plupart des grands groupes industriels et de services trouvent le fondement de leur réorganisation territoriale dans la recherche d'objectifs organisationnels et de modernisation comme « rationaliser l'organisation, développer les NTIC, optimiser l'exploitation des DATA » ; Ils affichent aussi une stratégie d'efficacité économique fondée sur la « concentration des investissements et la réduction des coûts, le recours à de nombreux prestataires de services et in fine, à l'augmentation de la création de valeur ».

À l'instar des grands groupes, la quête que traduit cette frénésie de réformes conduites par l'État ne trouve-t-elle pas son ressort dans une recherche qui serait d'abord une recherche d'efficience, de performance et d'efficacité économique ?

5. Projet de loi relatif à la transition énergétique pour la croissance verte… avant dernière lecture AN après échec de la CMP.

II. Quel parti pris pour la nouvelle architecture territoriale ?

La mise en place d'une nouvelle architecture territoriale répond à l'évidence à une recherche d'optimisation fondée sur une stratégie économique génératrice de création de richesse. À partir des données financières des Métropoles et des nouvelles grandes régions, nous tenterons d'en apprécier le parti pris.

A. Les métropoles, poumons économiques.

La reconnaissance juridique des métropoles dans la loi MAPTAM dès 2014 confirme leur rôle de poumon économique au sein du territoire régional.

Figure 3

Données financières des métropoles (2013, en K€)

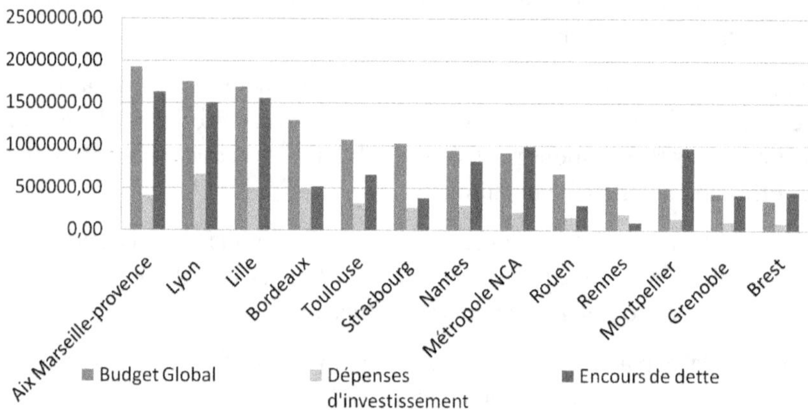

La lecture du « budget global » des métropoles fait apparaître un écart de 1 à 3.

Source : Élaboré par nos soins sur la base de données de la DGCL. Les collectivités locales en chiffres. Les comptes 2013 des groupements à fiscalité propre : données individuelles, *(consultable en ligne)*, http://alize2.finances.gouv.fr/communes/eneuro/tableau_gfp.php.

L'investissement est relativement « mesuré » au regard du budget global, sauf pour les métropoles de Lyon, Bordeaux, Toulouse, Nantes et Rennes. Par ailleurs, le niveau d'endettement peut aussi, pour certaines métropoles, s'apprécier au regard des investissements antérieurs.

Dans un deuxième temps, faute de statistiques reposant sur les PIB métropolitains, en cours d'élaboration pour 2016, nous avons retenu la « valeur ajoutée » de la CVAE du bloc local, en tant qu'indicateur de richesse.

Figure 4

Valeur ajoutée de la CVAE du bloc local

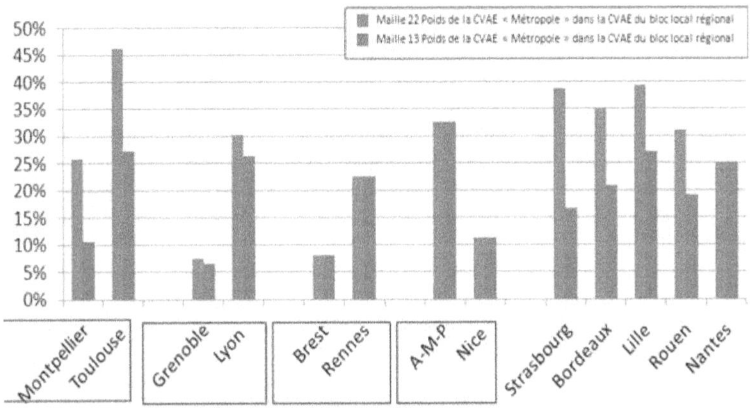

Source : Élaboré par nos soins sur la base de données de l'Observatoire des finances locales et de la DGCL, Les collectivités locales en chiffres. Les comptes 2013 des groupements à fiscalité propre : données individuelles, *(consultable en ligne),* http://alize2.finances.gouv.fr/communes/eneuro/tableau_gfp.php.

La CVAE de chaque métropole rapportée à la CVAE du bloc local de sa région de rattachement (maille 22/maille 13) illustre le fait que le poids de la richesse de chaque métropole est sensiblement modifié par l'importance de la CVAE du bloc local du territoire régional. L'exemple le plus caractéristique est celui de Strasbourg, la capitale de la seule Région Alsace, pesait près de 40 %, alors qu'elle ne pèsera plus que 17 % dans la nouvelle Région Alsace-Lorraine-Champagne Ardenne.

De même, Toulouse et Montpellier, qui pesaient dans leur région respective plus de 45 % et plus de 25 %, ne pèsent plus que 32 % et 10 % du nouvel ensemble.

Par contre, l'apport de la CVAE du bloc local d'une région plus pauvre, comme l'Auvergne, n'affecte que marginalement le poids de Grenoble et de Lyon dans la nouvelle région.

Bien entendu, à périmètre constant, rien n'est modifié (voir Bretagne, Pays de Loire, PACA, etc.).

Figure 5

Nouvelles régions, le parti pris de l'équilibre. Données financières des régions, 2013 en M€

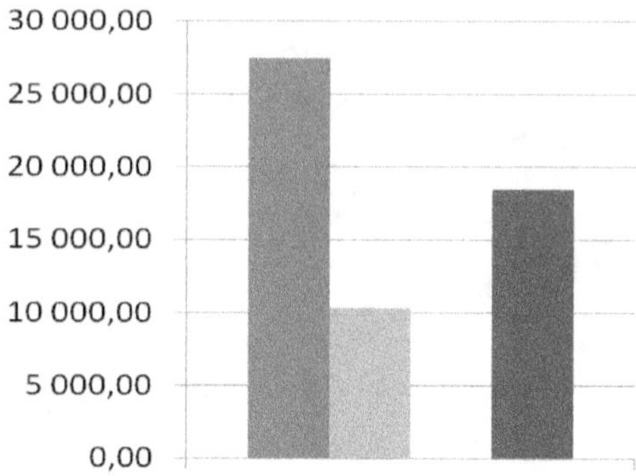

Source : Les budgets primitifs 2013 des régions. *Paris, Département des études statistiques locales de la Direction générale des collectivités locales du ministère de l'Intérieur, 4.p., (consultation en ligne possible :* http://www.collectivites-locales.gouv.fr/files/BPR_2013.pdf.*)*

Figure 6

Données financières des régions

	Budget	Investissement	Dette
Budgets Agrégés (en M€)	27 427	10 303,7	18 433,2
Budgets agrégés en €/hab.	442,8	166,3	297,6

Source : Idem.

Ces tableaux relatifs aux données financières des régions font apparaître le poids limité des budgets des conseils régionaux au regard de l'importance de leur population, notamment du fait d'un niveau de fonctionnement relativement faible (*moins de 1 % des effectifs territoriaux*).

Au sein de ces budgets, le niveau de l'investissement est élevé, lié à la compétence économique, mais aussi au poids de l'investissement affecté aux lycées, à la formation professionnelle et aux transports. Enfin, si la dette peut paraître élevée, elle reste néanmoins « mesurée », du fait des programmes pluriannuels contractualisés.

Dans un deuxième temps, nous avons cherché à observer l'indicateur de richesse au niveau régional retenu parmi les critères avancés pour la création de treize régions : le rapport « PIB régional/PIB national ».

Figure 7

PIB moyen par habitant

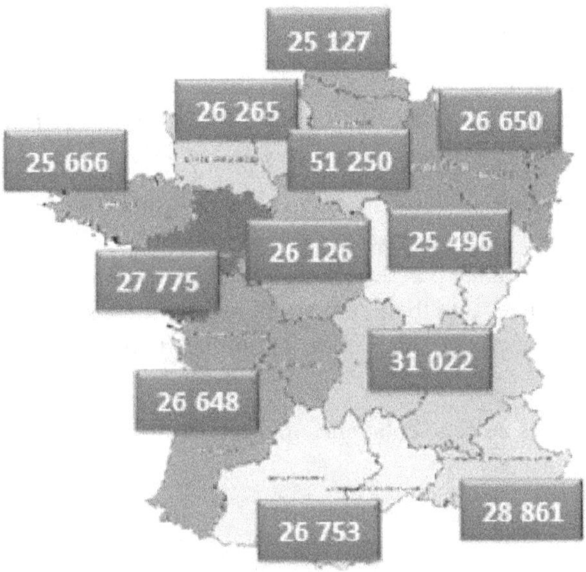

Le PIB moyen par habitant avoisinant les 26 000 € « légitime » d'une certaine manière un « découpage équilibré » des nouvelles régions.
Ainsi, le PIB des nouvelles régions oscille entre 25 127 €/hab. pour la région dont le PIB est le plus faible, « Nord-Picardie » et 31 022 €/hab., la région dont le PIB est le plus élevé, « Rhône Alpes-Auvergne ».
Exception notable, mais attendue, l'Île-de-France, avec 51 250 €/hab.

Source : Élaboré par nos soins sur la base de données de l'Inspection générale des finances (consultable en ligne) : http://www.igf.finances.gouv.fr/webdav/site/igf/shared/Nos_Rapports/documents/2014/2014-M-078-02.pdf.

B. À l'heure des choix…

Alors que le projet de loi relatif à la transition énergétique pour la croissance verte devrait être voté prochainement et que le projet de loi NOTRe devrait passer en deuxième lecture au Parlement avant l'été, il est clair que les fondations de la nouvelle architecture territoriale sont désormais posées ! Demain, le développement des territoires, leur avenir, devra compter avec, tout à la fois, la sagesse et l'audace de l'ensemble des décideurs et acteurs publics et économiques.

Entre rivalité et concurrence, les métropoles et les régions devront faire le choix de l'efficacité et optimiser leur complémentarité, notamment en matière d'économie et d'innovation, mais aussi de formation ; La force des métropoles, résidant dans leur capacité à agir, à être dans l'action en lien direct avec les acteurs économiques et financiers, elles devront tout naturellement affirmer leur rôle de moteur de la croissance.

Par ailleurs, dans ce nouveau paysage, dessiné pour promouvoir le développement et la création de valeur, il sera indispensable de mettre l'intelligence territoriale en action pour assurer une gestion efficace de la proximité et du lien social.

Dans ce domaine, il convient d'une part, de cibler les *hinterlands* inframétropolitains pour mettre en œuvre la « fusion-association » de certains conseils départementaux. D'autre part, le renforcement des intercommunalités inscrit dans NOTRe pour donner une meilleure assise aux nouvelles intercommunalités se trouvera renforcer par la création de communes nouvelles, tant dans l'espace urbain que rural.

C'est au travers de cette cohérence que cette nouvelle architecture territoriale trouvera tout son sens.

VERS UNE REFONTE DES SERVICES DÉCONCENTRÉS DE L'ÉTAT

par

Jean-Michel BRICAULT

Maître de conférences en droit public
CRDT, Université de Reims Champagne-Ardenne

Depuis la clôture officielle de la RGPP et le lancement de la MAP, la réforme de l'État avait été essentiellement cantonnée juridiquement à la problématique de la « simplification » administrative. Le Conseil des ministres du 2 juillet 2014 a marqué le lancement d'une nouvelle étape de réforme de l'État, qui devrait être menée de manière complémentaire et dans le même calendrier que la réforme territoriale d'ici 2017. En substance, les grandes idées sont les suivantes : « à l'échelon régional, l'État se concentrera sur son positionnement stratégique ». Son organisation « coïncidera avec les futures grandes régions »[1] issues de la loi n° 2015-29 du 16 janvier 2015. À l'échelon départemental, l'État verrait « ses responsabilités régaliennes et opérationnelles confortées dans son rôle de proximité vis-à-vis de l'usager et continuerait de veiller à la cohésion sociale et territoriale… ». Enfin, au niveau infradépartemental, « des points de contact de proximité… garantiraient… une forme d'accès à toutes les administrations ». La réforme serait donc d'envergure en visant à refonder les trois niveaux de circonscriptions administratives ordinaires de l'État visées par l'article 4 de la loi ATR du 6 février 1992. La circulaire n° 5737/SG du Premier ministre du 16 sept. 2014

1. Son « organisation coïncidera avec les futures grandes régions, sous réserve d'aménagements sectoriels ou territoriaux dont les justifications seront analysées par les missions d'inspections générales en cours », circulaire PM n° 5770/SG du 18 févr. 2015 relative à la réorganisation des services régionaux de l'État-diagnostic territorial.

relative à la préparation de la feuille de route gouvernementale en matière de réforme de l'État énonce clairement que les services de l'État doivent se réformer pour « recentrer leur activité sur les missions prioritaires » tout en diminuant la dépense. Cette réforme intervient dans un contexte particulier. Depuis une vingtaine d'années, un processus de régionalisation des services déconcentrés de l'État est à l'œuvre. La RéATE engagée de manière concomitante à la RGPP a redéfini les contours de l'État dans les régions et les départements. Son processus est désormais « largement parvenu à son terme aujourd'hui »[2]. Il en résulte que le préfet de région est devenu le « pivot territorial majeur » et que le niveau départemental assume désormais un rôle de « second » dans un très grand nombre de domaines. Dans ce contexte, le passage à 13 grandes circonscriptions administratives régionales va nécessiter des ajustements à la fois pour reconfigurer les services de l'État en région (I), mais aussi pour gérer la problématique de la « proximité » étatique (II).

I. Vers une reconfiguration des services de l'État dans le cadre des futures grandes régions

La circulaire précitée du 16 sept. 2014 énonce l'idée que l'administration territoriale de l'État « doit se réorganiser en conséquence de la réforme territoriale ». Cette réorganisation va intervenir suite à la mise en œuvre d'un cadre spécifique pour piloter la réforme. Le premier effet de cette réorganisation portera sur l'échelon régional.

A. La mise en œuvre d'un cadre spécifique pour piloter la réforme

Cette nouvelle réforme de l'État passe par une « rénovation des relations entre administrations centrales et services déconcentrés »[3]. Selon une circulaire du 28 oct. 2014, le gouvernement a « la volonté de réaliser une avancée substantielle dans la déconcentration des compétences… »[4] Dans cet objectif, la circulaire définit « un protocole régissant ces préalables à la déconcentration ». Elle met l'accent sur l'importance des « documents stratégiques » qui sont en l'état « trop nombreux, insuffisamment hiérarchisés, mal coordonnés et non synchronisés dans le temps ». Divers documents sont supprimés tels que les PASER et seuls les « directives nationales d'orientation », les « stratégies de l'État en région » et les « documents

2. *Rapport d'information S. n° 753 sur l'avenir des préfectures* par M. ANDRÉ, 2014, 99 p., p. 15.
3. Circulaire PM n° 5737/SG du 16 sept. 2014 précitée.
4. Circulaire n° 5747/SG du 28 oct. 2014 relative au protocole des relations entre les administrations centrales et les services déconcentrés, *JO* du 4 nov. 2014, NOR : PRMX1425854C.

de priorités départementales » subsistent. Le dialogue de gestion doit faire l'objet d'un approfondissement afin que le préfet de région puisse « disposer d'une vision globale des priorités et des ressources définies par le niveau national ». Enfin, en ce qui concerne les « retours d'information » demandés aux services déconcentrés, il s'agit d'éviter « la redondance des commandes » qui constituerait « la principale lourdeur dans la charge du travail de compte-rendu supportée par les DDI ».

Cette nouvelle étape de réforme de l'État a nécessité d'engager une « rénovation de la charte de la déconcentration »[5]. Le décret nº 2015-510 du 7 mai 2015 portant charte de la déconcentration[6] abroge le décret nº 92-604 du 1er juillet 1992 (art. 22) et définit « pour la première fois cette mission »[7]. Il établit les rôles respectifs des administrations centrales et des services déconcentrés, en renforçant les attributions et les moyens de ces derniers. Il est une étape supplémentaire dans la montée en puissance des préfets de région (proposition d'une organisation dérogatoire des services, mise en place d'une conférence nationale de l'administration territoriale de l'État… voir *infra*). Il prévoit une obligation d'une étude d'impact spécifique pour tous les textes ayant une incidence sur les services déconcentrés. Il s'agit de permettre « de vérifier l'adéquation entre les objectifs poursuivis et les… moyens des services déconcentrés » (art. 8). Le décret consacre les directives nationales d'orientation, pluriannuelles, qui doivent donner davantage de cohérence aux instructions données aux services déconcentrés en faisant du secrétaire général de chaque ministère le canal unique de leur diffusion (art. 10). Enfin, cette nouvelle mouture de la charte de la déconcentration permet le renforcement de la déconcentration des ressources humaines et des mutualisations (art. 12, 13 et 14). Les préfets sont notamment « chargés, dans leur circonscription administrative, de la mise en œuvre des mutualisations nécessaires à un meilleur fonctionnement des services déconcentrés ». La déconcentration budgétaire est également renforcée *via* notamment le contrôle de gestion précédemment évoqué « qui vise notamment à déterminer les moyens attribués en fonction des objectifs assignés, en liaison avec les responsables des budgets opérationnels de programme » (art. 11).

Selon la communication du conseil des ministres du 2 juillet 2014, une « revue des missions » des « administrations centrales et déconcentrées » sera conduite pour « identifier celles qui relèvent des missions fondamentales de l'État et celles

5. Circulaire PM nº 5737/SG du 16 sept. 2014 précitée.

6. Décret nº 2015-510 du 7 mai 2015 portant charte de la déconcentration, *JO* du 8 mai 2015, NOR : INTX1506835D.

7. M.-Ch. DE MONTECLER, « La montée en puissance de l'État local », *AJDA*, 2015.

qui doivent être abandonnées ou exercées différemment »[8]. Il s'agit d'un exercice portant sur le rôle et la pertinence des missions de l'État dans les territoires. Tous les services et tous les niveaux d'administration de l'ensemble des ministères sont concernés. Cet exercice qui pourrait préfigurer ce que sera l'État « dans dix ans » est mené par le secrétaire d'État à la réforme de l'État. Il a pour cela été mandaté pour organiser un débat public sur le sujet. Cette approche « collaborative », si elle tranche avec la démarche verticale qui avait été utilisée pour la mise en œuvre de la RGPP et surtout du volet RéATE[9], ne doit pas faire illusion tant le calendrier est resserré et se télescope avec le projet de loi NOTRe.

Afin de préparer la mise en œuvre de la réorganisation des services régionaux de l'État, il est demandé aux préfets de région, par une circulaire du 18 février 2015, de réaliser « un diagnostic territorial » pour chaque région qui doit être « particulièrement approfondi » dans les régions dont le périmètre va être modifié par la loi du 16 janv. 2015. Plus précisément, dans ces régions, le diagnostic territorial est « le point de départ » après la désignation en avril 2015 « des préfets de région et des directeurs régionaux préfigurateurs » d'un « nouveau projet d'organisation ». Les diagnostics territoriaux visent à inclure l'ensemble des réseaux de l'État, ce qui paraît déterminant pour mesurer l'impact des réformes notamment en termes d'emploi public sur le territoire. Clairement, l'objectif de cet exercice de diagnostic, au-delà de la réorganisation territoriale, consiste aussi à identifier les « améliorations » possibles en termes de « d'allocation des compétences et de mutualisation des moyens ». L'ensemble des résultats du diagnostic doit remonter vers Matignon pour l'automne 2015, en particulier vers le « coordonnateur national de la réforme des services déconcentrés de l'État » mis en place pour l'occasion par le décret du 26 janvier 2015[10].

Cette restructuration d'ampleur des services de l'État au niveau régional implique la mise en place d'un cadre plus souple que celui mis en place initialement par le décret du 1er juillet 1992. Pour cela, le décret n° 2015-510 du 7 mai 2015 précité portant charte de la déconcentration autorise une plus grande modularité dans l'organisation des services. Selon l'article 16, il est clairement indiqué que le

8. Voir Rapport S. n° 49 par Y. KRATTINGER, 8 oct. 2013, 121 p., p. 17.

9. Voir J.-M. BRICAULT, « Le dialogue « État-collectivités territoriales » au niveau local. Bilan et (manque de) perspectives ! », Éd. Mare et Martin, 2014, p. 213-256.

10. Décret n° 2015-55 du 26 janv. 2015 relatif au coordonnateur national de la réforme des services déconcentrés de l'État, *JO* du 27 janv. 2015, NOR : PRMX1502211D. Voir décret du 29 janv. 2015 portant nomination d'un coordonnateur national, *JO* du 30 janv. 2015, NOR : PRMX1502353D.

« préfet de région peut, pour la mise en œuvre des politiques publiques et afin de tenir compte des spécificités locales, proposer de déroger aux règles fixées par les décrets relatifs à l'organisation des services déconcentrés de l'État et à la répartition des missions entre ces services ». Le décret institutionnalise ainsi la possibilité pour le préfet de région de proposer au Premier ministre une modification des règles d'organisation des services déconcentrés et de répartition des missions entre ces services, pour s'adapter aux spécificités du territoire dont il a la charge. L'initiative locale en termes d'organisation des services est donc établie signant au passage une forme d'inversion du principe d'organisation, celle-ci ne venant plus forcément du niveau central.

Face à l'ampleur de la réforme et pour prévenir toute décision hâtive, le Premier ministre invite les préfets de région « à ne pas prendre d'engagements à ce stade sur la réorganisation à mettre en place » en particulier, peut-être, sous la pression des élus locaux ! L'idée globale de la réforme réside dans le fait qu'à « l'échelon régional, l'État se concentrera sur son positionnement stratégique et que son organisation coïncidera avec les futures grandes régions »[11].

B. Vers un échelon régional « concentré » sur son « positionnement stratégique »

Le tracé des régions actuel a pour origine le découpage du territoire métropolitain en circonscriptions d'action régionale par un décret n° 60-516 du 2 juin 1960, devenues régions administratives en 1964. Ces circonscriptions serviront ensuite de support aux établissements publics régionaux (loi n° 72-619 du 5 juillet 1972) transformés en collectivités territoriales par la loi du 2 mars 1982. Le chemin effectué aujourd'hui est radicalement inverse puisque c'est une réforme de décentralisation qui va servir de support à la modification du cadre régional d'action de l'État. En vertu de l'article 7 du décret n° 2004-374 du 29 avril 2004, le préfet de région est « le préfet du département dans lequel se trouve le chef-lieu de la région ». Des effets combinés de cet article 7 et de l'article 2 de la loi du 16 janvier 2015 résulteront un repositionnement de l'administration déconcentrée régionale de l'État à l'échelle des 13 grandes régions. À ce jour, sauf le cas de Strasbourg, le gouvernement s'est gardé de fixer dans la loi une liste de chacun des nouveaux chefs-lieux, qui seront définis ultérieurement par décret. Sur ce point précis, il existe encore une large part d'incertitudes dans la plupart des régions redessinées.

---

11. QE n° 12902 de J.-J. Lozach, *JO S.* du 21 août 2014, p. 1818.

Autre point d'incertitude, et qui sans doute est le plus important, porte sur la nouvelle organisation géographique des services déconcentrés régionaux dans la mesure où la réforme pourrait aboutir concrètement à la disparition de « 45 directions régionales et de 9 SGAR »[12] et de plusieurs ARS. Les conséquences en termes d'emplois publics sont importantes. Nul doute que la pression des élus locaux sera vigoureuse pour éviter une concentration unique au sein des seuls chefs-lieux de région !

Ce repositionnement à l'échelle des 13 régions s'inscrit dans le cadre d'un processus de régionalisation des services de l'État déjà bien ancré. L'échelon régional déconcentré a changé de paradigme au point de devenir un échelon décisionnel et opérationnel important[13]. De ce point de vue, le passage à 13 grandes régions ne sera pas neutre et va nécessiter des aménagements. En ce sens, le gouvernement souhaite affirmer la vocation « stratégique » de l'échelon régional.

La rédaction de l'article 5 du décret du 7 mai 2015 portant charte de la déconcentration conforte en ce sens la circonscription régionale en la présentant globalement comme l'échelon territorial « de l'animation et de la coordination des politiques de l'État ». Elle est chargée, en outre, « de la mise en œuvre des politiques nationales et de l'Union européenne » dans les domaines les plus stratégiques tels qu'en « matière d'emploi, d'innovation, de recherche, de culture, de statistiques publiques, de développement économique et social, et d'aménagement durable du territoire ». De surcroît, l'échelon régional reste classiquement (à l'instar de la rédaction issue du décret de 1er juillet 1992) l'échelon « de la coordination des actions de toute nature intéressant plusieurs départements de la région », mais il devient, en plus, l'échelon « de la conduite d'actions de modernisation des services déconcentrés dans les domaines de la simplification de leur activité administrative et de l'amélioration de leurs relations avec les usagers ».

Cette vocation de « stratège » du préfet de région peut se concrétiser de diverses manières. Il s'agira, en particulier, peut-être de « réinventer la mission de relais de l'Europe » dans le nouveau contexte décentralisé. À ce titre, le comité régional État-région créé par l'article 78 de la loi du 27 janvier 2014 et dont le régime est précisé par le décret nº 2015-229 du 27 février 2015 est révélateur de cette nouvelle situation. Pour améliorer ce rôle stratégique du préfet de région, il sera sans doute

12. P. GÉRARD, « Premier point sur la réforme de l'État territorial », *AJDA* 2015 p. 432.

13. Voir J.-M. BRICAULT, « Régionalisation de l'administration déconcentrée et question du maintien de la règle du dédoublement fonctionnel du préfet de région », *RRJ*, nº 2009-4, p. 1989-1998.

également nécessaire que le droit d'évocation, « instrument… de coordination régionale »[14], soit utilisé par exemple, « pour simplifier l'harmonisation de la politique de l'État entre les départements d'une même région »[15]. Cet aspect était déjà évoqué par les préfets de région lors d'un séminaire organisé au CHEMI en 2013. Il est vraisemblable qu'il prenne une acuité particulière dans un schéma à 13 régions. Il s'agira ensuite de renforcer sa capacité de « concevoir et diffuser les plans stratégiques de l'État en région »[16]. Une circulaire n° 5747/SG du Premier ministre du 28 octobre 2014 introduit en ce sens un effort de rationalisation. Désormais, les stratégies de l'État en région seront élaborées et arrêtées par le préfet de région à partir « des priorités définies en nombre très restreint » et « adaptées à la réalité du territoire ». Il est précisé aussi que les stratégies de l'État en région incluent « l'action des opérateurs locaux de l'État ». Cette orientation va de pair avec un renforcement de la collégialité (réunion mensuelle des préfets de département autour du préfet de région, pré-CAR, CAR) qui sera sans doute indispensable dans ce schéma à 13 grandes régions. Le CAR, dont la composition avait été élargie et les attributions étendues par le décret n° 2010-146 du 16 février 2010, devra sans doute être adapté quant à sa composition et à son fonctionnement. Pour les préfets de région, dans la configuration actuelle à 22 régions, il s'agit en particulier de le « repenser pour retrouver son rôle initial d'organisme de pilotage »[17].

Dans le cadre de cette réforme, les SGAR méritent aussi une attention particulière. Ils exercent désormais un rôle pivot pour « coordonner l'action des services régionaux de l'État » et « veiller à l'articulation de celle-ci avec celle des services départementaux » (décret n° 2009-587 du 25 mai 2009). Leur montée en puissance s'est accompagnée d'un fort accroissement de leurs effectifs au cours des dernières années[18]. Il existe un risque désormais que ces secrétariats se transforment à terme en « administration lourde » ce qui posera sans doute un problème de positionnement avec les directions régionales (en termes de « substitution »[19] ou encore de « déresponsabilisation »[20]). Dans ce cadre, le passage à 13 régions

14. Circulaire SG du min. de l'Int. du 20 juillet 2010.
15. P.-E. BISCH, N. QUILLET, *Actes du CHEMI*, 2013, précité, p. 6-7.
16. S. BOUILLON, *Actes du CHEMI*, précité, p. 1.
17. Y. DASSONVILLE, CHEMI, *Le préfet de région*, Actes 18, 2013, 17 p., p. 3-4.
18. *Rapport public Cour des comptes, 2013*, précité, p. 77. Voir Rapport S. n° 753, p. 21.
19. Voir *Rapport public thématique Cour des comptes, 2013*, précité, p. 77.
20. *Rapport d'information Sénat n° 753 sur l'avenir des préfectures* par M. ANDRÉ, 2014, 99 p., p. 25.

devra être l'occasion sans doute de repréciser le mode opérationnel des SGAR, mais aussi peut-être de « réorienter » leur action « après la nouvelle phase de décentralisation… pour la gestion des fonds européens »[21].

Autre point majeur de la réforme en cours et de l'affirmation de la vocation « stratégique » du préfet de région, il s'agit du renforcement de la déconcentration des interventions financières de l'État et l'amélioration du dialogue de gestion. Ces dernières années, les évolutions avaient été notables sur ce point. Selon la circulaire du 4 décembre 2013 (NOR : BUDB1323830C) et dans la lignée des avancées issues du décret du 29 avril 2004 modifié, le préfet de région apparaît clairement en effet comme « responsable de BOP pour les services territoriaux placés sous son autorité ». L'objectif de cette régionalisation financière est double. Il s'agit en effet « non seulement de permettre un pilotage des crédits par le préfet de région, mais également une mutualisation des moyens à l'échelle régionale… »[22]. Ce pouvoir de répartir les crédits des BOP lui confère en effet « la capacité d'adapter les moyens mis à sa disposition aux enjeux territoriaux »[23]. La circulaire du Premier ministre du 28 octobre 2014 précitée va plus loin et estime que les préfets de région doivent « être pleinement associés aux décisions d'allocation des ressources par les administrations centrales, dans un dialogue stratégique qui va au-delà d'une discussion par programme ». L'objectif étant d'intégrer les enjeux territoriaux saillants dans la préparation du cadrage budgétaire, de permettre ensuite à l'automne des « échanges stratégiques centrés sur les thèmes particulièrement sensibles au niveau régional » organisés entre préfets de région et secrétaires généraux des ministères. Sur ce point majeur, l'article 5 du décret n° 2015-510 du 7 mai 2015 portant charte de la déconcentration, confirme classiquement l'échelon régional comme un « échelon de programmation et de répartition des crédits de l'État ainsi que de contractualisation des programmes pluriannuels entre l'État et les collectivités locales ». Autre orientation qui va de pair avec la précédente, il s'agira d'affermir le rôle du préfet de région dans le développement des fonctions support et des mutualisations interministérielles locales dans la lignée des textes issus de la RGPP[24]. Le décret n° 2015-510 du 7 mai 2015 définit, en outre, l'échelon régional comme le « cadre stratégique de la politique immobilière des services déconcentrés de l'État » (art. 5).

21. Y. DASSONVILLE, *Actes du CHEMI*, précité, p. 3-4.
22. Avis AN n° 1203 sur projet de Loi de fin. pour 2009 (n° 1127), Tome I, 16 oct. 2008, 60 p.
23. *Rapport d'information S. n° 753 sur l'avenir des préfectures* par M. ANDRÉ, 2014, 99 p., p. 21.
24. Circulaire PM n° 5359/SG du 31 déc. 2008.

Ajoutons que ce même décret met en place une nouvelle instance de dialogue et d'échanges entre administrations centrales et chefs de services déconcentrés, la « conférence nationale de l'administration territoriale de l'État » (CNATE) qui confortera le rôle stratégique des préfets de région. Cette CNATE officialise en quelque sorte sur un plan réglementaire la pratique, jugée très utile, du « comité des 40 »[25], une instance d'information et d'échanges réunissant les préfets de région avec les SG des ministères les plus importants.

Cette « conférence nationale de l'administration territoriale de l'État » est chargée d'animer les relations entre administrations centrales et services déconcentrés et de veiller à l'application de la charte, en rassemblant notamment les SG des ministères et les préfets de région. Elle sera saisie, notamment par les préfets de région, de toute proposition d'adaptation et de projets de mutualisation (art. 17 et 18).

Ensuite, affirmer le rôle stratégique du préfet de région nécessitera peut-être que le préfet de région « se détache des contingences départementales »[26]. Mettre fin au dédoublement fonctionnel du préfet de région est une évolution envisagée depuis plusieurs années[27] et qui semble d'ores et déjà souhaitée par les préfets de région. En termes de disponibilité et de positionnement, le cumul de fonctions préfet de région-préfet du département chef-lieu peut en effet « créer une difficulté »[28]. De façon plus globale, dans un schéma à 13 grandes régions, la question de l'objectivation et de l'impartialité des choix stratégiques opérés à l'échelon régional devient centrale. Notons que les SG des départements chef-lieu ont également un positionnement particulier. Une solution serait de mettre en place un préfet « délégué en charge du département chef-lieu » auprès du préfet de région[29]. Le décret n° 2015-83 du 29 janv. 2015 va dans ce sens en prévoyant que « les fonctions de secrétaire général sont exercées par un préfet dans les départements à forts enjeux »[30]. Une manière donc d'étoffer l'équipe départementale chef-lieu sans avoir besoin de procéder à la fin du dédoublement fonctionnel précédemment évoqué ?

---

25. Voir *Rapport Cour des comptes, « L'organisation territoriale de l'État »*, juillet 2013, 294 p., p. 132.

26. Y. DASSONVILLE, *Actes du CHEMI*, précité, p. 3-4.

27. Voir J.-M. BRICAULT, « Régionalisation de l'administration déconcentrée et question du maintien de la règle du dédoublement fonctionnel du préfet de région », *RRJ*, n° 2009-4, p. 1989-1998.

28. F.-X. CECCALDI, D. MARTIN, CHEMI, « Le préfet de région », 2013, 17 p., p. 4-5.

29. Y. DASSONVILLE, précité, p. 3-4. Voir. aussi P.-E. BISCH, N. QUILLET, p. 6-7.

30. Décret n° 2015-83 du 29 janv. 2015 portant réorganisation du corps préfectoral dans certains départements, *JO* du 30 janvier 2015, NOR : INTA1424981D. Voir pour une application dans le Rhône du fait de la création de la métropole de Lyon, décret n° 2015-102 du 2 février 2015, *JO* du

La « rétractation » de l'État à l'échelle des 13 régions conduira-t-elle à un rattachement des préfets de région à Matignon ? Ce rattachement n'a pas été acté pour les préfets de région jusqu'à maintenant alors que des services comme les SGAR et les DDI ont accompli cette mutation. Le débat sur cette question existe actuellement au sein du secrétariat général du gouvernement[31]. Son issue est lourde de conséquences pour le corps préfectoral et le ministère de l'Intérieur lui-même.

L'affirmation d'un préfet de région « stratège » est inscrite dans la mise en œuvre concrète de cette nouvelle réforme de l'État prenant appui sur les 13 grandes régions. Le préfet de région apparaîtra plus que jamais et sur bien des points comme le « pivot de la transformation de l'État ». Toutefois, l'État en se rétractant à l'échelon des 13 grandes régions s'éloigne de nombre de territoires et de fait, certains préfets de département et certaines DDI et UT seront parfois très éloignés du chef-lieu de région.

II. La « proximité » de l'État en tension

À l'échelon départemental, selon le communiqué du Conseil des ministres du 2 juillet 2014, l'État, pour gérer ce problème de proximité, verrait ses « responsabilités régaliennes et opérationnelles confortées ». Cette orientation de réforme prend le contre-pied de plusieurs années d'évolution.

A. Vers des responsabilités régaliennes et opérationnelles « confortées » au niveau départemental ? Une réforme à rebours des évolutions récentes

La montée en puissance de l'échelon régional a créé « un nouveau positionnement départemental »[32] de telle sorte que l'échelon départemental endosse désormais un rôle « second »[33] dans la plupart des domaines.

Ce mouvement s'est traduit par une fragilisation structurelle des services déconcentrés départementaux. Ces derniers ont été regroupés au sein de directions départementales interministérielles. Si le « principe de DDI paraît simple », son

3 février 2015, NOR : INTA1425017D.

31. Voir D. LALLEMENT, *Actes du CHEMI, « Le préfet de région »*, Actes 18, 2013, 17 p., p. 13-14.

32. M. PIERROT, *CHEMI, « Le préfet de région »*, Actes 18, 2013, 17 p., p. 8-9.

33. La circonscription départementale est pourtant historiquement le niveau fort de la représentation de l'État sur le territoire. Le décret 1er juillet 1992 en faisait « le niveau de droit commun de l'action déconcentrée de l'État » (abrogé par l'article 22 du décret n° 2015-510 du 7 mai 2015 portant charte de la déconcentration).

application est en « réalité complexe et peu lisible »[34]. Divers rapports récents mettent en avant l'idée qu'il existe des difficultés d'articulation entre les niveaux régional et départemental depuis la mise en œuvre de la RGPP. La nouvelle gouvernance déconcentrée est ainsi constitutive d'une certaine « complexité des circuits de décisions »[35]. Les préfets de département ne sont pas toujours en situation favorable « face au poids numérique et financier des directions régionales » (les DREAL particulièrement[36]). Cette situation contribue à affaiblir « l'autorité du préfet de département qui doit faire « remonter » un nombre croissant de dossiers au niveau régional »[37]. Ceci peut également entretenir une forme de confusion dans la chaîne décisionnelle, les élus locaux ne sachant plus « à quel niveau sont rendus les arbitrages »[38], « faute d'une organisation claire des missions et des services »[39]. Ce nouveau schéma suscite un certain « désarroi » en particulier dans les préfectures de département alimenté par l'impression de n'être plus qu'une simple courroie de transmission. Ce sentiment est renforcé par une inquiétude relative au manque de moyens (notamment humains)[40]. Les réductions d'effectifs déjà intervenues et celles programmées sont de nature à créer ou accroître un « problème de viabilité »[41] d'un certain nombre de services. Si depuis 2013, le « rythme des suppressions d'emplois a enregistré une inflexion notable »[42], il n'en reste pas moins que la réorganisation issue de la RGPP et confirmée par la MAP suscite beaucoup de difficultés parmi lesquelles on peut citer « la petite taille des équipes dans certaines DDI qui risquent dès lors d'être privées de capacités d'expertise »[43], les limites de la polyvalence attendue d'agents aux formations et compétences très différentes[44] ou encore un recul de la « compétence métier »[45]. Dans le même sens, les UT sont « à faible expertise et n'apportent pas toujours

34. Voir *Rapport public thématique Cour des comptes, 2013*, précité, p. 77. Voir aussi, p. 193.
35. Voir *Rapport IGA, IGF, IGAS, 2012*, précité, p. 29.
36. *Rapport d'information S. n° 753* par M. ANDRÉ, 17 juillet 2014, 99 p., p. 18.
37. A. HÉLIAS, « La RGPP doit être modulée selon les territoires », *La Gazette* du 24 août 2011.
38. *Rapport S. n° 666* précité, p. 54. Voir aussi « L'autorité du ou des préfets ? » *in Rapport public thématique Cour des comptes, 2013*, précité, p. 139.
39. *Rapport S. n° 174 sur le projet NOTRe*, par J.-J. HYEST et R. VANDIERENDONCK, 2014, 797 p., p. 32.
40. *Rapport d'information S. n° 753* par M. ANDRÉ, 17 juillet 2014, 99 p., p. 80.
41. Rapport Cour des comptes précité, p. 128 et p. 192.
42. *Rapport d'information S. n° 753* par M. ANDRÉ, 17 juillet 2014, 99 p., p. 41.
43. *Rapport IGA, IGF, IGAS*, précité, p. 29.
44. *Idem.*
45. *Rapport Cour des comptes, juillet 2013*, p. 79.

au préfet de département le bénéfice de leur action »[46]. Le bilan de l'évolution de la situation depuis la mise en œuvre de la RéATE en ce qui concerne l'échelon départemental avait conduit les auteurs de divers rapports récents à formuler des scénarios conduisant à privilégier l'échelon régional déconcentré et à remettre en cause « inéluctablement… l'échelon départemental déconcentré »[47]. Si le CIMAP du 17 juillet 2013 n'a pas repris ces propositions, c'est uniquement dans un but temporaire de « stabiliser » les réformes structurelles engagées par la RGPP. On le voit, le renforcement des structures départementales déconcentrées n'était pas, jusqu'à une période très récente, dans l'air du temps !

Pourtant, le compte-rendu du Conseil des ministres du 2 juillet 2014 exprime clairement l'idée d'un renforcement de l'échelon départemental. Le gouvernement s'est tout d'abord engagé à ce que « le département soit maintenu sur tout le territoire national comme circonscription administrative de l'État dirigée par un préfet »[48]. Pour cela, dans un contexte de profondes réformes des institutions décentralisées, l'article 4 de la loi du 6 février 1992 proclame désormais, suite à une ordonnance du 19 décembre 2014 (loi n° 2015-382 du 3 avril 2015), que « l'évolution des limites des collectivités territoriales est sans incidence sur les circonscriptions administratives de l'État »[49]. Il s'agit ici de tenir compte de l'évolution récente de la métropole lyonnaise (art. 26 de loi du 27 janv. 2014) qui signe d'ailleurs une « révolution » puisqu'elle met fin à la règle bicentenaire « d'identité géographique entre l'État départemental et la collectivité départementale »[50]. Nul ne doute désormais que le phénomène de « métropolisation » en plein essor pourrait aboutir à l'avenir à une multiplication de ce genre de situation aboutissant à ce que le préfet de département ait « une circonscription formée des territoires de deux collectivités »[51], le département et la métropole.

Si la circonscription administrative départementale est assurée de son maintien (l'article 6 du décret n° 2015-510 du 7 mai 2015 précité précise classiquement que « la circonscription départementale est l'échelon territorial de mise en œuvre

46. M. PIERROT, *Actes du CHEMI*, 2013, précité, p. 8-9.
47. P. VILLENEUVE, « Réformes de l'administration territoriale de l'État », *AJDA* 2013 p. 2190.
48. P. GÉRARD, « Premier point sur la réforme de l'État territorial », *AJDA* 2015 p. 432.
49. Ordonnance n° 2014-1543 du 19 déc. 2014 portant diverses mesures relatives à la création de la métropole de Lyon, *JO* du 20 déc. 2014 p. 21574. Voir loi n° 2015-382 du 3 avril 2015 ratifiant l'ordonnance n° 2014-1543 du 19 décembre 2014 portant diverses mesures relatives à la création de la métropole de Lyon, *JO* du 4 avril 2015 p. 6218.
50. VOIR P. GÉRARD, « Premier point sur la réforme de l'État territorial », *AJDA* 2015 p. 432.
51. *Idem.*

des politiques nationales et de l'Union européenne »), quel est le champ des possibles pour la renforcer ? Selon un rapport sénatorial portant sur l'avenir des préfectures daté de juillet 2014, une évolution du niveau départemental déconcentré pourrait prendre appui sur la dévitalisation progressive du conseil départemental telle que souhaitée initialement par le gouvernement dans son projet NOTRe[52]. La perte de proximité annoncée par cette dévitalisation pouvait être compensée par un affermissement du rôle des services déconcentrés départementaux *via* un rôle de « pôle d'expertise »[53]. Une telle hypothèse d'évolution semble peu probable. Deux domaines illustrent particulièrement la situation au niveau départemental en matière d'expertise : l'aide technique en matière d'urbanisme et le contrôle de légalité. Les communes rurales bénéficiaient, pour mener à bien des opérations d'urbanisme, de l'assistance des personnels de l'État, notamment des DDT. Or il s'avère que l'appui de l'État avec la fin des conventions ATESAT (Instr. du 5 mars 2014, NOR : ETLL1400438C) ou le recentrage de l'application du droit des sols (Instr. du 3 sept. 2014, NOR : ETLL1413007J) sera circonscrit aux missions relevant d'une urgence ou d'une complexité tout à fait particulière[54]. En ce domaine, il n'est nullement prévu de renforcer l'échelon déconcentré. C'est en effet un établissement public de l'État, le Cerema, qui est mis en avant en cas de besoin puisqu'il « peut prêter concours aux services déconcentrés de l'État dans leurs missions d'assistance aux collectivités territoriales, notamment pour des raisons de solidarité nationale » en vertu de l'article 45 de la loi n° 2013-431 du 28 mai 2013. Une évolution similaire se profile en ce qui concerne l'instruction des autorisations d'urbanisme (art. 134 de la loi Alur n° 2014-366 du 24 mars 2014). La Cour des comptes relevait de toute manière dans un rapport récent que les DDT, qui instruisent les demandes de permis de construire pour le compte des maires, n'ont plus les moyens d'une instruction réelle et s'orientent, de manière privilégiée, dans la voie de l'accord tacite[55]. De façon certaine, on assiste à un recul de l'expertise technique de l'État sur ces questions. Un constat similaire peut être dressé en ce qui concerne l'expertise juridique *via* le contrôle de légalité[56]. L'exigence d'une véritable expertise juridique de l'État bute sur l'extrême rationalisation des moyens du contrôle de légalité. C'est

52. V*oir Rapport S. n° 174 sur le projet de loi NOTRe*, 2014, 797 p., p. 18.

53. *Rapport d'information Sénat n° 753* par M. André, 17 juillet 2014, 99 p., p. 80.

54. Voir QE S n° 12458, *JO S.* du 10 juillet 2014, p. 1663. Rép. min., *JO S.* du 12 févr. 2015, p. 328.

55. *Rapport public thématique Cour des comptes*, 2013, précité, p. 174.

56. Voir J.-M. Bricault, « L'impact de la RGPP sur le contrôle de légalité », *RFAP*, 2010/4, n° 136, p. 943-954.

une des raisons qui préside au maintien du régime juridique de la faute lourde en ce domaine (CE 30 mars 2011, *SDIS du Finistère*, nº 334799 ; CAA Paris, 18 mars 2014, *Cne de Vaux-le-Pénil*, nº 12PA03230)[57]. Cette notion de faute lourde est « très protectrice des intérêts de l'État »[58] et, en elle-même, fortement révélatrice de la situation dans laquelle se trouve le contrôle de légalité aujourd'hui du fait de la raréfaction des moyens dans les préfectures et de leur quasi-disparition dans les sous-préfectures (Circ. du 23 juillet 2009, NOR IOAC/0917418C) sur les missions de conseil et de contrôle. Il en faudra donc beaucoup pour transformer les services déconcentrés de l'État en « pôle d'expertise » ! De manière moins ambitieuse, il sera envisageable de « renforcer » l'échelon départemental en le « recentrant » simplement sur certaines priorités. Selon le communiqué du 2 juillet 2014 précité, « l'État doit aujourd'hui… protéger les citoyens les plus fragiles, garantir l'égalité des droits et des chances et assurer la sécurité et l'exercice des libertés ». Selon une formulation assez proche, l'exposé des motifs du projet de loi NOTRe estime, quant à lui, que les « principales missions assurées par l'État » seront de « contrôler l'application des lois, (de) protéger les citoyens en exerçant l'ensemble des missions régaliennes et (de) veiller à la cohésion sociale comme territoriale ». En combinant ces deux formulations, on retrouve les domaines traditionnels d'action du préfet de département, domaines qu'il exerce en autonomie sans lien d'autorité vis-à-vis du préfet de région. Il s'agit en premier lieu du contrôle administratif, ensuite de la police administrative et de la sécurité nationale, enfin du droit des étrangers (art. 10, 11 et 11-1 du décret nº 2004-374 du 29 avril 2004). De manière plus novatrice, si on combine à nouveau les deux déclarations, le préfet de département pourrait voir ses missions étoffées dans le domaine de « la protection des citoyens les plus fragiles », mais aussi dans le domaine de « l'égalité des droits et des chances » ou encore en « veillant à la cohésion sociale comme territoriale ». Autant d'éléments qui renvoient aux politiques en matière de protection sociale, de solidarité entre les individus ou de solidarités entre les territoires selon des formulations très proches utilisées pour qualifier les attributions des conseils départementaux[59] ! Des missions que les actuelles DDCS ou DDT auraient bien du mal à assumer « seules » sous leurs configurations actuelles sans les conseils départementaux compte tenu des

57. S. DEGOMMIER, « La responsabilité de l'État du fait du contrôle de légalité », *AJDA* 2010 p. 39.

58. E. PAIX, « La responsabilité de l'État en matière de contrôle de légalité », *AJDA* 2009 p. 1546.

59. Le projet NOTRe prévoit en effet un « resserrement » de l'action des conseils départementaux autour de la « solidarité sociale et territoriale ». L'article 3 de la loi MAPTAM du 27 janv. 2014 affirme clairement le rôle de « chef de file » du conseil départemental dans le domaine de « l'action sociale » et de la « solidarité des territoires » (art. L. 1111-9 du CGCT).

faiblesses démontrées précédemment. De manière plus certaine, il restera possible de renforcer l'échelon départemental par une série de mesures appropriées. Il en est ainsi de la collégialité précédemment évoquée qui devra être affermie pour mieux prendre en compte « l'identité départementale »[60]. Ceci ne sera sans doute pas facilité à l'échelle des 13 grandes futures régions avec en moyenne pas loin d'une dizaine de départements pour les régions recomposées étant admis que la « taille des régions » joue si bien que « la collégialité est plus aisée dans les petites régions que dans les grandes »[61]. Les « risques de blocage » sont potentiellement plus prégnants dans une région avec un nombre élevé de départements.

Rappelons ensuite que dans le schéma préfectoral issu du décret du 16 février 2010, le préfet de département est confirmé dans sa responsabilité de « mise en œuvre » des « politiques nationales et communautaires ». Pour conforter ce rôle, le groupe de travail du CHEMI proposait en 2013 que « le préfet de région confie plus souvent le pilotage d'une politique particulière au niveau de la région à un de ses collègues de département »[62]. Ceci peut avoir pour résultat de « renforcer le rôle opérationnel »[63] du préfet de département. De façon plus globale, peut-être faudrait-il « clarifier… cette nouvelle relation » (entre préfet de région et préfet de département) et « adapter le système et les compétences dévolues au préfet de région en créant une possibilité de les déléguer au préfet de département »[64]. Il s'agira également de renforcer l'autorité des préfets sur les opérateurs à l'image de ce qui a été réalisé partiellement avec le décret n° 2012-509 du 18 avril 2012 qui les positionne comme délégués territoriaux de six agences étant entendu que le basculement de l'équilibre global entre les effectifs des opérateurs et ceux des services déconcentrés doit conduire « à accorder une importance accrue à une bonne articulation entre les missions des opérateurs et celles des services de l'État »[65]. Le décret précité n° 2015-510 du 7 mai 2015 comprend plusieurs mesures allant en ce sens[66].

60. S. BOUILLON, *Actes du CHEMI*, précité, p. 1-2.

61. D. LALLEMENT, *Actes du CHEMI*, 2013, précité, p. 13-14.

62. P.-E. BISCH, N. QUILLET, *Actes du CHEMI*, 2013, précité, p. 6-7.

63. *Rapport S. n° 666* par D. DE LEGGE, juin 2011, 260 p., p. 71.

64. D. LALLEMENT, *Actes du CHEMI*, 2013, précité, p. 13-14.

65. *Rapport Cour des comptes, 2013*, précité, p. 123 et s.

66. Dans l'objectif de « garantir l'unité et l'efficacité de l'action de l'État dans les territoires », les établissements publics de l'État « ayant une représentation territoriale… conduisent leur action, sous la coordination du préfet ». Dans cet objectif, le préfet, ou, par délégation, un sous-préfet ou un

Au terme de ce volet et en tenant compte du flou entourant pour le moment cette réforme, il ne semble pas que l'on puisse s'attendre à un véritable renforcement du niveau départemental, mais plutôt à un simple recentrage de cet échelon sur ses missions régaliennes. Au niveau infradépartemental, une réforme sans doute plus profonde cette fois pourrait aboutir à une « adaptation » du réseau des sous-préfectures.

B. Vers un maillage « adapté » du réseau des sous-préfectures

Avec le schéma préfectoral issu du décret du 16 février 2010, le sous-préfet n'a vu son rôle redéfini qu'à la marge[67]. Pourtant, ce réseau a été fortement impacté par la RGPP[68] (suppression programmée de la fonction de « guichet » dans la plupart des sous-préfectures, altération de son rôle dans le domaine du contrôle de légalité…). Peut-être par « anticipation de cette relative dévalorisation du rôle du sous-préfet »[69], la DNO 2010-2015 prévoit la transformation des sous-préfectures en « administrations de mission » tournées vers le développement local[70] et l'ingénierie de projets[71], le sous-préfet devenant aussi auprès des entreprises un « facilitateur de projets au niveau local » (Circ. PM, n° 5756/SG du 12 déc. 2014). Cette réorientation, si elle ouvre de nouvelles perspectives au sous-préfet, se heurte toutefois au manque de moyens, humains en particulier. Les effets conjugués de la RGPP (et la MAP aujourd'hui) et des économies budgétaires ont pour conséquence directe que les petites sous-préfectures, qui sont les plus nombreuses, ont atteint « des seuils critiques »[72] en matière de personnels et d'encadrement surtout. Partant de ce constat d'affaiblissement, de l'impossibilité pratique de transformer partout

---

chef de service déconcentré de l'État peut être désigné « délégué territorial d'un établissement public de l'État ». De plus, les préfets « intègrent les actions conduites par les établissements publics de l'État au sein des schémas ou documents stratégiques élaborés par les services de l'État » (art. 15).

67. Voir W. KAMEL, *Le métier de sous-préfet d'arrondissement* au XXIe, ministère de l'Intérieur, CHEMI, 2014.

68. J.-M. BRICAULT, « La rationalisation de la représentation territoriale de l'État à l'échelon des sous-préfectures », *Pouvoirs Locaux* n° 91, IV/2011 (décembre), p. 57-61.

69. *Rapport d'information S. n° 753* par M. ANDRÉ, 17 juillet 2014, 99 p., p. 81.

70. L'article 7 du décret n° 2015-510 précité du 7 mai 2015 dispose classiquement que « l'arrondissement est le cadre territorial de l'animation du développement local et de l'action administrative locale de l'État ».

71. Voir R*apport annuel Cour des comptes, 2015*, Rép. du ministère de l'Intérieur, févr. 2015, p. 395.

72. *Rapport public annuel Cour des comptes, février 2012*, p. 723. Voir aussi *Rapport public thématique Cour des comptes, « L'organisation territoriale de l'État », juillet 2013*, 294 p., p. 84.

le modèle existant en « administration de mission » et des critiques récurrentes sur la carte « anachronique » des arrondissements[73], il semble acquis désormais que la carte des sous-préfectures va être bientôt redessinée en dépit des réticences des élus locaux[74]. La circulaire du 16 sept. 2014 précitée énonce d'ailleurs au titre des chantiers à engager « l'adoption d'une nouvelle carte des sous-préfectures ». Divers travaux ont été réalisés ces dernières années sur l'évolution de ce réseau au sein du ministère de l'Intérieur (voir les travaux du groupe Sherpa; travaux de la mission d'inspection IGA – Csate-Datar). Surtout, une expérimentation a été menée, à partir de sept. 2013, en Alsace-Moselle. Il en résulte la suppression au 1er janvier 2015 de huit arrondissements par trois décrets du 29 déc. 2014[75]. Les travaux conduits par les préfets en Alsace et Moselle mettent en avant une méthode qui pourrait être applicable dans d'autres départements (concertation, fusions progressives d'arrondissements, substitution « d'antennes » ou de « maisons de l'État » aux sous-préfectures supprimées). Cette expérimentation a vocation, selon le ministère de l'Intérieur, à être étendue « à l'ensemble du territoire national pour aboutir à une refonte du réseau d'ici à 2017 » sans doute de manière « progressive »[76] mais inéluctable.

Par ailleurs, la réforme du réseau des sous-préfectures s'inscrit dans un chantier plus vaste portant sur l'organisation de l'ensemble des services de l'État au niveau infradépartemental. Le « nouveau contexte de réforme territoriale » ne fait que « renforcer l'intérêt des Maisons de l'État » déjà consacrées par le CIMAP du 17 juillet 2013[77]. Cette notion figurait déjà par le passé dans les projets du ministère de l'Intérieur, mais n'avait pas prospéré. Les choses semblent mûres aujourd'hui pour une évolution. Cet outil vise à la fois à « garantir la présence de l'État au niveau infradépartemental, mais de manière pragmatique » tout en favorisant des « synergies interministérielles » et en « optimisant » les moyens disponibles. La décision du CIMAP précitée invite à mettre en place des maisons de l'État dans les « territoires présentant des enjeux particuliers de maintien de la présence de l'État ». Il appartient donc aux préfets « d'apprécier localement l'existence de tels enjeux ». Dans sa circulaire du 15 octobre 2014, le Premier ministre indique aux préfets, les objectifs et les modalités de création de ces Maisons de l'État. Le

---

73. Voir *Rapport public annuel de la Cour des comptes*, févr. 2012, p. 717-721.
74. Voir *Rapport d'information S. n° 753* par M. ANDRÉ, 17 juillet 2014, 99 p., p. 84.
75. Décrets n° 2014-1720, n° 2014-1721, n° 2014-1722 du 29 déc. 2014, *JO* du 31 déc. 2014.
76. *Rapport annuel de la Cour des comptes, 2015*, précité, p. 395.
77. Circulaire n° 5745/SG du 15 octobre 2014 relative à la création des Maisons de l'État.

plan de financement doit clairement faire apparaître « les économies attendues du projet ». Il s'agit de « rationaliser les coûts immobiliers » et les « frais de fonctionnement » et de « mutualiser les fonctions support des services qui la composent ». Cette notion de « Maisons de l'État » est à distinguer de la notion de maisons de services au public (MSAP). S'il s'agit de deux formes de regroupement de services publics de proximité, ces formules se distinguent par « leur nature juridique, leurs objectifs, leur échelle d'implantation privilégiée et leurs moyens ». C'est au préfet qu'il revient « de veiller à l'articulation et à la complémentarité de ces différents outils » notamment « dans la perspective de l'élaboration du schéma départemental d'amélioration de l'accessibilité des services au public » (projet NOTRe). Dans un contexte de refonte inéluctable du réseau sous-préfectoral, il apparaît que les Maisons de l'État, structures plus légères, constituent une « solution de compromis en cas de suppression de sous-préfecture ».

Pour conclure, il apparaît que cette réforme d'envergure de l'État, mise en œuvre sur un ensemble de difficultés liées à la RéATE, devrait se concrétiser par une « rétractation » de « l'État stratège » à l'échelle des 13 grandes régions et vraisemblablement aussi par un « resserrement » de son action autour de ses missions les plus fondamentales. Cet État « minimal » devra miser plus que jamais sur la mutualisation (et la numérisation)[78] pour conserver une apparence de proximité aux échelons départementaux et infradépartementaux. Il n'est pas certain que cette « rétractation de l'État » à l'échelle des grandes régions ne soit pas un amplificateur des difficultés préexistantes.

78. Voir « Le numérique pour transformer l'État », Secrétariat pour la réforme de l'État, 2014, 17 p.

CITÉ-RÉGION ET VILLE-PAYS

Prospective des grandes régions : le cas de Reims

par

Jacques BEAUCHARD

Professeur de sociologie émérite
Université de Créteil Val-de-Marne

I. Problématique

L'étalement urbain et les réseaux ont modifié la territorialité politique française au point de rendre *a priori* légitimes les treize nouvelles régions retenues par l'Assemblée nationale. Mais les débats n'ont pas cherché à construire de nouvelles représentations territoriales ; il fallait, semble-t-il, seulement simplifier au regard de dispositions d'apparence purement administratives. Pourtant les réalités mouvantes de la ville diffuse avaient été successivement relevées durant cinquante années par la DATAR : ce qui aurait pu enrichir un débat national sur la création des nouvelles régions et permettre de partager les identifications urbaines et territoriales au fondement de notre identité nationale et européenne. C'était là l'occasion de relancer la recherche de l'unité à travers la diversité territoriale française tout en redonnant contenu à notre intégration européenne.

D'autant qu'à lui seul, le concept de grande région est ambigu : au-delà de la simplification attendue, dans quel espace identitaire et économique celle-ci est-elle inscrite ? Comment se projette-t-elle dans l'espace des réseaux et des communications ? Est-ce la géographie des champs et de la campagne ou celle des villes qui la détermine ? Évidemment, les deux représentations s'imposent, mais quelle est la dominante ? Partir des grandes régions ne revient-il pas à privilégier un espace géographique primaire construit par simple addition, sans voir comment l'urbain et la campagne s'y impriment[1] ? N'est-ce pas prolonger une cartographie sans rapport avec l'urbanisation ? Par exemple, les nouveaux cantons se sont accouplés pour satisfaire la parité au risque d'assemblages territoriaux aberrants. Nous sommes dans une crise majeure de l'identification territoriale qui sous-tend le malaise identitaire où grandit l'extrême droite. En outre, *par défaut, une géographie juridique se substitue à la géographie des espaces habités.*

II. La bataille du territoire

Depuis les années 1970, nous assistons à une course-poursuite entre la ville et les territoires. On rafistole, recolle, additionne, on vise à rajeunir l'espace français, on le voudrait plus cohérent, plus décentralisé, plus accessible. On recherche une politique qui réduirait les marginalités rurales et urbaines tout en donnant plus d'autonomie aux territoires. Rappelons que la division territoriale eut pour enjeu la construction de la nation et par là, de l'identité française. Il s'agissait d'intégrer la diversité, de rapprocher la campagne de la ville. D'où la création des départements en 1789 suivant la devise « diviser pour unir ». Aujourd'hui, les réseaux rendent poreux tous les espaces, transforment les campagnes en périphéries et mettent à mal toutes les frontières. Les liaisons à grande vitesse imposent une nouvelle géographie dont rendent compte les chronocartes. Les villes se rapprochent les unes des autres, tandis que les campagnes et leurs bourgs se coincent dans des écarts ou apparaissent enclavés. À tous les niveaux d'échelle, l'accessibilité et la mobilité sont en question. *Au point que les départements pourtant dédiés à la solidarité ne sont plus identifiés comme les hauts lieux où se fabrique la cohésion française. À terme, on voudrait les supprimer alors que la ville et la campagne participent aujourd'hui d'un même ensemble urbanisé.*

Le simple rapprochement de régions voisines n'est-il pas révélateur d'une option implicite en faveur de l'ancienne géographie ? Il est vrai que la démarche juridico-administrative qui vise la redistribution des compétences ne s'interroge pas sur ses présupposés géographiques : *une administration politique hors sol joue avec les territorialités sans voir leur valeur identitaire.*

Ne s'agit-il pas d'une fuite en avant de la représentation politique qui se construit à partir des principes économiques et administratifs, considérant comme acquise l'identification des lieux et des réseaux ?

1. J. BEAUCHARD, *La bataille du territoire*, éd. L'Harmattan, Paris, 1999.

Signes du problème : des métropoles, de plus en plus extraverties, pôles de l'espace transactionnel[2] (réseaux+marchés+flux), se déploient sans prise en charge de leur environnement territorial, lui-même réduit à des couronnes successives, qu'il faut traverser au plus vite : seul compte le réseau des communications. Les métropoles affirment leur centralité au cœur d'une aire urbaine qui les agrandit, ce qui entraîne la multiplication sans fin des périphéries, des zones grises plus ou moins enclavées, marquées par une déliaison sociale qui fait place à la violence urbaine[3], voire à une marginalité rurale en quête de repères et dans les deux cas à une identité française en grande souffrance. Paradoxalement, la métropole décompose les territoires qui l'entourent au profit des transits qui assurent la croissance des rubans urbains.

En l'état, la construction des régions ignore cette dynamique, elles se polarisent sur le choix de leur capitale, en fait, l'espace urbain demeure subordonné à l'ancien territoire.

III. La constitution territoriale de l'unité politique

La constitution territoriale peut être comparée à l'inconscient de la représentation politique, elle fait partie de sa nature tandis que sa disparition mène à l'anarchie : dépourvue de son socle, l'unité politique est abstraite, affaire d'un État sans corps parce que sans lieu : alors réduit à une multitude de comportements individuels, le territoire est perçu comme superposition de fonctions et de droits souvent contradictoires[4]. L'action politique n'intègre plus la diversité et les lieux, ayant oublié les briques territoriales constituantes de l'unité, elle ne traite plus que des nombres et des fonctions, au mieux du droit, au profit de la rationalité politique du moment.

Contre cette tendance bureaucratique, qui mène à leur déclin l'identité nationale et le lien social, nous avançons que depuis deux siècles, sous l'impulsion des acteurs départementaux et suivant le tissage des routes et le changement des modes de vie, l'urbain s'est généralisé. Désormais polycentriques, les villes disposent d'une mémoire prospective qui intègre la campagne et la nature en leur cœur.

2. *Idem* p. 139 et s.

3. F. MONCOMBLE, *La Déliaison, la politique de la ville en question ?*, éd. L'Harmattan Paris, 2001.

4. J. BEAUCHARD « Expérimentation et Génie du Territoire » *in Les Collectivités locales et l'expérimentation*, La Documentation française, 2004.

D'où l'idée d'un espace vécu qui viendrait bousculer l'espace administré. Ainsi, la référence aux navettes domicile/travail fait apparaître des aires urbaines qui, de proche en proche, permettent de dessiner des « pays urbains » tels ceux de la carte INSEE, reprise par Jacques Lévy (*Express*, 24 octobre 2014). *On le voit, la dynamique des villes dilue les découpages administratifs.* Simultanément, la décentralisation politique a poussé à une identification croissante des « territoires vécus » par les acteurs locaux, d'où, dans les années 2000, le repérage par la Datar d'un *polycentrisme urbain*[5]. Le département posé par l'État comme espace de la solidarité est aujourd'hui, avant tout, le cadre « naturel » d'une urbanisation générale précisément polycentrique. Mais cette œuvre remarquable n'a jamais été reconnue. L'architecte de l'urbanisation territoriale est resté ignoré comme si les routes n'étaient qu'une question d'équipement et que la solidarité n'était pas au cœur, justement, de l'urbanité ! Mais, faute de reconnaître cette vocation, plusieurs spécialistes, voire de nombreux élus défendent aujourd'hui la suppression du département, tant sa territorialité paraît obsolète et trop rurale. Paradoxalement, la fonction sociale du département a obéré son rôle d'aménageur territorial.

Pourtant, durant deux siècles tous les chefs-lieux vont, tour à tour, se doter de routes et produire la toile de l'urbanisation départementale. Ainsi, c'est après coup que l'organisation territoriale de 1789/1790 va recevoir l'infrastructure et les services qui la justifient. La construction des chemins vicinaux et des routes départementales va permettre de lier le pays au canton, de mettre les bourgs en réseau au regard de la ville et des villages.

Tout au long du XIXe siècle se produit ainsi un désenclavement général, le nombre et le bon ordre des routes deviennent les signes les plus évidents de l'économie départementale. Tous les conseillers généraux voulaient qu'une route traverse leur terre. La construction des chemins de fer départementaux viendra renforcer encore l'invention d'une géographie réticulaire départementale, base d'expansion de la ville diffuse qui organise aujourd'hui l'espace départemental. À l'heure de la mobilité générale, l'infrastructure routière départementale ordonne l'urbanisation, non seulement au regard des lieux habités, mais aussi en raison des nœuds routiers et des voies rapides qui retiennent les zones d'activité, voire les grands centres commerciaux. C'est cette urbanisation transactionnelle qui polarise, pour le meilleur et pour le pire, la géographie départementale. Simultanément, au

5. A. FALLUDI, J. PEYRONY, « The French pioneering role », « Regulatory competition and co-operation in European spatial planing », *Built Environment*, 27, 4, Alexandrine Press, 2001.

niveau des lieux habités s'impose le maillage des transits domicile/travail/écoles/achats/loisirs. D'où, suivant Jacques Lévy, la constitution de *« pays urbains »* qu'il situe dans de grands espaces culturels. D'après lui, la France en compterait onze, ce qui, par croisement, le conduit à proposer dix régions.

Mais pourquoi avoir négligé la territorialité politique ? Les espaces culturels et la combinaison des mobilités locales ne suffisent pas à assurer la construction politique d'une nouvelle unité territoriale. Nous avons montré combien le façonnage de villes-pays[6] intégrait l'intercommunalité et rendait compte de la territorialité urbaine du département. Désormais le « rural » est intérieur à l'urbain, le basculement appelle la redéfinition de la mission du département comme unité urbaine polycentrique et non sa disparition au profit de 800 pays urbains, suivant Jacques Lévy.

Nous proposons de penser les grandes régions à travers l'assemblage des villes-pays au niveau du département, lequel serait gouverné par l'assemblée des maires, l'élection de son président et de son conseil se faisant à la proportionnelle en fonction du nombre d'habitants représenté par chaque maire. La simplification et les économies attendues peuvent venir d'une lecture plus pertinente de la territorialité urbaine.

IV. La ville-pays : entre métropole et périphéries

À l'heure de l'économie monde la métropolisation retient tous les regards, tant il s'agit avant tout d'un réseau de réseaux ouverts à l'étendue hors sol : ainsi la Ville-ville (Braudel) ne s'intéresse pas au territoire, elle s'en libère au profit de l'espace monde. Il y a là une chance et un risque majeur.

L'ouverture au monde satisfait la part nomade de l'économie, stimule les échanges, mais néglige l'obsolescence des anciens centres et l'accumulation sans fin des périphéries. On constate seulement les ruptures. L'interdépendance des infrastructures et des réseaux, réduit le territoire à des zonages, néglige son patrimoine, ne prend pas compte l'urbanisation territoriale à la française.

Mais, deuxième observation : va-t-on vers la fin de la mobilité ou plutôt vers la transformation de ses modes ?

6. J. BEAUCHARD, *La Ville-pays*, IAAT, éd de l'Aube 1996 ; Revue *Urbanisme* n° 46, 2013 : « Questionner l'étalement urbain » : D. JACOMET « De la gentrification à la “countryfication” » et J. BEAUCHARD, « Entre périphéries et métropole : la ville-pays ».

Va-t-on vers une ville qui, en se concentrant, multiplie ses périphéries ?

Ou bien, suivant le mouvement de longue durée que nous observons, et pour les trois quarts de l'espace français, n'est-ce pas l'urbanisation des campagnes qui l'emporte sur la croissance des périphéries ? C'est-à-dire la conversion des bourgs ruraux en bourgs urbains, et finalement, leur intégration dans une ville, voire une métropole multicentrée, à basse densité.

Le développement durable n'impose-t-il pas à la ville-pays émergente la lutte contre le mitage et les rubans urbains, tandis que, et c'est bien là l'enjeu central, s'impose la gestion des vides, des terres, de l'eau, de l'air, de l'agriculture, comme ressources et gages de santé publique ?

Il devient impératif de nous détacher de l'histoire immédiate pour prendre conscience de la forme contemporaine de la ville-pays, et ceci en raison de la conversion de l'habitat rural en habitat urbain.

Une ville départementale polycentrique émerge, elle intègre les communes, les intercommunalités, les nouveaux cantons et les circonscriptions dans une unité territoriale réticulée, ouverte, qu'il importe urgemment d'identifier. Cette ville-pays encadre la campagne. C'est elle qui est à la base de la Cité-Région qu'il faut bâtir.

Dans les campagnes, les lieux habités ont changé de maîtres. Désormais, les urbains y établissent leur résidence principale ou secondaire, nomades-sédentaires ils appartiennent à plusieurs mondes. Le territoire qu'ils parcourent quotidiennement dessine une résille urbaine, qui pour l'heure est politiquement mal identifiée.

Pourtant, l'urbanisation générale à l'œuvre, nous oblige à superposer PLU et SCoT qui réalisent leur synthèse au niveau du département au profit d'une conception de l'*unité urbaine départementale*. Les noyaux urbains petits et grands sont associés par le réticulaire des routes suivant les transits domicile/travail, voire aussi les liaisons avec les collèges et les lycées, les hôpitaux et les centres commerciaux : lieux-centres et communications encadrent les campagnes ou les sites naturels interstitiels.

D'où un territoire de la ville qui désormais intériorise l'espace et ses paysages : c'est là que se joue une urbanité à la française. C'est-à-dire l'aménagement d'une architecture du vide[7] traitée comme le jardin-paysage du développement durable, que président les centres habités.

Cette intervention viendrait accompagner et accomplir l'histoire longue de la ville-pays départementale en la faisant s'épanouir. Donc : pratique de l'espace habité qui distribue la population et l'insère dans les lieux de l'habitat traditionnel et met en valeur l'espace naturel, pour, en quelque sorte le cultiver. Ainsi, et par exemple, suivant ce point de vue, la constellation urbaine grenobloise place les Alpes au centre de sa culture, d'où un aménagement de la montagne qui prolonge et transforme l'économie urbaine[8].

Depuis les années 1980, partout en France, villes et villages ont souvent réhabilité leur centre, à preuve les places centrales. Témoins de cet engouement général : les marchés forains des centres-bourgs ou encore le succès grandissant des journées consacrées au petit patrimoine voire le tirage des journaux spécialisés dans l'habitat rural et les jardins.

L'enjeu d'une urbanité française se joue dans la superposition ordonnée des espaces transactionnels (réseaux+transits+marchés) et patrimoniaux : d'où la résille des centres comme maillage des pays et des régions. Cette constitution territoriale et identitaire de la société intègre le Social au cœur de l'urbanité.

V. De la ville-pays, polycentrique et départementale, à la grande région

L'unité urbaine départementale se dessine comme un réseau de centres, de services et de sites. Plusieurs figures sont possibles : une même forme urbaine s'impose ou plusieurs ville-pays[9] se distinguent en raison des aires transactionnelles, tandis que la ville départementale s'insère dans une aire métropolitaine. Conseillers territoriaux et communaux se confondent. L'assemblée départementale gère les campagnes et les villes.

7. J. BEAUCHARD et F. MONCOMBLE, *L'Architecture du vide. Espace public et lien civil*, PUR Rennes, 2013, « La forme publique du paysage », p. 93.

8. M. VANIER, « Grenoble : quelle alliance métropolitaine? », *Territoires 2030*, nº 1, 2005, Documentation française.

9. *Idem*, p. 123.

L'assemblage des unités urbaines territoriales au sein de l'espace transactionnel enracine la polarisation métropolitaine en renforçant ainsi son attractivité. Ce qui confère une infrastructure identitaire aux grandes régions. On passe des réseaux de ville (Datar) aux réseaux d'unités urbaines départementales polarisées par une ou deux voire trois capitales. *En somme, il s'agit de reprendre par le bas la démarche initiée par la création des treize grandes régions. La réduction de moitié du nombre de cantons, l'intégration des communes, des communautés, et finalement la reprise de l'intercommunalité conduisent à construire le polycentrisme, base de la ville-pays, patrimoine de la grande région, alors que celle-ci a pour enjeu l'intégration dans l'espace transactionnel européen.*

Prospective : de la ville-pays, polycentrique et départementale, à la grande région : le cas de Reims

C'est en valorisant l'espace transactionnel du système métropolitain et de ses « Portes » qu'il est possible de faire apparaître la grande région que l'on veut construire comme fédération de capitales et de villes-pays départementales. À titre d'exemple et dans une perspective prospective, nous citerons ici la métropole rémoise afin de dégager les traits de la Grande Région dans laquelle elle se déploie et qu'elle contribue à inventer.

Aujourd'hui, en raison de son tramway, la ville se recompose au regard de tous les transits qui la traversent avec comme projet l'affirmation de sa valeur résidentielle suivant l'aménagement d'une ville lente et l'affirmation patrimoniale de sa centralité et de son espace urbain. Alors que, simultanément, elle s'insère dans l'espace à grande vitesse, entre autoroutes, fibre optique à haut débit (projet Jupiter) et LGV Est-européenne. L'espace transactionnel (transits+messageries+réseaux) lie la métropole rémoise à la dorsale urbaine européenne (banane bleue), alors que Reims n'est qu'à 30 minutes de Roissy-CDG. D'où la nouvelle gare « Champagne-Ardenne » où se connectent les transits comme hauts lieux de conversion de la mobilité en relations d'échange[10]. Telle se situe la Porte de Paris qui est aussi la Porte du Grand Est (Région Lorraine-Champagne-Ardenne) : son aménagement permettrait d'ouvrir sur cet espace.

---

10. *Population et avenir* n° 714 « Les territoires au secours de l'économie », voir « Les villes à une heure de Paris », p. 17-18.

Face à Bezannes et à la ville de Reims, la tête de ligne de tramway « Gare Champagne-Ardenne TGV » occupe une fonction potentielle d'interface au cœur de l'espace transactionnel rémois : transits à grande vitesse d'un côté et réseaux des mobilités locales de l'autre. Il s'agit d'un haut lieu encore non identifié. Ici, le hall de gare, un grand couloir, débouche sur le parvis des taxis et des parkings avec une échappée sur Reims tandis que pour atteindre la station de tramway en contrebas, il faut emprunter un emmarchement doublé d'une pente, suivi d'une sorte de place où se dressent les sculptures de Lapie, icônes de la ville ressuscitée. Les voyageurs TGV ont roulé à plus de 300 km/h. À cette vitesse, le paysage disparaît avant de réapparaître avec les vignes de la Montagne de Reims, peu avant la gare de Champagne-Ardenne sise à Bezannes : passage de l'espace transactionnel à l'espace patrimonial des lieux. Temps court, lecture d'un journal. Public hétérogène : il n'est pas rare d'y croiser des Japonais qui viennent admirer Fujita. La ville lente commence là, au milieu de ses visiteurs, riche de ses connexions régionales (Champagne, Ardennes, Aisne).

VII. Pour une nouvelle identification territoriale

Entre la gare et le tramway, un espace en hémicycle s'esquisse, celui de la porte de Paris et du Grand Est, il pourrait être le site d'un pavillon, afin d'héberger le portail de Reims : entrée dans les réseaux de réseaux. Par exemple, un site y serait consacré à l'espace économique et patrimonial du G3 (Épernay, Châlons-en-Champagne, Reims) ; soit une aire de 500 000 habitants et trois ville-pays avec comme enjeu l'intégration des marges rurales devenues urbaines (voir plus haut). La ville-département qui les rassemble s'identifie dans une même messagerie. Dans le même lieu seraient accessibles les sites de la ville de Reims, celui de l'université, de la chambre de commerce et d'industrie et toutes les autres chambres, l'agence de tourisme, ainsi que les bureaux d'accueil et d'orientation, le marché immobilier, qui auraient à rechercher les sites Web adaptés aux demandes des visiteurs.

En relation directe avec Roissy et la capitale, la Porte offrirait une identification essentielle pour la mise en valeur de l'espace civil et économique rémois, car il importe de mettre en rapport trafic et urbanité : deux types opposés de temporalité et d'intérêt sont en effet en cause. La ville de Reims, comme d'ailleurs toutes les villes dotées du tramway visent au même objectif : maîtriser leur espace transactionnel local en réhabilitant leur espace public tout en multipliant les connexions possibles simultanément à la réhabilitation des lieux et à la maîtrise de l'accessibilité ; d'où un accroissement de l'attractivité. Ainsi, à Reims et dans cette perspective, on observe le détournement progressif de l'A4 intérieure, la diminution par paliers de la vitesse au bénéfice d'une autoroute de contournement, les restrictions de la circulation automobile en centre-ville, le réaménagement des places et des lieux publics.

La porte mettrait en évidence le patrimoine rémois tout en modifiant complètement *l'image de l'entrée en ville*. En somme, il s'agit de faire réapparaître la représentation des lieux et des connexions qui l'identifient tout en valorisant le branchement sur l'« hyper-hub » parisien et sur l'espace européen. Nous sommes face à une fonction nouvelle qui vise à agréger une à une toutes les mobilités en assurant l'inter modalité du *« hub »* rémois. Les liaisons internet du TGV permettraient d'actualiser pendant le voyage les informations de la Porte. Des écrans tactiles permettraient l'établissement de relations immédiates entre les acteurs et la mise en valeur des productions et de leurs débouchés, sans oublier une présence attractive et événementielle du patrimoine Reims/Champagne-Ardenne. Les marchés et toutes les zones d'activité trouveraient là leur identification et leur mise en relation. Mais cette fonction ne saurait être posée une fois pour toutes, car elle doit se développer et se maintenir comme le service des services au cœur de l'activité commerciale et industrielle. Par exemple l'université, Sciences Po/ Columbia University, NEOMA Business School, l'École supérieure des Arts et du Design auraient à y construire leur portail en y mettant en valeur des réseaux de chercheurs, des contacts, des brevets, des publications et des synergies et des marchés : bref, l'innovation à l'œuvre autour du pôle « images de Reims » serait au cœur de la Porte.

Depuis le Moyen Âge, l'entrée principale de Reims s'est faite à l'ouest par la route de Soissons qui venait de Paris; c'était celle des Sacres. Avec un détour parallèle pour les Dames de France, plus au nord, par le « Chemin des Dames » sur les collines qui dominent l'Aisne afin d'éviter les marais de la Vesle; on sait qu'il fut l'un des hauts lieux de la souffrance des armées en 1917. L'histoire longue et récente rend compte d'un flux d'acteurs et d'événements qui fondent la porte de Paris au milieu du plateau de Bezannes, entre la gare TGV, les autoroutes et le terminus du tramway. Notons combien l'entrée dans « la ville lente » implique une entrée par le paysage et l'identification d'un parcours à travers les lieux : celui du tramway est remarquable, mais il échappe encore à la plupart des voyageurs du TGV.

Comme au temps des Romains, la porte se situe à l'intérieur de la ville et non pas dans des murailles : elle est destinée à honorer ses visiteurs tout en valorisant les routes du lointain. Ainsi, Reims pourrait s'inspirer du passé prestigieux de Durocortorum qui la précède tout en retrouvant le croisement des routes qui l'ont fait naître. Ce que voulait signifier la symbolique de ses portes.

Au nord de la ville la porte Mars (IIe siècle), toujours là et sur laquelle nous allons revenir, au sud, sa symétrique la porte de Bazée, la porte Cérès à l'est et Vénus à l'ouest, délimitent l'intérieur de la ville romaine à la croisée du Décumanus et du Cardo. Le mur d'enceinte qui les fera disparaître en partie ne sera élevé qu'à la fin du IIIe siècle pour protéger des invasions barbares. Les portes célébraient les routes d'autant que leur convergence fit de la ville la capitale de la Gaule-Belgique. Avec la conquête de la Bretagne par l'empereur Claude (41-54), la voie Cesaere qui la traverse du nord au sud, devient l'artère principale de l'occident. Depuis Arles, Nîmes, Lyon, elle gagne Langres, Bar-sur-Aube puis Châlons où elle était rejointe par une autre route en provenance de Lyon *via* Autun, Auxerre et Troyes. Au-delà de Reims, vers le nord, elle conduisait à Trèves et Cologne ou à Gand, mais aussi à Boulogne *via* Arras. À l'est, le Décumanus ouvre sur la route de Verdun et de Metz et à l'ouest, la voie romaine mène à Soissons et Paris, mais aussi à Senlis et Amiens avant d'atteindre à son tour, le port de Boulogne, lieu d'embarquement pour la Bretagne. À ce réseau de routes principales s'ajoute un écheveau de routes secondaires. Par ailleurs, la voirie en damier de Durocortorum est irriguée par tous les transits suivant lesquels la ville relaie Rome en Belgique et s'impose comme siège des gouverneurs romains.

Ainsi, entre l'antique porte Mars, la station du tramway et les Halles pourrait être aménagée la porte de Bruxelles et de l'Europe, hommage contemporain à la voie Cesaere qui empruntait l'ancien Cardo. Au fronton de la porte Mars une frise périphérique présente le cycle des mois tour à tour symbolisés par les travaux agricoles[11]. Dans tout le monde romain, c'est le seul exemple de calendrier rural[12]. Au milieu des champs et des vignes, Reims trouve là une représentation qui préfigure l'un de ses génies. La porte de Bruxelles pourrait être le haut lieu de l'Europe agricole et des événements en rapport aux richesses des vignes et des champs.

Aujourd'hui de place en place, de lieu public en lieu public jusqu'aux Portes du futur, telle celle de Paris/Grand Est, ou celle de la porte Mars, Reims, à l'image de son passé, peut animer l'espace de son rayonnement. La nouvelle culture de la ville peut contribuer à son attractivité économique et à la construction d'une grande région tout en affirmant une identité[13].

11. Seuls les sept derniers mois de l'année sont encore lisibles, juin : saillie des chevaux, juillet : fenaison, août : cueillette des pommes et moissons, septembre : vigne et pressoir à raisins, novembre : abattage des porcs, décembre : rentrée des provisions.

12. *Histoire de Reims*, *op. cit.*, p. 28 et 29.

13. L'identité résulte d'une somme d'identifications qui s'unifient dans une même représentation.

COMMENT LES ÉLUS PRÉPARENT-ILS LA NOUVELLE GOUVERNANCE RÉGIONALE ?

Le cas de la Normandie

par

Gérald ORANGE

Professeur émérite de Sciences de gestion
Nimec, Université de Rouen

I. Introduction

Aux termes de la loi de réorganisation territoriale, les deux régions Basse et Haute-Normandie doivent fusionner au 1er janvier 2016[1]. L'idée était dans l'air, relayée par de nombreuses personnalités depuis plusieurs années, mais les responsables régionaux n'étaient pas pressés et parfois dubitatifs sur les avantages à en retirer. La loi a tranché mettant fin aux atermoiements[2].

Réunification normande, enfin ! Pourrait-on dire. Il faut se rendre à l'évidence, ces deux régions, comportant respectivement trois et deux départements, figuraient parmi les plus petites du territoire. Avec cinq départements, la Normandie se situera encore au bas de l'échelle des régions fusionnées. Néanmoins, cet ensemble historique, identifié comme la Normandie dans le monde entier, méritait ce regroupement imposé qui n'a connu aucune véritable réticence dans le microcosme

1. L'absurdité de la décision de couper la région normande en deux (deux départements d'un côté, trois de l'autre) résulte du différend, au moment de la création des régions en 1982, entre Michel d'Ornano (1924-1991), qui deviendra président de la Région Basse-Normandie en 1983, et Jean Lecanuet (1920-1993), maire de Rouen à partir de 1968 et président du conseil général de Seine-Maritime en 1974, responsabilités qu'il conserva jusqu'à son décès.

2. Loi nº 2015-29 du 16 janvier 2015 relative à la délimitation des régions, aux élections régionales et départementales et modifiant le calendrier électoral.

politique[3]. De fait, des études de notoriété régionale placeraient la Normandie en deuxième position derrière la Californie – en raison de son rôle dans la Deuxième Guerre mondiale –, son identité historique est forte puisqu'elle a connu l'un des premiers parlements français en 1499, parlement installé à Rouen par François Ier en 1515. Enfin, les deux régions comme ses trois villes principales sont largement complémentaires pour constituer un ensemble économique cohérent.

Les difficultés sont toutefois grandes en raison des multiples niveaux de la fusion. Pour ce qui concerne les élus et la direction des services, plusieurs problèmes sont identifiés. La représentation sera résolue par les élections régionales de décembre 2015 qui désigneront les élus d'un conseil régional unique qui prendront leur fonction au 1er janvier 2016. Mais quel sera le choix de la capitale régionale, trois villes pouvant prétendre l'assurer : Caen, Le Havre et Rouen ?

Au-delà du choix du siège du conseil régional et de celui de la préfecture[4], deux questions principales sont posées comme pour les autres nouvelles régions : faut-il en attendre plus d'efficacité dans les politiques promues ? La fusion va-t-elle générer des économies budgétaires ? Ces deux questions sont interdépendantes et tout se jouera dans la maîtrise des procédures de fusion des politiques régionales et des services qui passe par une forte implication des deux présidents, des élus et de leur groupe, des chefs de service et des personnels.

Si les entreprises structurent librement leur organisation interne, les administrations sont tenues de respecter des dispositions juridiques afin d'éviter de tomber dans des contentieux sans fin. C'est pourquoi la réorganisation régionale associe les services de l'État[5]. Du côté des services, les difficultés tiennent à l'existence de deux sièges régionaux anciens distants de 120 km ce qui, contrairement à la réorganisation des intercommunalités ne permet guère d'envisager de déplacer les postes de travail des salariés d'une ville à l'autre sauf pour quelques volontaires. Sans doute faut-il distinguer les *services de gestion interne et les services orientés vers les politiques publiques*. Les premiers seraient certainement exercés à partir d'un centre géographique unique, pas forcément le même selon les services, les

3. Il y a bien eu ce ballon d'essai raté de la majorité socialiste envisageant l'alternative maladroite d'une fusion avec la Picardie, mais qui a fait long feu !

4. Il faut noter que le nom et le chef-lieu définitifs des nouvelles régions seront fixés par décret en Conseil d'État pris avant le 1er octobre 2016.

5. Dans chaque future nouvelle région, l'État a désigné un préfet de région pour être le « préfet préfigurateur » de la fusion.

seconds conserveraient selon les missions un centre exécutif et un ou des services annexes déconcentrés pour garantir la proximité dans l'attribution des concours publics régionaux et leur suivi.

Sur toutes ces questions, il a paru intéressant de réaliser une étude de cas sur une région en pleine réorganisation de sa gouvernance, la Normandie. Les deux présidents actuels ont anticipé la fusion en mettant en place trois commissions : au niveau des exécutifs, au niveau des chefs de services et des personnels, et au niveau des élus par le biais de leur groupe politique.

L'exposé présentera dans un premier temps la question du partage des compétences régionale et préfectorale entre les grandes villes normandes et, dans un deuxième temps, les dispositions prises en Normandie pour maîtriser les enjeux et anticiper la réorganisation des services régionaux.

II. La réorganisation de la gouvernance régionale entre la région normande et l'État : quel partage géographique des compétences ?

Faut-il mettre au premier plan la question du choix de la capitale régionale ? La réponse est positive pour trois raisons. La première tient au fait qu'il s'agit d'une pierre d'achoppement et que, si elle était réglée, le reste – l'essentiel – suivrait plus facilement. La seconde est que le siège régional conditionne largement l'organisation interne du conseil régional. La dernière est qu'elle dépend largement de la réorganisation des services déconcentrés de l'État et du siège de la préfecture de région.

Mais selon quelle logique ? Que signifie l'expression capitale régionale ? Faut-il y associer à la fois le pouvoir régional et celui de capitale administrative de l'État en région ? La place doit-elle revenir à la ville, à l'agglomération ou à l'ancienne région la plus importante ? Ou à l'une des capitales régionales actuelles, ce qui exclut Le Havre ? Où à celle qui est la plus au centre de la nouvelle région ? Le débat est quasi impossible ; Rouen et en particulier ses acteurs économiques revendiquant le privilège de rester à la fois le centre régional et administratif, au point que les groupes politiques ne veulent pas aborder cette question au risque de se trouver piégés avant les élections de décembre 2015, ce qu'ils sont contraints de faire néanmoins avec précaution.

On voit mal comment l'harmonie pourrait surgir sans avoir préalablement réglé la question de la localisation des centres décisionnels, qu'ils soient partagés ou non. La presse s'est emparée de cette question avec une avalanche d'indignations suite au dévoilement d'une carte non officielle envisageant, uniquement pour la région normande, le découplage du siège régional (à Rouen) et de la préfecture de région (à Caen)[6]. Ce bicéphalisme régional est d'ailleurs prévu par la loi de janvier 2015, suite à un amendement proposé par le député (PRG) du Calvados, Alain Touret, qui stipule que la préfecture de région et le conseil régional ne pourront être situés dans une même ville que si une majorité des trois cinquièmes des élus en décident ainsi[7]. Pourtant, les hésitations ne sont pas de mises pour avancer vers une coopération consensuelle, mais le risque politique est grand de se prononcer avant l'heure des élections régionales qui précéderont de quelques jours la fusion effective. Tel est le dilemme !

Dans ce concert contradictoire, la position de quinze géographes des trois universités normandes fait autorité. Ils promeuvent une gouvernance territoriale plus intégrative, plus partagée, plus démocratique, non point pyramidale, mais organisée en réseau. Dans ce cadre, ils proposent « deux esquisses de compétences partagées », dans un article intitulé « La métropole Caen-Le Havre-Rouen, capitale de la Normandie » (2014), qui répartissent « équitablement » les sièges du conseil régional, de la préfecture, du rectorat, du Conseil économique social et environnemental régional (Ceser) et d'une agence d'urbanisme de la future métropole normande qu'ils appellent de leurs vœux. Chacune de ces composantes disposerait d'une antenne dans les deux villes qui n'accueillent pas le siège.

Dans ce contexte, la gouvernance deviendrait plus horizontale, en réattribuant les compétences centrales et en maintenant dans les locaux existants des services géographiquement déconcentrés. Sans doute se dirige-t-on plus ou moins vers une répartition institutionnelle entre les trois villes, mais certains responsables ne cachent pas la difficulté de faire vivre des administrations selon ce schéma en réseau pour lequel elles ne sont pas conçues. Quant à l'espoir de politiques régionales plus efficaces et d'économies dans le cadre de la mutualisation des moyens, elles

6. Parmi les multiples prises de position, pour Y. Kerouedan, président du Medef Rouen-Dieppe, l'essentiel est de regrouper dans une même ville « la démocratie, c'est-à-dire le conseil régional, et les institutions, avec la préfecture. Le président de région et le préfet doivent se parler, se rencontrer, tisser des liens pour le bon fonctionnement d'une région. Le contact humain, ça compte. C'est même essentiel. » Paris-Normandie, 29 avril 2015, p. 8.

7. En prévoyant cette minorité de blocage, l'élu a nettement voulu donner aux élus régionaux de Basse-Normandie le moyen de contrer « l'ambition des Hauts-Normands de concentrer le pouvoir régional administratif et politique à Rouen », *Le Monde*, 22 avril 2015.

sont postulées plutôt que démontrées… surtout s'il se confirme, une fois de plus pour ces regroupements territoriaux, que les services publics, généralement « à rendements constants », ne profitent guère des économies d'échelle !

Pour chaque compétence exercée, il convient de faire l'inventaire et le diagnostic des actions mises en œuvre séparément pour les regrouper en retenant les meilleures pratiques et sans remise en cause des avantages perçus par les bénéficiaires de ces actions. Les services identiques de chaque région ne pourront pas être totalement mutualisés et il faudra assurer géographiquement ou par compétence les attributions de chacun.

La complémentarité reconnue des activités des deux régions et des trois villes principales faciliterait le partage des politiques régionales : à titre d'exemple, au Havre reviendrait d'assumer les compétences portuaires ; à Caen, celles de la santé, de l'agriculture, de la recherche et des relations avec les universités[8] ; à Rouen, la compétence industrielle, de l'aide aux entreprises et de l'économie sociale et solidaire… Une telle répartition se dessine à petits pas, mais selon quelles modalités ?

III. La réorganisation de la gouvernance politique et des services : quel dispositif de fusion ?

Pour préparer leur regroupement régional, les deux régions normandes, à parité, ont prévu un dispositif simple, à la fois en binôme et ternaire : un *comité de pilotage* réservé aux exécutifs, des *ateliers thématiques* ouverts aux personnels[9] et aux élus[10] et un *comité de suivi* destiné aux groupes politiques. Le travail, commencé depuis quelques mois, s'est déroulé jusqu'à ce jour à ces trois niveaux de réflexion.

Le *comité de pilotage* regroupe les deux présidents et les deux exécutifs (les vice-présidents et les directeurs de cabinet). Composé de 25 à 30 personnes, il prend les décisions, mais un comité restreint joue le rôle de bureau.

---

8. Une des premières universités créée en France, l'université de Normandie a été fondée à Caen en 1432. Il a fallu attendre 1966 pour qu'une université de plein exercice soit créée à Rouen et 1984 pour celle du Havre.

9. Le personnel salarié de la Région Haute-Normandie compte environ 300 personnes et celui de Basse-Normandie 200, principalement des cadres.

10. Les élus sont actuellement au nombre de 47 en Basse-Normandie et de 55 en Haute-Normandie. Le prochain scrutin portera donc sur 102 sièges.

Trois *chantiers fonctionnels* lourds ont été mis en place pour un « prémâchage » administratif. Des appels d'offres ont été lancés sur trois questions vitales : 1. Le rapprochement budgétaire ; 2. Le rapprochement informatique lié à la dématérialisation des services ; et 3. Les modes d'exercice des missions pour éviter le « bricolage » en période grise, garantir la cohérence et la légalité des décisions et éviter les contentieux. Cette période grise va courir jusqu'au vote du budget de la région unifiée en milieu d'année 2016. Pour faciliter cette transition, le gouvernement a décidé que, jusqu'à fin mai 2016, les nouvelles régions pourront utiliser jusqu'à 33 % de crédits de l'exercice 2015 de l'ancienne configuration.

À côté de ces chantiers fonctionnels, des *chantiers sectoriels prioritaires* ont été institués sur les sujets suivants :

- la commande publique qui doit être harmonisée entre les deux anciennes régions, car le suivi juridique et financier est différent entre la Haute et la Basse-Normandie ;
- la dématérialisation des services publics ;
- le numérique dans les lycées ;
- la conduite des assemblées ;
- la gestion des subventions et des fonds européens ;
- la réalisation au 1er janvier 2016 d'un site internet unique ;
- le travail d'harmonisation des tarifs des cantines des lycées, des cartes de transport SNCF et urbain…

Il faut y ajouter une première approche des politiques régionales communes : l'orientation, une nouvelle compétence presque certaine des régions[11], l'amélioration de la liaison ferroviaire Caen-Rouen, les énergies marines renouvelables – éolien *offshore* et hydrolien –, les aides aux entreprises et l'accessibilité des lieux publics.

11. Déjà dénommé « Acte III de la décentralisation », « Le projet de loi de mobilisation des Régions pour la croissance et l'emploi et de promotion de l'égalité des territoires [deuxième volet de la loi de décentralisation, scindée en trois textes] fait des régions des acteurs majeurs de la politique menée en faveur de l'emploi et de la jeunesse en les rendant pleinement compétentes en matière de formation professionnelle et d'apprentissage et en leur conférant un rôle de coordination et d'animation du service public de l'orientation » précisait le compte-rendu du Conseil des ministres du 10 avril 2015.

L'idée d'un partage des compétences entre les deux capitales régionales commence à s'imposer d'elle-même. Il y aura obligatoirement des pôles dont Le Havre devrait bénéficier. De même, est-il question que le siège du conseil régional et le lieu de tenue des quatre réunions annuelles du conseil puissent être différents.

Les *ateliers thématiques*, au nombre de six, en binôme Basse et Haute-Normandie et chacun coprésidé par les deux vice-présidents selon les thématiques, réfléchissent à la mise en œuvre des politiques régionales. L'objet est surtout de réunir et d'être à l'écoute afin de mieux cerner les enjeux pour les différents acteurs. Ces ateliers sont ouverts aux personnels et aux élus concernés, mais aussi et surtout à des partenaires privés, entreprises, filières économiques, associations… Les commissions correspondantes du Ceser des deux régions se réunissent parallèlement à ces ateliers.

En cours de réflexion, ces six ateliers qui épousent l'organisation actuelle des services portent sur : 1. La transition énergétique et écologique ; 2. L'emploi, l'agriculture, la formation et l'apprentissage ; 3. La culture et le patrimoine ; 4. La mobilité ; 5. La mer et le littoral ; 6. L'éducation et le sport. Il est trop tôt pour tirer quelques conclusions de leur fonctionnement compte tenu de leur mise en place récente.

Le *comité de suivi* du processus de fusion regroupe les deux présidents de région, les présidents des groupes politiques et trois membres du Ceser (un pour chacune des trois commissions). Son rôle est politique ; il vise à aplanir les difficultés de manière diplomatique et consensuelle et permet d'informer les élus *via* leurs présidents de groupe respectifs.

S'il est prématuré de tirer un premier bilan des préparatifs de fusion, la structuration de la réflexion rassure les personnels qui ont des raisons légitimes d'être inquiets, car beaucoup devront changer de service à défaut de changer de lieu de travail. Il apparaît toutefois que l'exécutif a pris en main tous les aspects fonctionnels qui permettront d'afficher une continuité sans faille du service public, l'élément le plus important en raison du risque de contentieux (non-respect du principe de continuité du service public, rupture d'égalité, erreurs…) et de remise en cause de la réputation de « bon gestionnaire » dont bénéficient les deux régions actuelles.

***
*

On est encore loin dans ces préparatifs de préfigurer une métropole multipolaire tricéphale, comme le souhaiteraient les quinze géographes qui prônent à terme la création d'un pôle métropolitain, syndicat mixte rendu possible par la loi du 16 décembre 2010[12]. Ce pôle permettrait de résoudre la question du futur siège de la Normandie unie, mais sa préparation demanderait bien cinq ans avant la publication du décret de création. Cette décision serait d'ailleurs symbolique, car rattacher le siège du conseil régional et la préfecture à cette nouvelle entité – une de plus – ne changerait rien à la nécessité de répartir les services et les hommes dans des lieux géographiquement identifiés…

Il n'est guère surprenant que la localisation des grands sièges – conseil régional et préfecture – soit finalement plus difficile que la répartition des compétences de pilotage entre les grandes villes normandes. Cela occulte la question de la recherche d'une nouvelle gouvernance partagée, fonctionnant en réseau, avec l'objectif d'une meilleure territorialisation des politiques régionales, plus d'efficacité et peut-être d'efficience, les deux volets de la performance… publique.

Il faut cependant souligner la bonne entente des deux présidents socialistes – Laurent Beauvais et Nicolas Mayer-Rossignol – qui œuvrent sans un accroc pour une fusion réussie. Cette entente se répercute sur toute l'institution régionale, ce qui laisse présager une fusion responsable et sereine. Peu de régions, sans doute, atteignent ce niveau de responsabilité. La Normandie réunifiée, enfin, montrerait-elle l'exemple ?

Bibliographie

– QUINZE GÉOGRAPHES, « La métropole Caen-Le Havre-Rouen, capitale de Normandie », nº 3, octobre 2014, *http://www.umr-idees.fr/*.

– QUINZE GÉOGRAPHES, « Quelle Normandie, hors métropole ? », nº 3, décembre 2014, *http://www.umr-idees.fr/*.

– QUINZE GÉOGRAPHES, *La Normandie en débat*, Orep Éditions, 2012, *http://www.umr-idees.fr/*.

12. Depuis la promulgation de la loi en 2010, plusieurs pôles métropolitains ont été créés en France comme le pôle métropolitain Nîmes-Alès, la métropole Clermont-Vichy-Auvergne, le G4-Lyon-Saint-Etienne-Vienne-Capi, le pôle métropolitain Centre-Franche-Comté, le pôle métropolitain Strasbourg-Mulhouse, le pôle métropolitain européen du sillon lorrain ou celui de la Côte d'Opale…

LES EFFETS DU REDÉCOUPAGE RÉGIONAL

par

François RANGEON

Professeur de science politique, Université de Picardie Jules Verne
CURAPP-ESS, GRALE

Plus d'un demi-siècle après leur découpage initial (par l'arrêté du 28 octobre 1956), trente ans après leur accession au statut de collectivité territoriale, plus de dix ans après leur reconnaissance constitutionnelle, les régions peinent encore à trouver leur place dans le système institutionnel français. La loi sur la délimitation des régions du 16 janvier 2015[1] et la loi NOTRe (nouvelle organisation territoriale de la République) en cours de discussion parlementaire, en donnant aux régions une assise territoriale élargie (pour 16 d'entre elles sur 22) et en élargissant leurs compétences, leur permettront-elles de s'affirmer comme fers de lance du développement économique local ? Ou bien au contraire, un exercice de cartographie rapidement improvisé, peu soucieux de l'histoire et des identités territoriales, aboutira-t-il à créer des colosses aux pieds d'argile, c'est-à-dire des grandes régions ne disposant pas des moyens d'exercer leur *leadership* territorial ?

1. Loi n° 2015-29 du 16 janvier 2015 relative à la délimitation des régions, aux élections régionales et départementales et modifiant le calendrier électoral, *JO* du 17 janvier 2015, p. 777. Pour une analyse détaillée de l'élaboration de cette loi, voir F. HOURQUEBIE, « La nouvelle carte des régions : question de bon sens ou de baronnie ? », *AJDA* 2015.626.

Quels seront les effets du redécoupage régional ? L'étude d'impact qui accompagnait le projet de loi sur la délimitation des régions n'était guère précise, cette imprécision n'ayant pas été sanctionnée par le Conseil constitutionnel[2]. Des grandes régions, certes, mais pour quoi faire ? L'objectif affiché par le gouvernement est ambitieux. Il s'agit, selon le communiqué du Conseil des ministres du 18 juin 2014, de doter « les régions françaises d'une taille adaptée aux enjeux économiques et de mobilité, qui leur permettra d'exercer à la bonne échelle leurs compétences stratégiques, de rivaliser avec les collectivités comparables en Europe et de réaliser des gains d'efficience »[3]. Le but affiché est de moderniser le paysage institutionnel et de rendre les régions plus compétitives au niveau européen, les mots « modernisation » et « compétitivité » constituant les termes clés de cette réforme. Ce redécoupage est-il, comme l'affirment certains députés « une réforme majeure qui revêt une importance historique »[4], un véritable « big-bang institutionnel, un séisme territorial »[5], ou bien au contraire s'agit-il d'une réforme territoriale de plus, qui n'affectera guère la vie quotidienne des citoyens et qui aura des conséquences économiques et sociales modestes ?

Si les effets économiques de la réforme sont incertains et aléatoires (I), en revanche les effets institutionnels pour les régions fusionnées (16 anciennes régions regroupées en 7 nouvelles régions) sont importants, complexes et d'ores et déjà en cours de réalisation (II). La réforme régionale devrait également engendrer des effets indirects sur les autres collectivités territoriales, les communes (en particulier les 9 anciens chefs-lieux de région qui vont perdre ce statut) et les départements (III).

I. Des effets économiques incertains et aléatoires

Cette réforme, menée dans l'urgence, avec une concertation minimum, sans recueillir l'accord des élus régionaux et des habitants concernés, ne semble pas reposer sur une analyse approfondie des forces et des faiblesses économiques des

2. Cons. const. 1er juillet 2014, n° 2014-12 FNR, *AJDA* 2014.1351. J.-M. PONTIER, « Études d'impact : l'interprétation en retrait de leur exigence par le Conseil constitutionnel. L'exemple de la délimitation des régions », *JCP Administration et collectivités territoriales*, n° 48, 1er déc. 2014, 2334.

3. Cet argumentaire est repris dans l'exposé des motifs de la loi (Sénat, rapport n° 658, p. 23).

4. S. DENAJA, *Débat parlementaire relatif au projet de loi sur la délimitation des régions*, Assemblée nationale, 1re séance du 16 juillet 2014.

5. M. DOLEZ, *ibid.*

régions regroupées. Le postulat adopté est celui de l'existence d'une taille critique – des régions plus grandes seraient par-là même plus fortes – et de l'existence d'une taille européenne standard des régions, ce qui n'est pas avéré.

L'approche économique a été omniprésente au cours de l'élaboration de cette réforme : dans la présentation du projet de loi et au cours des débats parlementaires, la région n'a pas été présentée comme une entité homogène, reposant sur l'histoire et dotée d'une identité vécue par ses habitants, mais plutôt comme une aire de marché polarisée autour d'une métropole[6]. En 1972, l'établissement public régional était conçu comme une instance souple, une administration de mission. Depuis cette date, l'extension des compétences régionales a alourdi et complexifié le fonctionnement des régions. Aujourd'hui, la création de grandes régions permettra-t-elle d'accroître leur efficacité économique? Il y a dix ans, on vantait la proximité et la subsidiarité. On vante maintenant les grandes régions qui seraient sources d'efficacité économique et d'économies d'échelle. La taille détermine-t-elle automatiquement l'efficience? Les chercheurs n'en sont pas convaincus. Romain Pasquier, qui a comparé les politiques régionales des régions Bretagne et Île-de-France, estime que ce n'est pas la taille des régions qui fait leur pouvoir[7]. Gérard-François Dumont conteste l'idée reçue selon laquelle les régions françaises auraient une taille inférieure à celle des autres États européens[8]. Plus que la taille des régions, c'est l'existence de liens étroits entre les responsables économiques et politiques, leur investissement et la cohérence du projet économique régional qui explique le dynamisme régional.

Nous prendrons l'exemple du regroupement Nord-Pas-de-Calais - Picardie pour illustrer cette question. Ces deux régions présentent, par-delà une histoire qui les rapproche, des contrastes démographiques, mais aussi des caractéristiques économiques et sociales assez différentes. Mais surtout, les conseils régionaux de ces deux régions ont mené ces dernières décennies des politiques économiques distinctes. Depuis une trentaine d'années, la Picardie tente d'asseoir son développement économique sur la recherche scientifique et sur la modernisation de son tissu industriel en soutenant quelques secteurs de pointe ciblés, tels que la chimie du

6. Le ministre de l'Intérieur, B. Cazeneuve a expressément affirmé devant l'Assemblée nationale : « Notre objectif n'est pas de créer des régions identitaires », AN, commission des lois, audition de B. Cazeneuve, CR, p. 4.

7. R. PASQUIER, *Le pouvoir régional*, Presses de Science Po, 2012.

8. G.-F. DUMONT, « Régions françaises : petit dictionnaire des idées reçues », *Population et Avenir*, n° 718, 2014, p. 3.

végétal et le stockage électrochimique de l'énergie[9]. Sa politique d'aménagement du territoire vise à constituer un réseau de villes moyennes et se situe en regard avec le développement de l'Île-de-France. Inversement, la Région Nord-Pas-de-Calais a une politique économique beaucoup plus diversifiée et sa politique d'aménagement du territoire, polarisée autour de la métropole lilloise, est orientée vers les échanges avec la Belgique plutôt qu'avec la Picardie et la région parisienne[10]. Comment combiner de manière cohérente ces deux orientations ? Leur addition sera-t-elle source de compétitivité accrue ?

Certes, la fusion peut susciter des opportunités économiques, des complémentarités productives. L'amélioration du réseau de transport entre les deux régions, la disposition de moyens financiers plus importants, le choix de sélectionner les bonnes pratiques des deux régions peut impulser une dynamique favorable au renforcement de l'attractivité économique. Mais cette potentialité dépend de nombreux facteurs (résultats des élections régionales, mise en place d'une nouvelle gouvernance, évolution du contexte économique national et international…) qui rendent sa réalisation très aléatoire.

Les fusions permettront-elles de réaliser des économies d'échelle ? Le secrétaire d'État à la réforme territoriale, André Vallini, avait annoncé dans un premier temps d'importantes économies résultant des fusions de régions, avant de revoir à la baisse les chiffres annoncés et de renvoyer à plus tard les économies réalisées par la réforme. La majorité des observateurs s'accordent à souligner que les fusions engendreront par elles-mêmes des dépenses importantes, notamment liées à la réorganisation des services et à la modification de la signalétique. Les fusions coûteront plus dans un premier temps qu'elles ne rapporteront. La tendance sera de niveler par le haut les rémunérations des agents, ce qui risque d'accroître les dépenses globales de fonctionnement.

La loi NOTRe, en attribuant aux régions de nouvelles compétences, va avoir pour effet d'accroître leurs dépenses sans que parallèlement la question de leurs ressources propres et de la modernisation de la fiscalité régionale ne soit réellement réglée. Le rapporteur de la commission des lois de l'Assemblée nationale

9. *Picardie : l'ambition de l'excellence. Stratégie régionale de développement économique*, éd. du Conseil régional de Picardie, 2014.

10. Voir F. BACHELET, Ph. MENERAULT et D. PARIS (dir.), *Action publique et projet métropolitain*, L'Harmattan, 2006.

soulignait d'ailleurs que les parlementaires ne disposent pas d'études précises sur le financement de cette réforme et sur les conséquences financières des transferts de compétence engendrés par la loi NOTRe[11].

La création de grandes régions repose explicitement sur le principe de métropolisation des territoires. Les métropoles, en favorisant les interactions entre la recherche, les entreprises et la formation, seraient aujourd'hui le moteur de la croissance. La réforme régionale s'inspire directement des recommandations du Commissariat général à la stratégie et à la prospective, France Stratégie[12]. Dans une note d'analyse du 11 juillet 2014, France Stratégie recommande d'élargir le périmètre des régions afin que chaque région dispose au moins d'une métropole, d'étendre les compétences des régions, en particulier en matière économique et de transport, et enfin de renforcer les coopérations entre les métropoles et les régions[13]. Ces recommandations se retrouvent très directement dans la loi de délimitation des régions du 16 janvier 2015 et dans le projet de loi NOTRe.

En réalité, le dynamisme économique est très variable d'une métropole à l'autre et, pour que les territoires périphériques bénéficient du dynamisme des métropoles, encore faut-il qu'ils entretiennent avec elles des liens effectifs et qu'une métropole rayonne sur l'ensemble du territoire régional. Dans les futures régions, les liens entre Lille et Creil, ou entre Strasbourg et Reims devront être renforcés. C'est moins la quantité que la qualité et l'intensité des liens entre acteurs économiques et sociaux qui fondent les territoires performants. La réussite des fusions dépendra notamment de la pertinence des futurs schémas régionaux de développement économique, d'internationalisation et d'innovations prévus par le projet de loi NOTRe.

Les effets économiques du redécoupage régional sont donc à la fois incertains et aléatoires. Incertains, car il est difficile de les apprécier dès maintenant (au niveau des services, des mutualisations sont envisageables, notamment dans les services supports, DRH, services financiers, commandes publiques… mais les économies d'échelle risquent d'être largement compensées par les frais de fusion). Aléatoires,

---

11. O. DUSSOPT, Assemblée nationale, *Examen en 1re lecture du projet de loi NOTRe*, séance du 17 février 2015.

12. France Stratégie est un organisme public rattaché aux services du Premier ministre. Il a succédé au Commissariat général au plan.

13. B. LAJUDIE. et G. HOSSIC, *Réforme régionale : un enjeu pour la croissance ?*, France Stratégie, 2014.

car ces effets financiers dépendent de multiples facteurs (stratégies adoptées par les nouvelles gouvernances régionales, évolution du contexte économique national et international) qui pourront se renforcer ou au contraire se contrarier.

Si les effets économiques sont incertains, en revanche les effets institutionnels du redécoupage sont d'ores et déjà réels et conduisent les régions fusionnées à se préparer dès maintenant à ces regroupements qui deviendront effectifs le 4 janvier 2016.

II. Des effets institutionnels importants et complexes

Telle qu'elle a été conçue par le législateur, la fusion des régions n'est pas une fusion-association, mais bien une fusion-absorption. En d'autres termes, il n'y aura plus en 2016 dans les régions fusionnées qu'un seul chef-lieu de région, un seul conseil régional, un seul CESER et une seule direction des services. Ce regroupement pose en pratique de redoutables problèmes d'organisation, la nouvelle assemblée régionale élue en décembre 2015 devant disposer d'une collectivité structurée et opérationnelle dès le 4 janvier 2016. Le travail préparatoire concerne à la fois la réorganisation des services et la reconfiguration des politiques publiques.

Parmi les sept futures régions issues de fusions, certaines avaient déjà anticipé leur regroupement et procédé à des études préalables à la faisabilité de la fusion. C'est le cas notamment pour la Haute et la Basse-Normandie[14], les régions Bourgogne et Franche-Comté, ou encore Rhône-Alpes et Auvergne. D'autres au contraire n'avaient pas anticipé cette fusion et se voient imposer un regroupement qu'elles ne souhaitaient pas au départ : c'est le cas notamment du Nord-Pas-de-Calais et de la Picardie, ainsi que des régions Alsace, Lorraine et Champagne-Ardenne.

Les deux régions normandes réfléchissent à leur regroupement depuis plusieurs années. Les deux CESER normands ont présenté en janvier 2015 un rapport commun proposant une méthodologie de préparation de la fusion. Ce rapport recommande aux deux conseils régionaux d'entreprendre dès 2015 des actions communes : constitution de groupements de commandes en matière de systèmes d'information, rapprochement de leurs politiques de GRH, harmonisation progressive des procédures de décision des deux conseils régionaux, et des modalités de gestion des fonds européens. Un comité de pilotage composé des deux présidents

14. Voir *supra* l'article de G. ORANGE, « Comment les élus préparent-ils la nouvelle gouvernance régionale ? Le cas de la Normandie », p. 219.

de région et des deux DGS se réunit régulièrement, assisté d'un comité technique composé des directeurs généraux et des directeurs de services des deux régions, ainsi que d'un comité composé des présidents de groupes politiques et de représentants des CESER. La caractéristique de ce dispositif est d'associer des représentants de l'opposition et de la société civile au processus de fusion. Le rapport des deux CESER normands recommande également de mettre en place dès 2015 des actions communes en matière de développement des énergies marines renouvelables, de renforcement des liaisons ferroviaires entre les deux régions, d'harmonisation des procédures d'aide aux entreprises, et de créer un groupement de commandes commun pour tous les lycées normands.

Concernant le regroupement de la Bourgogne et de la Franche-Comté, le CESER de Franche-Comté a publié en septembre 2014 un rapport sur « les conditions de réussite d'un projet de fusion entre les régions Bourgogne et Franche-Comté ». Le préambule de ce rapport se veut rassurant en affirmant qu'« il s'agit d'une fusion administrative, mais en aucun cas de fondre des identités régionales dans un seul creuset et de gommer tout ce qui fait la singularité et la richesse des territoires ». Le rapport recommande de distinguer :

– ce qui peut être réuni pour rendre la nouvelle région plus forte ;
– ce qui fait utilement différence pour construire des complémentarités ;
– les spécificités de chaque territoire à valoriser.

L'objectif est de dégager ce qui peut constituer la plus-value de la fusion et de se prémunir contre certains effets néfastes du regroupement : perte des atouts spécifiques des deux régions, remise en cause des équilibres territoriaux, perte d'identités locales et de proximité, éloignement accru de l'institution régionale à l'égard des habitants. Le rapport recommande de réaliser une véritable étude d'impact de la fusion, un bilan chiffré coûts/avantages. Les président(e)s des deux régions conduisent personnellement le projet de fusion au sein d'une conférence des présidents qui comprend également les deux DGS et les deux directeurs de cabinet. Cette conférence des présidents est assistée d'une commission mixte composée de trois vice-présidents de chacune des deux régions. Le 15 décembre 2014, le Premier ministre, Manuel Valls, a signé avec le président du conseil régional de Bourgogne, François Patriat, un « protocole d'intention » concernant la mise en convergence des contrats de plan État-région des deux régions. Le 13 janvier 2015, le conseil régional de Bourgogne a débattu du projet de fusion en présence des président(e)s des deux régions et des deux préfets de région. Les élus ont manifesté leur mécontentement en s'estimant « dessaisis de leur pouvoir » au profit des présidents et de leurs collaborateurs directs. Cet exemple montre bien que la préparation des fusions est, en général, l'affaire d'une petite équipe de techniciens regroupés autour du président et qu'elle mobilise assez peu les élus.

En Picardie, le processus de préparation de la fusion avec le Nord-Pas-de-Calais a commencé plus tardivement (le projet initial du gouvernement prévoyait un regroupement Picardie – Champagne-Ardenne, avant que le Parlement ne décide finalement de regrouper la Picardie avec le Nord-Pas-de-Calais). La procédure se déroule en deux étapes : l'élaboration, pendant le premier semestre 2015, d'un état des lieux de l'organisation des services et des politiques publiques menées par chaque région, puis le repérage des pistes d'harmonisation des politiques publiques et l'élaboration d'un projet de regroupement des services au cours du second semestre 2015. Le pilotage politique de ce rapprochement est assuré par un comité des présidents regroupant les présidents des deux régions, les directeurs de cabinet et les DGS. Ce comité se réunit mensuellement et fixe les orientations politiques du regroupement. En pratique, l'essentiel du travail est assuré par le comité technique des DGS qui associe les conseillers des présidents, les directeurs de cabinet, les directeurs de projet et les directeurs généraux. Le constat a d'abord été celui d'importantes différences entre les organigrammes des deux régions, ainsi qu'entre les politiques publiques menées par les deux régions. Par exemple, les politiques d'éducation et de transport varient sensiblement entre les deux collectivités. Les directeurs de service ont été invités à se concerter en vue d'établir un bilan des facteurs de convergence et de divergence entre leurs actions. Actuellement, les services en sont encore à la phase de diagnostic, alors que la fusion devra être opérationnelle dans moins de 9 mois.

Au niveau national, l'agence de notation Moody's a réalisé une étude sur la fusion des régions françaises, qui met l'accent sur la nécessité d'assurer la continuité du service public à l'égard des usagers. L'étude souligne l'urgence d'une harmonisation des systèmes de dotation des lycées, des procédures d'attribution des bourses pour les formations sanitaires et sociales. L'élaboration d'un document budgétaire unique avant le 30 mai 2016 nécessitera une adaptation rapide des systèmes d'information. Concernant les agents, il faudra harmoniser les régimes indemnitaires, la durée du travail, les modalités d'action sociale, et organiser des élections professionnelles avant la fin 2016. Bref, le chantier de la fusion est considérable et des procédures qui s'étaient mises en place patiemment pendant plusieurs années, devront être réformées en quelques mois.

On peut comprendre dans ces conditions la forte inquiétude des agents sur les effets du regroupement, inquiétude renforcée par la perspective de changements de majorité aux prochaines élections régionales. Les directeurs de service que nous avons interrogés nous ont fait part de leur perplexité sur la plus-value de la fusion et sur leur incapacité à rassurer leurs agents. Lors du débat parlementaire sur la loi NOTRe, la ministre de la Décentralisation et de la Fonction publique, Marylise Lebranchu, a tenté de rassurer les agents en faisant adopter un amendement qui supprime la disposition qui mettait fin automatiquement aux emplois fonctionnels à la date de création des nouvelles régions. Selon le nouveau dispositif, qui reste à confirmer en 2e lecture, les DGS et DGA seront maintenus en fonction pendant six mois, jusqu'à la délibération du nouveau conseil régional, et ils conserveront leur rémunération pendant un an. L'ensemble des agents titulaires et contractuels conservera le bénéfice de leur régime indemnitaire et des avantages acquis en matière de compléments de rémunération, la nouvelle assemblée régionale disposant d'un délai de neuf mois à compter du transfert des services pour définir le régime indemnitaire des agents nouvellement recrutés[15].

La réorganisation des services des régions va s'accompagner parallèlement d'un regroupement des services régionaux de l'État[16]. On peut même se demander si les fusions des régions ne sont pas le prétexte à une réorganisation en profondeur des services de l'État. Un « premier point sur la réforme de l'État territorial », établi par Patrick Gérard montre que l'État n'est pas resté inactif[17]. Par une circulaire du 18 février 2015 relative à la réorganisation des services régionaux de l'État, le Premier ministre demande aux préfets de région de lui remettre pour le 30 avril 2015 un diagnostic territorial, « cet exercice [devant] être particulièrement approfondi dans les régions dont le périmètre va être modifié ». Un préfet coordinateur de la réforme des services de l'État a été nommé au niveau national (le préfet Jean-Luc Nevache). Une mission inter-inspections doit déposer en avril 2015 ses conclusions sur la réorganisation territoriale des services de l'État, et des préfets préfigurateurs seront désignés en avril 2015. La réduction du nombre des régions devrait entraîner la disparition de 45 directions régionales et de 9 SGAR. Les directions régionales des finances publiques, les ARS et les rectorats sont également concernés par cette réforme. La ministre de la Décentralisation et de la Fonction publique est chargée

15. Voir *infra* l'article de L. DERBOULLES « Les territoriaux et la réforme territoriale », p. 239.
16. Voir *supra* l'article de N. KADA, « Quel État déconcentré dans les grandes régions ? », p. 99.
17. *AJDA*, 2015.432.

de traiter les conséquences de ces regroupements pour les agents de l'État. Elle assure qu'il n'y aura guère de suppressions de postes et que les mutations se feront sur la base du volontariat, ce qui ne rassure pas totalement les agents.

La situation sera particulièrement délicate pour les neuf anciens chefs-lieux de région qui vont perdre ce statut. À l'égard des villes moyennes, la réforme régionale risque d'engendrer de nombreux effets pervers, qui seront difficilement maîtrisables.

III. Des effets indirects sur les autres collectivités territoriales

La réforme territoriale actuelle met l'accent sur le renforcement des régions et des métropoles. Le risque est que cette réforme s'opère au détriment des autres collectivités territoriales, en particulier des départements, des villes moyennes et des zones rurales éloignées des métropoles. Alors que les anciens chefs-lieux de région sont menacés de déclassement, les départements, dont la disparition était annoncée, se voient accorder un sursis, leur existence se justifiant d'autant plus dans le cadre de grandes régions.

Neuf villes actuellement chefs-lieux de région vont perdre ce statut en 2016. Les pertes d'emplois publics de fonctionnaires d'État et territoriaux, ainsi que celles d'emplois publics et privés indirects risquent d'être considérables (de l'ordre de 3 000 emplois pour des villes telles que Besançon ou Amiens). Un collectif de « défense des capitales et équilibres régionaux » a été constitué en décembre 2014 dans le cadre de l'association « Villes de France » (ex-Fédération des villes moyennes) avec le soutien de l'AMF, collectif animé par le député-maire de Châlons-en-Champagne, Benoist Apparu. Ce collectif souligne qu'aucune étude d'impact sur les effets de la recomposition régionale sur les anciennes capitales régionales n'a été menée. Elle a alerté les pouvoirs publics sur l'urgence d'établir un état des lieux précis et chiffré des effets économiques et démographiques pour ces territoires qui risquent de perdre une partie de leur attractivité et de subir un sentiment de déclassement. Le collectif demande à l'État des contreparties aux pertes économiques que ces villes vont subir. Pour le moment, le gouvernement s'est contenté de proposer à ces villes de devenir des communautés urbaines, en faisant exception à la condition de seuil démographique, le statut de communauté urbaine leur permettant d'obtenir une augmentation des aides financières de l'État.

Plus largement, on peut craindre que la réforme régionale ne suscite un sentiment d'abandon, de délaissement de la part des villes moyennes et des territoires périphériques. Le risque est celui d'un élargissement de la fracture territoriale et du déclin des politiques de proximité. Le processus de métropolisation et de création de grandes régions, s'il ne s'accompagne pas d'un soutien renforcé aux territoires en difficulté, risque de remettre en cause les principes d'équilibre et d'égalité des territoires. L'exemple de la Picardie, qui a développé une politique de réseau entre des villes moyennes, illustre le risque de renoncement à une politique d'aménagement patiemment mise en place depuis plus de trente ans.

Peut-on mener conjointement une politique de métropolisation et de constitution de grandes régions, et une politique de proximité et d'équilibre des territoires ? Au cours du débat parlementaire, le ministre de l'Intérieur, Bernard Cazeneuve, a reconnu le risque de relégation qui menace certains territoires, mais il a affirmé que le gouvernement n'avait « aucune intention d'altérer la proximité », ajoutant que « si nous avons de grandes régions, nous devons avoir une administration déconcentrée de l'État au plus près des territoires, au niveau départemental »[18]. Un des effets indirects et inattendus de la réforme régionale est d'avoir assuré, du moins provisoirement, la survie du département.

Alors que sa disparition avait été plusieurs fois annoncée, le département voit son existence confortée par la réforme territoriale. Comme le remarque avec amertume le président de l'Association des Régions de France, Alain Rousset, « les réformes territoriales entrent régionalistes au Parlement, elles en sortent départementalistes »[19]. Au terme de la 1re lecture de la loi NOTRe, le département conserve ses compétences en matière de routes et de collèges. Quel est alors l'intérêt de constituer des grandes régions si on ne leur donne pas des compétences et des moyens sensiblement renforcés ? Les présidents de région, qui seront privés en 2017 d'un mandat parlementaire (au même titre que les présidents de conseils départementaux), auront-ils un poids suffisant pour se faire entendre au niveau national ? Ne disposant que d'un pouvoir réglementaire résiduel, dotées de moyens financiers dix fois plus faibles que ceux des *Länder* en Allemagne, les grandes régions risquent d'être fragilisées[20]. Le projet de loi NOTRe prévoit certes de renforcer le pouvoir des régions, notamment en matière de planification et de transports scolaires. Pour autant, le principe constitutionnel de non-tutelle d'une collectivité territoriale sur une autre n'est pas remis en cause. En outre, l'existence

18. Assemblée nationale, *Examen en première lecture du projet de loi NOTRe*, 1re séance du 16 juillet 2014.

19. A. ROUSSET, déclaration sur *France 5*, le 3 mars 2015.

20. J.-C. MANRIQUE, « Les apories du projet de loi portant nouvelle organisation territoriale de la République (NOTRe) », *Pouvoirs Locaux*, nº 103 IV/2014-2015, p. 36.

du département s'avère d'autant plus nécessaire dans les grandes régions qui, confrontées au défi des regroupements, pourraient difficilement intégrer au même moment d'importantes compétences nouvelles.

Au total, les effets du redécoupage régional, incertains sur le plan économique, complexes sur le plan institutionnel, indirects à l'égard des autres collectivités territoriales, s'avèrent multiples (nous n'en avons retenu que quelques-uns), dans certains cas paradoxaux (survie du département) et difficilement maîtrisables. La responsabilité de cette maîtrise incombera à la fois à l'État, qui reste chargé d'assurer l'équilibre global et l'égalité des territoires, et aux nouveaux conseils régionaux élus en décembre 2015. Cette élection permettra de mesurer les effets politiques du redécoupage régional, qui pourraient bien se révéler plus décisifs encore que les autres effets pour l'avenir des régions. Le citoyen, qui n'a pas été consulté sur cette réforme et qui n'y est guère associé, peut craindre l'éloignement des centres de décision et la disparition de certains services publics de proximité.

LES TERRITORIAUX ET LA RÉFORME TERRITORIALE

par

Laurent DERBOULLES
Maître de conférences HDR de droit public
CRDT, Université de Reims Champagne-Ardenne

Annoncée par le Président de la République lors de sa conférence de presse du 14 janvier 2014, déclinée par le Premier ministre à l'occasion de son discours de politique générale du 8 avril 2014, recadrée par le chef de l'État dans une « tribune » publiée dans la presse quotidienne régionale le 3 juin 2014, la réforme territoriale a pris la suite d'un acte III de la décentralisation qui peinait à être écrit[1], par l'entremise de deux projets de loi adoptés lors du Conseil des ministres du 18 juin 2014[2]. L'équilibre de la réforme – qui ne semblait pas aller de soi eu égard aux évolutions sensibles constatées entre les différentes annonces des autorités exécutives – a finalement été arrêté autour de trois axes forts, le redécoupage-fusion d'une majorité de régions métropolitaines et le renforcement des compétences régionales, la fixation d'un nouveau seuil démographique pour les établissements publics de coopération intercommunale à fiscalité propre et la « dévitalisation » annoncée des départements. En cohérence avec la loi du 27 janvier 2014 relative

1. Des trois projets de loi présentés lors du Conseil des ministres du 10 avril 2013, seul celui relatif à la modernisation de l'action publique territoriale et à l'affirmation des métropoles (MAPTAM) a finalement été adopté par la Représentation nationale (loi n° 2014-58, 27 janvier 2014, *JO* 28 janv., texte n° 3).

2. Projet de loi relatif à la délimitation des régions, aux élections régionales et départementales et modifiant le calendrier électoral (NOR : INTX1412841L) ; projet de loi portant nouvelle organisation territoriale de la République (NOR : RDFX1412429L).

à la modernisation de l'action publique territoriale et à l'affirmation des métropoles (MAPTAM), la volonté alors exprimée est celle d'un renforcement des niveaux régionaux[3] et intercommunaux, au détriment des échelons communaux[4] et départementaux.

S'agissant spécifiquement des régions, objet de ce colloque, la réforme territoriale, derrière le vocable de « grandes régions », vise à conforter leurs compétences[5] et, pour certaines, à les positionner sur un territoire plus étendu, certains diront, par facilité, plus euro-compatible[6]. Ces choix, dès lors qu'ils seraient pleinement validés par le législateur[7], sont porteurs de changements inévitables pour les personnels régionaux, mais aussi, pour les personnels départementaux des services ayant vocation à être transférés au niveau régional ou qui sont dans l'attente d'un avenir incertain.

Par leur nature et en lien avec le contexte qui baigne la réforme territoriale (I), ces évolutions annoncées suscitent une inquiétude (sans doute) inédite au sein des effectifs territoriaux. Alors que leurs craintes sont largement relayées par différents médias, qui évoquent « un plan social pour la fonction publique territoriale »[8], qui décrivent des fonctionnaires « inquiets »[9], ne pouvant « être rassurés »[10] tant

3. M. VERPEAUX, « Acte III, scène finale ? », *JCP A* 2014, 2287.

4. Dans le contexte de la réforme territoriale et des contraintes budgétaires imposées par l'État aux collectivités territoriales au titre de ses engagements européens, le Parlement a adopté, sur initiative du président de l'Association des Maires de France, Jacques Pélissard, une proposition de loi à l'intitulé évocateur, puisqu'elle est « relative à l'amélioration du régime de la commune nouvelle, *pour des communes fortes et vivantes* » (devenue, loi n° 2015-292 du 16 mars 2015, *JO* 17 mars, texte n° 2).

5. Voir *supra* O. DUPÉRON, « Quelle région *chef de file* pour l'animation des compétences locales ? », p. 159 ; R. ALLEMAND, « Planification et grandes régions… », p. 131.

6. Voir *supra* sur ce point la démonstration (critique et) éclairante du professeur J.-L. PISSALOUX « Brèves observations sur la délimitation des grandes régions », p. 111. Voir également *supra* : G. MARCOU, « Où va le système français d'administration territoriale ? La réforme de trop ? », p. 25.

7. La loi n° 2015-29 du 16 janvier 2015 détermine la nouvelle délimitation des régions (*JO* 17 janv., texte n° 1). Après une lecture devant chaque assemblée, le législateur a nettement atténué la redistribution des compétences prévue initialement par le projet de loi NOTRe.

8. B. PERRIN, « Réforme territoriale : un plan social pour la fonction publique territoriale ? », *AJDA* 2015, p. 473.

9. P. POTTIÉE-SPERRY, « Pourquoi la réforme territoriale inquiète les fonctionnaires territoriaux ? », *La gazette des communes, des départements et des régions*, 23 juin 2014 (*http://www.lagazettedescommunes.com/239974)*.

10. E. QUÉMARD, « Rassurer les fonctionnaires territoriaux, mission impossible ? », *La gazette des communes, des départements et des régions*, 20 avril 2015 (*http://www.lagazettedescommunes.com/351730)*.

ils se considèrent comme les « oubliés de la réforme territoriale »[11], il apparaît pertinent de s'interroger sur les impacts potentiels de la réforme territoriale sur les personnels[12] et sur la prise en compte de leurs inquiétudes par le législateur et par les autorités publiques (II).

I. Réforme territoriale : des personnels « exposés » et « inquiets »

Comme toute réforme de décentralisation – et elles ont été nombreuses depuis l'amorce de la « nouvelle décentralisation » au début des années 1980 –, la réforme territoriale, avec ses volets délimitation des « néo-régions » et nouvelle organisation du territoire de la République[13], n'est pas sans impacter les personnels qui sont au service des collectivités incluses dans le champ de la réforme (A). Si des inquiétudes (légitimes) se manifestent assez naturellement en de telles circonstances, plusieurs éléments de contexte confèrent à la réforme territoriale un caractère anxiogène particulièrement marqué (B).

A. Des agents dans la réforme

D'évidence, les agents des régions – plus encore ceux qui relèveront à court terme d'une « néo-région »[14] – sont au cœur de la réforme territoriale. Indiquons toutefois qu'ils partagent cette caractéristique avec de nombreux autres agents publics.

La nouvelle carte des régions, applicable au 1er janvier 2016, s'impose également aux services régionaux de l'État[15]. Dans un récent rapport remis au Premier ministre sous le timbre des trois inspections générales interministérielles, il a été estimé que les réorganisations à entreprendre dans les services étatiques des régions faisant l'objet d'un regroupement étaient susceptibles « d'entraîner une

11. « Fonctionnaires : les oubliés de la réforme territoriale », *Extraterritorial*, le blog de Jean Dumonteil, 14 nov. 2014.

12. Ce colloque étant consacré aux « grandes régions », nous n'évoquerons que de manière parcellaire la situation des personnels relevant du « bloc communal ».

13. NOR : RDFX1412429L, déposé au Sénat le 18 juin 2014, adopté en première lecture par le Sénat le 27 janvier 2015 et par l'Assemblée nationale, le 10 mars 2015.

14. Indiquons ici que 16 régions de métropole font l'objet d'un regroupement qui donne naissance à sept nouvelles régions (Alsace, Champagne-Ardenne et Lorraine ; Aquitaine, Limousin et Poitou-Charentes ; Auvergne et Rhône-Alpes ; Bourgogne et Franche-Comté ; Languedoc-Roussillon et Midi-Pyrénées ; Nord-Pas-de-Calais et Picardie ; Basse-Normandie et Haute-Normandie). *A contrario*, 6 régions voient leur périmètre inchangé (Bretagne ; Pays de la Loire ; Centre ; Île-de-France ; Provence-Alpes-Côte d'Azur ; Corse).

15. J.-M. BRICAULT, « Vers une refonte des services déconcentrés de l'État ».

mobilité fonctionnelle ou géographique pour près de 10 700 agents »[16] sur les 28 000 agents présents dans les effectifs de ces régions, hors « Éducation nationale » et « Défense ». Précisons que si les gestionnaires étatiques ont une certaine habitude quant à la prise en compte des conséquences « ressources humaines » des modifications de cartes administratives[17] et une bonne connaissance des « coûts financiers » engendrés par les nécessaires mesures d'accompagnement des personnels[18], l'évolution de la carte régionale intervient dans un contexte défavorable sur le plan budgétaire et elle vient se combiner avec les effets de la réforme de l'administration territoriale de l'État (RéATE), durement ressentie par une partie des personnels des services déconcentrés[19]. Ajoutons que divers opérateurs de l'État feront également – et nécessairement – l'objet d'une restructuration, à l'image de Pôle emploi et des agences régionales de santé[20].

En ce qui concerne les personnels territoriaux, si nous actons l'idée selon laquelle la suppression de la « couche départementale » du millefeuille administratif n'est aujourd'hui plus d'actualité[21], il est juste d'indiquer que les agents du « bloc communal » sont d'évidence les plus concernés par l'évolution du cadre législatif, avec la conjonction des dispositions de la loi MAPTAM sur les métropoles et la mutualisation des services[22] et du projet de loi NOTRe sur le rehaussement du seuil

16. Inspection générale de l'administration (IGA), Inspection générale des finances (IGF) et Inspection générale des affaires sociales (IGAS), *L'évolution de l'organisation régionale de l'État consécutive à la nouvelle délimitation des régions*, avril 2015, p. 12.

17. Qu'il s'agisse des modifications intervenues en matière d'implantation des unités territoriales des armées et de ressort des tribunaux judiciaires et des chambres régionales des comptes.

18. IGA, IGF et IGAS, *L'évolution de l'organisation régionale de l'État [...]*, précit., p. 20 et p. 55-56.

19. « L'absence d'un véritable dispositif de conduite du changement pour l'encadrement et les agents des services a eu pour conséquence que (la RéATE) a généralement été ressentie comme précipitée et imposée, avec une « cicatrisation » souvent inachevée. [...], Le rapprochement dans les mêmes structures d'agents de diverses cultures professionnelles a été source d'incompréhensions, voire de conflits. [...] La réduction constante des effectifs a compliqué la mise en œuvre de la réforme [...]. » (IGA, IGF et IGAS, *L'évolution de l'organisation régionale de l'État [...]*, précit., p. 15).

20. Les personnels de ces deux opérateurs relèvent pour la majorité d'entre eux du droit commun et n'ont donc pas la qualité d'agent public. Environ 4 000 salariés sont susceptibles d'être impactés.

21. Voir *supra* J.-M. PONTIER, « La redistribution des compétences entre le département et la région », p. 73.

22. H. PAULIAT, « La situation des personnels en cas de transfert de services : un dispositif inspiré de la loi du 13 août 2004 », *JCP A* 2014, 2054 ; D. ENJOLRAS, « Modalités de transferts des personnels territoriaux dans le cadre de la loi MAPTAM », *RLCT* 2014, n° 2736.

démographique des établissements publics de coopération intercommunale[23]. De nombreux agents se trouvent (ou se trouveront) ainsi confrontés à des situations similaires à celles qui seront vécues par les personnels des régions fusionnées[24], avec un cadre juridique commun, mais aussi, des particularités notables[25].

Sous l'angle spécifiquement « régional », un triple impact sur les effectifs peut être identifié. Dans les régions fusionnées, les 49 300 agents en poste feront l'objet d'un changement d'employeur au bénéfice de la « néo-région »[26]. Les personnels « techniciens et ouvriers de service (TOS) », qui ont intégré la fonction publique territoriale suite à la mise en œuvre de la loi du 13 août 2004, feront ainsi l'objet d'un second changement d'employeur, cette fois, au sein du même versant de la fonction publique et donc, sans doute, avec moins d'appréhension. Les effectifs régionaux évolueront « à la hausse » du fait des transferts de compétences départementales et étatiques[27]. Encore faut-il noter sur ce point que le projet de loi NOTRe a été largement amendé lors des débats parlementaires et que les principaux transferts de personnels, liés au transfert aux régions des compétences départementales relatives aux collèges et à la voirie départementale, ont été remis en cause. *A contrario*, les effectifs régionaux sont susceptibles d'être impactés « à la baisse » en raison du volet « métropoles » de la loi MAPTAM prévoyant la possibilité d'un transfert conventionnel de compétences (et éventuellement de services régionaux) au bénéfice de la métropole de Lyon et des métropoles de droit commun[28].

Ajoutons pour être complet que les députés ont validé le principe de la création d'une collectivité unique en Corse par fusion de la collectivité territoriale de Corse et des deux départements insulaires[29]. La Corse a ainsi vocation à devenir, à compter du 1er janvier 2018, la première collectivité unique de métropole, après Mayotte,

23. Selon une étude du cabinet Edater publiée en avril 2015, 50 % des 2 115 EPCI ne respecteraient pas les critères et dérogations aux seuils de population alors prévus par l'article 14 du projet de loi NOTRe avec des taux de non-conformité de 50 % au moins dans 45 départements métropolitains.

24. Si nous exceptons la question de la mobilité territoriale particulièrement prégnante dans le cadre de la nouvelle carte régionale, *a fortiori*, en ce qui concerne les « méga-régions » (ex. Aquitaine, Limousin, Poitou-Charentes ou Alsace, Champagne-Ardenne, Lorraine).

25. Voir notre II. A. sur le régime juridique applicable aux titulaires d'un emploi fonctionnel régional.

26. Les hypothèses de suppression d'emploi devraient être marginales (voir le II. A.).

27. Hypothèse prévue à l'article 35-I du projet de loi NOTRe.

28. Application des articles L. 3641-4.II et L. 5217-2.V CGCT.

29. Art. 13 du projet de loi NOTRe.

la Guyane et la Martinique. Les personnels des trois collectivités territoriales de l'Île de Beauté feront ainsi l'objet d'un changement d'employeur au bénéfice de cette nouvelle collectivité unique[30].

Sans qu'il n'y ait un modèle uniforme en la matière eu égard à la variété des situations, il apparaît clairement que le contexte de la réforme pèse sur la réforme…

B. Des agents face à la réforme

De manière exacerbée en comparaison à de précédents « actes », « scènes » ou « tableaux » de la décentralisation, la réforme territoriale suscite des appréhensions de la part des personnels territoriaux concernés[31], des mouvements de grève « locaux »[32] ou « nationaux »[33] ayant d'ores et déjà été initiés. Trois éléments, en particulier, nous paraissent contribuer (ou avoir contribué) au caractère anxiogène de la réforme entreprise.

En premier lieu, elle s'inscrit dans un processus où plusieurs réformes de décentralisation ont été menées dans un laps de temps « court », par des majorités différentes, et où, pour la période la plus récente, les annonces, parfois contradictoires, se sont enchaînées, les projets de réforme peinant à se stabiliser[34]. Ainsi et sans multiplier les exemples, les hésitations sur le sort des départements et la remise en cause de transferts de compétences qui étaient présentés comme stratégiques par le gouvernement placent les personnels concernés dans un univers plus « instable »

---

30. Art. L. 4425-9.III (nouveau) CGCT : « Les personnels de la collectivité territoriale de Corse […] et des départements de Corse-du-Sud et de Haute-Corse relèvent de plein droit, au 1er janvier 2018, de la collectivité territoriale de Corse, dans les conditions de statut et d'emploi qui sont les leurs. Les articles L. 5111-7 et L. 5111-8 du Code général des collectivités territoriales leur sont applicables. »

31. Il est vrai que lors des deux « actes » de la décentralisation (1982-1986 et 2003-2004), l'inquiétude se trouvait principalement exprimée par les personnels de l'État affectés aux compétences transférées aux collectivités territoriales et susceptibles, à ce titre, de changer de versant de la fonction publique.

32. F. SIGOT, « Nouvelle grève le 23 mars à la métropole de Lyon », *La Gazette des communes, des départements et des régions*, 17 mars 2015. *http://www.lagazettedescommunes.com/336613.*

33. A. HÉLIAS, « Une grève des fonctionnaires territoriaux le 19 mai contre la réforme territoriale », *Le Courrier des maires et des élus locaux*, 4 mai 2015, *http://www.courrierdesmaires.fr/49371.*

34. Le professeur Jean-Marie Pontier analyse en ce sens que « les collectivités territoriales semblent attirées dans un maelström dont on ne voit pas le fond », tant « les pouvoirs publics semblent être pris d'une frénésie de réforme » (« La redistribution des compétences entre le département et la région », *supra* p. 73.). Le professeur Gérard Marcou pose quant à lui la question de « la réforme de trop » (« Où va le système français d'administration territoriale ? La réforme de trop ? », *supra* p. 25).

que « réformiste ». Des représentants des personnels dénoncent en ce sens une situation propre à générer des risques psychosociaux dès lors que la hiérarchie politique et administrative peine à présenter aux agents la cohérence et le sens de réformes qui apparaissent éminemment changeantes[35]. L'État est lui-même interpellé sur ses propres responsabilités par les auteurs du rapport sur « L'évolution de l'organisation régionale de l'État consécutive à la nouvelle délimitation des régions » qui notent que « les agents ont besoin de connaître le plus tôt possible l'organisation future de leur administration, afin d'être en capacité de se projeter et de préparer leur projet professionnel », une « situation d'incertitude (accroissant) l'inquiétude légitime des agents »[36].

En deuxième lieu, le contexte « financier et budgétaire » est également pesant pour des agents qui s'identifient de plus en plus comme une « simple variable d'ajustement ». Les travaux de la Cour des comptes sont ici très révélateurs. Prônant un effort sur la dépense par ceux qui « y ont jusque-là plus ou moins échappé »[37], elle analyse notamment que l'accroissement constaté des dépenses de personnel « n'est pas compatible avec l'effort de redressement des comptes publics »[38] et elle propose d'appliquer la règle du non-remplacement d'un agent sur trois faisant valoir ses droits à la retraite au sein du versant territorial[39]. Dans le cadre du volet « régional » de la réforme territoriale, elle en appelle à « de véritables efforts de gestion et de mutualisation »[40], afin de bénéficier des « économies à moyen terme » attendues du dispositif de regroupement des régions. Précisons ici que l'approche « *gestionnaire* » de la réforme a été directement mise en évidence par le secrétaire d'État à la réforme territoriale annonçant, initialement, une économie de douze à vingt-cinq milliards d'euros par an à moyen terme[41], puis dix milliards d'économies d'ici cinq à dix ans[42], avant de ne plus évoquer que des « économies importantes » sur les services généraux des régions et des départements et sur le « bloc communal »[43]. Ces annonces

35. T. BEUREY, « Réforme territoriale : des conséquences en cascade pour les agents », *Localtis*, 7 nov. 2014 ; P. DRESSAYRE, « Réforme territoriale : vous n'y voyez rien et vous voulez manager ? », *La lettre du cadre territorial*, 4 déc. 2014, *http://www.lettreducadre.fr/10236.*

36. Rapport précité, p. 41 et p. 7.

37. D. MIGAUD, Présentation à la presse du *Rapport public annuel 2013*.

38. Rapport thématique, *Les finances publiques locales*, 2013, p. 200.

39. *Rapport sur la situation et les perspectives des finances publiques*, 2014, p. 159.

40. *Rapport thématique, Les finances publiques* locales, 2014, p. 169.

41. *Le Monde*, 9 mai 2014.

42. *Le Monde*, 3 juin 2014.

43. *Le Monde*, 5 août 2014.

ont contribué à l'inquiétude des personnels impactés par la réforme, d'autant que s'agissant du volet régional, l'agence Reuters faisait état le 18 septembre 2014 d'une note interne de la Direction générale des collectivités locales (DGCL) considérant que « la fusion des régions pourrait aboutir à terme à une économie potentielle de 5 000 postes dans les conseils régionaux »[44].

Par ailleurs et en troisième lieu, l'absence de saisine du Conseil supérieur de la fonction publique territoriale (CSFPT) sur les projets de loi « Régions » et NOTRe[45] a pu contribuer à l'idée selon laquelle les personnels seraient les « oubliés »[46] de la réforme territoriale[47], alors même que des consultations « ciblées » ont été entreprises, la ministre saisissant, par exemple, l'opportunité de la création de l'Entente des territoriaux[48] en décembre 2014 pour demander à ses membres de mener une réflexion, en « procédure accélérée[49]… »

44. Étant entendu que ces projections ont été élaborées en prenant en compte les effets potentiels des transferts de compétences (et de services) initialement prévus par le projet de loi NOTRe, lesquels ont assez largement été « neutralisés » par la Représentation nationale.

Il est intéressant de noter à ce titre que, le Conseil constitutionnel, saisi de la question de l'insuffisance de certaines informations figurant dans l'étude d'impact du projet de loi relatif à la délimitation des régions […] a jugé « qu'il ne saurait […] être fait grief à cette étude d'impact de ne pas comporter de développements sur l'évolution du nombre d'emplois publics dès lors que le gouvernement ne mentionne pas la modification de ce nombre dans les objectifs poursuivis par ce projet de loi ; […]. » (Décision n° 2014-FNR, 1er juill. 2014, *RFD Const.*, avr. 2015, p. 194, note S. HUTIER).

45. Selon l'avis rendu par le Conseil d'État le 12 juin 2014, ces deux projets ne sont pas « relatifs à la fonction publique territoriale ».

46. En reprenant l'expression de J. DUMONTEIL, précit.

47. En pareille circonstance, le CSFPT qui n'avait pas été amené à se prononcer sur le projet de loi du 21 octobre 2009 portant réforme des collectivités territoriales avait, une fois la loi adoptée (loi n° 2010-1563 du 16 décembre 2010, *JO* 17 déc., texte n° 1), sollicité l'Institut national des études territoriales afin de réaliser une étude sur *Les impacts de la réforme territoriale sur les agents*, (rapport rédigé par huit élèves de l'INET, déc. 2011, 121 p.).

48. Structure de collaboration informelle créée à l'occasion des *Entretiens territoriaux de Strasbourg* et réunissant l'Association des administrateurs territoriaux de France (AATF), l'Association des directeurs généraux de grandes collectivités (ADGGC), l'Association des dirigeants territoriaux de l'Institut national des études territoriales (ADT INET), l'Association des ingénieurs territoriaux de France (AITF), l'Association nationale des directeurs d'action sociale et de santé des conseils généraux (ANDASS) et le Syndicat national des directeurs généraux (SNDG).

49. *Réforme territoriale : les 12 propositions de l'Entente des territoriaux*, 9 mars 2015, 29 p. En particulier, la première partie comprenant cinq propositions (p. 5-12) est intitulée : « Des hommes et des femmes dans la réforme territoriale ».

Dans un tel contexte anxiogène et alors que les préoccupations des personnels trouveront des réponses – plus ou moins favorables – dans les décisions qui seront prises par les instances, délibérantes et exécutives, amenées à gérer les effectifs, les emplois, les carrières, au titre des « néo-régions » et des autres collectivités et établissements publics impactés par la réforme territoriale[50], il nous apparaît éclairant, au travers de l'exemple des personnels régionaux (actuels ou en devenir), d'identifier les impacts potentiels de la réforme sur les agents et les garanties dont ils bénéficient.

II. Réforme territoriale : des impacts réels et des garanties pour les personnels

« *Tout va très bien, Madame la Marquise* ». Tel est, en résumé, le message qui est adressé par la Direction générale de l'administration et de la fonction publique en juin 2014 aux personnels concernés par le redécoupage régional et la nouvelle organisation territoriale de la République[51]. Ainsi, dans le cadre de la fusion des régions, les personnels conserveront leur emploi et leur statut au sein de la nouvelle région. La disparition (alors annoncée) des conseils départementaux n'impliquera pas la disparition de leurs missions et les agents feront uniquement l'objet d'un changement d'employeur. Les transferts de service prévus par le projet de loi NOTRe ne provoqueront pas de changement de métier pour les agents concernés et la mobilité géographique (accompagnée), ne concernera qu'un nombre limité d'agents. Les fonctionnaires conserveront, en toute hypothèse, les droits qu'ils détiennent au titre de leur situation statutaire actuelle. Les contractuels verront leur contrat maintenu à l'identique et leurs droits à « CDIsation » seront conservés[52].

Si le message ainsi adressé aux agents est exact dans sa globalité, il convient de le compléter en posant la question des mobilités subies et des suppressions d'emplois (A) et en indiquant que les personnels sont légitimes à s'interroger sur les évolutions qui sont susceptibles d'impacter leur situation d'emploi (B).

50. Métropoles, collectivité unique de Corse, intercommunalités rénovées, communes nouvelles…

51. Ministère de la Décentralisation et de la Fonction publique, *Réforme territoriale – Questions-réponses sur la situation des personnels.*

52. Voir L. DERBOULLES, « L'accès au CDI dans la fonction publique : le point sur le I », *AJFP* 2014, p. 116.

A. Une crainte majeure : les mobilités subies et les suppressions d'emplois

Cette double question des mobilités (géographique et/ou fonctionnelle) et des suppressions d'emplois n'est pas théorique eu égard à la nature même de la réforme et à son contexte. La réforme territoriale est en effet une composante des réformes structurelles engagées par la France au nom de la maîtrise des déficits publics et du respect de nos engagements européens[53]. La recherche d'efficience est ainsi au cœur du dispositif avec, en guise d'incitation à la prise en compte de cet impératif, une baisse programmée des concours financiers de l'État aux régions de 451 millions d'euros par an sur la période 2015-2017[54].

Alors que la réforme à mettre en œuvre implique, en particulier, pour son volet régional, la mise en place de nouvelles instances décisionnelles et consultatives[55] au sein des « néo-régions »[56], la fusion et la réorganisation de services issus de deux[57] ou de trois régions[58], la gestion de nouvelles compétences dévolues par la loi, la cessation (éventuelle) dans l'exercice de compétences assurées jusqu'alors au titre de la clause de compétence générale et l'harmonisation des politiques publiques régionales, il apparaît d'évidence que les décisions qui seront prises seront teintées d'une logique « gestionnaire », symbolisée par le désormais célèbre « faire mieux avec moins »[59]. Il serait en conséquence incohérent que la mise

53. « Garantir un service public de qualité tout en assurant un taux de prélèvements obligatoires n'entravant pas l'économie nécessite une réforme de l'action publique. Celle-ci passe en particulier par une réforme majeure de l'organisation territoriale. La division par deux du nombre de régions a été votée et sera effective dès le 1er janvier 2016. Après la création de 12 métropoles au 1er janvier 2015, celles de Paris et Aix-Marseille seront en place au 1er janvier 2016, avec pour ce dernier volet un effet sur l'activité économique évalué à un point de PIB par l'OCDE. Enfin, la loi portant nouvelle organisation territoriale de la République (NOTRe), [...], prévoit, d'une part, un nouveau mouvement de regroupement intercommunal, qui devrait réduire d'un tiers les intercommunalités existantes, et d'autre part, une clarification des compétences entre les différents échelons locaux, avec en particulier la suppression de la clause de compétence générale pour les départements et les régions. » (Premier ministre, *Programme national de réforme 2015*, p. 13).

54. Le même effort (proportionné) est demandé au « bloc communal » et aux départements, avec respectivement une diminution de 2 071 millions d'euros et de 1 148 millions d'euros.

55. Il s'agit évidemment du Conseil économique, social et environnemental régional (CESER).

56. Et donc des décisions quant à la localisation et aux conditions de fonctionnement de ces instances.

57. Auvergne et Rhône-Alpes ; Bourgogne et Franche-Comté ; Languedoc-Roussillon et Midi-Pyrénées ; Nord-Pas-de-Calais et Picardie ; Basse-Normandie et Haute-Normandie.

58. Alsace, Champagne-Ardenne et Lorraine ; Aquitaine, Limousin et Poitou-Charentes.

59. Au cœur de la révision générale des politiques publiques et de la modernisation de l'action publique.

en œuvre de la réforme se traduise par le *statu quo*, par le maintien des modèles organisationnels existants et l'ajout d'un niveau administratif supplémentaire, celui de la « néo-région ».

Pour une partie des personnels, la question de la mobilité géographique se pose donc et elle se pose même en termes inédits au sein de l'administration territoriale avec l'instauration de « néo-régions » qui, pour certaines, apparaissent comme des « méga-régions »[60]. Si les décisions à venir ne se traduiront pas par une concentration des services et des personnels au nouveau chef-lieu de région au nom de l'aménagement et du développement des territoires infrarégionaux, des impératifs de proximité avec les administrés et les usagers du service public et de la préservation d'une certaine « paix sociale », la mobilité devrait par exemple être de mise pour les agents assurant des fonctions d'état-major auprès des instances décisionnelles et consultatives, intervenant au titre du fonctionnement des assemblées ou assurant des fonctions-supports qui auront vocation à être mutualisées… Il est à ce titre intéressant de noter que dans le cadre des réflexions menées sur la réorganisation des services régionaux de l'État, différentes règles directrices sont affichées comme la « localisation des chefs de services régionaux et de leurs états-majors au chef-lieu de région », l'implantation « souhaitable » des futurs hôtels de région au chef-lieu de région, au nom de « l'efficience des actions communes », le « refus d'un niveau administratif supplémentaire » par « le maintien, dans les actuels chefs-lieux de région, des services des directions régionales existantes » et la limitation du modèle des implantations multisites en les permettant toutefois et par exemple lorsque « l'exercice des missions implique une relation de proximité avec les usagers, les partenaires ou les opérateurs »[61]. Alors que la logique d'aménagement du territoire risque, *in fine*, de l'emporter sur celle de l'efficience[62],

60. Ces « méga-régions » sont au nombre de quatre (Alsace, Champagne-Ardenne et Lorraine ; Aquitaine, Limousin et Poitou-Charentes ; Languedoc-Roussillon et Midi-Pyrénées ; Auvergne et Rhône-Alpes). Elles dépassent, parfois en superficie, toujours en nombre de départements, les plus grandes régions actuelles.

Indiquons ici pour illustration que s'agissant de la Région Alsace, Champagne-Ardenne, Lorraine, la distance séparant Strasbourg, chef-lieu par détermination de la loi, des deux anciens chefs-lieux de région est de 163 km pour Metz et de 317 km pour Châlons-en-Champagne.

61. IGA, IGF et IGAS, *L'évolution de l'organisation régionale de l'État […]*, précit., p. 23-26.

62. Même en ce qui concerne la réorganisation des services de l'État, la prise en compte des impacts générés en termes d'emplois publics est au cœur des réflexions, *a fortiori*, pour des territoires en reconversion et qui ont connu des restructurations de sites militaires, à l'image de Metz et de Châlons-en-Champagne (IGA, IGF et IGAS, *L'évolution de l'organisation régionale de l'État […]*, précit., p. 18).

il apparaît en l'état délicat d'anticiper sur les décisions qui seront prises par les nouvelles autorités régionales. Précisons cependant que les agents concernés par une mobilité géographique pourront bénéficier d'une indemnité de mobilité[63], prévue à l'article L. 5111-7-I du Code général des collectivités territoriales[64].

Sur le plan de la mobilité fonctionnelle, elle pourrait être choisie par des agents souhaitant échapper à une éventuelle mobilité géographique, elle accompagnera également nécessairement l'adoption d'un nouvel organigramme des services unifiés et les recherches de mutualisation qui accompagneront le processus de fusion. Les enjeux seront à ce titre particulièrement prégnants pour les encadrants, amenés à se repositionner dans les nouveaux organigrammes, avec la crainte d'un potentiel « déclassement ».

Contrairement à ce qu'indique la DGAFP, les dispositions législatives en cours d'adoption ne prohibent pas d'éventuelles suppressions d'emplois qui pourraient être inhérentes aux réorganisations de services et de compétences. Pour autant, ces suppressions s'opéreraient évidemment dans le respect des principes qui gouvernent la fonction publique pour les fonctionnaires[65] et les agents non titulaires[66]. Par ailleurs, outre le coût engendré par de telles mesures[67], elles s'avéreraient politiquement sensibles pour les instances décisionnelles des nouvelles régions. Des mesures – moins brutales – de non-remplacement d'agents faisant valoir leurs droits à la retraite paraissent ainsi plus envisageables à moyen terme[68], avec en filigrane l'idée d'un « plan social » (rampant ?) pour la fonction publique territoriale[69].

---

63. Sur les dispositifs applicables aux personnels de l'État (IGA, IGF et IGAS, *L'évolution de l'organisation régionale de l'État* [...], précit., p. 55-56).

64. Le décret d'application de cette disposition a été examiné par le Conseil supérieur de la fonction publique territoriale lors de sa séance du 27 mai 2015 (A. VOYARD, « Formation d'intégration, indemnité de mobilité... : les débats du CSFPT », *La gazette des communes, des départements et des régions*, 28 mai 2015, *http://www.lagazettedescommunes.com/362872).*

65. Loi nº 84-53, 26 janvier 1984, art. 97.

66. Sur le développement de l'obligation de recherche de reclassement pour les agents contractuels en contrat à durée indéterminée et en contrat à durée déterminée, voir L. DERBOULLES, « 2014, un bon millésime pour les contractuels de l'État », *AJFP* 2015, p. 124 ; « Le Conseil d'État et les équilibres de la fonction publique », *RLCT* 2013, 2582.

67. Loi nº 84-53, 26 janvier 1984, art. 97 *bis* et 97 *ter*.

68. Rejoignant sur ce point les préconisations de la Cour des comptes.

69. B. PERRIN, « Réforme territoriale : un plan social pour la fonction publique territoriale ? », précit., p. 473.

S'agissant spécifiquement des emplois supérieurs de direction – directeurs généraux des services et directeurs généraux adjoints –, ces derniers présentent la double caractéristique d'être particulièrement exposés[70], mais aussi, d'être au cœur de la restructuration des régions. Alors que l'article 35 du projet de loi NOTRe, en sa version d'origine, prévoyait l'automaticité de la fin de détachement sur emploi fonctionnel à la date de création des nouvelles régions, un amendement gouvernemental, adopté le 10 mars 2015[71], vient « adoucir » ce dispositif en prévoyant un mécanisme de maintien temporaire en fonction, pour une durée maximum de six mois après l'institution des nouvelles régions, ainsi que des garanties dérogatoires au droit commun en matière de décharge de fonctions et d'accompagnement à la reprise d'un emploi[72].

---

70. B. DREYFUS, « À propos de l'avenir de la fonction publique territoriale », *AJDA* 2015, p. 897.

71. Les propositions de l'Entente des territoriaux ont été remises à la ministre de la Fonction publique et de la Décentralisation le 9 mars 2015 (trois propositions portent sur l'évolution du cadre juridique des emplois supérieurs de direction dans le cadre de la réforme territoriale).

72. « IV. [...] Les personnels occupant au 31 décembre 2015 un emploi fonctionnel de directeur général des services [...] au sein d'une région regroupée qui comporte le chef-lieu de la région issue du regroupement sont maintenus dans leurs fonctions jusqu'à la date de la délibération créant les emplois fonctionnels de la région issue du regroupement, et au plus tard jusqu'au 30 juin 2016.

Les personnels occupant au 31 décembre 2015 un emploi fonctionnel de directeur général des services [...] au sein d'une région regroupée qui ne comporte pas le chef-lieu de la région issue du regroupement sont maintenus en qualité de directeur général adjoint jusqu'à la date de la délibération créant les emplois fonctionnels de la région issue du regroupement, et au plus tard jusqu'au 30 juin 2016.

Les personnels occupant au 31 décembre 2015 un emploi fonctionnel de directeur général adjoint [...] au sein d'une région regroupée sont maintenus dans leurs fonctions jusqu'à la date de la délibération créant les emplois fonctionnels de la région issue du regroupement, et au plus tard jusqu'au 30 juin 2016.

À la date de la délibération créant les emplois fonctionnels de la région issue du regroupement, l'article 53 de la loi n° 84-53 du 26 janvier 1984 précitée, à l'exception des exigences de délai prévues à la première phrase de son dernier alinéa, est applicable aux fonctionnaires relevant des quatrième à sixième alinéas du présent IV.

Par dérogation au I de l'article 97 de la même loi, pendant la période de surnombre, les fonctionnaires relevant des quatrième à sixième alinéas du présent IV conservent la rémunération qu'ils percevaient dans leur ancien emploi ; pendant la première année de prise en charge par le Centre national de la fonction publique territoriale ou le centre de gestion, ils perçoivent leur traitement augmenté de la moitié du montant de leur régime indemnitaire. [...]

Lorsque le fonctionnaire est nommé dans un nouvel emploi dans les deux ans qui suivent la date du regroupement des régions, il bénéficie d'une indemnité différentielle. Le montant de cette indemnité correspond :

Ce régime exorbitant du droit commun ne manquera pas d'interpeller leurs collègues exerçant au sein d'autres collectivités et également concernés par des dispositifs de fusion[73]...

Outre les inquiétudes relatives aux mobilités subies et aux éventuelles suppressions d'emplois, les personnels régionaux s'interrogent sur les évolutions pouvant affecter leur situation d'emploi.

B. Des préoccupations légitimes autour de la situation d'emploi

Pour les personnels territoriaux inclus dans le périmètre d'une « néo-région », des questionnements se manifestent quant aux évolutions qui pourraient être mises en œuvre au titre de la politique des ressources humaines de leur nouvelle collectivité d'appartenance[74]. Pour le secrétaire général de l'UNSA fonction publique, en ce domaine, « l'anxiété […] s'ajoute à l'anxiété générée par la réorganisation des services »[75].

Alors que la fonction publique territoriale se caractérise par une expérience réelle quant aux mécanismes de fusions ou de transferts de services, avec notamment les dispositions mises en œuvre au titre de la loi du 13 août 2004[76], du 16 décembre 2010[77] et du 27 janvier 2014, les agents concernés bénéficient d'un cadre protecteur.

1° La première année, à la différence entre sa nouvelle rémunération et celle qu'il percevait dans son emploi précédent ;

2° Les six mois suivants, à la différence entre sa nouvelle rémunération et le montant égal au traitement augmenté de la moitié de son régime indemnitaire qu'il percevait dans son emploi précédent.

Cette indemnité est à la charge de la région issue du regroupement. […] ».

73. D. COURTOIS, « Fusions : les DGS de région touchent le gros lot », *La Lettre du cadre territorial*, 7 avril 2015, *http://www.lettreducadre.fr/11116.* Il est à noter que le Sénat a adopté en deuxième lecture (2 juin 2015) un dispositif plus protecteur applicable aux emplois fonctionnels des EPCI amenés à fusionner en application de la loi MAPTAM ou de la loi NOTRe (nouvel article 35– VII). Il ne prévoit cependant pas de volet « indemnitaire », contrairement au dispositif dont bénéficient les emplois fonctionnels régionaux.

74. Dans un contexte où les dotations de l'État aux collectivités et établissements publics territoriaux sont en diminution sensible, il est juste de préciser que les politiques de ressources humaines font l'objet d'adaptations, en l'absence d'évolutions institutionnelles (par exemple, au titre du temps de travail ou des mécanismes de l'avancement).

75. A. CACCIVIO, « Fusion des régions : l'UNSA s'alarme de l'inertie des élus et lance un appel à négocier », *La gazette des communes, des départements et des régions*, 22 mai 2015, *http://www.lagazettedescommunes.com/361049.*

76. Loi n° 2004-809 relative aux libertés et responsabilités locales (*JO* 17 août, texte n° 1).

77. Loi n° 2010-1563 de réforme des collectivités territoriales (*JO* 17 décembre, texte n° 1).

Ainsi, les fonctionnaires départementaux affectés à une compétence transférée à la région et les fonctionnaires des régions faisant l'objet d'un regroupement conservent, s'ils y ont intérêt, leur régime indemnitaire et les avantages visés à l'article 111 de la loi du 26 janvier 1984[78]. Ils voient également leur ancienneté et leurs droits à avancement préservés. Les agents non titulaires continuent à bénéficier des stipulations de leur contrat et leurs droits à « CDIsation » ne sont pas remis en cause. Selon l'article 36 du projet de loi NOTRe, l'ensemble des agents publics conservent le bénéfice de leur protection sociale complémentaire, si elle a été mise en place par leur précédent employeur[79].

Pour autant, ces dispositions ne garantissent pas une totale neutralité de la réforme pour les personnels concernés et ce, à plusieurs titres.

Le changement d'employeur (par fusion ou transfert) est susceptible d'induire des impacts sur les agents en termes de temps de travail, de congés et d'action sociale (ex. chèques vacances, restauration collective, garde d'enfants…), domaines qui se caractérisent par des disparités importantes, régulièrement mises en évidence par la Cour des comptes[80].

Si l'on prend l'exemple de la métropole de Lyon qui, à bien des titres, apparaît comme « l'éclaireur de la réforme territoriale »[81], les négociations ont par exemple été rudes sur le temps de travail avec plusieurs régimes de travail proposés aux agents[82] et un régime sur la sellette, concernant 600 agents issus du département du Rhône, celui des quatre jours[83]. Sans qu'il ne s'agisse d'une conséquence directe du

78. Art. L. 5111-7, CGCT.

79. Complétant sur ce point les garanties de l'article L. 5111-7, CGCT. L'Entente des territoriaux proposait à ce titre d'aller plus loin en rendant obligatoire la participation employeur aux contrats de prévoyance des agents, voire aux contrats santé, par parallélisme des formes avec la mise en œuvre de l'accord national interprofessionnel du 11 janvier 2013 dans le secteur privé (rapport précité, 9 mars 2015, p. 8).

80. Cour des comptes, *Les finances publiques locales*, octobre 2013, p. 233 et s.

81. P. MARTIN-GRENIER, « Fusion des régions : un big-bang administratif difficile à gérer… », *La Lettre du cadre territorial*, 11 février 2015, *http://www.lettreducadre.fr/10733*.

82. Soit 38,45 heures par semaine avec 22 RTT, 37,5 heures par semaine avec 15 jours de RTT ou 35 heures sans RTT.

83. F. SIGOT, « Nouvelle grève le 23 mars à la métropole de Lyon », précité.

regroupement de régions opéré, l'évolution des pratiques quant aux modalités de promotion et d'avancement au sein des nouvelles collectivités pourrait également constituer un *casus belli*[84].

Sur l'épineuse question du régime indemnitaire, un mécanisme « individuel » de garantie est prévu pour les agents transférés ou fusionnés[85]. Ajoutons toutefois que les prescriptions statutaires ne protègent pas l'ensemble des éléments de la rémunération. Ainsi et pour ne prendre qu'un exemple, la nouvelle bonification indiciaire dont bénéficiait un agent au titre des fonctions exercées serait évidemment susceptible d'être impactée par un changement d'affectation[86].

Les assemblées des nouvelles régions devront délibérer dans un délai de neuf mois sur le régime indemnitaire de droit commun, applicable aux agents recrutés après le 1er janvier 2016 et à ceux qui ne feront pas jouer leur garantie individuelle (régime plus avantageux que leur ancien régime indemnitaire)[87]. La question centrale est de savoir si la tradition « intercommunale » d'un alignement « par le haut », gage évident de « paix sociale », sera maintenue[88] ou si le contexte budgétaire et les imprécations de la Cour des comptes induiront un changement de paradigme. Le

84. Dans son rapport 2013 sur *Les finances publiques locales* (précit., p. 226), la Cour des comptes décrit une gestion de carrière souvent « avantageuse » (« Le déroulement des carrières est rapide dans de nombreuses collectivités, en raison d'avancements d'échelon à l'ancienneté minimum et de ratios avantageux de promotion de grade » […] « les chambres régionales des comptes ont constaté que l'avancement à l'ancienneté minimale est systématique dans de très nombreuses collectivités. » […] « Les collectivités ont […] fréquemment choisi d'ouvrir la promotion à l'ensemble des agents susceptibles d'être promus [taux de 100 %] […]. »).

85. Art. L. 5111-7, CGCT. Précisons à ce titre que l'agent qui opte pour le maintien voit son régime indemnitaire figé et ne peut bénéficier des évolutions futures du régime de droit commun (CAA Versailles, 19 février 2009, req. n° 07VE01097, *Syndicat FO du personnel territorial de l'agglomération du Val-de-Seine*). Un tel dispositif induit par ailleurs des disparités qui peuvent être délicates à gérer en termes de « paix sociale ».

86. Le même constat peut être fait pour des primes liées à l'exercice effectif d'une activité et à l'organisation du travail (ex. indemnités horaires pour travaux supplémentaires).

87. Selon l'Association des Régions de France, trois scenarii sont envisageables : soit les agents disposeront tous des régimes les plus avantageux (alignement par le haut), soit ils bénéficieront des régimes de la région correspondant à la capitale régionale, soit, une période de cinq années pourrait être mise à profit pour faire converger les régimes.

88. Voir l'annexe VI du *Rapport sur les mutualisations au sein du bloc communal* (IGA et IGF, déc. 2014) relative à « L'impact de la mutualisation sur les ressources humaines ».

président de la métropole lyonnaise avait évoqué une hausse de dépenses d'environ 20 millions d'euros pour refuser un « nivellement par le haut », avant de revenir ensuite, sensiblement, sur sa position.

***
*

Concluons en précisant uniquement – mais la précision est d'importance – que des élections professionnelles devront être organisées avant fin 2016 et, qu'en attendant, les instances actuelles de dialogue social siégeront en formation commune avec des effectifs élevés et avec des sujets qui ne manqueront pas…

COMPÉTENCES PARTAGÉES ENTRE COLLECTIVITÉS ET POSSIBILITÉ DE GUICHETS UNIQUES

par

Fabrice THURIOT

Docteur en droit public HDR
Ingénieur d'études au CRDT, Université de Reims Champagne-Ardenne

Les associations d'élus et les acteurs de la culture, du sport et du tourisme avaient dû se battre pour obtenir le maintien du principe des compétences partagées dans la loi portant réforme des collectivités territoriales du 16 décembre 2010. Celle-ci prévoyait déjà la suppression de la clause de compétence générale des départements et des régions, rétablie dans la loi du 27 janvier 2014 de modernisation de l'action publique et d'affirmation des métropoles (MAPTAM) puis reprise dans le projet de loi portant nouvelle organisation territoriale de la République (NOTRe). Cette nouvelle réforme ne remet cependant pas en cause le principe des compétences partagées dans ces trois secteurs.

Selon l'étude d'impact du projet de loi NOTRe[1],

> « la rationalisation de l'action des collectivités territoriales nécessite une clarification de leurs compétences respectives. C'est le sens de la suppression de la clause de compétence générale des régions et des départements. Pour autant, certains domaines, en raison de la diversité des interventions existantes et de la fragilité des opérateurs, méritent de demeurer des domaines de compétences partagées. Il s'agit, du sport, de la culture et du tourisme […]. L'intervention de tous les niveaux de collectivités publiques est complémentaire. Cette possibilité d'intervention conjointe est déjà expressément reconnue par la loi »

qui reconnaît même aussi le rôle des associations, des fédérations sportives, des entreprises et des institutions sociales pour le sport amateur et professionnel (art. L. 100-2 du Code du sport). Les cofinancements sont réputés essentiels au bon fonctionnement de ces activités.

1. Projet de loi Nouvelle organisation territoriale de la République. Étude d'impact, NOR : RDFX1412429L/Bleue-1, 17 juin 2014, p. 104.

D'autres secteurs vont être ajoutés ou retirés au cours des débats parlementaires et la possibilité de créer des guichets uniques pour regrouper l'instruction et l'octroi d'aides ou de subventions pour ces compétences partagées va susciter des interrogations.

I. Compétences partagées entre collectivités

Les députés ont retiré l'action extérieure et la coopération internationale ajoutées par les sénateurs en 1re lecture et les ont remplacées par la vie associative, l'éducation populaire et la promotion des langues régionales dans l'article 28 sur les compétences partagées entre communes, départements, régions et collectivités à statut particulier. Ils ont aussi introduit en 1re lecture l'obligation pour le Conseil national des collectivités territoriales pour le développement culturel de rendre un avis, à la demande des conférences territoriales de l'action publique, sur toute demande de délégation de compétence de l'État par les collectivités. Les sénateurs ont à nouveau ajouté l'action extérieure et la coopération internationale en plus de la culture, du sport, du tourisme et de l'éducation populaire, mais ont retiré la promotion des langues régionales lors de l'examen du texte en 2e lecture, voté le 2 juin 2015. Ils ont aussi remis les deux commissions sport et culture au sein de la conférence territoriale de l'action publique qu'ils avaient introduites en 1re lecture, mais ont abandonné l'idée d'une commission du tourisme.

> Les sénateurs ont réintroduit par amendement la notion de droits culturels dans l'article (28 A) stipulant [disposant] que les politiques culturelles sont conduites « conjointement » par l'État et les collectivités locales. Cet article précise que cette coresponsabilité s'exerce « dans le respect des droits culturels énoncés par la Convention sur la protection et la promotion de la diversité des expressions culturelles du 20 octobre 2005. Cette fois-ci, les élus de la Haute Assemblée se sont attachés à mieux justifier l'introduction de cette notion par la référence à la convention internationale qui le porte et qui engage la France, puisqu'elle en est signataire. Reste à savoir si nouvelle rédaction résistera aux positions des députés, qui, lors de la première lecture, avaient éliminé cette notion du texte. Avec plusieurs arguments : l'absence de définition précise des droits culturels et de lien direct entre cette notion et l'objet du projet de loi[2]. »

---

2. La Rédaction, « Projet de loi NOTRe : ce qu'il faut retenir du texte du Sénat », *La Gazette*, 2 juin 2015, *http://www.lagazettedescommunes.com/364485/projet-de-loi-notre-ce-quil-faut-retenir-du-texte-du-senat/#culture.*

La rédaction de l'article 28 est donc la suivante après la seconde lecture du Sénat du 2 juin 2015 :

> « CHAPITRE IV
> Compétences partagées dans le domaine de la culture, du sport, du tourisme, de l'action extérieure, de la coopération internationale et de l'éducation populaire et regroupement de l'instruction et de l'octroi d'aides ou de subventions.
> Article 28 A : La responsabilité en matière culturelle est exercée conjointement par les collectivités territoriales et l'État dans le respect des droits culturels énoncés par la Convention sur la protection et la promotion de la diversité des expressions culturelles du 20 octobre 2005.
> Article 28 : Après le premier alinéa de l'article L. 1111-4 du Code général des collectivités territoriales sont insérés deux alinéas ainsi rédigés :
> "Les compétences en matière de culture, de sport, de tourisme, d'action extérieure, de coopération internationale et d'éducation populaire sont partagées entre les communes, les départements, les régions et les collectivités à statut particulier.
> "La conférence territoriale de l'action publique définie à l'article L. 1111-9-1 comprend une commission du sport et une commission de la culture."
> Les dispositions relatives la promotion des langues régionales (dans l'article 28 mais sans détails) et sur le Conseil national des collectivités territoriales pour le développement culturel (art. 29 *bis*) ont été supprimées. Elles étaient formulées de la manière suivante après le vote en première lecture à l'Assemblée nationale :
> "L'amendement 2146 présenté par Marylise Lebranchu a[avait] été préparé par Paul Molac (EELV), Nathalie Appéré (PS) et Jean-Jacques Urvoas (PS), députés du Morbihan, d'Ille-et-Vilaine et du Finistère; il complète l'article L.212.8 du Code de l'éducation qui précise les conditions dans lesquelles une commune doit contribuer au financement des dépenses scolaires d'un enfant résidant sur son territoire et scolarisé dans une autre commune[3]". »

La référence à la promotion des langues régionales a été rétablie par l'Assemblée nationale dans sa version votée en seconde lecture le 2 juillet 2015, au détriment de l'action extérieure et de la coopération internationale dans l'intitulé du Chapitre IV, mais les références aux droits culturels et la commission spécifique à la culture dans

3. La rédaction, « Projet de loi NOTRe : ce qu'il faut retenir du texte de l'Assemblée », *La Gazette*, 10-11 mars 2015, *http://www.lagazettedescommunes.com/334902/projet-de-loi-notre-ce-quil-faut-retenir-du-texte-de-lassemblee/?utm_source=flash-info-gdc&utm_medium=email&utm_campaign=flash-info-11-03-2015.*

la CTAP ont été maintenues[4]. Contre toute attente, la Commission mixte paritaire (CMP) s'est entendue sur un texte général commun le 9 juillet, y compris donc pour les compétences partagées[5].

L'article 28 issu de la CMP est ainsi rédigé :

> « Après le premier alinéa de l'article L. 1111-4 du Code général des collectivités territoriales, sont insérés deux alinéas ainsi rédigés : "Les compétences en matière de culture, de sport, de tourisme, de promotion des langues régionales et d'éducation populaire sont partagées entre les communes, les départements, les régions et les collectivités à statut particulier." "Les politiques publiques en faveur de la jeunesse menées par l'État, les régions, les départements, les communes et les collectivités à statut particulier peuvent faire l'objet d'un débat au sein de la conférence territoriale de l'action publique mentionnée à l'article L. 1111-9-1. Ce débat porte notamment sur l'articulation et la coordination de ces politiques entre les différents niveaux de collectivités et l'État[6]". »

Une différence existe néanmoins avec le tourisme en ce sens que celui-ci est une compétence partagée obligatoire pour les collectivités territoriales et les intercommunalités compétentes, alors que la culture, le sport et l'éducation populaire restent des compétences facultatives, sauf en ce qui concerne les CREPS. « La région se voit confier des responsabilités particulières avec un transfert partiel des centres de ressources, d'expertise et de performance sportive (CREPS) concernant les locaux, l'accueil, la restauration et l'hébergement, à l'exception des missions d'encadrement et de surveillance des sportifs et des stagiaires, de la rémunération des agents de l'État et de l'acquisition et de la maintenance des matériels informatiques et des logiciels (Article 12 *ter* du projet de loi NOTRe) ».

L'article 4 est dédié au tourisme, avec l'idée initiale de confier à la région le pilotage d'un schéma régional de développement touristique. Devant la fronde des départements, des communes et des intercommunalités compétentes en particulier, il a été décidé en seconde lecture au Sénat qu'il serait élaboré conjointement entre toutes les collectivités locales compétentes.

---

4. *La Rédaction*, « Projet de loi NOTRe, deuxième lecture : les points clés du texte de l'Assemblée », *La Gazette*, 8-9/07/15, *http://www.lagazettedescommunes.com/377627/projet-de-loi-notre-deuxieme-lecture-les-points-cles-du-texte-de-lassemblee/*

5. J.-B. FORRAY, Projet de loi NOTRe : « Accord inespéré en commission mixte paritaire », *La Gazette*, 9-10 juillet 2015, *http://www.lagazettedescommunes.com/377837/projet-de-loi-notre-accord-inespere-en-commission-mixte-paritaire/?utm_source=quotidien&utm_medium=Email&utm_campaign=10-07-2015-quotidien.*

6. *Http://www.senat.fr/leg/pjl14-619.html*; pour voir celui voté par l'AN en seconde lecture le 2 juillet 2015, voir *http://www.assemblee-nationale.fr/14/ta/ta0559.asp.*

De même, les comités du tourisme peuvent rester régionaux, départementaux ou devenir interrégionaux ou interdépartementaux sur décisions conjointes des collectivités concernées, et les intercommunalités sont renforcées dans leurs compétences touristiques déléguées par les communes à titre optionnel (voir les articles 18 à 20 qui ajoutent la compétence « Promotion du tourisme » dont la création d'un office de tourisme à celles des communautés de communes et d'agglomération).

L'article 21 concerne les offices de tourisme des communes touristiques et des stations classées de tourisme qui

> « sont transformés en bureau d'information de l'office de tourisme intercommunal, sauf lorsqu'ils deviennent le siège de l'office de tourisme intercommunal. L'organe délibérant de l'établissement public de coopération intercommunale à fiscalité propre peut cependant décider, au plus tard trois mois avant l'entrée en vigueur du transfert de la compétence, de maintenir des offices de tourisme distincts pour des stations classées de tourisme, en définissant les modalités de mutualisation des moyens et des ressources des offices de tourisme intercommunaux existant sur son territoire.
>
> Si une communauté de communes ou une communauté d'agglomération ne s'est pas mise en conformité avec les dispositions mentionnées au premier alinéa dans le délai précité, elle exerce l'intégralité des compétences prévues, respectivement, aux articles L. 5214-16 et L. 5216-5 dudit code. Le ou les représentants de l'État dans le ou les départements concernés procèdent à la modification nécessaire de leurs statuts avant le 31 décembre 2016. »

Dans la droite ligne également de la loi du 16 décembre 2010 offrant la possibilité aux collectivités locales de déléguer certaines de leurs compétences à d'autres collectivités, le projet de loi NOTRe propose la faculté de créer des guichets uniques pour l'instruction et l'octroi d'aides ou de subventions dans les domaines de compétences partagées.

II. Possibilité de guichets uniques

D'après l'exposé des motifs du projet de loi déposé au Sénat le 18 juin 2014 en procédure accélérée[7], l'article 29 offre la faculté de créer un guichet unique pour les aides et subventions, dans un souci de simplification de l'action publique pour les usagers. [...] Ces guichets uniques, qu'ils soient issus de délégations de compétences vers les services déconcentrés de l'État ou vers ceux d'une collectivité, permettront de limiter les coûts d'instruction et de gestion. La délégation est accordée par une convention régie par les règles relatives aux délégations

7. *Http://www.senat.fr/leg/pjl13-636.html*, p. 25-26.

de compétences de l'État prévues à l'article L. 1111-8-1 du Code général des collectivités territoriales lorsque l'État est concerné et selon les règles du L. 1111-8 lorsque le guichet concerne uniquement les collectivités territoriales et par les dispositions du présent article lorsque l'État est délégataire.

La loi du 16 décembre 2010 permettait déjà la délégation de compétences, exclusives ou partagées, entre collectivités par convention. Une collectivité territoriale pouvait déléguer à une collectivité territoriale relevant d'une autre catégorie ou à un établissement public de coopération intercommunale à fiscalité propre une compétence dont elle était attributaire, qu'il s'agisse d'une compétence exclusive ou d'une compétence partagée. Un schéma régional d'organisation des compétences et de mutualisation des services associant les grandes collectivités de la région pouvait inclure, mais sans obligation, des compétences partagées, afin de mieux planifier les interventions croisées. L'interdiction de cumul, sauf dans certains cas, de subventions départementales et régionales à compter du 1er janvier 2015, ne s'appliquait pas pour les compétences partagées, ni pour « toute opération figurant dans les contrats de projet État-région et toute opération dont la maîtrise d'ouvrage relève de l'État ou de ses établissements publics » (art. L. 1111-10-III alinéa 2 et IV).

La seule contrainte introduite potentiellement était, pour le maître d'ouvrage d'un investissement, de contribuer à hauteur minimale de 20 % pour la rénovation des monuments protégés au titre du Code du patrimoine, comme pour les autres types de projets, mais avec une possibilité de dérogation du représentant de l'État dans le département. Cette disposition a été modifiée par l'article 3 de la section 1 sur les collectivités territoriales chefs de file de la loi MAPTAM du 27 janvier 2014 révisant le 2° de l'article L. 1111-9-I du CGCT seulement pour les autres types d'opérations d'investissement, le maître d'ouvrage devant alors assurer une participation minimale de 30 % au financement de ce projet. Le 1° précise que « les délégations de compétence sont organisées dans le cadre de la convention territoriale d'exercice concerté prévue au V de l'article L. 1111-9-1 ».

Le projet de loi NOTRe introduit pour sa part la possibilité d'instaurer un guichet unique pour instruire et octroyer des aides ou subventions, soit par délégation de l'État vers les collectivités territoriales ou les établissements publics de coopération intercommunale (EPCI), soit des collectivités locales vers l'État, dans les secteurs de compétences partagées (culture, sport et tourisme, voire d'autres que le Sénat et/ou l'Assemblée nationale accepteraient). L'idée d'instaurer un guichet unique et des dossiers de demande d'aide uniques était déjà présente dans le rapport de Jean-Jacques de Peretti au Président de la République sur la clarification des compétences des collectivités territoriales, à partir, notamment, de l'exemple des conventions d'application de la convention-cadre région-départements en matière de développement économique dans la Région Midi-Pyrénées[8].

> « Il est rappelé ici que les délégations aux communes et aux intercommunalités supposent leur accord et ne peuvent donc pas être décidées unilatéralement par la région ou les départements. Ces mesures seront donc à négocier parallèlement au SOM [schéma régional d'organisation des compétences et de mutualisation des services]. Cette approche « de base » pourrait être accompagnée par un volontarisme managérial marqué en termes de mutualisation de services et se traduire par la mise en place de « guichets uniques » (12e conviction, p. 12) communs à la région et au département dans les zones rurales, semi-rurales et/ou périurbaines, en particulier pour ce qui concerne le développement économique, l'aménagement rural, le tourisme, l'assistance à la maîtrise d'ouvrage, l'environnement et les différents aspects du développement durable[9]. »
>
> « La mission recommande que soit généralisé un maillage d'implantations locales de la région, du département et de certaines intercommunalités. Ces « guichets uniques », ou « unités territoriales » exerceraient la fonction d'accueil, de prétraitement et de transmission du dossier aux services responsables. De nombreux départements disposent déjà de telles agences[10]. »

Un débat et une inquiétude ont cependant lieu quant à l'étendue et la nature des tâches de ces guichets uniques facultatifs. À partir du moment où ils existeraient, n'auraient-ils pas tendance à uniformiser les décisions des collectivités, seules ou ensemble, suite à des discussions sur l'établissement de critères communs et de priorités financières ? Comment les acteurs culturels, sportifs, touristiques, d'éducation populaire et de toute autre compétence partagée pourraient-ils être assurés que des dossiers communs ou examinés en commun n'auraient pas d'impact sur des décisions unilatérales au profit de certains et au détriment d'autres, sans recours possible ?

Le danger réside en effet dans le fait que les financements croisés si décriés, mais si utiles pour préserver une autonomie de décision et d'action seraient alors remplacés par des financements conjoints allant dans une seule direction

8. J.-J. DE PERETTI, avec l'appui de X. DOUBLET, chargé de mission à l'Inspection générale de l'administration (IGA), *Rapport à Monsieur le Président de la République sur la clarification des compétences des collectivités territoriales – La liberté de s'organiser pour agir*, La Documentation française, 2011, p. 22.

9. *Ibid.*, p. 46.

10. *Ibid.*, p. 55 et 75.

pour chaque dossier. N'aboutirait-on pas alors à une négation des compétences partagées au profit de chefs de file qui régiraient un secteur d'activité avec le consentement des autres collectivités, voire en échange d'une acceptation du *leadership* des autres collectivités dans d'autres domaines de compétences partagées ?

Titre II

Les grandes régions : un nouvel atout pour la France ?

INTERVENTION DE MONSIEUR JEAN-PAUL BACHY

Président de la Région Champagne-Ardenne

Les lois de 1982 ont introduit un changement considérable dans notre pays, avec une nouvelle donne très marquée. Les gouvernements successifs ont voulu aller plus loin, préciser les choses, d'abord avec le débat sur la loi Raffarin en 2004, puis avec le débat sur l'acte III de la décentralisation et de la loi NOTRe. Aujourd'hui, le projet de loi est plein de bonnes intentions, mais accouche de conclusions en contradiction avec les intentions initiales.

Le principe était d'introduire plus de simplification, de réduire le millefeuille. La conclusion du débat aboutit à un *statu quo* puisqu'aucun échelon ne va disparaître. Les départements sont maintenus et confortés comme échelons intermédiaires entre les communes, les groupements de communes et les citoyens. De grandes régions apparaissent, dont la taille risque d'aboutir à un effet inverse de ce qui était recherché au départ, c'est-à-dire de rapprocher des citoyens.

Vu de Givet, ou de Langres, Strasbourg paraît bien loin. Or la mise en œuvre de politiques publiques décentralisées suppose la proximité. La deuxième contradiction est que dans les intentions du texte, il y avait la volonté de simplifier, de clarifier, de mettre plus de cohérence dans le système, plus de solidarité dans les différents échelons de décision, une répartition de compétences plus claire avec une meilleure spécialisation, une meilleure distinction des rôles. Ce n'est pas, malheureusement, ce qui est arrivé.

Le calendrier parlementaire et la façon d'aborder le débat ont été tronçonnés. On a spécialisé les textes. Le problème devait être traité globalement. Le texte devait renforcer les régions. Mais cela créera fatalement conflit. Qui sera finalement responsable du développement économique : les régions, les métropoles... ou l'État (à qui l'on n'enlève rien!)?

On a commencé à donner aux métropoles tout ce qu'elles souhaitaient, notamment le pouvoir économique. Quant aux départements, rien ne changera vraiment alors qu'ils devaient être supprimés.

On repart donc sur une juxtaposition de responsabilités et des risques de concurrence et de recoupement des compétences.

Le département gardera l'aide sociale, les routes départementales, le transport scolaire. Les régions sont détentrices d'une responsabilité de coordination en matière d'aménagement du territoire et d'action économique.

Mais en élargissant considérablement leur cadre géographique, je ne suis pas sûr qu'on leur donne les moyens de résoudre les problèmes correctement, sauf à recréer des échelons déconcentrés, en préservant l'échelon départemental, voire à l'échelon territorial des régions telles qu'elles sont aujourd'hui.

Nos collègues d'Alsace nous parlent de régions « multipolaires ». Évidemment, en disant cela, ils pensent à la particularité des Alsaciens. Ils veulent rassurer. Mais comment les services centraux et les services opérationnels de terrain vont-ils s'articuler?

L'essentiel, ce sont les moyens, les budgets, la fiscalité, les dotations. C'est quand même ça la clé. La Champagne-Ardenne est une très grande région. Il y a 450 km depuis la pointe de Givet à 70 km de Bruxelles jusqu'au sud de la Haute-Marne à 20 km de Dijon. Notre population est de 53 habitants du km^2. C'est une grande région et pourtant, ça n'est pas une région forte. L'Alsace est sans doute une région plus forte, mais parce qu'elle est plus petite.

Ce n'est donc pas en jouant sur un effet de taille géographique que l'on rend les régions plus fortes. On rendra les régions plus fortes en France si elles disposent d'une fiscalité propre et de moyens financiers qui leur permettent d'exercer correctement leurs compétences, ce qui n'est pas le cas : 95 % du budget des régions est décidé aujourd'hui à Bercy et pas par les élus régionaux puisque nos seules recettes viennent des dotations de l'État.

La comparaison avec les *Länder* en Allemagne est de ce point de vue fort intéressante. La différence essentielle entre les *Länder* et les régions françaises – on peut prendre aussi le cas des régions espagnoles –, est que les *Länder* sont dotés de moyens considérables, avec sept fois, huit fois plus d'outils financiers et de capacités de mettre en œuvre de vraies stratégies et de vrais dispositifs répondant aux besoins des populations.

Mais cette question de la réforme de la fiscalité et de la répartition des responsabilités financières entre l'État et les collectivités n'est pas posée. C'est toujours l'État qui reste prescripteur. Quand on parle aujourd'hui de contrat de plan, on joue un jeu de dupe. Car tout se passe avec les régions comme si l'État recyclait l'argent qu'il veut encore bien leur donner, sur les priorités qui sont les siennes.

A-t-on vraiment fait un pas en avant vers une étape nouvelle en matière de décentralisation ? J'ai quelques doutes. Poser ces questions peut avoir un côté un peu provocateur, mais ne pas les évoquer serait hypocrite parce qu'elles sont profondément vécues par les élus des régions qui s'interrogent, avec les populations.

Lorsqu'on ne sait plus où se situent vraiment les échelons de décision et que l'on n'a plus une proximité, il y a perte d'identité. Il reste, bien sûr, l'identité nationale.

Il est essentiel d'être patriote, à condition de ne pas dévoyer le terme pour faire tout et n'importe quoi. Défendre les valeurs de la République, c'est aussi défendre la démocratie locale. Va-t-elle encore progresser ? Les lois sur l'acte III de la décentralisation pouvaient le laisser penser. Mais l'espoir risque d'être cruellement déçu.

INTERVENTION DE MONSIEUR RENÉ DOSIÈRE

Député de l'Aisne

Lancer la réforme territoriale en créant des grandes régions, pourquoi pas ?

En 2009, la commission présidée par Édouard Balladur sur ce sujet concluait ses travaux en disant « il est temps d'agir ! ». Et pourtant, rien de décisif ne fut engagé depuis, il est vrai que les obstacles sont nombreux : chaque groupe d'élus (petits maires, grands maires, départementalistes, régionalistes, etc.) défend ses prérogatives avec l'influence et l'autorité que fournit la fonction parlementaire cumulée avec les mandats locaux. N'oublions pas que la fin de ce cumul a été reportée à 2017 dans la prochaine assemblée (et le prochain Sénat). Les luttes d'influence se poursuivent donc, comme on peut le constater lors de l'examen de la loi NOTRe.

En créant les grandes régions, par fusion législative, le gouvernement lance, concrètement, le chantier de la réforme territoriale.

Il s'agit, bien entendu, d'un premier acte qui devra être complété par des textes ultérieurs – en particulier l'avenir des conseils départementaux et des intercommunalités –, mais cette décision aura, de mon point de vue, des conséquences politiques importantes.

L'élargissement sensible du corps électoral, va donner aux élus, et en particulier aux futur(e)s président(e)s de conseils régionaux une légitimité accrue, au point que certain(e)s se rêveront en vice-présidents de la République. Le risque est d'autant moins théorique que ces assemblées régionales – aux effectifs pléthoriques, puisqu'on a choisi la solution de facilité consistant à conserver le même nombre d'élus – ne connaissent pas la séparation (fondamentale) entre l'exécutif et le délibératif. Les risques sont donc réels de voir apparaître quelques grands féodaux.

La création de ces « grandes régions » était pourtant l'occasion d'instituer dans le monde local cette réparation des pouvoirs en commençant par des assemblées dont le rôle politique sera fort.

C'est d'ailleurs ma plus grande déception : ne pas avoir saisi l'occasion de démocratiser le fonctionnement de ces nouveaux conseils régionaux. En effet, dès maintenant, que constate-t-on d'une manière générale, car je ne vise aucunement le fonctionnement de la Région Champagne-Ardenne en particulier.

Certains travaux universitaires (notamment l'ouvrage des presses universitaires de Rennes, paru en mars 2014 « les mondes du travail politique, les élus et leurs entourages » sous la direction de Didier Demazière et Patrick Lelidec) font le constat de l'exercice par le président du conseil régional d'un pouvoir personnel s'appuyant sur le travail, la fidélité et la compétence des collaborateurs de cabinet, mais au détriment du pouvoir des vice-présidents cantonnés au mieux à des tâches de représentation (et dépourvus de toute délégation réelle de fonctions).

Ainsi le pouvoir passe-t-il progressivement des élus à des experts sans autre légitimité que la confiance du président.

Cette dérive est d'autant plus répandue qu'elle s'appuie sur les textes législatifs qui font du président le « seul maître à bord ». Dans le gouvernement de la République, les ministres doivent cosigner certains des actes du Premier ministre, mais dans les exécutifs régionaux, les décisions du président n'associent jamais le vice-président officiellement compétent (sauf en Nouvelle-Calédonie, mais c'est une collectivité *sui generis*).

Je me suis donc efforcé d'introduire, par amendements, davantage de collégialité dans les exécutifs régionaux.

Peine perdue, le rejet a été sans appel. C'est une des raisons pour lesquelles je me suis abstenu d'approuver ce texte dont la cohérence n'est, par ailleurs, pas évidente.

UNE GRANDE RÉGION, DAVANTAGE PERTINENTE ?

par

Gilbert MEYER

Maire de Colmar, Président de la communauté d'agglomération de Colmar

I. Introduction

La réorganisation des régions s'installe dans le paysage, contre toute attente. En effet, la réforme territoriale initiale ne concernait en rien les régions. La nouvelle définition de leur périmètre géographique arrive ainsi à l'emporte-pièce, dans une totale improvisation sans étude préalable.

En l'occurrence, le nouveau schéma territorial des régions relève de la seule improvisation politique. Elle n'a été précédée d'aucune réflexion sur la « faisabilité » ni sur les avantages de cette diminution en nombre. Les atouts avancés tournaient uniquement autour d'une volonté de réforme. Pourtant, cette réforme n'est pas comprise par les Français, d'où cette contestation presque généralisée aux quatre coins de notre pays. De surcroît, nos concitoyens s'élèvent contre la dépense publique. Or, cette réforme va rendre plus chers les coûts de fonctionnement, alors que l'État diminue ses dotations vis-à-vis des collectivités territoriales. Pour les élus locaux, c'est donc une double peine. En plus, les Français sont déjà assaillis par une fiscalité nationale croissante. Cette réforme va obliger les élus locaux à augmenter la fiscalité locale, à moins de faire des économies sur les investissements courants et d'abandonner des projets structurants, pourtant indispensables au mieux-vivre de nos populations.

L'intervenant, exécutif d'une ville de 70 000 habitants et d'une intercommunalité de 105 000 habitants, tient ici un raisonnement très libre. Pour lui, ce n'est pas une fixation politique.

Ancien cadre territorial, directeur général des services, il raisonne en tant qu'administrateur territorial, avec l'expérience des gestions municipale, intercommunale, départementale et régionale, et les enseignements d'une vie parlementaire. De surcroît, il n'était jamais dans la rue pour manifester contre tel ou tel redécoupage, ce qui lui permet encore de tenir un propos d'autant plus libre.

Une grande région, davantage pertinente ?

Ma réponse est non. Elle est non, pour deux raisons.

II. L'importance démographique est une mauvaise raison

La pertinence d'une région, n'est pas en rapport avec son importance démographique. Avant le nouveau découpage, l'importance de la population d'une région à l'autre était fort différente. Ce sera encore le cas, avec le périmètre des treize nouvelles régions. Alors pour ceux qui tablaient sur une meilleure pertinence par un équilibrage démographique, c'est raté.

Sur le plan économique, la raison invoquée est tout aussi fausse. Prenons pour preuve l'Autriche. Bon nombre de ses régions ont une population inférieure à celle de certains de nos départements. Et pourtant, l'Autriche est sur le podium des résultats économiques au niveau européen, pour la pertinence de ses régions. Pour l'Autriche, subsiste aussi la « proximité » entre régions et populations.

Or le nouveau schéma français installe des circonscriptions régionales, qui n'ont plus aucune racine. Les territoires, qui font la richesse historique et culturelle de la France, sont noyés dans un même ensemble. Les différences étaient jusque-là une richesse. Le nouveau schéma banalise ces atouts et transforme la région en une grosse machine administrative.

Prenons le cas de l'Alsace-Lorraine – Champagne-Ardenne : cette région est un monstre sur le plan géographique, puisqu'allant des portes de Paris jusqu'au Rhin. Est dès lors neutralisée la dynamique jusque-là apportée par la complémentarité des territoires. La stratégie mise en œuvre est politique, mais pas économique. De plus, les Français se sentent perdus, puisque pour eux cette réforme est un non-sens. Le mécontentement exprimé aux élections départementales en est le signe.

Certaines comparaisons sont encore faites avec l'Allemagne. La France n'est pas l'Allemagne. La France est un État-Nation, l'Allemagne une fédération de *« Länder »*. La France est une République, l'Allemagne un assemblage d'anciens territoires autonomes. Chaque *Land*, historiquement, avait son autonomie. Ce statut a été maintenu. Chaque *Land* a ses règles de fonctionnement, sa fiscalité et son mode de gouvernance. L'Allemagne a donc une organisation horizontale, dans laquelle les *Länder* constituent les maillons d'une fédération, appelée le *« Bund »*. Aucune comparaison ne peut dès lors être faite entre les régions françaises et les *Länder* allemands. Il est d'ailleurs surprenant, que de telles comparaisons aient pu être initiées et exploitées.

III. Les difficultés de la gouvernance et le coût de gestion

Les conséquences sur la dépense publique et les difficultés à rencontrer dans la gouvernance sont la deuxième raison qui motive mon avis sur la question.

Le gouvernement fait valoir une économie de 31 Mds d'euros sur la dépense publique (Monsieur le Ministre André Vallini), par la réforme territoriale. Cette avance ne repose sur aucun audit. Tout gestionnaire public, opérationnel sur le terrain, sait que cette annonce est totalement irréelle. En effet, toute centralisation de services dans les blocs communal et départemental par des fusions va commencer à augmenter les coûts de fonctionnement.

La croissance est pour beaucoup dans ces charges supplémentaires. Pourquoi? D'une part, les personnels ne peuvent être licenciés. D'autre part, l'augmentation démographique va avoir des conséquences immédiates par le reclassement des cadres. Les seules économies possibles sont celles qui reposent sur des mutualisations de services et non par la fusion de collectivités. Or, la mutualisation n'est que rarement abordée par les exécutifs départementaux. Elle commence à être initiée dans le bloc communal.

Pour la réorganisation des régions, la situation est pire. En effet, aucun exécutif et aucun conseil régional en place n'accepteront une centralisation des services sur un site unique.

Cela va entraîner la création d'une multitude d'agences et de points de proximité, aux quatre coins de la région, d'où un coût supplémentaire. De surcroît, aucune mutualisation de services n'est possible à quelques centaines de kilomètres de distance. La dépense publique va donc s'alourdir dans des proportions importantes. L'organisation administrative des régions va reposer sur une structure horizontale qui, chacun le sait, coûte plus cher que celle d'un dispositif vertical. Or, politiquement, c'est la seule méthode possible pour préserver une certaine proximité par rapport aux populations.

Implicitement, par le nouveau découpage, l'État impose un surcoût de fonctionnement et la dépense publique va s'en ressentir. C'est donc encore une fois la double peine, avec le coût probable de compétences transférées et l'imposition de charges de fonctionnement supplémentaires.

Il en est de même pour la gouvernance. Les complications seront nombreuses. D'abord, des assemblées pléthoriques avec des lieux de réunions partout, pour contenter tout le monde. Cela a un coût qu'il faut intégrer également. À plus petite échelle, cela est comparable au fonctionnement du Parlement européen, dont les réunions se dispersent entre Strasbourg et Bruxelles.

Dans le domaine de la fixation des priorités, le champ de réflexion sera tout aussi compliqué : différences politiques, différences territoriales, différences de priorités locales, etc. Les *egos* personnels de certains élus vont encore en rajouter. Alors il n'y a plus lieu de parler de pertinence. Ainsi, les régions de 2016 deviendront illisibles pour un bout de temps. Les atermoiements conduiront vers une inefficacité certaine, avec des conséquences, tant sur la pertinence des choix que sur la surcharge imposée aux contribuables.

Pour évacuer ce raisonnement, certaines voix font entendre l'expérience de grands groupes industriels, assis sur des périmètres proches de celui de nouvelles régions. Mais, on oublie allègrement que les entreprises poursuivent toujours une stratégie pour dégager des bénéfices. Or la gestion des collectivités territoriales, c'est d'abord la meilleure proximité possible par rapport aux administrés. C'est aussi la présence des leviers de décision au plus près d'eux. Il s'agit donc de deux conceptions totalement opposées. Ces leviers de décision doivent être présents dans le bassin de vie, tant pour piloter les profits structurants que pour l'enracinement territorial correspondant aux bassins de vie.

***
*

En conclusion, nous pouvons donc dire qu'avec le nouveau schéma des régions, nous sommes sur la mauvaise voie. Pour les Français, cette réforme n'était pas une priorité. D'ailleurs, ils n'y comprennent pas grand-chose. Ce qui intéresse les Français, c'est d'abord la relance économique avec la création d'emplois. C'est ensuite, le mieux-vivre ensemble. Avec la réforme du périmètre des régions, nous n'y sommes pas du tout.

Au-delà de cette analyse, il ne faut pas oublier d'ajouter les profondes ruptures entre le passé et le futur en matière d'exercice des compétences. Le partenariat historique entre région, département et le bloc communal sera saucissonné. De par là, se pose aussi la question de connaître les moyens de chacun. Sous le coup du désengagement de l'État à leur égard, comment ces collectivités pourront-elles maîtriser le coût du service public et le financement des projets structurants ? Les objectifs qui leur sont imposés sont alors quasi irréalisables. Les missions dévolues, nous les connaissons. Pourtant aujourd'hui, personne n'ose prendre un pari sur le résultat de cette réforme. Au demeurant, nous sommes plus proches d'une grande déception que d'un soupçon de résultat positif.

GOUVERNANCE ET SOCIÉTÉ CIVILE

par

Patrick TASSIN

Président du Conseil économique social et environnemental régional de Champagne-Ardenne

Patrick DAL CIN

Secrétaire général du Conseil économique social et environnemental régional de Champagne-Ardenne

La thématique ouverte par le colloque ouvre un ensemble de questions. Celle qui nous intéresse, à savoir si les grandes régions sont un atout pour la France, mérite quelques préalables liés à la loi et aux questions qu'elle pose, à un examen des enjeux entre citoyenneté, gouvernance et projet national.

I. La lecture de la loi

Si l'on se place en tant qu'observateur des mouvements législatifs en cours et que l'on aborde la question de l'impact des grandes régions sur l'organisation territoriale française, il semble utile de prendre un peu de recul. Les trois lois en cours, à savoir la loi sur l'affirmation des métropoles, celle portant sur la nouvelle délimitation des régions et celle relative à l'organisation territoriale de la République, marquent une évolution fondamentale de notre République et de son organisation. Cette réalité semble échapper au débat ou être masquée par des considérations séquencées ou ponctuelles, c'est-à-dire sans une mise en perspective globale.

Si l'on pose, même de façon succincte, ces trois grands apports, nous pouvons considérer que nous passons d'une France « finie », « unifiée », héritée de l'histoire entre royauté, révolution et bonapartisme, à une France composée de pôles urbains ouverts et connectés, emportant des territoires plus ou moins grands eux-mêmes, réunis dans un assemblage régional patatoïde, aux réalités et aux compétences incertaines. Certains y voient un retour aux pouvoirs des villes/État du Moyen Âge, d'autres des régions aux capacités concurrentielles décuplées, d'autres encore la fin des baronnies départementales, le changement de paradigme attendu depuis de si longues années…

II. Les questions sans réponse

Au cœur de tous ces soubresauts législatifs, une chose est certaine : le citoyen, comme l'acteur local ou le chef de la petite et moyenne entreprise, n'y voient pas grand-chose et restent un peu déroutés. De ce point de vue, il est possible de constater qu'ils ne sont pas les seuls puisque, autant les universitaires que les présidents des exécutifs régionaux, et même un certain nombre de parlementaires, y perdent leur lexique. Il est, en effet, bien difficile d'y trouver un avantage évident, une avancée, ou encore un pas en avant pour la démocratie et la dynamisation des forces et des ressources, et même un volet d'économies substantielles et profitables, à court terme, à la nation.

De ce point de vue, force est de constater que les premiers pas législatifs ouvrent plus de questions qu'ils n'apportent de réponses. Est-ce que la métropolisation du territoire français est une nécessité en soi ? Est-ce que les grandes villes avaient besoin d'une loi modifiant leur statut ou est-ce que l'application et le renforcement du cadre des intercommunalités pouvaient suffire ? Est-ce qu'une remise à plat des compétences et des moyens des différents échelons de l'administration des territoires pouvait permettre un résultat tout aussi profitable ? Est-ce que le vrai sujet, c'est-à-dire celui de la convergence des forces dans un cadre réglementaire affirmé et non nouveau, n'est pas ignoré ?

III. La citoyenneté délaissée

Au titre des questions découlant des incertitudes, il semble nécessaire de souligner que la nouvelle organisation territoriale repousse le rôle et la place du citoyen, car la représentation populaire se délite quelque peu. Considérons à ce sujet les suffrages fléchés des intercommunalités créant un « entre-deux » : l'élu(e) est élu(e), mais aussi désigné(e) ! Dans le même ordre d'idées, il est important de se rappeler que le suffrage régional ne mobilise que faiblement les électeurs et que la formation des nouvelles assemblées sur le modèle que l'on connaît risque d'éloigner encore un peu plus l'espace de décision du citoyen. Sur une assemblée de 150 élu(e)s, les territoires à faibles densités risquent de voir leur représentation s'affaiblir, se déliter dans l'espace de prise de décision. La question ouverte est donc bien celle de l'affaiblissement du lien entre le citoyen et l'exécutif régional.

L'organisation territoriale change d'échelle, les fondamentaux se déforment et la vague ignore l'examen de la représentation citoyenne ou d'une représentation réenvisagée. On réinvente la France en oubliant de redonner sa place aux citoyens ou de replacer la question de la gouvernance et de sa légitimité au cœur de ses nouveaux territoires. Cette question de la représentation populaire oubliée n'est pas anodine et, même si un ensemble d'arguments peut être apporté afin de relativiser une lecture « contre », il n'en demeure pas moins qu'une réforme de cette nature ne peut réduire ce point à des aménagements ou à des compromis, une espèce, là encore, d'entre-deux un peu incertain. En cela, la société civile s'interroge sur le caractère soudain de la réforme, de ses imprécisions…

IV. Gouverner ou gouvernance

Entre les cadres de la loi, les questions ouvertes et la place de la représentation populaire, la gouvernance des grands territoires régionaux prend une importance majeure. Les lois portant sur la nouvelle délimitation des régions et sur la nouvelle organisation territoriale ne contribuent pas à envisager les dynamiques territoriales pouvant en découler. Le pouvoir régional reste sans structuration définie et seuls la volonté du président et le jeu des équilibres politiques dicteront l'organisation nécessaire du pouvoir, alors que nous allons vers des ensembles pouvant être comparés à des pays comme la Belgique ou le Luxembourg administrés, eux, par des gouvernements.

Cette question dépasse les champs de questionnements ouverts. Il est possible de s'étonner que les débats n'aient pas permis son examen, que les parlementaires aient délibérément ignoré cet aspect, comme si la seule légitimité de la représentation régionale pouvait suffire à considérer la gouvernance à venir. Les présidents des nouveaux exécutifs régionaux pourraient continuer à concentrer tous les pouvoirs, avec le danger de laisser l'administration prendre le pas et que s'installe une logique de gestion au sein de ces grands territoires pourtant appelés à avoir une position de développement stratégique, à jouer le rôle de moteur et de pôle d'entraînement économique. La question de la gouvernance et de l'acte de gouverner n'a pas été posée et, pourtant, elle est de plus en plus centrale.

V. Question de société et de devenir

Le programme de réformes engagé conduit la société française à se réformer en profondeur et à changer de paradigme. La France change l'échelle de ses villes et de ses régions, rediscute le pouvoir de ses territoires. Il s'agit donc d'une question de société, masquée par un volet de réformes découpées en parts distinctes, mais complémentaires.

Les observateurs et les acteurs, dont la société civile organisée, se confrontent à une sorte de croisée des chemins aux orientations et aux directions plus qu'incertaines : ils souhaitent une plus forte autonomie des régions et appellent un redimensionnement de leurs moyens d'action. En retour, ils voient arriver une modification des périmètres régionaux et un glissement vers des contraintes de gestion entraînant un repli des moyens d'action stratégiques des ensembles régionaux.

La croisée des chemins devient problème, si ce n'est problématique. De fait, la société civile organisée (réseaux d'entrepreneurs, de salariés de responsables associatifs…) aspire à une déclinaison cohérente du projet politique de territoire et n'entend pas laisser glisser les choses de façon incertaine. Elle affirme la nécessité de prendre en considération ses attentes légitimes puisque ses composantes sont les relais et les moteurs de la mise en œuvre des politiques publiques.

VI. La société civile et ses réseaux

La société civile représentative des organisations autant patronales que de salariés ou encore du tissu associatif des territoires, que l'on qualifie de société civile organisée, est présente à l'échelle régionale au travers des CESER – conseils économiques, sociaux et environnementaux régionaux. Ces secondes assemblées régionales, souvent méconnues par le grand public, à qui la loi NOTRe semble vouloir confier une place particulière en matière d'évaluation des politiques publiques, ne se placent pas contre l'idée d'une réforme de fond.

Pour autant, elles restent attentives, comme les réseaux d'acteurs qui les composent, et souhaitent que la réforme ne soit pas une recomposition formelle, une vraie fausse bonne réponse à la redynamisation des territoires. Pour elles et ses composantes, quelques maîtres mots s'imposent comme ceux des compétences régionales, de l'affirmation du pouvoir économique régional, de la conduite stratégique des régions en matière d'aménagement du territoire, de mobilité durable, de formation, sans ignorer que les solidarités nationales doivent jouer, par exemple entre les territoires urbains et ruraux.

De ce point de vue, les ruptures d'échelles que la loi commande se présentent comme une source d'inquiétude entre les territoires, mais aussi entre les régions qui fusionnent et celles qui ne fusionnent pas, entre le mariage de territoires riches et de territoires pauvres, sans que l'État n'affirme vouloir mieux jouer son rôle pour l'équité territoriale.

VII. Vers quelle organisation républicaine ?

À partir des différents considérants exposés, mais en regardant aussi les tendances nationales en matière de participation citoyenne, la société civile organisée et les CESER souhaitent que soit discutée la répartition des compétences entre les différentes strates de l'organisation territoriale de la France, à la lumière des enjeux européens et internationaux. Il est indispensable que l'administration régionale soit organisée par la loi et non laissée aux pouvoirs locaux, afin que les exécutifs régionaux trouvent une place stratégique et non dans la simple gestion des territoires de franges entre les ensembles urbains organisés. La société civile organisée considère que les questions stratégiques de développement économique, de formation, d'aménagement du territoire ou encore de mobilité durable ne peuvent recevoir de réponses sans la prise en compte des attentes qu'elle exprime et que, pour ce faire, la gouvernance doit être fondée sur un nouvel équilibre. Celui-ci passe par la reconnaissance d'un trépied démocratique fondé sur la représentation populaire, les exécutifs régionaux et, donc, la société civile organisée, garante de l'efficience et de l'adaptabilité des politiques publiques aux réalités des territoires et des réseaux d'acteurs.

L'INTERCOMMUNALITÉ, UNE SOLUTION À LA RATIONALISATION DE L'ACTION DES COLLECTIVITÉS

par

Catherine VAUTRIN

Ancien ministre, Vice-présidente de l'Assemblée nationale, Députée de la Marne, présidente de Reims Métropole

Depuis la Révolution française, l'échelon administratif de base et il faut le dire de « cœur » pour les Français reste la commune. Fait unique en Europe, le grand nombre de communes que compte notre pays, plus de 36000, constitue tout à la fois, un vecteur important de proximité, mais également un facteur de dispersion des moyens et pour tout dire, une source de gaspillages. Les concurrences ont abouti, dans un certain nombre de cas, à des créations de structures en doublon et des dépenses supplémentaires, voire superfétatoires.

Cette relative inefficacité dans l'utilisation des moyens humains et financiers est un fait constaté auquel des initiatives locales ont tenté de mettre fin, faisant ainsi émerger des solutions pragmatiques de rationalisation. À l'échelle du territoire rémois, le rattachement de la commune de la Neuvillette à Reims en 1970 en est l'illustration. Mais les initiatives restant marginales malgré des possibilités de créer des syndicats intercommunaux à vocation unique existant depuis le XIXe siècle, mais restant circonscrites à des domaines très spécifiques, le législateur a souhaité promouvoir les regroupements. Le mouvement dans ce domaine est alors devenu vertical avec une logique descendante. À titre d'exemple, la loi « Marcellin » de 1971, poussait ainsi aux rapprochements et aux fusions de communes. Mais l'aspect quelque peu traumatisant du dispositif fut, à juste titre, mal vécu et finalement peu utilisé.

Le mouvement initié pour tenter des rapprochements entre communes s'est donc naturellement orienté vers la création de structures intermédiaires, sur la base du volontariat dans un premier temps avec la loi « Chevènement », puis rendue obligatoire par la suite.

Les intercommunalités ont vu le jour, prenant différentes appellations pour tendre vers un même objectif : mutualiser les moyens et les actions des communes pour plus d'efficacité dans l'élaboration des politiques locales et la gestion quotidienne.

Naturellement, les communes restent des échelons incontournables du quotidien, mais le futur de nos territoires ne saurait s'écrire au singulier. D'une part, les moyens financiers sont désormais trop faibles pour porter seuls des projets d'envergure. D'autre part, c'est collectivement que s'élaborent les projets structurants à l'échelle d'un bassin de vie pour davantage de pertinence dans la définition des besoins. Les habitudes de vie actuelles rendent obsolète la vision du territoire en fonction des panneaux d'entrée et de sortie de ville. Au sein d'un même foyer, Monsieur travaille dans une ville, Madame dans une autre, ils habitent une troisième commune et leurs enfants pratiquent des activités de loisirs dans une quatrième bourgade. Pour dire cela autrement, parce que nos vies ne sont plus cantonnées à des limites géographiques passées, il convenait naturellement de dimensionner autrement l'organisation territoriale.

Le territoire rémois a naturellement connu ce mouvement qui épouse le « sens de l'histoire » et rejoint cette notion de « bassin de vie ».

I. Reims Métropole, l'exemple d'un processus de rationalisation toujours en mouvement

L'histoire de l'EPCI (établissement public de coopération intercommunale) rémois est heurtée ! Cette histoire où les contingences et les oppositions politiques ont joué un rôle non négligeable a abouti à une construction qui se situe aujourd'hui à la croisée des chemins.

En 1964, Reims commence à s'associer avec les communes périphériques en un district urbain. À la suite de la loi de 1999 sur l'intercommunalité, loi dite « Chevènement », le district devient une structure caduque, et les communes sont alors contraintes d'adopter une nouvelle forme d'intercommunalité.

Les membres du district n'ayant pas réussi à s'accorder sur les modalités de création d'une communauté d'agglomération, le district est transformé par défaut, en 2002, en communauté de communes avant de devenir en 2004, la communauté d'agglomération de Reims autour de six communes. À la suite de l'agrandissement de 2013, Reims Métropole est désormais constituée de seize communes.

Aujourd'hui, la nouvelle gouvernance collégiale installée, suite aux échéances électorales de 2014, tient compte de chacune des composantes de l'agglomération, associées par le biais des maires, tous vice-présidents. Une volonté de travail en commun qui permet de prendre des décisions consensuelles dans le respect des individualités et qui respecte la nouvelle désignation des conseillers communautaires, émanant eux aussi du suffrage universel et désormais directement désignés par les électeurs. Car Reims Métropole possède une particularité forte du fait même de son architecture en tant qu'EPCI. En effet, l'agglomération voit cohabiter en son sein une ville centre prépondérante et des communes de taille modeste avec, dans certains cas, de très faibles démographies n'excédant que de peu la centaine d'habitants. Des disparités démographiques qui ne se retrouvent d'ailleurs pas au niveau de l'assemblée communautaire, puisque la Ville de Reims ne possède pas la majorité absolue des sièges avec seulement 38 sièges (opposition comprise) sur 82.

Par conséquent, si Reims, avec ses 185 000 habitants, est la 12e ville de France, son agglomération n'arrive, elle, qu'au 29e rang.

Une faiblesse démographique que l'on pouvait regretter, mais dont on pouvait en même temps s'accommoder, tant le poids de Reims Métropole était dimensionné à l'échelle de la Champagne-Ardenne.

Cette faiblesse démographique relative n'empêche d'ailleurs pas un bon fonctionnement. D'autant que, toujours sous l'impulsion d'une réglementation promouvant de manière active la mutualisation, un double mouvement s'est construit.

II. La mutualisation et la collaboration comme réponse à la diminution des moyens

D'un côté, un processus interne aux communautés de communes ou d'agglomération, avec une tendance à transférer un nombre croissant de compétences. En effet, nous assistons à un double mouvement, d'une part les diminutions globales des dotations étatiques en direction des collectivités qui impactent toutes les collectivités pendant que dans le même temps, les territoires et les collectivités conduisant une politique de mutualisation plus poussée, bénéficient d'un meilleur coefficient de mutualisation, qui impacte positivement leurs dotations globales de fonctionnement, d'où une pente naturelle qui conduit à privilégier l'inclusion et la collaboration à un degré supérieur. Une dynamique dont, bien sûr, Reims Métropole est partie prenante.

De l'autre côté, on assiste à un processus externe à ces mêmes EPCI d'intensification de la coopération à une échelle territoriale plus vaste. Dans ce cas, l'initiative incombe aux acteurs territoriaux, en dehors de toute impulsion législative ou réglementaire. À l'origine de ces réflexions, la nécessité d'aborder les territoires par le prisme des dynamiques d'emplois, de bassin de vie élargi, de transports, sans qu'en soient pour autant exclues les notions d'efficacité et de bonne gestion des deniers publics, reflets de capacités financières contraintes. D'où des constructions *ex nihilo* et *ad nutum*, pour répondre aux besoins différenciés des territoires concernés. C'est l'exemple du Sillon Lorrain, coopération à l'échelle de la région Lorraine ou encore en Champagne Ardenne, la réflexion engagée autour du G10 avec les villes de Château-Thierry, Épernay, Laon, Sedan, Vitry-le-François, Rethel, Châlons-en-Champagne, Charleville-Mézières, Soissons et Reims et leurs EPCI respectifs.

Sans exclure l'ambition du G10, la démarche d'un G3 autour des villes marnaises Reims, Châlons-en-Champagne et Épernay est ainsi née. Le sens d'une telle construction à trois têtes procède de la même logique d'un maillage territorial cohérent à l'échelle des 3 villes dont les liens multiples rendent les coopérations souhaitables et même nécessaires. C'est la raison pour laquelle, les volontés de rapprochement au niveau des principales villes du département de la Marne et de leurs intercommunalités, instituées à partir du scrutin de mars 2014, visaient dans un premier temps à une synergie entre les trois villes. Un G3 qui permet de mutualiser les moyens. Un rapprochement dont le sondage réalisé par l'IFOP, paru le 5 septembre 2014 dans le journal l'Union, prouvait d'ailleurs qu'il est attendu puisque plébiscité par 82 % des Marnais. Ainsi, avec la volonté de fusion des agences d'urbanisme de Reims et Châlons et l'extension de la zone d'intervention à Épernay, la fusion des deux aménageurs que sont Semcha (Châlons) et Agencia (Reims-Epernay) ou encore la mise en place de scénarii d'amélioration des cadencements des transports en commun, se sont dessinées les prémices d'une collaboration plus durable. Ces premiers pas, pour encourageants qu'ils soient, sont désormais bien insuffisants. L'objectif de mutualisation n'est désormais plus le seul objectif à poursuivre. Le carrefour auquel se trouve notre territoire oblige à prendre l'initiative en la matière.

III. La réforme des grandes régions nous donne l'obligation de construire un pôle d'équilibre

Cette impérieuse nécessité découle du vote de la loi du 16 janvier 2015 relative à la délimitation des régions. Le schéma originel de cette réforme n'est pas à rejeter en bloc : il visait à construire de grandes régions, plus homogènes entre elles, plus puissantes financièrement avec la main sur l'économie, capable de rivaliser avec des Eurorégions frontalières de premier plan comme la Lombardie, le Piémont ou la Ruhr et qui soient portées par des communautés de communes de tailles différentes et des métropoles de dimensions européennes. C'est un modèle qui peut parfaitement émerger pour notre pays. C'est d'ailleurs, ce qui a semble-t-il prévalu pour le découpage de la France métropolitaine en treize grandes régions. Mais dans le cas de la Région Alsace-Lorraine – Champagne-Ardenne, la question de l'homogénéité et de l'équilibre territorial se pose sérieusement.

Car en effet, avec cette nouvelle grande région, conglomérat disparate de 3 anciennes entités, la donne change radicalement. Dès 2016, cette nouvelle région, quasiment deux fois plus grande que la Belgique et qui comptera plus de 5,5 millions d'habitants, se situera parmi les régions les plus riches et les plus peuplées d'Europe. Si ces chiffres sont naturellement de bon augure, il ne faut cependant pas éluder une donnée primordiale : cette grande région comporte un handicap originel flagrant. Le centre de gravité futur s'établit clairement à l'Est, avec la désignation unilatérale de Strasbourg comme capitale de région, et celle de Metz comme capitale administrative.

Dans de telles conditions, Reims et son agglomération courent le risque d'être marginalisées. Un risque partagé par le département de la Marne et plus largement par l'ancienne Région Champagne-Ardenne. En effet, désormais à plus de 4 heures de la capitale de région, le risque est grand pour l'ouest de la grande région de devenir une périphérie et qu'« à l'Ouest, rien de nouveau » ne devienne le nouveau slogan de notre territoire.

C'est tout le sens, pour contrer cet effet pervers induit par la nouvelle géographie politique issue de cette réforme, de réussir à positionner Reims et son agglomération comme la porte d'entrée ouest de la grande région en même temps que la porte d'entrée est du Grand Paris.

Pour réussir à émerger, cette ambition ne peut cependant pas se construire avec la seule agglomération rémoise. L'enjeu est de positionner notre territoire en tant que pôle d'équilibre.

C'est donc tout simplement d'un objectif de puissance territoriale qu'il s'agit de porter. Un objectif qui doit gouverner et sous-tendre toutes les initiatives des villes de la Marne.

Pour éviter la marginalisation, les initiatives ponctuelles ne sauraient suffire et seule une action coordonnée peut permettre la constitution d'un pôle d'équilibre. D'où la nécessité d'une construction spécifique, pour répondre aux besoins du territoire de la Marne, dont les principaux moteurs sont naturellement Reims, Châlons-en-Champagne et Épernay.

C'est une ambition qui doit permettre de donner un avenir au territoire dans le futur ensemble.

Car l'avenir est sombre pour un territoire, où en l'équivalent de trois semaines, la marginalisation de la capitale régionale – Châlons-en-Champagne – s'est faite sans sourciller. Rayée successivement de la carte militaire à la suite des coupes dans le budget de la Défense puis de la carte administrative par la désignation de Strasbourg, la marginalisation de la capitale de région actuelle est lourde de conséquences pour l'attractivité et le dynamisme de tout le territoire. Or, si de telles décisions peuvent être prises sans consultation du tissu local, alors la nécessité de construire un territoire fort devient primordiale. C'est donc dans ces conditions qu'a émergé l'idée de l'établissement d'une métropole entre Reims-Châlons et Épernay. Le but : permettre à tout un territoire d'équilibrer cette grande région tout en offrant une étape judicieuse sur le trajet Paris-Strasbourg.

Cette solution a été privilégiée à l'occasion du débat sur le projet de loi portant nouvelle organisation territoriale de la République (la loi NOTRe) en partant des dispositifs législatifs existants. Ainsi, la loi 27 janvier 2014 de modernisation de l'action publique territoriale et d'affirmation des métropoles dite aussi loi « MAPTAM » a élargi les possibilités pour les métropoles créées en 2010 en donnant un statut assoupli pour les métropoles afin de permettre aux agglomérations de plus de 400 000 habitants d'exercer pleinement leur rôle en matière de développement économique, d'innovation, de transition énergétique et de politique de la ville.

Le seuil pourtant déjà abaissé de 400 000 habitants n'aura tenu que le temps de pouvoir y créer une exception puisqu'il a été décidé de déroger à ce principe pour Brest qui ne pouvait normalement prétendre à se constituer en métropole. Puisque ce seuil a été revu à la baisse pour Brest, il n'apparaissait donc pas abscons *a priori* qu'il puisse en être de même pour d'autres territoires portant une ambition similaire.

Pour Reims, le titre que revêt notre EPCI ne doit pas tromper. Reims Métropole demeure bel et bien une agglomération. L'enjeu reste donc entier.

Ainsi, pour entamer la discussion nécessaire à tout renforcement des liens qui unissent les différentes villes de la Marne, il manque à ce jour, la possibilité législative de créer un dialogue. C'est le sens de l'amendement que les parlementaires marnais ont soutenu. Il ouvrait simplement la possibilité, pour les communautés d'agglomérations de Châlons-en-Champagne, de Reims et la communauté de communes d'Épernay, de commencer à bâtir les conditions d'une métropole.

Un amendement, qui après avoir été adopté par l'Assemblée nationale, a eu à connaître les subtilités du débat parlementaire à l'occasion d'une seconde délibération, sur laquelle se sont brisés les espoirs naissants. Les arguments gouvernementaux portants sur un bassin d'emploi insuffisamment dimensionné pour satisfaire aux ambitions métropolitaines ainsi que sur l'absence de continuité territoriale entre les villes.

Il ne s'agissait finalement que de la première étape concrète d'une réflexion commune à construire. À ce stade, aucun amendement de quelque nature que ce soit, ni aucun projet préétabli, ne présageaient des contours précis, ni même de la portée à donner à cette ambition.

Nous n'avions que l'esquisse de ce que pouvaient être les prémices d'une possible construction qui doit se poursuivre par un dialogue avec tous les élus du secteur, à la fois ruraux et urbains, et dans le respect des spécificités de chacun. C'était tout l'esprit de cette démarche guidée par la volonté de construire collectivement l'avenir de notre territoire, soucieux des intérêts de nos concitoyens.

Nulle volonté de créer un condominium à l'échelle du département de la Marne où les 3 villes voire une seule, dans l'esprit de certains, commanderaient unilatéralement aux destinées de tous.

Pour l'heure, la démarche est encore balbutiante, bien que les élus, soutenus par les forces vives du territoire, soient toujours volontaires.

La logique de positionnement territorial n'est cependant pas la seule à présider à la volonté de construire une métropole sur notre territoire. On peut également dénombrer deux autres facteurs qui vont dicter à un rapprochement. Le premier facteur est celui du nouveau seuil imposé pour les intercommunalités. Aujourd'hui jugées pour beaucoup trop faibles, car démographiquement modestes. Avec la volonté d'augmenter le seuil minimal constitutif à 20 000 habitants, sauf à ce que la densité de population de l'intercommunalité soit supérieure à la densité moyenne du département où elle se trouve, les recompositions intercommunales sont en marche. Le département de la Marne qui rassemble à lui seul plus de 40 % de la population champardennaise, malgré une image rurale, avec une densité de population de 70 habitants au kilomètre carré, se trouve largement au-delà, des densités habituelles des territoires ruraux. Pour mémoire, la densité de notre actuelle région ne dépasse que de peu les 50 habitants. Cette relative bonne densité s'explique naturellement par la présence de l'agglomération rémoise qui sur une superficie limitée draine une forte population. Le résultat de cette densité de population moyenne, une obligation quasi générale pour les intercommunalités rurales de fusionner.

Pourquoi à la lumière de cette obligation, ne pas anticiper le mouvement pour créer une continuité territoriale ?

La deuxième donnée rejoint celle développée plus haut concernant le coefficient de mutualisation. Ainsi expliquée, une politique de mutualisation plus poussée bénéficie d'un meilleur coefficient de mutualisation, qui impacte positivement les dotations globales de fonctionnement. La métropole étant, en matière de mutualisation, le *summun* qu'il est possible d'atteindre, s'accompagne d'une DGF revue à la hausse. Autant dire que l'opportunité d'augmenter la dotation globale de fonctionnement, et qui plus est de manière intéressante, peut constituer une réponse aux diminutions actuelles.

La volonté de proposer une solution spécialement adaptée à notre territoire remet également au centre du jeu et à l'initiative les élus locaux, qui peuvent reprendre la main sur l'avenir du territoire.

L'exemple de la métropole marseillaise est à ce titre éclairant. Fervents pourfendeurs de la réforme, les élus des petites communes des Bouches-du-Rhône, menés par Aix-en-Provence, faute de proposition alternative crédible, n'ont finalement pu que s'incliner. Alors que la construction de la nouvelle région constitue clairement un danger pour notre territoire, nous devons garder l'initiative en la matière.

Que cette initiative prenne la forme d'une métropole marnaise ou toute autre construction, rien n'est figé pour le moment et rien ne doit l'être. Il est pourtant absolument vital que nous gardions cette volonté de construction commune. Cette volonté, nous voulons la partager avec tous les élus en respectant la spécificité des communes rurales. Ceci est d'autant plus fort que l'agriculture et la viticulture constituent des moteurs puissants de l'économie locale. Ne rien faire en la matière, c'est manquer une opportunité qui ne se représentera pas de sitôt. Pour utiliser une expression populaire, « la balle est dans notre camp ». À l'origine, la loi NOTRe, voulue comme nouvel acte de décentralisation (sans en porter pourtant la pleine ambition), n'associait pas les élus directement concernés ; sans doute coupables par anticipation aux yeux du gouvernement de vouloir conserver leurs prébendes de potentats locaux. Nous avons pu démontrer le contraire.

L'initiative portée par les élus locaux peut aussi être ambitieuse et n'est pas forcément conservatrice. La révolution territoriale à notre échelle, un certain nombre d'élus sont prêts à la mener, encouragés en cela par les protagonistes du territoire comme le prouvait d'ailleurs la tribune publiée le 13 mars dernier par les acteurs institutionnels de la Marne. Prenons notre destin en main et saisissons cette chance !

Troisième partie

Comparaisons internationales

Titre I

Grands espaces et grandes régions

LES POLITIQUES RÉGIONALES DE DÉVELOPPEMENT AU QUÉBEC : ÉVOLUTION ET REMISES EN QUESTION[1]

par

Diane SAINT-PIERRE

Professeure, Chaire Fernand-Dumont sur la Culture
Institut national de la recherche scientifique (INRS), Québec (Canada)

Dans l'ensemble canadien, le Québec constitue à la fois un territoire politique, constitutionnellement délimité, et la plus vaste des dix provinces canadiennes, avec 1,6 million de kilomètres carrés de territoire. Lieu de convergence de diverses influences et société majoritairement francophone (près de 80 % de sa population)[2], c'est aussi un territoire aux ancrages historiques, culturels et identitaires forts. Ces derniers ont d'ailleurs été déterminants dans la définition de diverses conceptions de région d'appartenance au Québec au fil du temps : régions historiques, culturelles ou encore touristiques qui toutes se reconnaissent à travers des héritages multiples et parfois distinctifs (autochtones, français, britanniques, loyalistes…) ; régions économiques qui se particularisent selon leur structure économique et leurs conditions de développement (régions ressources, manufacturières ou urbaines)[3] ; régions centrales,

1. Ce texte est issu d'une conférence prononcée par l'auteure dans le cadre du colloque international *Quelle organisation pour les grandes régions en France et en Europe ?*, organisé par le Centre de Recherche sur la Décentralisation Territoriale (CRDT) – GIS-GRALE-CNRS, à l'université de Reims Champagne-Ardenne (URCA), les 26-27 mars 2015.

2. À d'autres échelles, les francophones du Québec constituent moins de 20 % de la population canadienne, majoritairement anglophone, et à peine 2 % de l'ensemble canado-étatsunien.

3 Relativement à ces trois blocs de régions économiques, consulter : Québec, ministère de l'Économie, de l'Innovation et des Exportations (octobre 2014), *Portrait économique des régions du Québec*, « En ligne », *http://www.economie.gouv.qc.ca/*, consulté le 2 juin 2015.

périphériques, intermédiaires ou encore éloignées[4] qui sont souvent qualifiées ainsi en fonction de leur emplacement géographique par rapport aux villes de Montréal, la métropole, et de Québec, la capitale nationale ; finalement, et non les moindres, régions administratives du gouvernement du Québec, et qui sont au cœur de nos propos.

Dans le cadre du colloque international « Quelle organisation pour les grandes régions en France et en Europe ? », notre intervention avait d'abord comme objectif de rappeler l'évolution des politiques régionales de développement du gouvernement du Québec depuis les années 1960. Puis, elle visait à souligner des changements survenus récemment dans les décisions politiques et les actions gouvernementales, en appui aux politiques d'austérité et de centralisation de l'actuel gouvernement du Québec. Des décisions et des actions dont on ne mesure pas – ou, du moins, encore très peu au moment d'écrire ces lignes – les impacts sur les régions du Québec.

I. Le Québec et ses 17 régions administratives

Le concept de région appliqué aux régions administratives du Québec renvoie à un découpage géographique et administratif, à un espace de référence des acteurs politiques qui les présentent souvent comme des entités homogènes où convergent discours politiques et actions gouvernementales. Constituant de nos jours les divisions principales du territoire québécois, ces régions administratives ont été créées en se basant sur leurs fondements historiques et culturels, mais aussi en s'appuyant sur des critères géographiques et socio-économiques. Une fois cela dit, il convient cependant de souligner qu'il existe des différences considérables entre les régions administratives de ce vaste territoire qui, soulignons-le, fait tout de même trois fois celui de la France métropolitaine.

Le Québec compte de nos jours 17 régions administratives (voir la figure suivante), dont la taille varie de façon importante : allant de celle d'une ville comme Montréal (région 06 : 365 km^2), avec près de 2 millions d'habitants en 2014, à un territoire une fois et demie plus vaste que celui de la France, le Nord-du-Québec (région 10 : 839 000 km^2) avec ses quelque 44 300 habitants, dont 60 % sont des Autochtones (Cris et Inuits). On comprendra donc qu'au sein de ces

4. Cette typologie des régions d'appartenance du Québec, élaborée par Fernand Harvey et Andrée Fortin, a été appliquée depuis dans plusieurs études et enquêtes produites par le gouvernement du Québec, notamment par son ministère de la Culture et des Communications. F. HARVEY et A. FORTIN. (1995). *La nouvelle culture régionale*. Québec, Institut de recherche sur la culture.

17 régions du Québec, dont certaines sont surdimensionnées, alors que d'autres sont fortement peuplées et densifiées, les défis sont importants… et surtout très variables. Par exemple, encore récemment, l'Institut de la statistique du Québec faisait état de différences majeures au niveau du taux de chômage : de 7,7 % pour l'ensemble du Québec en 2014, il était à 5,5 % pour la région administrative de la Capitale-Nationale (région 03) et de 16,4 % pour la Gaspésie-Îles-de-la-Madeleine (région 11)[5]. On comprendra donc que les politiques régionales du Québec aient été orientées, dès leurs débuts, afin de tenir compte des disparités entre les régions et ainsi œuvrer à les atténuer en misant sur leur développement économique, social et culturel.

Les 17 régions administratives du gouvernement du Québec

SaintNGTotal

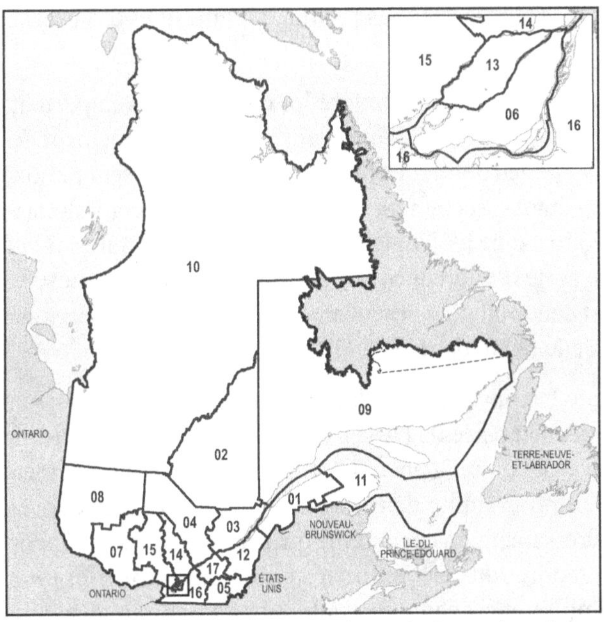

Région administrative Total : 8,2 M. hab.	**Population totale en 2014**	**Nombre de municipali-tés locales**
01 – Bas-Saint-Laurent	201 000	114
02 – Saguenay – Lac-Saint-Jean	278 000	49
03 – Capitale-Nationale (Québec)	***731 800***	***59***
04 – Mauricie	267 000	42
05 – Estrie	320 000	89
06 – Montréal	***1 988 000***	***16***
07 – Outaouais	383 000	67
08 – Abitibi-Témiscamingue	147 900	65
09 – Côte-Nord	94 900	33
10 – Nord-du-Québec	44 300	5
11 – Gaspésie/Î.-de-la-Madeleine	92 500	44
12 – Chaudière-Appalaches	419 800	136
13 – Laval	420 900	1
14 – Lanaudière	492 200	58
15 – Laurentides	586 000	76
16 – Montérégie	***1 508 000***	***177***
17 – Centre-du-Québec	240 000	80
Total	**8,2 M. hab.**	**1 110 (+23)***

* 23 municipalités locales, dont 14 régies par la *Loi sur les villages nordiques* et 9 par la *Loi sur les villages cris* et le *village Naskapi.*

Sources : Directeur général des élections du Québec (DGEQ). Site internet, « Carte des 17 régions administratives du Québec », http://www.electionsquebec.qc.ca/francais/provincial/carte-electorale/.cartes-des-circonscriptions-electorales-par-region-2011.php*; Québec, Institut de la statistique du Québec (juin 2015),* Le Panorama des régions du Québec, *Édition 2015, p. 24.*

5. Québec, Institut de la statistique du Québec (juin 2015), *Panorama des régions du Québec. Édition 2015*, p. 24. Document « en ligne » : *http://www.stat.gouv.qc.ca/statistiques/profils/panorama-regions-2015.pdf*, consulté le 10 mars 2015.

II. Retour sur les politiques régionales de développement du Québec

Il y a maintenant plus d'un demi-siècle, le gouvernement du Québec mettait en place les premiers mécanismes de planification du développement régional. On est au début de la « Révolution tranquille », cette période ainsi qualifiée pour les changements rapides et importants pour la société québécoise. C'est à cette époque, à travers différentes réformes politiques, économiques et culturelles que le gouvernement du parti libéral du Québec de Jean Lesage (1960-1966) élabore un plan d'aménagement pour l'ensemble du Québec. Ce plan vise à atténuer les disparités entre les régions. Par la suite, les partis politiques qui se succèdent à la gouverne de l'État font évoluer les politiques régionales. Leurs interventions visent tantôt la régionalisation, tantôt la déconcentration ou encore la décentralisation, alors que le gouvernement du Québec actuel se distinguerait par ses actions centralisatrices, et ce, en concordance avec ses politiques et mesures d'austérité. Mais n'anticipons pas.

Pour l'instant, conservons à l'esprit que malgré les changements importants quant au rôle de l'État québécois et aux structures dédiées au développement des régions depuis les années 1960, les politiques régionales se caractérisent par une certaine continuité, tout en étant directement influencées par des conjonctures économiques, politiques, voire même idéologiques. Parmi ces conjonctures, il faut assurément souligner cette sorte d'alternance entre les politiques et les mesures du gouvernement fédéral et celles du gouvernement du Québec, particulièrement au cours des années 1960 et au début des années 1970.

Ainsi, dès 1961, alors que le gouvernement fédéral adopte sa loi sur l'aménagement rural et le développement agricole (ARDA), le Québec remet sur pied le Conseil d'orientation économique du Québec (COEQ)[6]. Sous le gouvernement de Jean Lesage et son vaste programme de réformes, le mandat de ce conseil consiste à contribuer au redressement de l'économie québécoise, et ce, en supportant particulièrement les entreprises du Québec. Bien qu'aboli de nouveau en 1968, le conseil aura une contribution marquante dans plusieurs grandes réalisations économiques des années 1960[7]. Entre-temps, une expérience-pilote inédite voit

---

6. Cet organisme avait été aboli en 1944 par le gouvernement de l'Union nationale.

7. Sur les décennies 1960-1970 et ses grandes réalisations économiques, sociales et culturelles, consulter R. COMEAU (dir.) (1989), *Jean Lesage et l'éveil d'une nation : les débuts de la Révolution tranquille*, Sillery, Presses de l'Université du Québec ; P.-A. LINTEAU, R. DUROCHER, J.-C. ROBERT, F. RICARD (1986), *Histoire du Québec contemporain : le Québec depuis 1930*, Montréal, Boréal ; Y. BÉLANGER (1998), *Québec inc. : l'entreprise québécoise à la croisée des chemins*, Montréal, HMH.

le jour en 1963 avec la création du bureau d'aménagement de l'est du Québec (BAEQ), un territoire alors en décroissance, particulièrement défavorisé et reconnu pour ses difficultés économiques. Avec la participation des populations des régions du Bas-Saint-Laurent et de la Gaspésie, cet organisme a le mandat d'élaborer un plan de développement.

En 1966, une autre étape importante dans les politiques de régionalisation est franchie : le gouvernement du Québec procède à la division du territoire québécois en 10 régions administratives. De son côté, le gouvernement fédéral met en place la même année le Fonds de développement économique rural (FODER), lequel est conçu pour des interventions régionales multisectorielles. Une fois de plus, l'est du Québec est privilégié et devient ainsi l'une des sept régions canadiennes ciblées. En 1968-1969, c'est au tour de l'Office de planification et de développement du Québec (OPDQ) à être mis sur pied par Québec ; il succède au Conseil d'orientation économique du Québec. Comme organisme national, l'OPDQ a pour mandat de contribuer à l'aménagement du territoire et au développement social et économique du Québec. De son côté, le gouvernement fédéral regroupe à la même époque ses programmes au sein d'un nouveau ministère, celui de l'Expansion économique régionale du Canada (MEER). Ayant des objectifs de lutte aux disparités, ce ministère œuvre notamment à la réduction du chômage et du sous-emploi dans les régions où ces problématiques sont omniprésentes. D'ailleurs, les stratégies des gouvernements d'alors, tant fédéraux que du Québec, se centrent surtout sur la dimension économique du développement, mais aussi sur les domaines sociaux et culturels.

Bref, si les années 1960 correspondent à la genèse des politiques régionales de développement au Québec, faite de diverses initiatives et expérimentations, souvent de concert avec les acteurs et les milieux concernés, les années 1970 traduisent cette volonté de l'État québécois de poursuivre ses interventions dans le domaine municipal, mais aussi de déconcentrer des services publics vers les agents gouvernementaux en région[8]. Au cours de ces deux décennies, l'État québécois mise sur le développement économique et le renforcement de pôles régionaux, tout en demeurant particulièrement centralisateur. Relevons divers événements marquants

8. Par exemple, c'est en 1971-1972 que le ministère des Affaires culturelles (MAC) du Québec enclenche son processus de déconcentration en se dotant d'une première direction régionale (Gaspésie – Bas-Saint-Laurent), suivie bientôt par d'autres qui ont alors surtout pour objectif de financer le loisir socioculturel des régions. D. SAINT-PIERRE (2003), *La politique culturelle du Québec : continuité ou changement? Les acteurs, les coalitions et leurs enjeux*, Québec, Les Presses de l'Université Laval, 2003.

pour ne pas dire structurants : création des communautés urbaines au Québec et des conseils régionaux du développement (CRD) en 1970 ; mise en place des conseils régionaux de la santé et des services sociaux (CRSSS) l'année suivante ; implantation des conférences administratives régionales (CAR) en 1974-1975[9] ; création des conseils régionaux de la culture (CRC) en 1977 ; mise en place des municipalités régionales de comtés (MRC) en 1980-1981, lesquelles s'inscrivent d'ailleurs dans la suite de la Loi sur l'aménagement et l'urbanisme (LAU), adoptée par l'Assemblée nationale du Québec en 1978[10].

Au cours des années 1980 jusqu'au début des années 2000, l'État québécois tend davantage à « responsabiliser » les acteurs locaux et régionaux en décentralisant des pouvoirs et des responsabilités vers les municipalités, mais aussi vers des organismes autonomes régionaux ou locaux[11]. En 1983, deux documents importants sont déposés, soit *Aménager l'avenir. Les orientations du Gouvernement en matière d'aménagement du territoire*, produit par le secrétariat à l'Aménagement et à la Décentralisation du gouvernement du Québec, et l'énoncé de politique *Le choix des régions*, également connue comme le « projet Gendron » du nom du ministre responsable d'alors de l'OPDQ[12]. Bien que jamais appliqué dans sa globalité, cet énoncé influencera les réformes à venir, particulièrement en matière de concertation régionale.

La seconde moitié des années 1980 et le début des années 1990 sont celles des discours politiques et des initiatives publiques en faveur de l'élimination des dettes publiques et de la lutte à l'inflation. Ces sujets de l'heure au sein de nombre de pays

9 Chaque conférence réunit les responsables régionaux des ministères et des organismes du gouvernement du Québec dont l'action a une conséquence sur le développement de la région concernée.

10. À cette loi qui va profondément bouleverser le monde municipal et régional au Québec, il faut ajouter celle non moins importante sur la protection du territoire agricole (loi 90), également adoptée en 1978 par le gouvernement du Parti québécois.

11. Pour des textes intéressants sur le processus de régionalisation au Québec, voir R. Morin (2006), *La régionalisation au Québec. Les mécanismes de développement et de gestion des territoires régionaux et locaux. 1960-2006*, Québec, Éditions Saint-Martin ; consulter également S. Martin-Gagnon (5 août 2011), « Décentralisation/régionalisation. Retombées en région », Table de concertation des groupes de femmes de la Montérégie. Document « en ligne » : *http://tcgfm.qc.ca/*, consulté le 30 juin 2015.

12. Pour une analyse de cet énoncé, prendre connaissance de cet article de B. Sokoloff (1984), « Le choix des régions : un nouvel enjeu pour le pouvoir local au Québec ? », *The Canadian Journal of Regional Science/La Revue canadienne des sciences régionales*, VII, 2 (Autumn/automne 1984), p. 251-264. Pour un regard plus récent, consulter M.-U. Proulx (2011), *Territoire et développement : une richesse du Québec*, Québec, Les Presses de l'Université du Québec (Science régionale, n° 12).

occidentaux tendent d'ailleurs à reléguer au second plan, du moins au Canada et au Québec, les problèmes de chômage et de disparités régionales, y incluant les problématiques liées à la diminution et au vieillissement des populations dans les régions rurales. De fait, sont désormais à l'ordre du jour des gouvernements fédéraux et du Québec les questions de la limitation des dépenses gouvernementales, de la croissance économique, du développement de l'entrepreneuriat et de la création d'emplois. En 1988, l'OPDQ dépose *Québec à l'heure de l'entreprise régionale. Plan d'action en matière de développement régional.* La même année, avec cet objectif de tendre vers une plus grande concertation et efficacité en ce domaine, les régies régionales de la santé et des services sociaux remplacent les conseils régionaux de la santé et des services sociaux (CRSSS). Ces régies tiennent alors compte du nouveau découpage du territoire québécois, le gouvernement du Québec ayant procédé l'année précédente à la création de ses 16 régions administratives[13].

Dans les années qui suivent, d'autres initiatives voient le jour : élaboration d'une nouvelle politique de développement régional (*Développer les régions du Québec*, 1992), présentation d'un énoncé de politique (*Décentralisation : un choix de société,* 1995), mise en place d'une politique de soutien au développement local et régional (1997), adoption de la *Loi sur le ministère du Développement économique et régional et de la Recherche* (projet de loi n° 34 adopté en 2003), création des agences régionales de la santé et des services sociaux et des conférences régionales des élus (CRÉ)14 (2003). Formées au moins aux deux tiers d'élus municipaux, les CRÉ deviennent les nouvelles interlocutrices des régions auprès du gouvernement[15] reprenant ainsi les mandats des conseils régionaux de développement (CRD), alors abolis. À la différence de ces derniers, par contre,

13. La 17ᵉ région administrative Québec verra le jour quelque dix ans plus tard, en 1997, alors que la région de la Mauricie et des Bois-Francs est scindée en deux.

14. En tout, 21 CRÉ sont créées pour les 17 régions administratives du Québec, les régions de la Montérégie et du nord du Québec en comportant chacune trois.

15. Pour plus d'information, lire ce document présentant le cadre juridique de ce nouveau partage de responsabilités entre l'État québécois et les régions, et notamment le chapitre consacré aux Conférences régionales des élus. Québec, secrétariat à la communication gouvernementale. Ministère du Conseil exécutif (2004), *Devenir maître de son développement. La force des régions. Phase 1 : Une nouvelle gouvernance régionale*, Secrétariat du Comité ministériel de la prospérité économique et du développement durable du ministère du Conseil exécutif, en collaboration avec le ministère du Développement économique et régional et de la Recherche et le ministère des Affaires municipales, du Sport et du Loisir. Document « en ligne » : *https://www.mce.gouv.qc.ca/publications/regions.pdf*, consulté le 25 juin 2015.

le rôle des élus y est prépondérant. Quant aux agences de santé, elles doivent contribuer « à améliorer la coordination et l'efficacité des réseaux régionaux pour promouvoir la santé et le bien-être de la population »[16].

Pour en revenir à la Conférence régionale des élus (CRÉ), qui constitue probablement l'une des initiatives majeures des années 2000[17] et du début des années 2010 en matière de décentralisation, voici en quels termes le ministère des Affaires municipales et de l'Occupation du territoire (MAMOT) du Québec résume son mandat :

> « [...] évaluer les organismes de planification et de développement travaillant aux paliers local et régional, organismes dont le financement provient en tout ou en partie du gouvernement [...] favoriser la concertation des partenaires dans la région et [...] donner, s'il y a lieu, des avis au ministre sur le développement de la région[18]. »

Relativement au plan quinquennal de développement (PQD) dont la CRÉ a la responsabilité de définir les modalités et le processus d'élaboration, il doit proposer, « dans une perspective de développement durable, les objectifs généraux et particuliers de développement de la région ». Devant favoriser la concertation entre le gouvernement du Québec et la région administrative concernée, le plan quinquennal constitue aussi un cadre de référence pour des actions gouvernementales ciblées, et ce, selon les axes de développement suivants : développement économique et emploi ; protection de l'environnement, aménagement du territoire et transport ; développement social et santé ; culture, loisir et sport ; éducation, recherche et science[19].

---

16. S. MARTIN-GAGNON (5 août 2011), *op. cit.*, p. 9.

17. Dans ce texte, nous faisons abstraction de la vaste réforme municipale de la première moitié des années 2000 et concrétisée par l'adoption de différents projets de lois en 2000 et en 2001. Il existe une littérature abondante sur ce sujet, mais pour un résumé de cette démarche, de la réforme et des lois adoptées en ce sens, consulter le site internet de Ici Radio-Canada, « Fusions, Défusions, Confusions. Retour sur la réforme municipale ». (Document en ligne) :
http://ici.radio-canada.ca/nouvelles/dossiers/defusions/retour.shtml, consulté le 20 juin 2015.

18. Ministère des Affaires municipales et de l'Occupation du territoire (MAMOT), 2015, « Conférence régionale des élus ». (Document en ligne) : *http://www.mamrot.gouv.qc.ca/amenagement-du-territoire/guide-la-prise-de-decision-en-urbanisme/acteurs-et-processus/conference-regionale-des-elus/*, consulté le 6 juillet 2015.

19. *Ibid.*

III. Centralisation et austérités des années 2010 : quels impacts sur les régions du Québec ?

Depuis l'élection du Parti libéral du Québec en avril 2014, et fort de sa majorité à l'Assemblée nationale, le gouvernement de Philippe Couillard a fait le choix de l'austérité : contrôle accru des budgets de l'État, adoption de diverses mesures afin de réduire les dépenses publiques et ainsi rétablir l'équilibre budgétaire en 2015-2016[20]. De l'avis de plusieurs, l'austérité du gouvernement est pénalisante, voire désastreuse pour le Québec et ses régions : centralisation, pertes d'emplois et d'expertises, pertes de cohésion et de solidarité, développement économique chancelant[21]. Pour d'autres, par contre, les mesures d'austérité sont un mal nécessaire puisque « le Québec n'a pas d'autre choix étant donné l'importance du fardeau fiscal actuel de ses contribuables » (Conseil du patronat du Québec, févr. 2015)[22].

Chose certaine, les mesures annoncées depuis 2014 inquiètent. Il en est ainsi de la disparition de diverses structures de concertation et de développement, comme les conférences régionales des élus (CRÉ) et des centres locaux de développement (CLD). Pour le président de la CRÉ de la Gaspésie-Îles-la-Madeleine et maire de la ville de Gaspé, Daniel Côté : « On paie plus cher que les autres le prix de l'austérité [...] ». Pour lui, les CRÉ, grâce à la concertation qu'elles encourageaient à l'échelle de la région, contribuaient au développement économique. C'est la

20. Lire à cet effet, deux articles intéressants : de l'économiste PIERRE FORTIN (17 décembre 2014), « Austérité : pourquoi êtes-vous si pressé, Monsieur Couillard ? », et de Jonathan Trudel (11 février 2015) : « Le Québec, un champion mondial de l'austérité. Parmi tous les pays riches, seuls le Japon et l'Australie ont des politiques d'austérité aussi sévères que celles du Québec, affirme l'économiste Pierre Fortin », *Actualité Express*, « Le blogue Économie » : *http://www.lactualite.com/blogues/le-blogue-economie/*, consulté le 30 juin 2015.

21. Prendre connaissance des différents mémoires déposés à l'occasion des travaux de la Commission des finances publiques, entre le 23 janvier et le 11 février 2015, ainsi que consultations particulières et auditions publiques portant sur le projet de loi n° 28 : Loi concernant principalement la mise en œuvre de certaines dispositions du discours sur le budget du 4 juin 2014 et visant le retour à l'équilibre budgétaire en 2015-2016, sanctionnée le 21 avril 2015, site internet de l'Assemblée nationale du Québec : *http://www.assnat.qc.ca/fr/travaux-parlementaires/projets-loi/projet-loi-28-41-1.html*, consulté le 4 juin 2015.

22. Mémoire du Conseil du patronat du Québec (février 2015), déposé dans le cadre des travaux de la Commission des finances publiques (23 janvier-11 février 2015). (Document en ligne) : *https://www.cpq.qc.ca/wp-content/uploads/2015/02/memoire020215.pdf*, consulté le 7 juillet 2015.

CRÉ de sa région qui a permis de sauvegarder le chemin de fer en Gaspésie, de déployer la fibre optique, d'assurer le transport collectif régional et de devenir partenaire d'un parc d'éoliennes[23].

Nombre de structures et d'organismes dédiés au développement régional ont déjà subi des réductions, voire des abolitions de leur financement. Il en est ainsi des carrefours Jeunesse-Emploi, des forums Jeunesse du Québec[24] et de Solidarité rurale[25]. Même le palier local écope puisqu'à la suite du pacte fiscal provisoire signé à l'automne 2014, le gouvernement a réduit de 300 millions ses transferts aux municipalités. Quant aux agences de santé, une autre instance régionale majeure, leur sort a été scellé avec la *Loi modifiant l'organisation et la gouvernance du réseau de la santé et des services sociaux notamment par l'abolition des agences régionales*, sanctionnée le 9 février 2015.

Dans les régions éloignées, comme le souligne Robert Dutrisac, les compressions dans l'appareil gouvernemental se vivent avec encore plus d'acuité :

Rationaliser signifie souvent réduire les postes en région : en santé, ce sont les postes dans les agences régionales qui disparaissent ; en éducation, ce sont ceux des directions régionales. Le ministère de la Culture et des Communications, le ministère de l'Immigration, de la Diversité et de l'Inclusion, Services Québec rognent en région. De même, la réduction des budgets des CLD et l'abolition des CRE, si elles peuvent entraîner une réduction de l'offre de services, signifient aussi des pertes directes d'emplois. Et les bons emplois dans plusieurs régions sont des denrées rares[26].

---

23. R. DUTRISAC, correspondant parlementaire à Québec, « Développement régional. Quand le Québec profond s'enfonce », *Le Devoir*, 15 janvier 2015.

24. Le travail des 19 Forums jeunesse du Québec dans les régions « se manifestai[en]t entre autres par des projets en participation citoyenne, en persévérance et réussite scolaire, au niveau de la réinsertion sociale et professionnelle, en immigration, en lutte contre la pauvreté, de même que par une multitude d'autres initiatives développées par et pour des jeunes ». Ph. ORFALI, « Des Forums jeunesse refusent de mourir. Une dizaine d'organismes poursuivent leurs activités grâce au soutien des villes », *Le Devoir*, 7 juillet 2015.

25. Consulter le site internet de Solidarité rurale du Québec, un organisme créé en 1991. Reconnu comme instance-conseil du gouvernement du Québec en matière de ruralité, cet organisme a perdu ses mandats et son financement en décembre 2014. En ligne : *http://www.ruralite.qc.ca/fr*, consulté le 7 juillet 2015.

26. R. DUTRISAC, *loc. cit.*

Bref, aux dires de bien des acteurs et intervenants régionaux, toutes ces décisions et mesures d'austérité pénalisent directement les régions. Dans ce contexte, il n'a d'ailleurs pas été étonnant d'assister à la création d'une coalition nationale, « Touche pas à mes régions ! », un regroupement d'élus et de citoyens, de municipalités et d'organisations qui œuvre à dénoncer « l'absence de dialogue du gouvernement du Québec », qui déplore son « absence de vision » en matière de développement régional et qui s'oppose « au mouvement de centralisation sans précédent » initié par le gouvernement du Québec[27].

Le temps (et les analyses et études à venir) nous dira si cette centralisation à grande échelle et cet affaiblissement décrié des structures et des institutions de concertations régionales et de participation de la société civile auront des conséquences néfastes sur le développement social et économique des régions, voire du Québec dans son ensemble. C'est donc une histoire à suivre…

27. Consulter le site internet de la coalition « Touche pas à mes régions ! » : *http://touchepasamesregions.ca/accueil.* On retrouve sur ce site, une importante revue de presse portant sur l'actualité politique des régions et faisant notamment état des impacts des décisions et mesures gouvernementales : *http://touchepasamesregions.ca/revue-de-presse.*

LES FORMES DU RÉGIONALISME ÉMERGENT EN AFRIQUE

par

Épiphane SOHOUÉNOU

Agrégé des Facultés de Droit
Maître de conférences, Université d'Abomey-Calavi (Rép. du Bénin)

Introduction

« Il n'y a peut-être plus de mots simples… »[1]. Le terme « régionalisme » n'en est probablement pas un. Une réflexion sur *les formes du régionalisme émergent en Afrique* peut comporter, en raison de son intitulé, une ambiguïté qu'il convient de lever pour éviter tout malentendu. En effet, dans le contexte africain, le mot « régionalisme » est couramment utilisé pour désigner un mode de gouvernance, un système politique et administratif privilégiant, dans un État, les citoyens originaires d'une zone géographique au détriment des autres[2]. Rimant alors avec tribalisme

1. G. BERNANOS, *Lettre aux Anglais*, cité par C. GAGNIERE, *Le bouquin des citations*, Paris : Robert Laffont, 2007, p. 360.

2. Curieusement, ce sens est absent des dictionnaires, qu'il s'agisse de dictionnaires généraux de la langue française (*Larousse*, *Le Robert*, etc.) ou de dictionnaires spécialisés (de politique, de sociologie, etc.). Il ne figure ni au *Dictionnaire universel* publié par l'Organisation internationale de la Francophonie chez Hachette/Edicef, pour la première fois en 1995, ni même à l'*Inventaire des particularités lexicales du français en Afrique noire francophone* réalisé sous l'égide de l'Agence universitaire de la Francophonie et dont la troisième édition chez Edicef remonte à 2004. En revanche, il est attesté par de nombreux écrits. Voir dans ce sens I. GHANA, « Afrique : tribalisme, régionalisme et développement » (texte publié le 2 mars 2014 dans *Afrique* et objet d'un commentaire d'Isidore Kpotufe sur le site *http//www.contrepoints.org)* ; A. QUENUM, « De la tribalité normale au régionalisme dangereux : il vaut mieux prévenir que d'avoir à guérir », *La Nouvelle Tribune*, 19 juillet 2013, accessible à l'adresse *http://www.lanouvelletribune.info*.

et ethnocentrisme, il revêt une connotation péjorative[3], à exclure ici parce qu'elle est éloignée de la problématique de l'organisation des grandes régions en France et en Europe. Dans le cadre d'un colloque portant sur une telle problématique, le régionalisme paraît devoir être entendu, même si le terme est éminemment polysémique[4], comme une doctrine politique ou un système d'organisation administrative reconnaissant, dans un État, une autonomie plus ou moins étendue à des entités géographiques présentant une certaine homogénéité ou identité et formant un échelon intermédiaire entre les niveaux central et local[5]. Pour Maurice Barrès, s'exprimant à propos de la Lorraine, le régionalisme vise, non pas à « surexciter l'intérêt local au détriment de l'intérêt [national, mais à] ranimer le bon sens local, [à] lui donner une voix… »[6]

Le régionalisme ainsi conçu n'est pas véritablement nouveau en Afrique. Dans certaines parties du continent, il remonte à la période coloniale. Cependant, le régionalisme peut être considéré comme étant encore émergent en Afrique car ses formes ne semblent pas être stabilisées ou devenues définitives. Par-delà la variété des situations nationales au regard de son ancienneté, l'institution régionale a pu s'exprimer, à travers le temps, sous plusieurs formes en Afrique. Celle-ci est ici considérée dans sa diversité, de l'Afrique noire au Maghreb, des États unitaires aux États fédéraux, des États anglophones à ceux ayant en partage l'usage du français en

3. Il aurait été préférable de retenir le terme « régionalisation » qui, quoique plus récent que le mot « régionalisme », est plus neutre tout en étant proche par le sens – par la polysémie devrait-on dire.

4. Le mot « régionalisme » désigne :

– en linguistique, un idiotisme (locution, expression, terme spécifique à une région) ;

– en littérature, un courant ou un type de roman traduisant un intérêt particulier pour une région, valorisée à travers ses paysages, ses mœurs, ses us et coutumes, sa gastronomie, son architecture, son folklore, etc. ;

– dans certains États, un courant artistique (États-Unis d'Amérique dans les années 1930) ou une tendance architecturale (France à la fin du XIXe siècle et au début du XXe) ;

– dans plusieurs organisations internationales, une zone géographique d'intervention pouvant correspondre, en tout ou partie, à un continent ;

– dans les relations internationales, une politique de regroupement visant à favoriser, entre États géographiquement proches, des échanges commerciaux, voire une véritable intégration.

5. Cp. Notamment G. CORNU, (dir.), *Vocabulaire juridique* Paris, PUF, 10e édition mise à jour, 2014, p. 879 ; Centre national de ressources textuelles et lexicales sur le site *Ortolang* accessible à l'adresse *http://www.cnrtl.fr/lexicographie/régionalisme.*

6. M. BARRES, *Mes Cahiers*, tome III, Paris, Plon, 1902, p. 37.

passant, dans une moindre mesure[7], par les pays lusophones. À défaut de pouvoir couvrir l'ensemble des États, l'étude est envisagée à partir d'un échantillon d'une vingtaine d'États dont l'organisation comprend, au moins théoriquement, un échelon régional[8]. Pour être utile à la réflexion sur l'organisation des régions en France et en Europe, l'étude du régionalisme africain doit porter sur les formes actuelles de ce mode d'organisation en partant du droit écrit, des pratiques et des projets de réforme les plus récents, même si les expériences menées depuis la période coloniale peuvent apporter, dans certains cas, un éclairage intéressant à l'analyse.

Indépendamment de sa contribution au colloque de Reims, l'étude sur le régionalisme émergent en Afrique est utile aux Africains eux-mêmes. En premier lieu, elle enrichit l'enseignement du droit administratif général dans son volet « Organisation administrative », et celui du droit de la décentralisation en Afrique. En deuxième lieu, en raison des comparaisons qu'elle oblige à opérer, cette étude constitue une source d'informations susceptible d'inspirer des réformes dans chaque État sur le continent.

Quelle que soit la perspective dans laquelle elle s'inscrit, l'étude des formes du régionalisme émergent en Afrique induit une interrogation principale relative aux différents schémas dont procèdent la conception et le fonctionnement de l'institution régionale sur ce continent. Concrètement, elle conduit à s'intéresser à la structure et aux critères de délimitation des entités territoriales formant l'échelon régional, au rôle ou aux fonctions de ces entités, à leur statut juridique, à leur organisation, à leur plus-value, à l'évolution de la région dans chaque État, aux ressemblances et différences observables d'un État à l'autre, voire à l'intérieur d'un même État. Envisagée sous cet angle, l'analyse révèle une convergence relative au positionnement de l'institution régionale. En effet, dans tous les États africains dont l'organisation administrative comporte des régions, celles-ci constituent, comme ailleurs dans le monde[9], des entités intermédiaires, situées à un niveau

7. Les États lusophones sont malheureusement peu couverts en raison de la méconnaissance de la langue portugaise par l'auteur de l'étude et de la faible accessibilité des textes et documents concernant ces États.

8. Ces États, sur lesquels il est relativement facile d'obtenir de la documentation pertinente, sont principalement l'Afrique du Sud, le Burkina Faso, le Cameroun, la Côte d'Ivoire, le Ghana, la Guinée Bissau, la Guinée-Conakry, Madagascar, le Maroc, le Mali, le Niger, le Nigéria, le Sénégal, le Tchad, le Togo et la Tunisie.

9. Cités et Gouvernements locaux Unis (CGLU), *La décentralisation et la démocratie dans le monde : 1er rapport mondial CGLU*, Barcelone, 2008, p. 27-28 ; p. 161 ; 237.

« immédiatement inférieur à l'État »[10] mais au-dessus des échelons « d'exécution et de contact avec la population »[11]. Elles correspondent donc à l'échelon supérieur de l'Administration territoriale. Mais cette convergence est trompeuse. En réalité, les formes du régionalisme émergent en Afrique témoignent à la fois d'une extrême diversité (I) et d'un renouvellement permanent (II).

I. L'extrême diversité

L'extrême diversité des formes du régionalisme émergent en Afrique comporte deux degrés correspondant, l'un à des divergences modélisables (A), l'autre à des disparités trop complexes pour être mises en équation (B)[12].

A. Des divergences modélisables

Les données du régionalisme émergent en Afrique qui sont susceptibles de modélisation sont assez éclatées. Elles concernent l'appellation, le rôle et le statut juridique des entités de l'échelon régional.

En ce qui concerne l'appellation, dans le champ géographique de la présente étude, les entités formant le premier niveau de l'organisation territoriale portent généralement la dénomination formelle de « régions ». Cependant, dans une perspective historique, une deuxième appellation mérite d'être signalée. En effet, la dénomination de « provinces » a été déjà adoptée par le passé pour qualifier les actuelles régions dans certains États africains[13] comme ce fut le cas sous l'Ancien Régime en France[14]. Au demeurant, actuellement, l'échelon régional correspond aux « provinces » en Afrique du Sud[15]. Par ailleurs, même lorsqu'il est adopté,

---

10. A. BOCKEL, « L'Administration territoriale et locale » *in Encyclopédie juridique de l'Afrique*, tome premier *: l'État et le droit*, Abidjan/Dakar/Lomé, Nouvelles Éditions africaines, 1982, p. 174.

11. *Idem*, p. 172.

12. En raison de cette opposition, les caractéristiques des formes du régionalisme émergent en Afrique ne seront pas présentées dans l'ordre logique qu'aurait imposé une analyse juridico-institutionnelle classique. Mais, il n'y a à cela aucun mal puisque la démarche choisie est au service, non pas d'une description linéaire, mais d'une démonstration donnée.

13. Voir *infra*, p. 8 et S.

14. Voir Y. JEGOUZO et M. VERPEAUX, « Les collectivités territoriales » *in* P. GONOD, F. MELLERAY et Ph. YOLKA (dir.), *Traité de droit administratif*, Paris : Dalloz, 2011, p. 285.

15 Voir R. ADJAHO, *Décentralisation, au Bénin, en Afrique et ailleurs dans le monde : état sommaire et enjeux*, Cotonou : COPEF, 2002, p. 142 ; CGLU, *op. cit.*, p. 26.

le mot français « région » peut coexister avec un terme équivalent de la langue nationale, comme à Madagascar où les régions sont également appelées « *faritany* » ou « *faritra* »[16].

Du point de vue du rôle qu'ils lui assignent, la plupart des États africains confèrent à l'échelon régional une « vocation » économique. Les formules relativement convergentes qui servent à exprimer cette vocation dans les textes nationaux[17] masquent une variété de situations. Plusieurs cas de figure doivent être distingués.

Le premier cas de figure est celui où les régions ont un rôle presque exclusivement économique. Il en a été ainsi pour les sept régions économiques créées au Maroc en 1971. Elles étaient conçues comme « un cadre de référence, d'étude et d'action économique [pour] infléchir les tendances au développement inégal… corriger les excès de… la concentration économique… »[18]

Dans le deuxième cas de figure, la fonction économique de la région coexiste avec des fonctions administratives traditionnelles, mais reste dominante[19]. La loi marocaine n° 47-96 du 2 avril 1997 relative à l'organisation de la région est représentative de cette tendance, car au moins six des quatorze compétences propres qu'elle reconnaît aux régions ont un lien assez direct avec l'économie. En fonction de la consistance du rôle économique qui lui est dévolu, la région peut être dotée

16. Cp. CGLU, *op. cit.*, p. 26, *Wiktionnaire* accessible à l'adresse *http://fr.wiktionary.org/wiki/faritany*; *Wikipédia* accessible à l'adresse *https://www.google.com/search?q=faritra+madagascar&ie=utf-8&oe=utf-8.*

17. Ainsi : « La région est une collectivité territoriale à vocation essentiellement économique, sociale et culturelle » (Code général des collectivités territoriales ou CGCT de la République du Niger, art. 96);

« La région a vocation à être un espace économique et un cadre adéquat d'aménagement, de planification et de coordination du développement » (CGCT au Burkina Faso, art. 15);

« Les régions ont pour mission…, de contribuer au développement économique, social et culturel de la collectivité régionale… » (loi marocaine n° 47-96 relative à l'organisation de la région, art. 1er, al. 2).

18. Anonyme, « Bref regard historique sur la régionalisation au Maroc » à l'adresse : *https://sites.google.com/site/collectivitesaumaroc/bref-regard-his…*

19. Cette combinaison s'impose partout où le conseil régional bénéficie d'une clause de compétence générale.

de structures spécialisées ou d'instruments spécifiques de financement (Comité économique et social régional en Côte d'Ivoire[20] ; Fonds de péréquation et de développement régional au Maroc)[21].

Au troisième cas de figure correspond une fonction économique des régions, supplantée par les compétences administratives. Les lois togolaise et tchadienne de décentralisation[22] illustrent parfaitement cette approche. Un quatrième cas de figure concerne les États où les régions sont réduites à un rôle purement administratif excluant pratiquement toute compétence économique particulière.

Quant au statut juridique des régions, il recouvre en Afrique quatre formules décrivant presque l'intégralité de « l'échelle de la décentralisation »[23]. En premier lieu, même si la qualification de « région » ne s'applique pratiquement plus à aucun État fédéré dans le champ de l'étude, le régionalisme n'est pas dépourvu de tout lien avec le fédéralisme en Afrique. Par exemple, en République démocratique du Congo (RDC), « la loi fondamentale du 19 mai 1960… [transforma en] de véritables États »[24] les provinces qui furent rebaptisées « régions » à la faveur des réformes de 1966-1967. De même, les neuf provinces sud-africaines actuelles sont les produits de l'évolution des quatre anciennes colonies britanniques ayant constitué à partir de 1910 l'Union sud-africaine[25]. Par ailleurs, les trente-six États de la République fédérale du Nigéria sont issus de la transformation progressive des quatre régions de 1963, dont l'une a été érigée en État en 1967 pendant que les trois autres étaient divisées en douze États. En deuxième lieu, les régions sont, dans certains États africains, de simples circonscriptions administratives. En troisième lieu, dans quelques autres États, les régions sont des collectivités

20. Loi n° 2014-451 du 5 août 2014 portant orientation de l'organisation générale de l'Administration territoriale, art. 39 ; loi n° 2012-1128 du 13 décembre 2012 portant organisation des collectivités territoriales, art. 148.

21. Loi marocaine n° 47-96 déjà citée, art. 66 *in fine*.

22. Voir loi tchadienne n° 33/PR/2006 du 11 décembre 2006 portant répartition des compétences entre l'État et les collectivités territoriales décentralisées, art. 6 et s. ; loi togolaise n° 2007-011 du 13 mars 2007 « Décentralisation et liberté locale », art. 199.

23. Voir M. E. SOHOUENOU, « Contribution à l'élaboration d'une échelle de la décentralisation en Afrique noire francophone », *Revue béninoise des sciences juridiques et administratives*, n° 22, 2008-2009, p. 147 et S.

24. BOCKEL, *op. cit.* p. 173.

25. *Wikipedia*.

territoriales[26] (Cameroun, Maroc…)[27]. En quatrième lieu, plusieurs États africains confèrent à leurs régions le double statut de circonscriptions administratives et de collectivités territoriales. Tel est le cas en Côte d'Ivoire[28], au Niger[29] et au Burkina Faso[30] notamment.

Pour être intelligible, le double statut implique une distinction plus ou moins nette entre organes décentralisés et autorités déconcentrées, hormis les cas de dédoublement fonctionnel ou de partage du pouvoir[31]. Il s'agit donc d'une sorte de superposition-distinction, à l'opposé de ce qui apparaît dans le système ghanéen comme une superposition-confusion[32]. Dans les États où il prévaut, le schéma consistant à reconnaître aux régions le statut de collectivités territoriales, que ce statut soit exclusif ou cumulé avec celui de circonscription administrative, comporte des variantes liées au degré de décentralisation (étendue des compétences, mode de désignation des organes…).

Par rapport à l'appellation, au rôle et au statut juridique des régions africaines, il est donc possible d'identifier nettement les différentes formules qui coexistent. Il n'en est pas ainsi pour d'autres données du régionalisme africain par rapport auxquelles s'observent des disparités plus complexes.

---

26. Au Sénégal, les régions ont perdu leur statut de collectivités territoriales en 2013. Voir exposé des motifs de la loi n° 2013-10 du 28 décembre 2013 portant Code général des collectivités locales, § 13.

27. Loi n° 47-96 déjà citée, art. 1er al. 1er. La lecture croisée de cet article et de certaines autres dispositions de la même loi révèle qu'au territoire de la région, collectivité locale, ne correspond aucune circonscription administrative du même nom, la représentation de l'État auprès de la région étant assurée par le « gouverneur du chef-lieu de la région » (art. 1er al. 5 ; art. 26 al. 1er ; art. 54 al. 1er ; art. 56 al. 1er, etc.).

28. Voir loi n° 2014-451 du 5 août 2014 portant orientation de l'organisation générale de l'administration territoriale, art. 2 et art. 32.

29. Ordonnance n° 2010-54 du 17 septembre 2010 portant Code général des Collectivités territoriales de la République du Niger, art. 2, 306 et 307.

30. Cp. décret n° 2012-804/PRES/PM/MATDS/MEF du 8 octobre 2012 portant modalités de création, d'organisation et de fonctionnement des circonscriptions administratives au Burkina Faso, art. 2 ; loi n° 055-2004/AN du 21 décembre 2004 portant Code général des collectivités territoriales au Burkina Faso, modifiée par la loi n° 040-055/AN du 29 novembre 2005, art. 15 et s.

31. Voir par exemple plus loin les développements sur le système marocain de partage du pouvoir exécutif entre le président du conseil régional et le gouverneur du chef-lieu de la région.

32. Voir la description que donne du système ghanéen ADJAHO, *op. cit.*, p. 154-155.

B. Des disparités complexes

Certaines différences entre les formes du régionalisme africain sont si tranchées, ambiguës ou subtiles que les logiques dont elles peuvent procéder sont difficilement saisissables et modélisables. Ces disparités complexes concernent la configuration ou l'organisation des régions.

La configuration des régions recouvre leur structure interne, leur nombre, leur taille et leur délimitation.

Du point de vue de leur structure interne, les régions africaines regroupent des départements dans certains des États sous étude (Cameroun, Côte d'Ivoire, Guinée Bissau, Niger, Sénégal, Tchad, etc.). Dans d'autres États de l'échantillon, les régions sont plutôt structurées en entités territoriales aux appellations très variables (préfectures[33] au Togo, provinces au Burkina Faso, cercles au Mali, gouvernorats en Tunisie, provinces et préfectures au Maroc, districts au Ghana, etc.).

Le nombre des régions varie, dans les pays de l'échantillon, de cinq (Togo) à trente et une (Côte d'Ivoire) en passant par six (Tunisie) sept (Niger), huit (Mali, Guinée Conakry), neuf (Guinée Bissau), dix (Ghana, Cameroun...), treize (Burkina Faso), quatorze (Sénégal), seize (Maroc), dix-huit (Tchad) et vingt-deux (Madagascar). Les États africains ont d'ailleurs tendance à accroître le nombre des régions « pour réduire les déséquilibres constatés... tout en créant des dynamismes territoriaux nouveaux pour assurer... un développement harmonieux... »[34]. Les disparités ainsi observées d'un État à l'autre sont peu rationnelles. Par exemple, certains États assez étendus (Niger, Mali) n'ont qu'un nombre limité de régions. En tout état de cause, le nombre de régions n'est pas une donnée significative tant qu'elle est considérée isolément.

En ce qui concerne la taille des régions africaines, appréciée au regard de leur superficie, de leur population ou de leur poids économique, elle varie, non seulement d'un État africain à l'autre, mais aussi à l'intérieur d'un même pays. L'ampleur

33. Même s'il a pu désigner par le passé en France le « territoire administré par l'un des préfets du prétoire » (*Le Nouveau Petit Robert*, dictionnaire alphabétique et analogique de la langue française), le mot « préfecture » est censé désigner aujourd'hui en français « l'ensemble des services de l'administration préfectorale » ainsi que le local voire la ville qui les abrite (*Le Nouveau Petit Robert* déjà cité). Mais, dans plusieurs États africains, il continue de s'appliquer, en droit positif, à des circonscriptions (unités) administratives (Tchad) ou à des collectivités territoriales (Togo).

34. Exposé des motifs de la loi sénégalaise n° 2008-14 du 14 mars 2008 modifiant la loi n° 72-02 du 1er février 1972 portant organisation de l'administration territoriale, § 6.

des contrastes apparaît à la lumière de l'exemple de deux régions du Maroc. Dans ce royaume, la région la plus petite a une superficie qui est presque cent fois plus réduite que celle de la région la plus étendue[35] alors qu'elle est trente-cinq fois plus peuplée que celle-ci[36] mais a un produit intérieur brut cent vingt-trois fois plus élevé[37] et un taux d'investissement incommensurablement plus important. Ce constat peut s'appliquer à la plupart des États africains car « le découpage du territoire national en [régions] s'accompagne souvent de disparités... plus ou moins importantes »[38]. Par exemple, au Sénégal, avant le découpage de 2008, « les régions de Kolda, de Kaolack et de Tambacounda... avec leurs 95 995 km^2 [couvraient] à elles seules plus de 48 % du territoire national »[39]. Chacune d'elles a dû être scindée en deux pôles distincts.

La délimitation des régions comporte deux dimensions distinctes liées respectivement aux logiques mises en œuvre et aux critères techniques utilisés.

Théoriquement, trois logiques sous-tendent la délimitation des régions en Afrique. La première logique serait purement administrative. Elle présente deux inconvénients. D'une part, souvent mâtinée de considérations politiques, sa rationalité n'est pas toujours perceptible ou intelligible, et le découpage en régions qui en résulte « suscite régulièrement des débats »[40]. D'autre part, la logique administrative génère

35. Il en est ainsi entre la région de Oued Ed-Dahab-Lagouira (142 865 km^2) et le Grand Casablanca (1 615 km^2) selon *Wikipédia* accessible à l'adresse *http://fr.wikipedia.org/wiki/Régions_marocaines_classées_par_s...* .

36. Des deux régions citées dans la note précédente, la plus peuplée est la moins étendue sur la base de statistiques de 2006 utilisée sur le site précédemment cité. Dans le projet de nouveau découpage des régions et sur la base de données de 2008, les disparités s'accentuent entre les régions dites désormais de Casablanca-Settat et de Ed Dakhla-Oued Ed Dahab. Consulter à ce sujet, M. Badrane, « Radioscopie de douze nouvelles régions » sur le site de Saad Lamjarred accessible à l'adresse *http://www.aujourdhui.ma/maroc/politique/radioscopie-des-douz...*

37. Le PIB en 2008 dans les deux nouvelles régions précédemment visées varie de 149 095 millions de dirhams à 1 210 millions de dirhams. Alors que le montant des investissements a atteint 10 732 039 millions de dirhams pour la région de Casablanca-Settat en 2008, pour Ed Dakhla-Oued Ed Dahab, il était quasiment nul pour la même année. Consulter à ce sujet le site de *Saad Lamjarred* déjà cité.

38. Exposé des motifs de la loi sénégalaise n° 2008-14 du 18 mars 2008, déjà citée, § 1.

39. Exposé des motifs de la loi n° 2008-14 du 18 mars 2008 déjà citée, § 3.

40. *Wikipédia*, Encyclopédie multimédia libre, à propos des « Régions de Côte d'Ivoire » à l'adresse *http://fr.wikipedia.org/wiki/Régions_de_Côte_d'Ivoire*, p. 3 du document imprimé.

des régions qui ne correspondent pas aux entités sociologiques ou géographiques[41]. Par exemple, en Guinée Conakry, le nombre de régions administratives s'élève à huit alors que celui des régions naturelles n'est que de cinq. De même, le territoire bissau-guinéen est organisé en neuf régions administratives pour cinq zones culturelles ou linguistiques. Suivant une deuxième logique, observable en République sud-africaine, la délimitation des régions reposerait sur des données ethnolinguistiques. Enfin, Alain Bockel affirme sans en rapporter d'exemples que le découpage territorial résulte, dans certains États africains, d'une troisième logique, à caractère économique, en vertu de laquelle « la région idéale doit coïncider avec une zone d'aménagement économique rationnelle, centrée autour d'un pôle de développement actuel ou potentiel »[42]. Mais, la réalité est plus complexe, car, dans la plupart des États, prévaut une démarche consistant à coupler plusieurs logiques (logiques physique et administrative en Côte d'Ivoire, logiques géographique et linguistique au Cameroun, logiques ethnolinguistique et géographique au Nigéria, etc.) et rendant de ce fait toute lecture difficile.

Quant aux critères techniques de la délimitation, ils sont rarement énoncés dans les textes juridiques et restent donc occultes. Très exceptionnellement, dans quelques États, il est établi que « la création et l'organisation des régions ne peuvent, en aucun cas, porter atteinte [ni] à l'unité de la Nation [ni] à l'intégrité » du territoire[43], mais doivent viser « la constitution d'un ensemble homogène et intégré »[44] ainsi que « la correction des disparités régionales »[45]. Même si elle a le mérite d'exister une telle formule ne comporte aucun critère précis.

Le législateur ivoirien précise, dans une démarche peu courante, que les régions « sont créées en considération des critères suivants : 1. Le poids démographique ; 2. Le niveau d'infrastructure et d'équipement ; 3. L'existence réelle d'une cohésion

41. Lorsque le découpage est fondé, en tout ou partie, sur des critères géographiques, les dénominations des régions font référence aux points cardinaux ou à des éléments naturels (cours d'eau, relief…).

42. Bockel, *op. cit.* p. 174.

43. Cp. loi ivoirienne n° 2014-451 du 5 août 2014, déjà citée, art. 38 al. 2. ; loi marocaine n° 47-96 du 2 avril 1997, déjà citée, art. 2.

44. Loi marocaine n° 47-96 du 2 avril 1997, déjà citée, art. 4 al. 2.

45. Cp. loi ivoirienne n° 2014-451 du 5 août 2014, déjà citée, art. 3 *in fine* et l'exposé des motifs de la loi sénégalaise n° 2008-14 du 18 mars 2008, déjà citée, § 6.

sociale; 4. Le potentiel économique et financier; 5. l'étendue et le nombre de localités devant composer l'entité à créer »[46]. Il prescrit également différentes procédures à mettre en œuvre (enquête[47]; commission consultative[48], etc.).

Les règles régissant l'organisation des régions en Afrique répondent apparemment à des schémas nettement différenciés. En réalité, ces schémas se complexifient en raison des formules atypiques dont ils sont assortis. Il en est ainsi autant pour l'organe délibérant que pour l'organe exécutif.

L'organe délibérant de l'échelon régional est généralement appelé conseil régional. Alors que dans certains États, tous les membres de cet organe sont élus (Tchad[49], Togo sous la réserve de l'effectivité[50]...), dans d'autres États, le conseil régional comprend aussi des membres de droit[51] siégeant éventuellement hors quota avec voix consultative. La qualité de ces membres de droit est très variable (députés non élus au conseil régional, sultans, chefs de province, de canton ou de groupement désignés par la structure régionale de l'Association des chefs traditionnels au Niger[52]; membres du Parlement élus dans le cadre de la région[53], présidents des assemblées préfectorales et provinciales sises dans la région au Maroc[54]). Les membres des conseils régionaux élus le sont, soit au suffrage universel direct (Tchad[55], Niger[56]),

46. Loi ivoirienne n° 2012-1128 du 13 décembre 2012, déjà citée, art. 8.

47. *Idem*, art. 5 et 9.

48. *Idem*, art. 10.

49. Loi organique n° 02/PR/2000 du 16 février 2000 portant statuts des collectivités territoriales décentralisées, art. 5 et 7.

50. Loi n° 2007-011 du 13 mars 2007, déjà citée, art. 27.

51. Quoique correspondant à un échelon infrarégional, l'exemple du « district assembly » ghanéen rapporté par Adjaho montre que, dans certains systèmes, des organes délibérants peuvent comporter des membres nommés. En effet, « le district assembly est constitué de personnalités indépendantes [élues] dans une proportion de 70 %. Le reste est constitué de personnalités nommées par le chef de l'État avec l'approbation des autorités traditionnelles et des autres groupes actifs au sein de la collectivité » (ADJAHO, *op. cit.*, p. 155).

52. Ordonnance n° 2010-54 du 17 septembre 2010 déjà citée, art. 99 et 101. En revanche, au Cameroun, « les représentants du commandement traditionnel élus par leurs pairs » sont membres à part entière du conseil régional (loi n° 2004/019 du 22 juillet 2004 fixant les règles applicables aux régions, art. 26 al. 1).

53. Il en est également ainsi au Cameroun où les parlementaires siègent au conseil régional avec voix consultative (loi n° 2004/019 du 22 juillet 2004 déjà citée, art. 27).

54. Loi n° 47-96 du 2 avril 1997 déjà citée, art. 3 al. 2.

55. Loi organique n° 02/PR/2000 du 16 février 2000 déjà citée, art. 7.

56. Ordonnance n° 2010-54 du 17 septembre 2010 déjà citée, art. 100.

soit au second degré par d'autres organes décentralisés[57] (« collectivités locales) [voire par] des chambres professionnelles et des salariés »[58] au Maroc. Mais, au Cameroun, une exigence particulière s'ajoute à celle de l'élection : « Le conseil régional doit refléter les différentes composantes sociologiques de la région[59]. »

En ce qui concerne l'exécutif régional, il est détenu, soit par une seule autorité administrative souvent appelée « président du conseil régional » (Niger, Burkina Faso...) même si celui-ci est assisté d'adjoints (Niger) ou d'un bureau comme tel (Cameroun), soit par un collège généralement dénommé « bureau (exécutif) du conseil régional » (Togo). Toutefois, il existe de nombreux cas particuliers. Par exemple, au royaume chérifien, le pouvoir exécutif régional est co-exercé par le président du conseil et par le gouverneur du chef-lieu de la région. Celui-ci participe avec voix consultative aux sessions du conseil régional en siégeant « à la droite du président »[60] puis « exécute les décisions du conseil »[61] avec la réserve que les mesures qu'il prend dans ce cadre « ne sont exécutoires que si les actes y afférents sont revêtus du contreseing du président du conseil régional... donné dans les cinq jours à compter de leur réception... à défaut [de quoi] le gouverneur peut... passer outre et ordonner l'exécution »[62]. Par ailleurs, en Côte d'Ivoire, dans la loi portant organisation des collectivités territoriales, les dispositions relatives au titulaire du pouvoir exécutif régional sont ambiguës. En effet, alors qu'il distingue formellement deux « organes exécutifs », le législateur qualifie l'un de ces « organes » d'« autorité investie du pouvoir exécutif de la collectivité territoriale », l'autre étant simplement « le bureau du Conseil... »[63]

Quel qu'il soit, le détenteur du pouvoir exécutif régional est généralement élu, à l'intérieur du conseil régional (Togo, Niger, Burkina Faso, Maroc...) ou, s'agissant du président du conseil régional en particulier, au suffrage universel direct comme en Côte d'Ivoire où « la tête de la liste déclarée vainqueur est de droit président du conseil régional »[64]. Cependant, au Niger, le président du conseil régional est

57. Au Cameroun, il s'agit des départements (loi n° 2004/019 du 22 juillet 2004 déjà citée, art. 26 al. 1).

58. Loi n° 47-96 du 2 avril 1997 déjà citée, art. 3 al. 1.

59. Loi n° 2004/019 du 22 juillet 2004 déjà citée, art. 26 al. 2. Il en est d'ailleurs de même du bureau du conseil régional (*idem*, art. 60).

60. Loi n° 47-96 du 2 avril 1997 déjà citée, art. 26 al. 1.

61. *Idem*, art. 54 al. 1.

62. *Idem*, art. 54 al. 3.

63. Loi n° 2012-1128 du 13 décembre 2012 déjà citée, art. 51.

64. *Idem*, art. 154.

élu « parmi les conseillers titulaires d'au moins le baccalauréat de l'enseignement secondaire ou d'un diplôme équivalent »[65] tandis qu'au Cameroun, « le président du conseil régional est une personnalité autochtone de la région »[66].

Reflétant une telle diversité, les formes du régionalisme africain font également l'objet d'un renouvellement permanent.

II. Le renouvellement permanent

Les formes du régionalisme africain portent la marque d'une hésitation continue (A) et d'une quête récente de transformation (B).

A. Une hésitation continue

En Afrique du Nord et dans l'ex Afrique équatoriale française (AEF)[67] notamment, le « processus [de régionalisation] semble prendre racine depuis la période coloniale »[68]. Pendant cette période, il « répondait à des impératifs de sécurisation et de planification tendant à maîtriser l'espace réfractaire »[69]. Ainsi, en Afrique du Nord, le Royaume du Maroc[70] a-t-il été divisé « en trois régions militaires… et quatre régions civiles »[71] entre 1912 et 1956. Ce fait rappelle les origines de la région en France[72]. En Afrique-Équatoriale française (AEF), la région constituait « l'échelon supérieur d'administration générale »[73]. Qu'ils aient été colonisés par la France ou par d'autres puissances, qu'ils aient connu la régionalisation ou non pendant la période coloniale, presque tous les États africains ont initié « de nombreuses réformes ou retouches [successives] qui [apparaissent à certains analystes comme] l'indice de la difficulté ou des hésitations qui président à l'adoption de solutions

65. Ordonnance n° 2010-54 du 17 septembre 2010 déjà citée, art. 125.

66. Loi n° 2004/019 du 22 juillet 2004 déjà citée, art. 61 al. 2.

67. L'Afrique équatoriale française est le gouvernement général créé en 1910 pour regrouper en une Fédération les quatre colonies françaises d'Afrique centrale qui étaient alors le Gabon, le Tchad, l'Oubangui-Tchari (actuelle République centrafricaine) et le Moyen-Congo (actuel Congo Brazzaville), auxquelles s'ajoutera plus tard le Cameroun placé sous mandat français en 1919.

68. CGLU, *op. cit.*, p. 29.

69. Anonyme déjà cité.

70. Le Royaume du Maroc a été placé sous protectorats français et espagnol entre 1912 et 1956.

71. Anonyme déjà cité.

72. Ch. DEBBASCH et F. COLIN, *Droit administratif*, Paris : Economica, 10e édition, 2011, p. 225.

73. BOCKEL, *op. cit*, p. 172.

stables »[74]. En réalité, aucune formule ne semble être devenue définitive. Les hésitations persistent. Elles portent à la fois sur le positionnement, la dénomination, le statut juridique et le nombre des entités de l'échelon régional.

Au Congo Brazzaville et au Gabon, les régions ont été maintenues à l'indépendance. Au Gabon, elles ont été renommées provinces en 1975[75]. Au Tchad et en Centrafrique, elles sont devenues préfectures dès 1960. En Afrique occidentale française (AOF)[76], la carte administrative ne comportait pas de région : les cercles formaient le niveau supérieur de l'administration territoriale avant l'indépendance des territoires concernés. Dans cet espace, des régions sont créées suivant deux schémas différents. Un premier groupe de jeunes États modifie la dénomination des cercles en les rebaptisant « régions », les uns immédiatement (Dahomey, Sénégal, etc.), les autres après avoir maintenu pendant un temps le *statu quo ante* (Mauritanie)[77]. Dans un deuxième groupe d'États, les régions correspondent, non pas à une nouvelle appellation des anciens cercles, mais à un échelon supplémentaire d'administration territoriale dont la création est justifiée par le double besoin de coordination des entités de l'échelon moyen qui se multiplient, et de promotion d'une « administration de développement »[78]. La dénomination « région » est, selon les cas, momentanément remise en cause puis rétablie ou durablement supprimée. Par exemple, le gouvernement du Dahomey (actuelle République du Bénin), devenu une République autonome au sein de la Communauté française[79], a créé en

74. *Ibidem*.

75. Bockel, *op. cit.*, p. 173.

76. L'AOF fut, entre 1895 et 1958, une Fédération de huit colonies françaises correspondant aux actuels États du Bénin, du Burkina Faso, de Côte d'Ivoire, de Guinée Conakry, du Mali, du Niger, de Mauritanie et du Sénégal.

77. Bockel, *op. cit.*, p. 173.

78. *Idem*, p. 174.

79. La Communauté française est une Fédération créée par la Constitution du 4 octobre 1958 et regroupant l'État français et ceux des territoires de son ancien empire colonial qui en ont accepté l'idée. Le Titre XII ayant institué la Communauté a été abrogé lors de la réforme constitutionnelle de 1995 après que leur caducité eut été constatée dès le 16 mars 1961 par un échange de lettres entre le premier ministre et le président du Sénat de la Communauté. Pour plus de détails, consulter l'encyclopédie *Wikipédia* à l'adresse ci-dessous : *http://fr.wikipedia.org/wiki/Communaut%C3%A9_de_la_Constitution_de_1958*

1959 six régions[80] en lieu et place des cercles[81]. Sans statut déterminé à leur création, ces régions sont apparues très vite comme étant à la fois des circonscriptions administratives de l'État et des collectivités territoriales[82]. Mais, leur dénomination était éphémère. En effet, elles sont devenues un an plus tard les départements. Cette évolution révèle le véritable positionnement des régions dahoméennes de l'époque. D'ailleurs, les départements substitués aux régions ont été rebaptisés provinces[83] avant de redevenir des départements[84], leur nombre passant de six à douze[85]. Une réforme visant à créer un échelon régional a été initiée en 2009. En réalité, l'échelon régional envisagé doit permettre de coordonner les départements dont le nombre est censé passer de douze à vingt-neuf[86]. Si cette réforme, toujours en attente, aboutissait, elle constituerait un nouveau pas dans le régionalisme. Ailleurs, la quête de transformation des régions est déjà plus profonde.

B. Une quête récente de transformation

L'histoire du régionalisme au Maroc jusqu'à une période récente se décline en trois mouvements brièvement évoqués ci-dessus et qualifiés respectivement de « *régionalisation de crise* (1912-1956)… régionalisation économique (1971-1996)… [et] régionalisation administrative [depuis] 1997 »[87]. Mais, quoique reconnues constitutionnellement comme collectivités territoriales, les régions ne bénéficient,

80. Décret n° 226 PCM/MI du 15 décembre 1959 portant création de six régions sur le territoire de la République du Dahomey, *Journal officiel de la République du Dahomey* (*JORD)*, décembre 1959, p. 844-845.

81. Le cercle regroupait des subdivisions. Le cercle et la subdivision étaient les deux échelons principaux de l'organisation territoriale de la colonie. Le canton et le village, dirigés par des notables autochtones, étaient de simples relais du pouvoir colonial.

82. Une loi institue et place sous la présidence du délégué régional un conseil général élu (loi organique n° 59-35 ALD du 31 décembre 1959, *JORD*, 31 décembre 1959, p. 898 et s.), « le Délégué régional [ayant] la double qualité d'autorité régionale et de représentant du gouvernement » (décret n° 34PCM/MI du 29 février 1960 fixant les attributions des délégués régionaux, art. 1er, *JORD*, 15 mars 1960, p. 199-200).

83. Le Royaume de France était subdivisé en provinces qui furent supprimées sous la Révolution et auxquelles correspondent, toutes proportions gardées, les actuelles régions françaises.

84. Voir loi n° 90-008 du 13 août 1990 portant organisation et attributions des circonscriptions administratives durant la période de transition.

85. Voir loi n° 97-028 portant organisation de l'Administration territoriale de la République du Bénin, art. 6.

86. Ce nouveau projet de découpage est officiellement justifié par l'accroissement de la population, le souci d'efficacité et la référence à d'autres États de la sous-région.

87. Anonyme, déjà cité.

comme cela est déjà apparu, que d'« une autonomie fonctionnelle limitée »[88]. Le projet de réforme des régions engagé au Maroc est la préfiguration d'un renouveau du régionalisme émergent en Afrique. Pour l'analyser, il convient d'examiner les orientations stratégiques puis les bases juridiques de cette réforme.

La réforme dont le projet a été lancé par le roi le dimanche 3 janvier 2010 est qualifiée de « régionalisation avancée ». Du point de vue de sa finalité, cette réforme vise à instituer un « modèle maroco-marocain de régionalisation, en évitant de sombrer dans le mimétisme ou la reproduction à la lettre des expériences étrangères »[89]. Sur le fond, il s'agit de « faire de la région un levier du développement économique, social et culturel capable de faire face aux séquelles du sous-développement, de lutter contre l'inégal développement et les disparités régionales et, plus généralement, de contribuer au développement économique et social de la nation »[90]. Pour conduire le projet de réforme, une commission consultative de régionalisation (CCR) a été mise en place. La commission a proposé, entre autres, un nouveau découpage territorial fondé sur « les principes d'efficience, d'homogénéité, de proportionnalité… d'équilibre… d'accessibilité et de proximité »[91]. Ce découpage se traduit par la réduction du nombre des régions, qui devrait passer de seize à douze. Ce projet traduit ainsi un effort de rationalisation et une inversion de tendance, car, en règle générale, le nombre des entités territoriales s'accroît plus souvent qu'il n'est réduit en Afrique.

La Constitution marocaine du 29 juillet 2011 exprime une nouvelle orientation du régionalisme. Même si elle remonte à 1992, cette fois-ci, la constitutionnalisation de la région est renforcée. Le Titre IX de la nouvelle loi fondamentale du royaume chérifien est « Des régions et des autres collectivités territoriales ». Cet intitulé tranche nettement avec celui du Titre XI de la Constitution de 1992. La formule du nouvel intitulé est reprise presque constamment tout au long d'un Titre qui comporte treize articles contre trois précédemment. Elle est très significative : la région n'est plus une collectivité territoriale parmi d'autres, mais, désormais, il

88. *Idem.*

89. H. Bahechar, « Régionalisation avancée et gouvernance territoriale : La Région, l'avenir du Maroc » accessible sur le site Saad Lamjarred à l'adresse *http://www.aujourdhui.ma/maroc/politique/regionalisation-avanc…*, p. 1 du document imprimé.

90. Omar Azziman, président de la Commission consultative de régionalisation (CCR), cité par H. BAHECHAR, *op. cit.*

91. H. BAHECHAR, *op. cit.*, p. 2 du document imprimé.

y a la région et « les autres collectivités territoriales ». Cette formule atteste que la région occupe une place de choix dans le nouvel environnement institutionnel marocain. Le constituant lui-même le confirme :

> « Dans l'élaboration et le suivi des programmes de développement régionaux et des schémas régionaux d'aménagement des territoires, la région assure, sous la supervision du président du conseil de région, un rôle prééminent par rapport aux autres collectivités territoriales, dans le respect des compétences propres de ces dernières »[92].

La décentralisation s'approfondit au niveau régional. Le président du conseil régional est promu au rang d'exécutif de la région et celle-ci devient un cadre de concertation, avec de nouveaux mécanismes au nombre desquels figure le droit de pétition. Deux instruments financiers sont prévus pour soutenir le rôle dévolu à la région. Il s'agit du « Fonds de mise à niveau sociale destiné à la résorption des déficits en matière de développement humain, d'infrastructures et d'équipement »[93] d'une part, du « Fonds de solidarité interrégionale visant une répartition équitable des ressources, en vue de réduire les disparités entre les régions »[94], d'autre part. Sur le fondement de ces principes, un avant-projet de loi organique relatif à la région et comportant 254 articles a été élaboré. Rendu public et remis aux partis politiques en juin 2014, il est en discussion au Parlement depuis le début de l'année 2015.

***
*

Le régionalisme remonte à la période coloniale en Afrique du nord et dans l'ex Afrique équatoriale française notamment. Le mouvement s'est étendu aux autres zones après l'indépendance des différents territoires. Il s'exprime sous des formes variables d'un État à l'autre. Ces formes ne sont pas homogènes. Par ailleurs, le régionalisme africain constitue un processus dynamique en raison des réformes successives enregistrées ici et là. Celles-ci traduisent des flux et reflux de l'institution régionale. Certains États n'ont intégré ou réintégré que récemment la région à leur organisation territoriale, laquelle n'est d'ailleurs pas devenue effective dans tous les cas. L'extrême diversité et le renouvellement continu des formes du régionalisme émergent en Afrique témoignent de la quête d'une adaptation aux réalités du continent et de chaque État. Les quelques convergences observables

92. Constitution du 29 juillet 2011, art. 143 al. 2.
93. *Idem*, art. 142 al. 1er.
94. *Idem*, art. 142, al. 2.

entre les formes du régionalisme africain et les modèles européens sont, soit des survivances d'un héritage colonial largement approprié à présent, soit le résultat de la mondialisation. Le projet marocain de « régionalisation avancée » est l'indice de l'amorce d'une nouvelle ère du régionalisme en Afrique. La transformation de l'institution régionale en Afrique peut être accélérée par les nouveaux défis auxquels les États sont confrontés.

RÉGIONALISATION PAR VOIE DE MÉTROPOLISATION ?

Évolution des structures territoriales en Turquie

par

Zulfiye YILMAZ

Doctorante, Université de Galatasaray, Turquie
Chercheur invitée au sein du CRDT

I. Cadre général

La Constitution de 1982 affirme que la Turquie est un État unitaire et que son organisation administrative est décentralisée. Les villages, les communes (des municipalités) et les conseils généraux des départements (des provinces), dont les organes compétents sont élus tous les cinq ans au suffrage universel direct à un tour, sont des structures décentralisées consacrées par la Constitution turque dans son article 123. Actuellement, il y a 81 départements, 1 396 communes et 18 333 villages en Turquie et 76 % de la population résident aux frontières des communes métropolitaines[1].

Depuis 2004, on assiste à un mouvement de réforme juridique de la structure administrative. Le mouvement de réforme susmentionné est aussi marqué par la révision des politiques publiques des collectivités locales. La tendance vers la régionalisation est accompagnée de deux instruments : les agences de développement régional et la création des grandes métropoles en tant que collectivités territoriales (I). Alors qu'elle est l'objet de discussions approfondies sur le plan européen depuis une trentaine d'années, notamment en France, pays d'inspiration de la Turquie pour son organisation administrative centralisatrice depuis la période

1. Voir le site officiel de la Direction des autorités locales en Turquie, *http://www.migm.gov.tr/en/Default.aspx*, dernier accès : 10 avril 2015.

Ottomane, la régionalisation est un phénomène plutôt nouveau et se trouve au centre d'un criticisme académique et politique dû aux divers enjeux constitutionnels, administratifs et démocratiques (II).

II. La politique de régionalisation en Turquie : les instruments

Les régions en tant que collectivités territoriales n'existent pas en Turquie. Les sept régions existantes découlent d'une perspective soit géographique soit administrative. Toutefois, dans le cadre des négociations avec l'Union européenne (« Union »), afin de mettre en œuvre les exigences de la politique régionale et de la coordination des instruments structurels, la politique de régionalisation en Turquie a pris de l'ampleur depuis les années 2000. Axé sur la création de 26 agences réparties sur tout le territoire turc représentant le système de découpage territorial de l'Union, à savoir la nomenclature des unités territoriales statistiques (NUTS 2), et souvent abordé par rapport à la question kurde dans le cadre d'une réforme concernant plus les exigences nationales européennes vis-à-vis de l'organisation administrative et du caractère unitaire de l'État en Turquie, le régionalisme turc est actuellement renforcé et axé sur la métropolisation qui mérite d'être mentionnée dans le cadre de l'évolution des structures territoriales.

A. Les agences de développement : compétition régionale v. *politique économique nationale*

Encadrées par des notions telles que la globalisation et la compétition entre les régions, les agences de développement sont considérées comme le vecteur de régionalisation de la planification dans une perspective de développement économique local. Ces structures, dotées d'une personnalité publique et d'un budget propre provenant du centre et des collectivités territoriales, financent des projets d'investissement des acteurs privés, publics et associatifs au plan local[2]. Garantir la coopération entre les secteurs afin de réduire les disparités entre les régions et attirer l'attention des investisseurs nationaux et internationaux sur les valeurs commercialisables des villes sont deux principes contradictoires qui orientent leur mode de fonctionnement.

2. Voir la version anglaise de la loi n° 5449 relative à l'organisation et la coordination des agences de développement adoptée en 2006, *http://www.izka.org.tr/en/kurumsal/mevzuat/kanun/*, (dernier accès : 10 avril 2015). Cette loi ne mentionne pas le mot « régional » à cause des inquiétudes relatives au caractère unitaire de l'État.

Quant au régime juridique des agences, deux approches concurrentes s'opposent : la première soutient la thèse qu'elles sont des structures décentralisées à caractère *sui generis* créées par la loi et ont pour mission la planification en préparant les plans du développement[3]. Selon les provisions spéciales de la loi sur la gestion et contrôle des politiques publiques (loi n° 5018, adoptée en 2003) relatives aux matières financières ou budgétaires des collectivités, les collectivités territoriales doivent respecter les principes directeurs des plans préparés par ces agences. On peut donc parler d'une hiérarchie entre les plans sociaux locaux et régionaux. Selon les partisans de cette thèse, les agences de développement représentent des collectivités qui se trouvent dans la catégorie des structures de décentralisation par services.

La seconde approche, en revanche, en faisant référence aux pouvoirs du préfet qui les préside, aux pouvoirs du ministère du Développement et encore du gouvernement qui orientent leur organisation et leur fonctionnement, déclare qu'elles sont des structures plutôt déconcentrées[4]. Les représentants de l'État, du gouvernement et de chaque ministre au plan local et nommés par le conseil des ministres, les préfets, sont dotés de compétences très étendues dans la mise en œuvre des politiques centrales au sein de ces agences au détriment de l'autonomie locale des collectivités[5].

B. Les communes métropolitaines : régionalisation par voie de métropolisation à la turque ?

Provoquant un débat très étendu, la nouvelle loi relative aux communes métropolitaines (loi n° 6360, adoptée en 2012) symbolise une nouvelle ère dans les politiques de la régionalisation en Turquie. Ayant trouvé sa place dans l'agenda du parlement par un projet de loi introduit par le conseil des ministres, cette loi est une étape marquante qui a restructuré le paysage administratif de la Turquie.

3. M. EROGLU., M. KUM, « Türkiye' de Kalkınma Ajanslarının İdari Teşkilat İçindeki Yeri », (« La place des agences dans l'organisation administrative turque »), *Erciyes Üniversitesi İktisadi ve İdari Bilimler Fakültesi Dergisi* (*université d'Erciyes, Revue de Faculté de Sciences Économiques et Administrative*), n° 35, janvier-juillet 2010, p. 175-198.

4. B. MONTABONE, « La région entre attentes européennes et trajectoire nationale : les "agences de développement" en Turquie », *Territoire en mouvement*, 16 (2012).

5. U. BAYRAKTAR et E. MASSICARD, « La Décentralisation en Turquie », *La collection de FOCAL*, n° 7, août 2011.

La loi n° 6360, faisant référence aux motifs tels que l'urgence d'une politique de réorganisation des services publics locaux sous l'effet de la globalisation, les services publics locaux orientés vers les citoyens, le besoin de transfert des compétences dans les domaines des transports, de l'aménagement du territoire, de l'industrie et de l'environnement vers les communes métropolitaines au lieu des petites communes manquant de ressources financières suffisantes, justifie dans son préambule la révision des politiques publiques vis-à-vis de la structure organisationnelle. Au vu de l'augmentation (de 16 à 30) des communes métropolitaines quand on compare au nombre des autres types de collectivités, cette nouvelle démarche du gouvernement peut être définie comme une tendance vers la « métropolisation » des structures administratives[6]. Avant ladite loi, les villes dont la population était d'au moins un million d'habitants possédaient le droit d'acquérir le statut de métropole alors que maintenant ce statut est accessible à partir de 750 000 d'habitants. D'après la déclaration du gouvernement, ce nombre augmentera jusqu'aux prochaines élections locales qui auront lieu en 2019.

De plus, les villages et les petites communes rurales d'au moins de 2 000 habitants (*belde belediyesi*) aux frontières des communes métropolitaines, en perdant leur personnalité publique et donc leur qualité de collectivités territoriales, sont devenus des quartiers des communes métropolitaines.

Le dernier changement dans la structure administrative s'est opéré par la suppression des conseils généraux et d'une partie importante de leurs compétences relatives aux services publics qui ont été transférées à la Direction de la surveillance et de la coordination des investissements publics et locaux, la structure déconcentrée présidée par le préfet en vue de garantir l'intervention du centre sur les politiques locales d'un point de vue économique pour contrôler la rentabilité des investissements dans les villes.

Toutefois, l'affirmation d'une régionalisation au travers de nouvelles communes métropolitaines et d'agences de développement pose un double enjeu considérant leur dimension constitutionnelle, administrative et démocratique.

---

6. E. MASSICARD, « La décentralisation en Turquie. Du principe à la réalité », *La Documentation française*, 21 janvier 2013.

III. Les enjeux de la régionalisation en Turquie

L'ampleur des réticences sous prétexte de la possibilité de mise en question du caractère unitaire de l'État en introduisant une autonomie locale et régionale montre un aspect des enjeux de l'évolution territoriale en Turquie. Avec l'adoption de la loi sur les grandes métropoles, d'autres enjeux de la régionalisation sont apparus et ont mis en cause l'avenir des révisions des réformes administratives, considérant leurs conséquences au plan juridique et administratif et encore sur les droits locaux des citoyens.

A. D'un point de vue constitutionnel et administratif

La proposition de la réforme relative aux métropoles a été introduite par un projet de loi venant du conseil des ministres et adoptée en un mois avec les votes de la majorité parlementaire appartenant au parti politique au pouvoir (AKP – le parti de la justice et du développement) sans discussion approfondie sur le texte et sur les conséquences futures de la loi avec la participation des autres partis politiques de l'opposition.

Lors des discussions parlementaires, une partie des membres de l'opposition a soutenu la nécessité de consultation de la commission parlementaire spécialisée sur le droit constitutionnel concernant principalement la suppression des collectivités consacrées par la Constitution dans son article 123 par une loi ordinaire.

La commission du plan et du budget, qui, elle, a été consultée, ne s'est pas prononcée en déclarant qu'elle n'était pas « disponible » à cette époque-là. Cet argument de la commission a été fortement critiqué par l'opposition en faisant référence aux conséquences économiques de la réforme sur le budget général de l'État qui augmente plus d'un million d'euros par an.

Toutefois, la Cour constitutionnelle turque qui a tranché sur la question de constitutionnalité a rejeté les demandes d'annulation des membres d'opposition par référence au pouvoir discrétionnaire du parlement relatif à l'organisation administrative de l'État concernant la suppression des conseils généraux, des villages et des communes rurales.

Même si la participation de l'opposition aux commissions parlementaires pour garantir le bon fonctionnement du système parlementaire et pour réaliser un premier contrôle parlementaire politique sur la constitutionnalité des lois est garantie par la Constitution dans son article 95, la Cour a déclaré la procédure conforme à la Constitution pour motif que la Constitution ne rend obligatoire l'avis des commissions qu'au regard des lois relatives au budget[7].

D'un point de vue administratif et organisationnel, par la suppression des conseils généraux, on peut dire, d'un côté, qu'il y a actuellement deux structures plutôt déconcentrées qui mènent les politiques de développement et décident des grandes orientations de la vie communale au plan métropolitain, celles qui ont été examinées dans la première partie, alors que d'un autre côté se trouvent des communes et des communes métropolitaines représentant des collectivités territoriales qui gèrent les services publics locaux sous une nouvelle tutelle administrative du centre à caractère économique renforcée par ces instruments présidés par les préfets.

B. D'un point de vue démocratique : métropolisation v. *proximité*

Parce que la loi relative aux grandes métropoles a été adoptée au parlement en un mois seulement, la formation de l'opinion publique sur les apports de la réforme n'était pas possible. Les prévisions concernant le changement de rattachement des quelques quartiers à İIstanbul dont les habitants avaient eu tendance à voter pour des partis politiques représentant l'opposition dans les élections locales et parlementaires précédentes ont provoqué un vif débat autour du *« gerrymandering »*, c'est-à-dire le charcutage électoral, une tentative interdite et sanctionnée dans les États démocratiques.

L'autre aspect problématique de la loi découle de la question de proximité aux services publics locaux plus difficiles d'accès pour les quartiers éloignés du centre, notamment pour les habitants des villages et ceux des petites communes rurales qui ont perdu leur personnalité publique. Cette proximité négligée contrevient aux responsabilités et obligations de la Turquie provenant de la Charte européenne de l'autonomie locale, ratifiée en 1993, et même aux principes directeurs de la décentralisation approuvés par la Cour constitutionnelle dans sa jurisprudence d'après laquelle la participation publique et la gestion des services publics locaux les plus proches des habitants sont des composantes inséparables d'une administration décentralisée.

---

7. Décision de la Cour constitutionnelle : dossier n° 2013/19, date et n° de parution au *Journal officiel* turc : 18.9.2014-29123.

***
*

On peut dire que le système administratif décentralisé en Turquie témoigne d'une tendance de décentralisation des obligations relatives aux services publics, mais contradictoirement de recentralisation des compétences dans certains domaines de décisions des collectivités locales.

Avec les agences régionales du développement, qui sont aussi présidées par le préfet et qui préparent les plans sociaux du développement régional, la Direction de la surveillance et de la coordination des investissements publics et locaux représente et renforce l'augmentation d'un nouveau type de tutelle administrative du centre sur les politiques locales dans la continuité des politiques économiques du centre au détriment de la diminution de l'autonomie administrative et financière des collectivités garantie par la Constitution.

La transformation des villages et des petites communes rurales en quartiers métropolitains sans personnalité publique, autrement dit l'urbanisation des structures par voie de métropolisation ne conduit pas à l'inclusion des habitants à la vie urbaine automatiquement. Sans une politique d'urbanisme bien menée et accompagnée d'une politique rurale locale, ces démarches peuvent provoquer une tension publique soit au plan sociologique pour l'intégration sociale à la vie urbaine, soit au plan juridique par rapport au principe d'égalité d'accès des habitants ruraux aux services publics locaux.

Pour conclure, l'objet des discussions politiques concernant la question kurde, la source des débats juridiques et constitutionnels liés à la structure administrative, les politiques régionalistes en Turquie souffrent d'un déficit démocratique par manque d'une approche fondée sur la démocratie locale et les droits locaux des citoyens.

Bibliographie

- BAYRAKTAR U. et MASSICARD É., *La décentralisation en Turquie*, La collection de FOCAL, nº 7, août 2011.
- Décision de la Cour constitutionnelle turque : dossier nº 2013/19, date et nº de parution au *Journal officiel* turc : 18.9.2014-29123.
- EROGLU M., et KUM M., « Türkiye'de Kalkınma Ajanslarının İdari Teşkilat İçindeki Yeri », (Traduction en turc : « La place des agences dans l'organisation administrative turque »), Erciyes Üniversitesi İktisadi ve İdari Bilimler Fakültesi Dergisi (Université d'Erciyes, *Revue de Faculté de Sciences Économiques et Administrative*), nº 35, janvier-juillet 2010, p. 175-198.

– La version anglaise de la loi n° 5449 relative à l'organisation et *coordination des agences de développement adoptée en 2006. http://www.izka.org.tr/en/kurumsal/mevzuat/kanun/*, dernier accès : 10 avril 2015.

– Le site officiel de la Direction des autorités locales en Turquie, *http://www.migm.gov.tr/en/Default.aspx,* dernier accès : 10 avril 2015.

– MASSICARD E., « La décentralisation en Turquie. Du principe à la réalité », La Documentation française, 21 janvier 2013.

– MONTABONE B., « La région entre attentes européennes et trajectoire nationale : les "agences de développement" en Turquie », *Territoire en mouvement*, 16 (2012).

Titre II

L'Europe des régions est-elle en marche ?

LES RÉGIONS EN BELGIQUE

par

Francis DELPÉRÉE

Professeur émérite, Université de Louvain
Membre de la Chambre des représentants
Membre de l'Académie royale de Belgique et de l'Institut de France

Je viens d'un petit pays. Avec de grandes régions – toutes proportions gardées. Avec aussi de grands problèmes – pas seulement organisationnels, mais existentiels.

Ces problèmes, il faut les envisager de deux points de vue. Le premier, c'est le point de vue interne : il y a trois régions et elles servent à composer la Belgique. Le second, c'est le point de vue externe : il y a trois régions et elles agissent dans le cadre de l'Union européenne.

I. Du point de vue interne

Je me limite à envisager deux questions. L'une de définition, l'autre de délimitation. Pour une description détaillée du processus et du phénomène de régionalisation en Belgique, l'on se permet de renvoyer aux ouvrages courants de droit constitutionnel et de droit administratif.

A. La définition

La région est une collectivité politique territoriale. Elle a une personnalité juridique propre. Elle dispose d'un Parlement élu au suffrage direct, tous les cinq ans. Elle dispose d'un gouvernement, élu par le Parlement régional et responsable devant lui. Elle détient des compétences particulières qui sont définies dans la Constitution et dans une loi spéciale – ce que l'on appellerait, en France, une loi organique –. Elle détient aussi des moyens administratifs et financiers qui lui sont propres[1].

Mieux que cela. La région belge ne s'inscrit pas dans un schéma de décentralisation[2]. Comme dit l'article 1er de la Constitution, elle est une composante de l'État fédéral. Elle est une collectivité politique fédérée[3].

Il n'est pas besoin de rappeler que l'État fédéral est un « État plurilégislatif ». Le Parlement régional et le gouvernement régional agissent conjointement. Ensemble, ils font la loi, au sens premier du terme, dans les domaines de compétences régionales. Pour lever toute équivoque, la Constitution précise que la loi régionale a une valeur identique à celle de la loi nationale. Elle ne souscrit pas à la maxime selon laquelle le droit fédéral serait en mesure de briser le droit régional.

Un exemple illustre ce raisonnement. L'urbanisme est de compétence régionale. Exclusivement régionale. L'État fédéral n'est pas en mesure d'intervenir en cette matière. Seule la région peut le faire. Il y a donc trois codes d'urbanisme. Les règles sont différentes, les procédures sont différentes, les coûts sont différents, les contentieux sont différents. Tout est différent. Si une personne souhaite construire à Anvers, à Bruxelles ou à Liège, elle sera assujettie à des règles distinctes. Autant se renseigner en temps utile.

---

1. Const., art. 1er, 3, 5, 115 à 126, 134, 170 à 173 et 177 ; loi spéciale du 8 août 1980 de réformes institutionnelles et loi spéciale du 6 janvier 2014 portant réforme du financement des communautés et des régions, élargissement de l'autonomie fiscale des régions et financement des nouvelles compétences.

2. Sur cette distinction, voir G. GUILHEUX et F. DELPÉRÉE (dir.), *La mise en œuvre de la décentralisation : étude comparée France, Belgique, Canada*, Bruxelles, Bruylant, 2006 ; F. DELPÉRÉE, « La décentralisation et le fédéralisme à l'heure de l'Union européenne : précisions terminologiques », *Revue du Marché commun et de l'Union européenne*, 2009, p. 515-519.

3. La Belgique pratique ce qu'il est convenu d'appeler « un fédéralisme de superposition ». Le titre Ier de la Constitution a pour intitulé : « De la Belgique fédérale, de ses composantes et de son territoire ». L'article 1er est conçu de la manière suivante : « La Belgique est un État fédéral qui se compose des communautés et des régions. » Autrement dit, le territoire de la Belgique est tout entier couvert de trois régions. Il est, en même temps, couvert de trois communautés. Ces dernières ont également le statut de collectivités fédérées. Elles exercent des compétences dans les domaines linguistique, éducatif et culturel, entendus au sens large de l'expression. Leur champ d'action territorial n'est pas identique à celui des régions.

B. La délimitation

La Constitution précise le nombre des régions. Elles sont trois (art. 3). Elle indique leur nom : la Région wallonne, la Région flamande et la Région bruxelloise. Elle fixe leur délimitation : la Région wallonne comprend les cinq provinces wallonnes, la Région flamande, les cinq provinces flamandes, et la Région bruxelloise, les dix-neuf communes bruxelloises (art. 5).

La région détient des compétences socio-économiques. Mais, il faut le souligner d'emblée, ce n'est pas le critère socio-économique qui sert à déterminer, de manière aussi objective que possible, la dimension de la collectivité régionale. Le critère déterminant est purement linguistique. Dans l'une, l'on administre, l'on enseigne et l'on juge en français[4] ; dans l'autre, en flamand ; à Bruxelles, c'est-à-dire dans la capitale et la région centrale du pays, les deux langues coexistent. Ces délimitations linguistiques sont établies de manière grossière. Elles n'ont pas égard à l'utilisation effective par les particuliers de l'une ou l'autre langue.

Une précision. Le fédéralisme à deux composantes ou à trois, pour tenir compte de la Région bruxelloise, est plus compliqué à construire et à faire fonctionner qu'un fédéralisme à dix, à seize, à vingt-six ou à cinquante. Les oppositions, sans même parler des collisions, sont frontales. Le fédéralisme à deux n'est pas de participation, mais de compétition, d'opposition, de confrontation[5].

C'est un donné. Et, en même temps, un construit, comme disent les juristes. Il faut « faire avec », comme l'on dit familièrement.

II. D'un point de vue externe

Je me limiterai à deux questions, toutes deux européennes. Quelle est la place qu'une région belge occupe en Europe[6] ? La Belgique régionalisée a-t-elle sa place dans une Europe des régions ?

---

4. Avec cette précision. La Région wallonne comprend neuf communes germanophones, rassemblées par ailleurs dans la communauté germanophone (Const., art. 2). L'administration, l'enseignement et la justice s'y pratiquent en allemand. Voir la loi du 31 décembre 1983 de réformes institutionnelles pour la Communauté germanophone.

5. F. DELPÉRÉE, « Le fédéralisme de confrontation », *in* P. DELWIT, J.-M. DEWELE et P. MAGNETTE (dir.), *Gouverner la Belgique. Clivages et compromis dans une société complexe*, Paris, PUF, 1999.

6. F. DELPÉRÉE, *Le fédéralisme en Europe*, Paris, PUF, 2000, coll. « Que sais-je ? », n° 1953. Voir, cependant, le titre IV *ter*, contenant le seul article 92 *quater*, inséré par la loi du 5 mai 1993 dans la loi spéciale de réformes institutionnelles : dès leur transmission au Conseil des Communautés

A. La région en Europe

Le droit européen primaire s'inscrit dans des traités. Ceux-ci sont régulièrement modifiés. Maastricht, Nice, Lisbonne… Un élément essentiel doit être aussitôt relevé. En Belgique, ces traités – qualifiés de mixtes – doivent être approuvés par la Chambre des représentants, mais aussi par chacun des parlements régionaux (Const., art. 167, §§ 2, 3 et 4) et leurs gouvernements respectifs. Il suffit qu'un seul refuse l'assentiment pour que le mécanisme soit bloqué. L'on constate qu'un blocage au niveau régional peut se produire pour des raisons qui n'ont rien à voir avec le contenu du traité, mais qui tiennent à des conflits politiques internes.

Le droit européen dérivé – les règlements, les directives et les décisions – échappe, lui, aux procédures d'introduction dans l'ordre interne. Par contre, il y a place pour des concertations en amont. Elles se développent dans l'ordre gouvernemental[7]. En sachant, une nouvelle fois, que le mot « gouvernement » doit se comprendre au pluriel.

Il y a lieu de relever trois règles de procédure qui prévalent en ce domaine. Elles ont été établies dans un accord de coopération du 8 mars 1994[8].

La première est celle de la tournante. Une seule présence, une seule signature emportant un seul engagement. Mais pas toujours la même. Il y a un tour de rôle savamment orchestré.

---

européennes, les propositions de règlement et de directive et, le cas échéant, des autres actes à caractère normatif de la Commission des Communautés européennes sont transmises aux chambres et aux parlements, chacun pour ce qui le concerne. Les chambres peuvent donner leur avis sur ces propositions au Roi… Les parlements peuvent donner un avis sur ces propositions à leur gouvernement.

7. F. DELPÉRÉE et F. DOPAGNE, *Le dialogue parlementaire Belgique-Europe*, avant-propos W. MARTENS, Bruxelles, Bruylant, 2010, p. 127 : « L'aménagement des institutions européennes et celui des institutions belges, notamment au niveau parlementaire, sont de plus en plus imbriqués. L'État pionnier que représente la Belgique n'a pas encore pris conscience à suffisance de ce phénomène politique et juridique de première dimension ».

8. Selon l'article 167, § 4, de la Constitution, il revient à une loi spéciale d'arrêter « les modalités de conclusion des traités… ne portant pas exclusivement sur les matières qui relèvent de la compétence des communautés ou des régions par ou en vertu de la Constitution ». Malgré cette disposition formelle, la formule d'un accord de coopération, plus respectueuse de l'autonomie des collectivités fédérées, a été préférée à celle de la loi spéciale.

La deuxième est celle de la concertation préalable. La personne accréditée ne représente pas que la collectivité particulière dont elle est issue. Elle est censée parler au nom de l'ensemble des partenaires belges. La position globale est arrêtée au sein de la Commission interministérielle de la politique étrangère.

La troisième est celle du consensus. À défaut d'accord entre les partenaires, la Belgique est vouée à s'abstenir.

B. L'Europe des régions

Dans ce contexte, une Europe des régions, comme l'on dit souvent de manière imprécise, est-elle concevable ? Les Belges des régionalistes. Convaincus et pratiquants. Ils ne sont pas pour autant prosélytes.

Ils se posent, à intervalles réguliers, cette question. L'Europe des régions pourrait-elle trouver place à côté de l'Europe des États – à la faveur, par exemple, de l'aménagement d'une seconde chambre au Parlement européen – ? Ou à la place de l'Europe des États – ce qui supposerait une transformation radicale de l'architecture européenne et des constructions nationales ?

Un constat simple s'impose. À l'échelle de l'Europe, les États n'ont pas une même conception de la région. Certains d'entre eux s'inscrivent commodément sous un pavillon régional, mais n'en acceptent pas nécessairement la logique institutionnelle et récusent, par exemple, tout processus inspiré du fédéralisme. Ils pratiquent du régionalisme *« light »*, plus administratif que politique[9].

Des collaborations interrégionales, notamment transfrontalières – « la grande région », au sens européen du terme –, paraissent, de ce point de vue, plus utiles.

E pur si muove, disait Gallilée. Et, pourtant, elle bouge. La Belgique bouge. Ce qui rend compte, en somme, de deux phénomènes.

Le premier. La Belgique était unitaire. Elle est devenue fédérale. Elle est, en permanence, à la recherche d'un équilibre entre les préoccupations fédérales, communautaires et régionales. Cet équilibre est instable. La situation suscite toujours quelque inquiétude. Elle peut parfois donner le vertige.

---

9. Selon l'article 4.2 TUE, « l'Union respecte l'égalité des États membres devant les traités ainsi que leur identité nationale, inhérente à leurs structures fondamentales politiques et constitutionnelles, y compris en ce qui concerne l'autonomie locale et régionale… » Une telle disposition ferme la porte à des tentatives d'harmonisation ou d'unification des structures.

Le second. La Belgique fédérale fonctionne au cœur de l'Europe. Cahin-caha. En déployant beaucoup d'énergie pour mettre de l'huile dans des rouages compliqués. Mais, tout compte fait, ceux-ci ne sont-ils pas à l'image de ceux que l'Europe entend elle-même se donner ? La Belgique complexe est peut-être une Europe miniature.

Telles sont les réalités contrastées que connaît un petit État, avec ses grandes régions. Tel qu'il essaie de vivre ou de survivre à quelques kilomètres au nord de Reims…

LA RÉFORME DES RÉGIONS EN ITALIE

par

Alberto LUCARELLI

Professeur, Université Federico II, de Naples

I. Projet de réforme constitutionnelle : le Sénat des autonomies

Le 8 août 2014, le Sénat et ensuite la Chambre des députés, au cours de la première semaine de mars 2015, ont approuvé le projet de loi constitutionnelle intitulé : « Dispositions pour l'élimination du bicaméralisme parfait, la réduction du nombre des membres du Parlement et la réduction des coûts de fonctionnement des institutions, la suppression du CNEL et la révision du titre V de la Constitution ».

Dans l'article 138 de la Constitution qui règle la procédure de réforme constitutionnelle, il est établi que pour modifier la Constitution deux délibérations, de la Chambre d'une part et du Sénat d'autre part, sont nécessaires. Par conséquent, deux autres délibérations de la part de chacune de ces institutions doivent avoir lieu. Il s'agit d'une réforme qui va sans doute produire des effets aussi bien sur la forme de l'État (notamment pour ce qui concerne les rapports entre État et régions), que sur la forme de gouvernement.

En ce qui concerne la forme de l'État (le type d'État qu'on appelle, après la Constitution de 1948, « régionalisme » ou « forme d'État régional »), la réforme constitutionnelle s'occupe du régime de compétences législatives entre État et régions, avec des modifications substantielles, qui à mon avis, vont réduire la force et la puissance des régions.

Autrement dit, (voir *supra*), la compétence législative concurrente entre État et régions, prévue par l'article 117, alinéa 3 de la Constitution est supprimée et plusieurs fonctions sont déplacées vers la compétence de l'État[1].

Dans la Constitution actuelle, en matière de compétence législative concurrente, l'État fixe les principes de caractère général et les régions règlent les détails selon les dispositions énumérées dans l'article.

De plus, en ce qui concerne l'impact de la réforme sur le régionalisme italien, il faut remarquer que la réforme constitutionnelle prévoit la suppression du Sénat qui est remplacé par le Sénat des autonomies que l'on pourrait qualifier d'institution de deuxième niveau, car ses représentants ne sont pas élus directement par les citoyens[2].

Dans la présentation de cette contribution, nous verrons comment, de manière ponctuelle, le projet de réforme de M. Renzi (président du Conseil des ministres) va produire des effets directs sur les relations entre État et régions, effets qui sont tout à fait contradictoires avec la réforme du titre V de la Constitution de 2001.

En effet, l'article 55 du projet de réforme constitutionnelle prévoit que le Parlement est composé de la Chambre des députés et du Sénat de l'autonomie.

- la *Chambre des députés est titulaire du rapport de confiance* avec le gouvernement et titulaire de la fonction de détermination de l'action politique, de la fonction législative et du contrôle de l'action du gouvernement ;
- le *Sénat de l'autonomie représente les institutions territoriales, surtout les régions*. Il participe, selon les modalités prévues par la Constitution, à la fonction législative et est doté d'une fonction de liaison entre l'État et les régions, les métropoles et les communes.

Il participe aux décisions finalisées à la formation et à l'application des actes législatifs de l'Union européenne et il a le pouvoir législatif avec la Chambre des députés seulement pour les matières fondamentales, comme les lois constitutionnelles,

1. Voir A. RUGGERI, "Quali insegnamenti per la riforma costituzionale dagli sviluppi della vicenda regionale?", sur *www.rivistaaic.it*, 4, 2014, F. PALERMO, "Diagnosi errata e terapia inefficace. Le Regioni nella riforma costituzionale", sur *www.forumcosttuzionale.it*, 3 gennaio 2015.

2. F. BASSANINI, "Prime riflessioni sulla bozza di riforma del bicameralismo e del Titolo V del Governo Renzi" sur *www.astridonline.it.*, 24 marzo 2014, S. CECCANTI, "Riforme costituzionali e composizione del Senato : il ritorno della rappresentanza territoriale" sur *www.federalismi.it*, 16 aprile 2014, H. SCHMIT, "La riforma del Senato e la rappresentanza democratica", sur : *www.forumcostituzionale.it*, 30 novembre 2014.

la législation électorale, les fonctions fondamentales des collectivités locales. En d'autres termes, l'article 55, dans la nouvelle formulation, transforme le bicaméralisme parfait de l'actuel système parlementaire italien en un bicaméralisme imparfait.

En résumé, le Parlement est composé de :

- la Chambre des députés dont les membres sont représentatifs de la Nation ;
- du Sénat des autonomies dont les membres représentent les institutions territoriales.

Le Sénat de l'autonomie est composé par les présidents des exécutifs régionaux, par les présidents des départements autonomes de Trento et Bolzano, par les maires des communes chef-lieu de région et pour chaque région, par deux membres élus par le conseil régional parmi ses membres et par deux maires élus par un collège électoral composé des maires de la région.

Donc le Sénat de l'autonomie sera composé de 95 membres, plus 5 citoyens, qui se sont distingués et forment une élite dans le domaine social, scientifique, artistique et littéraire, et qui peuvent être nommés sénateurs par le Président de la République, soit un total de 102 membres.

Le mandat est de sept ans et ses membres effectuent leur mission à titre honoraire et gratuit, ce qui signifie qu'ils ne sont pas rémunérés, parce qu'ils perçoivent le salaire du mandat originaire. Autrement dit : double mandat, mais pas de cumul des salaires (art. 69 du projet de réforme).

Le mandat des sénateurs est le même que le mandat des institutions territoriales au sein desquelles ils sont élus.

On pourrait ainsi dire que l'article 57 de la Constitution entérine la fin du bicaméralisme parfait ou paritaire prévu par l'actuelle Constitution de 1947-1948.

L'objectif des réformes est de transformer l'actuel Sénat en une chambre représentative des régions et des autonomies locales.

II. La réforme du régime de compétences législatives entre État et régions

Dans le projet de révision constitutionnelle est abrogée l'actuelle répartition des compétences législatives entre État et régions (article 117 du projet de réforme). Il y a une répartition des compétences plus rationnelle, destinée aussi à surmonter la conflictualité devant la Cour constitutionnelle.

Le texte de la réforme prévoit la suppression de la législation concurrente, c'est-à-dire la compétence pour laquelle l'État, dans plusieurs domaines très importants, fixe les principes à caractère général alors que la région fixe les détails. Cette forme de compétence prévue par la réforme constitutionnelle du titre V de 2001 a été supprimée. Par conséquent, le projet de réforme du gouvernement Renzi comprend la compétence législative exclusive de l'État et la compétence législative résiduelle des régions.

Concernant plus particulièrement la région, lui sont attribuées la planification et la dotation infrastructurelle du territoire régional, la mobilité, l'organisation au niveau régional des services aux entreprises, des services sociaux et sanitaires à l'exception de l'autonomie des institutions scolaires, des services scolaires et de l'instruction et de la formation professionnelle.

Plusieurs domaines qui relevaient auparavant de la compétence concurrente sont maintenant de la compétence de l'État.

Par exemple, les domaines de la compétence concurrente État-régions qui relèvent désormais de la compétence exclusive de l'État sont : la protection de la santé ; la sécurité alimentaire et la protection du travail ; l'éducation universitaire et la programmation stratégique de la recherche scientifique et technologique ; les organes de gouvernement, la législation électorale, les fonctions fondamentales et la réglementation des communes et des métropoles…

De plus, au-delà de toutes les matières assignées à la compétence législative de l'État, est réservée à l'État la compétence législative pour assurer la protection de l'unité juridique ou économique de la République ou pour la réalisation des programmes ou réformes économiques et sociales d'intérêt national, (*normes de suprématie nationale*).

Concrètement, dans le cadre de la norme de suprématie nationale[3] de l'État, le gouvernement possède un grand pouvoir discrétionnaire (motivation d'ordre politique) et il a le droit de régler des matières qui, en principe, relèvent de la compétence des régions.

3. Voir A. LUCARELLI, « Il potere regolamentare delle regioni nel "nuovo" regime delle competenze », sur *www.forumcostituzionale.it*, 9 marzo 2015.

III. Le pouvoir réglementaire dans le cadre de la réforme

Il est important de remarquer que, pour ce qui concerne le pouvoir réglementaire selon le titre V de la Constitution réformé en 2001, il était prévu que dans les domaines de compétence législative exclusive de l'État, la compétence réglementaire revienne à l'État et que dans les domaines de compétence concurrente et exclusive des régions, le pouvoir réglementaire revienne aux régions.

En revanche, dans le projet Renzi, l'attraction de plusieurs domaines concurrents dans la compétence législative exclusive de l'État augmente le pouvoir réglementaire de l'État par rapport au pouvoir des régions[4].

De plus, l'application des normes de suprématie qui entre également dans la sphère de compétence exclusive de l'État signifie que les domaines régionaux touchés par la norme de suprématie relèvent de la compétence réglementaire de l'État.

En revanche, le droit de délégation de fonctions législatives de l'État aux régions et donc du pouvoir réglementaire est aussi possible. Toutefois, la possibilité de délégation est limitée dans le temps et s'opère dans le respect des garanties des domaines fixés par la Constitution.

IV. La question du macro-régionalisme

En guise de conclusion, avec la modification de l'article 114 de la Constitution, la prévision constitutionnelle des provinces (départements) en tant qu'articulation territoriale de la République est supprimée.

En outre, la réforme Delrio (loi n. 56 de 2015) est une volonté manifeste de valoriser les métropoles comme institution entre l'État et les communes et de réduire la position des régions dans le cadre de la forme d'État[5].

---

4. *Ibidem.*

5. Voir A. LUCARELLI, "Le città metropolitane. Tipi di Stato e trasformazioni territoriali", sur *federalismi.it*, 17 novembre 2014, *passim.*

Dans ce cadre de changement institutionnel, j'aimerais faire une réflexion sur la question du macro-régionalisme. La doctrine et certains hommes politiques ont posé la question des macro-régions[6], notamment avec la mise en place des métropoles et la suppression des « provinces ».

On parle de la possibilité de transformer les territoires actuels des régions par la modification de deux normes de la Constitution : les articles 131 et 132.

Plutôt que de penser à la modification structurelle des régions, il serait sans doute beaucoup plus intéressant d'imaginer, comme le prévoit l'article 117 alinéa 8 de la Constitution, des accords de coopération entre les régions, avec des fonctions en commun en particulier pour rationaliser le gouvernement du territoire et la gestion des services publics importants qui dépassent le niveau des départements[7].

On pourrait imaginer un macro-régionalisme par fonctions, avec des organes en commun où les régions auraient la possibilité de déléguer certaines fonctions (interrégionalisme fonctionnel).

---

6. L. ANTONINI, "Le macro Regioni : una proposta ragionevole ma che diventa insensata senza un riequilibrio complessivo dell'assetto istituzionale", pag. 9, sur *federalismi.it*, n. 3/2015, 11 febbraio 2015. A. STERPA, "Quali macroregioni e con quale Costituzione", pagg. 4-5, sur *federalismi.it*, n. 3/2015, 11 febbraio 2015 ; I. NICOTRA, "Il senso rinnovato della specialità nel futuro assetto macro regionale della Repubblica", pagg. 4-5, sur *federalismi.it*, n. 3/2015, 11 febbraio 2015 ; F. PIZZETTI, "Centocinquanta anni di dibattito sui confini regionali", pagg. 5 s., sur *federalismi.it*, n. 3/2015, 11 febbraio 2015 et A. POGGI, "I profili costituzionali del riordino territoriale regionale", pagg. 3 ss., sur *federalismi.it*, n. 3/2015, 11 febbraio 2015 ; D. DEL GAIZO, (Macro)regioni e riforma costituzionale, pag. 8, sur *federalismi.it*, n. 3/2015, 11 febbraio 2015. A. FERRARA, "Riordino territoriale della Repubblica e riforma costituzionale", pagg. 4 ss., sur *federalismi.it*, n. 3/2015, 11 febbraio 2015.

7. A. LUCARELLI, "Le Macroregioni "per funzioni" nell'intreccio multilivello del nuovo tipo di Stato" sur *federalismi.it*, 25 mars 2015.

LE RÉGIONALISME AU ROYAUME-UNI[1]

par

Alistair COLE

Professeur, Triangle – Sciences Po Lyon
France et université de Cardiff, Pays de Galles, Royaume-Uni

Le Royaume-Uni compte plus de soixante millions d'habitants sur un territoire moitié moins grand que celui de la France, une des densités les plus fortes d'Europe. L'Angleterre rassemble environ 83 % de la population britannique, l'Écosse 9 %, le pays de Galles 5 % et l'Irlande du Nord 3 %. Chacune des quatre nations du Royaume-Uni a son propre héritage historique, culturel et, dans une certaine mesure, ses propres caractéristiques sociopolitiques. La construction britannique est contestée par une partie de l'opinion en Écosse (où une forte majorité se sent plus écossaise que britannique) et, à un moindre degré, au pays de Galles. Le pays de Galles fut uni à la Couronne d'Angleterre par les Actes d'Union de 1536 et 1542. Ce n'est qu'en 1707 que fut authentifiée l'Union de l'Angleterre et de l'Écosse par un pacte qui permettait à la nation septentrionale de conserver un certain nombre de particularismes : elle put ainsi garder son clergé et son Église presbytérienne, distincts de l'Église officielle anglicane, de même que son propre système d'enseignement et son propre système juridique largement inspiré du droit romain.

1. Cette communication fait partie du projet de recherche « Territorial Governance in western Europe between Convergence and Capacity » un réseau international financé par la fondation Leverhulme du Royaume-Uni (IN-2012-109). Nous remercions très sincèrement la fondation Leverhulme de son soutien.

L'Irlande fut liée à la Couronne par l'Acte d'Union de 1800. La division de l'île en 1922 a créé deux États/entités sur le territoire de l'île d'Irlande ; la République d'Irlande au Sud et l'Irlande du Nord, rattachée à la Couronne d'Angleterre.

La question du régionalisme au Royaume-Uni est complexe. Il faut distinguer entre l'Angleterre d'une part, la nation de loin la plus peuplée, et les autres nations (Écosse, pays de Galles, Irlande du Nord) de l'autre. Le modèle régionaliste a du mal à s'imposer au Royaume-Uni. Non seulement il sonne faux là où il n'existe pas de conseils régionaux directement élus (le cas de l'Angleterre, 84 % de la population totale), mais la « région » est vécue comme un affront dans des milieux « ethno-territorialistes », pour lesquels ce n'est pas un terme neutre. Au pays de Galles et – surtout – en Écosse, le concept de région est essentiellement contesté, car les acteurs de la dévolution en Écosse ou au pays de Galles considèrent qu'ils agissent dans un contexte national, même à l'intérieur d'un État britannique asymétrique. La défaite des autonomistes au référendum de septembre 2014 en Écosse n'a pas pour autant apporté une solution durable aux tensions territoriales.

I. La dévolution : les convergences et les divergences

Si le régionalisme au Royaume-Uni ne peut pas se limiter à une discussion de la « dévolution », celle-ci représente la forme de régionalisme asymétrique qui caractérise le mieux la complexité territoriale du Royaume-Uni. Dans un ouvrage important, Bogdanor (2008) évoque trois dimensions de la dévolution : le transfert de pouvoir à une Assemblée élue, mais subordonnée ; le transfert de compétences par des critères géographiques ; et le transfert de fonctions exercées dorénavant par le Parlement de Westminster. La dévolution traduit le transfert du pouvoir de décision en matière économique, sociale, politique et culturelle au profit d'une assemblée régionale démocratique, élue au suffrage universel et investie, pour ce faire, de moyens politiques et administratifs étendus. C'est un concept typiquement britannique, distinct, même s'il est proche de l'autonomie régionale telle qu'on la rencontre en Espagne ou en Italie. La dévolution n'est pas le fédéralisme, car il n'y a pas de Constitution écrite ; selon la doctrine constitutionnelle de la souveraineté parlementaire, le parlement de Westminster pourrait un jour récupérer les pouvoirs dévolus, voire même décréter l'abolition des institutions (voir le cas pour le Parlement de Stormont en Irlande du Nord en 1972). Depuis l'avènement de la dévolution en 1997 (l'année des référendums en Écosse et au pays de Galles), l'organisation territoriale du Royaume-Uni est plus que jamais à géométrie variable. La dévolution au Royaume-Uni est une forme de décentralisation asymétrique : l'Écosse, le pays de Galles et l'Irlande du Nord ont chacun des institutions politiques, mais avec un degré variable d'autonomie et des pouvoirs juridiques et des ressources financières inégales. En Angleterre, d'autre part, la greffe régionale ne prend pas. L'échec du référendum de 2004 dans le Nord-Est démontre la faiblesse de la demande électorale pour des institutions régionales élues en Angleterre (Cole et Stafford, 2015).

Après une décennie et demie d'opération, quel est l'impact de la dévolution ? Au cours des quinze premières années, on constate le double effet d'une divergence croissante entre l'Angleterre et les gouvernements de plus en plus autonomes de l'Écosse, du pays de Galles et de l'Irlande du Nord, et d'une convergence progressive, même si encore très imparfaite, entre les gouvernements décentralisés eux-mêmes (Birrell, 2012).

Divergences ? L'impact le plus immédiat est celui d'une divergence des projets politiques écossais et gallois par rapport au cas anglais. La divergence est poussée plus loin en Écosse, au point où les gouvernements britanniques et écossais se sont mis d'accord pour organiser un référendum en septembre 2014 (voir infra). Certes, le Parlement écossais a fait une différence. Prenons quelques exemples : les droits d'inscription à l'université abolis pour les étudiants écossais (et donc ceux de l'Union européenne), mais non pas pour les Anglais, les Gallois ou les Irlandais du Nord. Du même ordre, les aides à domicile pour les personnes âgées sont gratuites en Écosse – mais très chères en Angleterre. En ce qui concerne la santé : le Parlement écossais autorise l'accès à un certain nombre de médicaments qui ne sont pas financés en Angleterre (ou au pays de Galles). Le pays de Galles offre un autre exemple d'inflation institutionnelle et de construction identitaire. Si l'Acte de 1998 a créé une Assemblée avec des pouvoirs limités, il y a eu depuis lors un processus de comparaison permanente avec l'Écosse et une exigence de la part des élites galloises pour une assemblée plus puissante. Ce fut accompli en deux étapes. D'abord, le pouvoir réglementaire fut renforcé dans l'Acte de 2006, qui créait également une procédure législative complexe par laquelle l'Assemblée galloise pouvait demander de Westminster le transfert de pouvoirs dans vingt domaines décrits dans la loi. Cette procédure fut source de nombreux conflits entre 2007 et 2011 (par exemple, sur les logements sociaux, la viande ou encore la langue galloise). Vient ensuite le moment de la véritable approbation populaire du projet de dévolution. Depuis le 1er mai 2011, suite au référendum de mars 2011 (qui donnait 65 % de oui pour accorder les pouvoirs législatifs aux Gallois) l'Assemblée galloise exerce les pouvoirs législatifs dits primaires (Cole et Stafford, 2015).

En même temps, on observe une *convergence imparfaite* entre gouvernements autonomes (entre l'Écosse, le pays de Galles et l'Irlande du Nord). Dès le début, les gouvernements écossais et gallois ont affiché leur refus des logiques « néolibérales » et leur préférence pour des solutions « sociaux-démocrates » basées sur la réaffirmation de la puissance publique. Parfois, la convergence entre gouvernements dévolus est très nette : par exemple, en ce qui concerne la décision, en 2013, des ministres de l'Éducation gallois et de l'Irlande du Nord de se démarquer de la politique de l'enseignement secondaire du ministre de l'Éducation anglais. Définir le nouveau projet de dévolution en termes de service public et contre les solutions du marché fut un acte de foi constitutif pour les nouveaux gouvernements dévolus en Écosse et au pays de Galles. Un travail récent sur la réforme du gouvernement local en Angleterre et au pays de Galles montre clairement qu'il y a eu des divergences, l'Angleterre ayant introduit des régimes de performance basés sur « la terreur et les cibles » (*Terror and Targets*), dont se sont détournés les décideurs politiques au pays de Galles en faveur du « partenariat » entre les gouvernements centraux et locaux et d'une autoévaluation par les autorités locales (Martin et Webb, 2009). En général, il s'agit plus d'une convergence de style politique que de contenu. Selon Mitchell (2009), dès la création de son gouvernement dévolu en 1999, l'exécutif écossais est caractérisé par sa volonté de démontrer sa différence vis-à-vis de l'Angleterre, bien plus que de réfléchir sur le bien-fondé de cette différence.

La campagne référendaire en Écosse a démontré les limites à ce processus de convergence imparfaite. Les gouvernements gallois et nord-irlandais exigent une égalité de traitement avec l'Écosse – mais à l'intérieur du Royaume-Uni. Le Premier ministre gallois, Carwyn Jones, a fait plusieurs interventions pour exiger que l'Écosse reste à l'intérieur du Royaume-Uni, ce qui a provoqué un début de polémique entre les Premiers ministres gallois et écossais.

II. Le référendum en Écosse et ses conséquences

Finalement, l'Écosse a voté à plus de 55 % contre l'Indépendance au référendum du 20 septembre 2014 (Cole, 2014b). La défaite des autonomistes au référendum de septembre 2014 en Écosse n'a pas, pour autant, apporté une solution durable aux tensions territoriales. Six mois après, la nouvelle dirigeante du SNP, le Parti national écossais (Nicola Sturgeon) n'exclut pas un autre référendum comme prix à payer pour soutenir un gouvernement travailliste après les élections du 7 mai 2015. Le SNP – entre 40 % et 50 % des voix dans les sondages au moment de l'écriture de cet article – peut s'attendre à obtenir au moins les deux tiers des 59 sièges écossais, contre 10 à 15 pour les travaillistes. Le SNP espère clairement jouer le rôle des nationalistes Irlandais (de Parnell) au XIXe siècle, ou, plus proche de notre temps, des nationalistes Catalans sous les gouvernements socialistes espagnols : c'est-à-dire marchander leur soutien auprès d'un gouvernement minoritaire travailliste à Londres contre la promesse de nouveaux transferts de compétences, une plus grande autonomie fiscale et – peut-être, un nouveau référendum sur l'indépendance.

Comment en est-on arrivé là ? Dans la période contemporaine, on peut identifier l'existence d'un récit écossais au moins depuis les années 1980, largement partagé au-delà des divisions partisanes : favorable à la dévolution, à l'État providence, résolument contre les conservateurs et Mme Thatcher, et favorable à la justice sociale (Cole, 2014a, Mitchell, 2004). La Convention constitutionnelle créée dans les années 1980, a réuni une coalition d'acteurs venant d'horizons divers favorables au projet politique de la dévolution. L'élection du gouvernement travailliste en 1997 fut suivie quelques mois après par un référendum largement favorable à la création du parlement écossais (les Gallois votant pour une assemblée nationale galloise une semaine plus tard). Dès le début, le modèle écossais est celui qui pousse le plus loin la logique de la dévolution : des pouvoirs législatifs dévolus avec quelques pouvoirs réservés pour le centre. Le Parlement écossais a le pouvoir de légiférer dans tous les domaines sauf ceux qui sont expressément réservés au Parlement de Westminster (les affaires constitutionnelles, les finances britanniques, la politique étrangère, la sécurité sociale et la citoyenneté). Le pouvoir écossais gère les domaines essentiels tels (entre autres) la santé, l'éducation, le maintien de l'ordre, le logement, les transports, les arts et la culture. Pour assumer ses fonctions, l'exécutif écossais reçoit un budget sous forme de dotation globalisée, libre à lui de distribuer les crédits selon ses préférences. D'autre part, les domaines d'une vraie importance pour l'Écosse – l'État-providence et l'économie – ne sont pas ou peu décentralisés. La sécurité sociale, la politique de l'emploi, les aides à l'emploi restent dans le domaine de compétence du gouvernement central britannique… pour l'instant. Et, même si son Parlement peut varier à la marge les taux d'imposition nationale, l'Écosse n'a pas, à proprement parler, d'autonomie fiscale pour mener à bien ses projets, d'où la demande des nationalistes du contrôle sur 90 % des ressources pétrolières de la mer du Nord.

De mai 2007 à novembre 2014, l'exécutif écossais fut dirigé par un Premier ministre nationaliste, M. Alec Salmond, remplacé depuis peu par Mme Nicola Sturgeon. Dans une stratégie plutôt axée sur la confrontation, Salmond tentait systématiquement de mettre Londres en porte à faux vis-à-vis des électeurs écossais, avec des succès de plus en plus éclatants. Pendant cette période, Londres était systématiquement montré du doigt par les nationalistes au pouvoir : notamment par rapport à la politique européenne, exercée par Londres au nom de tout le Royaume-Uni. D'autre part, une réaction anti-écossaise peut être identifiée parmi d'importantes couches de l'opinion publique anglaise, agacée par les prétentions écossaises et un traitement inégalitaire dans le domaine de la santé, de l'éducation, des allocations vieillesse et dépendance. Réélu de manière triomphale aux élections en mai 2011, le Premier ministre nationaliste Salmond annonçait son intention de tenir un référendum sur l'indépendance en automne 2014. L'accord de David Cameron en 2011 a donné une forme juridique au référendum, les deux seules options étant l'Indépendance ou l'union. On peut interpréter la campagne référendaire en partie comme un jeu politique, forcément un jeu à somme nulle, soit un pari audacieux de la part des nationalistes écossais, qui sont à la manœuvre depuis les années 1960, soit en termes d'un calcul hasardeux d'un Premier ministre britannique – David Cameron – qui méconnaît l'Écosse et dont le parti n'a quasiment aucune représentation écossaise. Celui-ci a eu gain de cause à court terme, mais nul ne peut prédire l'avenir de l'Écosse.

La campagne pour l'indépendance et le référendum

Le référendum en Écosse, le grand événement politique de 2014, continue d'avoir des conséquences imprévisibles sur la politique britannique et européenne. La très forte politisation de la campagne et la bipolarisation autour des deux camps se prêtent à une interprétation d'irréductibles tensions territoriales. Mais il est important de ne pas sous-estimer les quelques points d'accord entre les partisans du Oui et du Non. La représentation de l'Écosse comme une nation, et non pas comme une « simple » région, est largement admise dans les deux camps. Le Royaume-Uni est un État d'Union, ce qui signifie la signature d'un traité (en 1707, c'est-à-dire après les révolutions anglaises de 1648-1652 et 1689) entre deux nations auparavant souveraines. La question clé pendant la campagne était la suivante : les intérêts de l'Écosse sont-ils mieux préservés au sein d'une Union vieille de 300 ans ou par la voie d'une séparation et création d'un nouvel État ? Cette fois-ci, les électeurs écossais ont choisi de rester avec l'Union. Ceci dit, la campagne référendaire a démontré la tension entre deux stratégies : la stratégie d'autonomie territoriale ? Ou la stratégie d'investir l'État au centre (c'est-à-dire Londres) ? De manière plus générale, l'on observe cette tension entre l'autonomie territoriale, d'une part, et la conquête des positions de pouvoir au « centre », de l'autre. L'Écosse a réussi, pendant trois cents ans, à exercer une influence considérable au sommet de l'État britannique (par exemple, les anciens Premiers ministres, Tony Blair et Gordon Brown, sont tous deux nés en Écosse).

La dimension d'économie politique était très présente dans la campagne. Quel serait l'avenir d'une Écosse indépendante dans les domaines aussi régaliens que la monnaie, l'État providence, la défense, l'immigration, la dette ? Devrait-on avoir « très peur » quant à l'avenir d'une Écosse indépendante (*dixit* Deutsche Bank). Il y a eu une forte mobilisation des entreprises multinationales, en général contre l'indépendance. La dimension européenne n'était pas très saillante dans cette campagne, mais un débat passionné a eu lieu parmi les spécialistes du droit européen par rapport à la question de savoir si l'Écosse devrait être admise dans l'UE de manière automatique (article 149 du traité d'Union européenne), ou bien si elle devrait attendre son tour et reformuler une demande d'adhésion (article 150). D'autres États européens se sont invités dans la campagne, notamment l'Espagne, dont le Premier ministre Rajoy a laissé planer la menace d'un veto si une Écosse indépendante tentait de rejoindre l'UE. Le président de la Commission européenne lui-même, Barroso, a émis des doutes par rapport à l'automaticité de l'adhésion écossaise. Manifestement, les autres États membres de l'UE, notamment ceux ayant régions/nations fortes en leur sein (l'Espagne, mais également la Belgique, l'Italie) n'étaient pas prêts à laisser l'Écosse décider seule.

Finalement, le « Non » l'a emporté. Quels sont les groupes sociaux qui ont déterminé le résultat du référendum ? L'analyse qui s'ensuit est à prendre avec précaution, les sondages sortis des urnes étant interdits le soir du référendum. Si l'on prend le sondage *Observer Opinium* (14 septembre 2014), qui a prédit le résultat final avec beaucoup de précision, les grandes tendances apparaissent clairement. D'abord, il y eut un effet « genre » : 57 % des femmes étaient pour le Non, contre 43 % pour le Oui. Par contre, les hommes étaient majoritairement en faveur du Oui (52 % contre 48 % pour le Non). Ensuite, on observe un effet générationnel. Les plus de 60 ans étaient résolument contre (56 % contre, 36 % pour), mais les 18 – 34 étaient très nettement pour (50 % pour, 39 % contre), les autres cohortes étant plus équilibrées entre les deux camps. Les données les plus significatives concernaient le comportement des électeurs du Parti travailliste, dont entre le quart et le tiers était donné pour le Oui, selon les sondages. La perte de contrôle du Parti travailliste sur l'Écosse est l'une des conclusions les plus remarquables du référendum de 2014 et sa suite politique (Cole, 2014a, Cole 2014b).

Quelque six mois après le référendum, on constate un retour des tensions territoriales. Le SNP a le vent en poupe, les sondages le créditant entre 40 % et 50 % des intentions de vote aux élections de mai 2015. Son prix pour un accord avec le Parti travailliste ? Rejouer le référendum ! La nouvelle dirigeante, Nicola Sturgeon, a exigé des transferts financiers massifs vers l'Écosse, ainsi qu'une plus grande liberté fiscale. Face à cette offensive continue des nationalistes, les partis unionistes n'ont pas eu de réponses convaincantes. Le Premier ministre Cameron joue avec le feu en proposant des votes anglais pour les lois anglaises (*« English votes for English laws »*) au parlement de Westminster, c'est-à-dire une convention où les députés écossais, gallois et nord-irlandais s'abstiennent de voter sur les lois qui s'appliquent uniquement à l'Angleterre. En apparence simple et logique, en réalité ce dispositif créerait un imbroglio législatif et juridique (qu'est-ce qu'une loi uniquement anglaise ? Peut-on empêcher des députés élus pour le Parlement de Westminster de se prononcer sur les propositions de loi ?). Pour sa part, le Parti travailliste est en pleine crise en Écosse, incapable de faire face à l'étroitesse du référendum et de proposer une réforme territoriale d'envergure. Dans les journées qui ont suivi le référendum, le moment était propice pour une véritable refonte constitutionnelle. Mais la commission Smith, nommée par Cameron avec l'accord des cinq partis principaux (y compris le SNP) s'est contentée de proposer des réformes de fonctionnement (plus de marges d'imposition, plus de contrôle pour les Écossais sur certains aspects de l'État providence, une loi qui confirmera la pérennité du Parlement écossais) (Smith, 2015). Quelques semaines après la publication de ce rapport, Mme Sturgeon, du SNP, rejetait déjà ses recommandations et exigeait plus de pouvoirs pour l'Écosse en attendant un deuxième référendum.

III. L'Angleterre : terre sans régions ?

L'histoire du régionalisme en Angleterre est mal connue, car peu visible. Il y a eu très peu de concessions au régionalisme politique (quasi inexistant, en dehors des Cornouailles) ; la grande réforme de 1972 a redessiné la carte des comtés traditionnels, en faisant disparaître des références à quelques régions historiques comme le Somerset, le Lancashire ou le Yorkshire. Il existe une certaine tradition de l'État en région pendant la période post 1945. La planification économique des années 1960 a vu la création des premières structures étatiques régionales dans le domaine du développement économique. Le gouvernement Major (1990-1997) a créé des bureaux de l'État dans les régions au début des années 1990, ainsi qu'un budget unique de l'État pour l'aménagement du territoire, géré par ces structures régionales de l'État. Dans les deux cas, la « région » est un espace stratégique pour le développement économique ou la rationalisation et la coordination administrative.

Une fenêtre d'opportunité politique pour des régions anglaises fut ouverte avec l'élection des néo-travaillistes en 1997. Pendant la campagne électorale de 1997, les travaillistes ont évoqué l'éventuelle création d'assemblées élues dans les régions anglaises. Des hommes politiques d'envergure, tels John Prescott, ont soutenu à fond le projet des régions élues. Mais c'était sans compter avec la forte opposition des fonctionnaires de Whitehall, notamment ceux du DTI et du DfEE[2], et l'indifférence, voire l'hostilité de Blair lui-même. Cet épisode permet de relativiser la cohérence de la démarche de réforme constitutionnelle de Blair ; à l'évidence, l'architecture constitutionnelle introduit de fortes disparités au détriment de l'Angleterre, seul pays du Royaume à ne pas avoir d'instances régionales élues. En novembre 1998, le gouvernement travailliste a créé huit agences régionales de développement (RDA), s'abstenant d'aller plus loin, tout en laissant savoir que ces Agences pourraient devenir à terme des Assemblées régionales élues. Les RDA étaient investies de fonctions précises : établir des plans régionaux de développement économique, promouvoir des partenariats entre acteurs publics et privés, assister à la négociation des fonds structurels de l'UE, conseiller les ministères sur les aides industrielles et la formation. Leurs ressources budgétaires étaient loin d'être négligeables – 2 milliards de livres (2,5 milliards d'euros) par an. Mais la création des RDA portait le sceau d'un compromis bureaucratique qui ne mettait pas en question les intérêts primordiaux des grands ministères centralisateurs. Les RDA étaient loin d'être l'équivalent des régions continentales, même les régions à la française. En 2004, un référendum dans la région du Nord-Est a rejeté la proposition de créer une Assemblée régionale, enterrant par cet acte toute dévolution régionale en Angleterre même. En 2010, le gouvernement Cameron a aboli les agences de développement régional et les bureaux régionaux de l'État. Force est de constater la faiblesse en Angleterre de la demande sociale pour une démocratie locale ou régionale plus vibrante. Sans même parler des régions, on observe une désaffection manifeste pour les processus de démocratie locale, dont témoignent le taux de participation de seulement 32 % aux élections locales de 2012 et la victoire des Non dans les référendums pour l'élection directe des maires dans plusieurs grandes villes anglaises (dont Leeds, Manchester et Birmingham).

***
*

L'avenir du Royaume-Uni est plus difficile à prédire que jamais. Dans sa déclaration de Downing Street, le matin du 19 septembre 2014, Cameron a réitéré sa volonté de garder l'Écosse dans le Royaume-Uni, tout en faisant référence aux autres nations du Royaume-Uni, l'Angleterre en premier. Du point de vue du

2. DTI. Département du Commerce et de l'industrie (Department of Trade and Industry). DfEE. Département de l'Éducation et du Travail. (Department for Education and Employment).

pays de Galles et de l'Irlande du Nord, le dialogue de sourds entre l'Angleterre et l'Écosse exclut les autres membres de l'Union. Dans le cas gallois, le soutien très ferme du Premier ministre Jones au Royaume-Uni s'est accompagné d'une demande pour une plus forte dévolution en interne. Logiquement, le pays de Galles va exiger une égalité de traitement avec l'Écosse. La situation en Irlande du Nord est plus complexe, l'un des deux grands partis (Sinn Fein) étant favorable à l'unification de l'île d'Irlande, donc logiquement à une fin de la dévolution. À plus court terme, les partis politiques de l'Irlande du Nord vont continuer à faire fonctionner la cogestion entre catholiques et protestants qui caractérise le gouvernement de la région, tout en marquant de près les avancées de la dévolution dans les autres régions. Finalement, on observe une déception parmi ceux qui soutiennent une refonte constitutionnelle du Royaume-Uni : face aux pressions des nationalistes anglais au sein du Parti conservateur (en réalité un parti anglais), Cameron soutient la formule des « votes anglais pour les lois anglaises » à la Chambre des communes, tout en se gardant bien de revoir l'organisation constitutionnelle du Royaume-Uni dans son ensemble. Dans l'état actuel des relations, *« English votes for English laws »* va-t-elle diviser encore les nations et accélérer la fin de l'Union ? On observe également l'incapacité des travaillistes, sous Ed Miliband, de proposer une réforme territoriale d'envergure, y compris pour les grandes villes. Enfin, si le référendum sur l'appartenance du Royaume-Uni à l'Union européenne a lieu (prévu en 2017 si les conservateurs gagnent les élections), on peut imaginer une forte demande de la part des Écossais pour rejouer le référendum.

Bibliographie

- BIRRELL D., *Comparing Devolved Governance Basingstoke* : Palgrave, 2012.
- BOGDANOR V., *Devolution in the United Kingdom Oxford* : Oxford University Press, 2008.
- COLE A. and STAFFORD I., *Devolution and Governance* : *Wales between Capacity and Constraint* Basingstoke : Palgrave, 2015.
- COLE A, « Scotland's Hour of Choice ». La Clé des Langues (Lyon : ENS LYON/DGESCO), 2014a. ISSN 2107-7029. Mis à jour le 4 septembre 2014. Consulté le 10 avril 2015. Url : *http://cle.ens-lyon.fr/anglais/scotland-s-hour-of-choice-237813.*
- COLE A., « Scotland's No ». La Clé des Langues (Lyon : ENS LYON/DGESCO). ISSN 2107-7029, 2014b. Mis à jour le 3 octobre 2014. Consulté le 10 avril 2015. Url : *http://cle.ens-lyon.fr/anglais/scotland-s-no-242450.*
- MARTIN S. and WEBB A., « "Citizen-centred" public services : contestability without consumer-driven competition ? », *Public Money and Management*, 29, 2, 2009, 123-130.

– MITCHELL J., *Governing Scotland : the Invention of Administrative Devolution Basingstoke* : Palgrave, 2004.

– MITCHELL J., *Devolution in the UK Manchester* : Manchester University Press, 2009.

– SMITH R., *Report of the Smith Commission for further devolution of powers to the Scottish Parliament*. Londres et Édimbourg, 27 novembre, 2014.

L'ÉVOLUTION DE LA QUESTION RÉGIONALE : QUEL AVENIR POUR L'ÉTAT DES AUTONOMIES EN ESPAGNE ?

par

Elisenda MALARET

Professeure de droit administratif, Université de Barcelone

I. Introduction

L'objet de ce travail est de présenter l'évolution du modèle d'organisation territoriale espagnole ainsi que les défis et les controverses suscités actuellement, soit comme suite aux dynamiques internes soit comme résultat des mesures adoptées pour affronter la crise des finances publiques.

Le modèle d'organisation territoriale dessiné de façon *ouverte*[1] par la Constitution espagnole de 1978 a supposé un processus de profonde décentralisation politique et administrative de l'État. Les 17 communautés autonomes (dorénavant CCAA) qui ont été créées, ainsi que les 2 villes autonomes[2], constituent actuellement des réalités institutionnelles consolidées[3] ; cette transformation a été accompagnée par un développement économique et une cohésion sociale très importante, jusqu'à la crise de 2008, qui explique sûrement le support citoyen. Bien que le succès du modèle ne doive pas cacher les faiblesses liées aux spécificités de sa mise en place,

1. La notion d'*ouverture* est souvent utilisée pour montrer la place de la Constitution dans la définition du modèle, car à partir du texte constitutionnel, plusieurs formes d'État étaient possibles comme très tôt P. CRUZ VILLALON l'a montré, « La estructura del estado o la curiosidad de un jurista persa », maintenant regroupé dans l'ouvrage *La curiosidad del jurista persa y otros estudios sobre la Constitución*, Madrid, ed. CEC (1re ed. 1999, 2e ed. 2007).

2. Ceuta et Melilla, situées au sud de la Méditerranée, les deux villes occupent deux enclaves au nord de l'Afrique.

3. Comme les différents sondages le montrent de façon récurrente, cette position est largement partagée dans les milieux politiques et académiques.

des défaillances acquièrent une visibilité majeure au moment de la fin du transfert des compétences de l'État aux CCAA quand la complexité du modèle montre la nécessité de renforcer les mécanismes de collaboration et de coopération[4].

L'organisation territoriale du pouvoir adoptée à partir de la Constitution espagnole de 1978 est loin de s'apparenter à un modèle unitaire. L'éventail des pouvoirs et des compétences des communautés autonomes rapproche le système mis en place des modèles fédéraux[5]. L'ordre juridique de l'État des autonomies créé à partir de la Constitution est plurilégislatif; les lois adoptées par les parlements des CCAA sont des lois avec toute la force et la valeur de la loi. Bien sûr, quelques aspects présentent des particularités considérables, d'où l'emploi d'une dénomination spécifique pour caractériser le modèle d'organisation territoriale du pouvoir étatique, « État des autonomies »[6].

En effet, l'État des autonomies présente des spécificités par rapport aux modèles bien connus des États de type fédéral. Nous pouvons synthétiser les traits de sa spécificité avec les éléments suivants :

1. Le *principe de libre disposition*[7], qui est considéré comme la caractéristique la plus originale et la plus distinctive du système espagnol[8] et qui opère pour la création de chacune des communautés autonomes. Comme dans le précédent de la Deuxième République, la Constitution n'a pas créé directement les communautés autonomes, la décentralisation étant seulement une option, un « droit », et l'initiative était attribuée aux territoires. Ainsi, la généralisation dans tout le territoire espagnol était au début aussi une simple possibilité pour l'attribution

4. Voir l'œuvre collective, dirigée par un groupe de professeurs de droit public de l'université de Barcelone, AAVV : Informe Comunidades Autónomas del Instituto de Derecho Público, 2000 et 2001, Barcelona, ed. Marcial Pons.

5. E. AJA : *El Estado Autonómico : federalismo y hechos diferenciales*, Madrid, Alianza Editorial, 2003 (2 ed.).

6. La doctrine utilise généralement l'expression en langue espagnole de « Estado Autónomico, estado de las autonomías, modelo autonómico » que nous avons traduit par *« État des autonomies »*.

7. La Constitution ne détermine pas la carte des communautés autonomes; elle définit l'accès à l'autonomie comme un droit ouvert aux provinces limitrophes et qui s'exerce au moyen des initiatives des provinces et des communes. Dans certains cas, des référendums ont eu lieu sur la définition de la nouvelle région. Seuls quelques auteurs ont préféré parler d'un « principe de volontariat » pour mieux illustrer le rôle des territoires, voir J. GARCIA ROCA : « El principio de voluntariedad autonómica : teoría y realidad constitucionales », *RDP*, 1984, 21, p. 111 et s.

8. I. DE OTTO : *Derecho Constitucional : Sistema de fuentes*, Barcelona, ed. Ariel, 1988.

et la portée des compétences des différentes CCAA, puisque la Constitution se limite à réserver à l'État les compétences qui lui sont exclusives, ainsi que pour l'organisation institutionnelle de chaque CCAA.

2. Corollaire du précédent, *l'importance et la centralité des statuts d'autonomie*, adoptés comme lois organiques, mais issus des projets approuvés par les territoires assurent une fonction constitutionnelle[9] puisqu'ils sont une pièce essentielle de la construction du modèle territorial d'État dans la mesure où chaque statut d'autonomie attribue les compétences de la communauté autonome et établit aussi son organisation et son système institutionnel propres, parlement, présidence, gouvernement, ainsi que d'autres institutions comme l'ombudsman, la Cour des comptes, le conseil consultatif, le conseil de l'audiovisuel.

3. Et finalement comme conséquence des éléments antérieurs, la diversité, soit dans le domaine des responsabilités soit dans le domaine de l'organisation, bien qu'actuellement ce trait soit plutôt une potentialité – inscrite dans le texte constitutionnel – qu'une réalité, car les Accords entre les deux grands partis politiques espagnols de 1981 et 1992 ont fait évoluer l'ensemble vers une uniformisation substantielle[10], alors que les caractéristiques – démographiques et économiques – et surtout la volonté d'autogouvernement des communautés sont très diverses.

Précisément, cette diversité est à l'origine du modèle espagnol et la Constitution avait consacré cette valeur à travers un arsenal varié de règles ; par exemple, en affirmant « reconnaître et garantir l'autonomie des nationalités et des régions », ou en établissant des procédures différentes d'accès à l'autonomie (et en reconnaissant que les référendums actés pendant la Deuxième République soient pris en considération), ou la possibilité qu'il existe deux types de CCAA – avec une palette d'attributions aussi diverses que l'existence de CCAA sans parlement était possible –, ou, en établissant des spécificités pour le système de financement de deux communautés (Pays basque et Navarre), une diversité présente déjà dans les constitutions préalables chaque fois que celles-ci ont consacré la souverai-

9. C. AGUADO : *El Estatuto de Autonomía y su posición en el ordenamiento jurídico*, Madrid, ed. CEC, 1996.

10. E. MALARET : "Multidimensional decentralization in Spain : variable geometry decentralization", *International Review of Administrative Sciences*, vol. 64, n° 4, 1998, p. 663 et s.

neté du peuple – face à une souveraineté partagée avec le roi –, comme pour les Constitutions de la Première et la Deuxième République de 1871 et de 1931, respectivement, et de l'actuelle de 1978.

L'adhésion à la Communauté économique européenne en 1986 (plus tard l'Union européenne comme résultat de la modification des traités originaires) ainsi que les transformations qui se sont succédé n'avaient pas apparemment supposé un bouleversement des rapports entre les institutions centrales de l'État et les CCAA, car la jurisprudence de la Cour constitutionnelle avait affirmé le principe que l'intégration ne pouvait pas affecter la distribution des compétences établies par la Constitution et les statuts d'autonomie[11], bien que progressivement et de manière non explicite une modification significative s'est produite, surtout dans la portée et le domaine du pouvoir législatif des CCAA.

Mais, la crise financière qui a commencé aux États-Unis d'Amérique en 2007 puis à partir de la faillite de Lehman Brothers (2008), s'est répandue rapidement en Europe et dans d'autres parties du globe, bouleversant profondément l'ordre juridique et le paysage institutionnel espagnols ; un effet que l'on ne peut pas nier du fait que par son extension et sa profondeur cette crise est considérée comme la crise mondiale la plus intense des dernières cinquante années. La crise a touché par la suite les pays membres de l'UE et notamment certains pays de la zone euro, une crise de la dette souveraine provoquant dans cette succession/mutation un réajustement des politiques pour faire face, qui a entraîné un accroissement exorbitant de l'austérité budgétaire et de l'importance de la maîtrise des finances publiques face à d'autres politiques et d'autres instruments. Le droit européen a souffert des profondes transformations qui ont redessiné les rapports entre les institutions européennes et les États membres. Et, cette fois-ci, le processus d'accélération de l'intégration européenne – et plus spécialement de l'Union économique et monétaire avec son volet d'union budgétaire – et les mesures adoptées pour sa mise en place dans l'ordre interne ont impacté considérablement les rapports entre les institutions centrales de l'État et les CCAA – ainsi que la position des collectivités locales et leurs rapports avec l'État[12].

11. Dans les faits, la situation est un peu plus complexe, mais la règle de principe énoncée reste valide.

12. Suite à la profonde révision du modèle local qu'a supposé l'adoption de la loi 27/2013, dite de « rationalisation et de soutenabilité de l'administration locale », mais qui sous la couverture d'une prétendue autosuffisance financière a réduit considérablement les compétences des communes, surtout dans le domaine social.

Au niveau interne espagnol, la crise présente quelques spécificités dans le domaine de l'économie réelle comme dans son aspect financier, à cause de l'évolution du secteur immobilier qui avait été un des moteurs de la croissance. Ceci explique à la fois le taux très élevé du chômage ainsi que le fait que la crise du système de crédit ait affecté de manière très significative les caisses d'épargne qui ont presque disparu – car absorbées par des banques pour celles qui étaient en difficultés[13] ou transformées elles-mêmes en banques si elles étaient en bonne santé. La crise financière et économique est devenue aussi une crise des finances publiques à cause de la chute des recettes, alors que pendant les trois années précédentes (2005, 2006 et 2007), les exercices budgétaires avaient connu des excédents et le niveau de la dette publique était en dessous des 40 % du PIB[14]. Une crise des revenus spécialement grave pour les CCAA, non seulement à cause de la réduction de l'activité économique, mais surtout à cause de la chute brutale de l'immobilier auquel était liée une partie importante des leurs revenus.

La crise économique et la politique adoptée par la suite, surtout avec la nouvelle majorité issue des élections de l'automne 2001, ont transformé fortement le modèle mis en place après la Constitution. Mais avant de procéder à cette exposition, une donnée supplémentaire pour comprendre la portée des changements est nécessaire. D'abord avec la distribution des compétences. *Les CCAA consacrent autour de 70 % de leur dépense publique à des prestations de base pour le bien-être (éducation, santé, et services sociaux) ; la dépense publique des CCAA était de 34 % du total en 2011.* La crise a provoqué des déséquilibres importants dans les finances des CCAA et par contre, le modèle de financement des CCAA[15] qui devait être évalué et, le cas échéant, révisé en 2013 n'a pas, apparemment, souffert de modifications directes alors qu'il a été sérieusement ébranlé et questionné moyennant l'introduction de différentes mesures d'ordre sectoriel dans la législation adoptée à partir de 2011.

---

13. Au mois de juillet 2012, l'Espagne a signé l'accord portant sur les conditions de la politique sectorielle financière pour obtenir l'assistance financière sous forme de prêt du MES pour la restructuration du système financier.

14. S. SERNIAS SOLERA : "Crónica de la crisis económica-financiera (2007-2013)", *RDUE*, 27-28, 2014-2015, p. 25 et s.

15. La dernière modification substantielle date de 2009 et la loi organique portant modification de la LO Financement des CCAA établit de manière expresse la révision en 2013 du nouveau modèle qui a été mis en place ; un modèle qui, dès le début, avait été très critiqué par son extraordinaire complexité et son manque de lisibilité.

II. L'impact de la crise financière sur la distribution des responsabilités

Il s'agit d'une palette de mesures qui supposent un renforcement de la centralisation sans aucun vestige d'unitarisation – ou de prise en commun – des décisions.

A. La réforme constitutionnelle de l'article 135, Constitution (7 sept. 2011)

À partir de cette réforme, la discipline budgétaire s'est située à la base du renforcement des pouvoirs de l'État au niveau central. Les traits et le contenu de cette réforme sont les suivants :

1. Une réforme expresse, improvisée (sans travaux préalables) – pour tranquilliser les marchés ? – adoptée selon une procédure d'urgence et de « lecture unique »[16] ; une manière de procéder qui a conduit à une majorité politique – et sociale – plus réduite que celle qui avait permis d'adopter la Constitution ; notons ici l'absence significative de la coalition nationaliste catalane qui, par contre, partageait l'aspect substantiel relatif à l'introduction de la règle de la stabilité budgétaire.
2. Un contenu relativement nouveau, car, en partie il s'agit simplement de l'introduction des règles du droit de l'UE : *a)* la constitutionnalisation du principe de la stabilité budgétaire pour toutes les administrations publiques ; *b)* l'interdiction pour l'État et les CCAA d'avoir un déficit structurel supérieur aux valeurs établies par l'Union européenne pour les États membres ; *c)* la dette publique de l'ensemble des administrations publiques ne pourra pas être supérieure à la valeur établie par le Traité de fonctionnement de l'UE ; *d)* les collectivités locales devront présenter une situation d'équilibre budgétaire ; et enfin, *e)* la possibilité que les limites du déficit structurel et du volume de la dette publique puissent être supérieures si des circonstances exceptionnelles sont présentes.
3. La plus importante nouveauté du point de vue substantiel, et aussi l'aspect le plus controversé, est l'établissement de la règle selon laquelle est établi comme « *priorité absolue* le remboursement de la dette publique ».
4. Dans l'ensemble, une faible densité normative, surtout du point de vue des règles relatives à la distribution des compétences entre l'État et les CCAA, bien que l'impact sur l'autonomie budgétaire soit évident.

---

16. Voir les commentaires de différents constitutionnalistes dans les revues, *Teoría y Realidad constitucional*, 2012, 29 et les réponses apportées à un questionnaire dans *REDC*, 2011, 93.

5. Car le nouveau texte se limite à établir une réserve de loi organique en fixant un contenu minimal ; une technique législative qui s'avère en fait comme une simple rémission, car à travers cet instrument, la Constitution a créé une voie indirecte d'attribution à l'État d'une compétence que la Cour constitutionnelle avait déjà reconnue préalablement (à l'occasion des arrêts portant sur les lois de stabilité budgétaire de 2001) puisqu'elle a considéré qu'elle était inhérente à deux autres attributions explicitement réservées par la Constitution à l'État, celles portant sur « les bases et la coordination de l'activité économique » et sur « les finances publiques et la dette de l'État », des compétences qui ont une portée de caractère horizontal.

6. L'établissement de l'obligation adressée aux CCAA d'introduire dans leur ordre juridique des mesures nécessaires pour l'application effective du principe de stabilité budgétaire.

7. Et, enfin – et peut-être le plus important –, une conséquence induite par la constitutionnalisation des limitations budgétaires : l'attribution à la Cour constitutionnelle du contrôle des décisions des CCAA (même si elles n'ont pas valeur de loi), et la possibilité pour le gouvernement central d'utiliser la prérogative prévue dans la Constitution en vertu de laquelle l'admission par la CC du recours d'inconstitutionnalité suppose la suspension automatique de la disposition en question (qui devra être ratifiée ou levée dans un délai de cinq mois, art. 161.5 Constitution).

B. L'adoption de la Loi organique de stabilité budgétaire et la soutenabilité financière (2012) : le renforcement de l'obligation de stabilité budgétaire

Suite aux élections législatives de l'automne 2010 et à la nouvelle composition des *Cortes Generales*, a été adoptée une nouvelle loi dans ce domaine ; elle a supposé un affaiblissement du soutien politique[17] à la nouvelle façon d'envisager la stabilité budgétaire dans l'ordre interne, car seul le groupe de la majorité lui a donné son soutien (avec la majorité absolue nécessaire pour approuver une loi organique). Avec cette disposition, le droit espagnol a décliné dans l'ordre juridique national les mécanismes adoptés au niveau européen. Les éléments essentiels sont les suivants :

17. Vis-à-vis de la réforme constitutionnelle de l'art. 135, adoptée en 2011 et qui constitue la base juridique de cette loi.

1. C'est la loi qui établit directement la distribution du déficit entre niveaux de gouvernement, il n'y a aucune place pour la négociation : 44 % l'administration de l'État central, 13 % l'ensemble des CCAA, 3 % l'ensemble des collectivités locales. Cette distribution n'est pas réaliste, car elle ne tient pas compte des caractéristiques de la distribution des compétences et de la portée des services publics fondamentaux dans l'ensemble des dépenses des CCAA.

2. Une nouveauté : *la règle de la dépense* : la variation de la dépense de l'administration centrale, des CCAA et des collectivités locales ne pourra pas dépasser le taux de référence de la croissance du PIB à moyen terme (bien que certaines dépenses soient exclues du calcul).

3. Introduction d'une obligation de rembourser prioritairement la dette si un excédent apparaît.

4. Modification de la *procédure d'établissement des objectifs de stabilité budgétaire* (capacité et besoin de financement) et de la *dette publique : a)* le gouvernement propose l'objectif pour l'ensemble des niveaux pour les trois exercices budgétaires suivants, ensuite il faut l'avis préalable (la simple intervention est envisagée, car ce n'est pas nécessaire qu'il soit favorable) du Conseil de politique fiscale et financière[18], et finalement ce sont les *Cortes Generales* qui décident – avec le vote favorable de la Chambre des députés et du Sénat; ensuite, *b)* le gouvernement *décide unilatéralement l'objectif pour chaque communauté autonome*, avec l'avis du CPFF (qui doit nécessairement se prononcer dans le délai de 15 jours). Auparavant, l'objectif pour chaque CA était le résultat d'une négociation bilatérale.

5. Attribution d'importants *pouvoirs de surveillance de l'exécution budgétaire* ainsi que de *sanction au gouvernement central* et, parallèlement, établissement de l'obligation pour les CCAA d'introduire des mesures si des déviations se produisent, le cas échéant (avec le pouvoir de l'État de les contrôler effectivement) : *a)* obligation de fournir une information très précise et très détaillée (et c'est le ministère qui se réserve le pouvoir de la rendre publique !); *b)* introduction de la possibilité d'adopter des *mesures préventives* (avec l'établissement d'un avertissement motivé qui peut entraîner des conséquences si dans le délai d'un mois des mesures ne sont pas adoptées); *c)* possibilité d'adopter des *mesures correctives*, moyennant le renforcement des contrôles préalables de certaines

18. Un organe mixte, composé de représentants de toutes les CCAA et de l'État.

opérations (automatiques – toutes les opérations d'endettement auront besoin d'une autorisation de l'État, sauf en cas de présentation d'un plan dont le contenu est prévu directement par la loi) et du suivi des opérations ; *d)* des *mesures coercitives* (non-disponibilité des crédits, transfert des compétences normatives de la CA à l'État, constitution d'un dépôt à la Banque d'Espagne, et si cela est insuffisant, une commission d'experts peut-être nommée, et celle-ci fera non seulement le suivi très détaillé, mais proposera un plan qui devra être obligatoirement exécuté par l'administration de la CA qui n'a pas respecté les obligations) ; et enfin comme dernière phase de tout cet arsenal : *e)* possibilité d'appliquer l'art. 155 de la Constitution qui prévoit l'*exécution forcée* (cette intervention extraordinaire sur l'administration d'une CA requiert l'accord du Sénat).

C. La stabilité budgétaire et le contrôle poussé n'assurent pas le financement des services essentiels

À nouveau, à l'image des mécanismes européens d'aide, la création d'un support financier permet de conditionner extraordinairement les politiques des CCAA.

La faiblesse des revenus des CCAA n'a pas été envisagée par une modification de la loi organique de financement des CCAA – texte qui établit le système de financement ordinaire –, malgré le fait que la mise en place de la dernière réforme de celui-ci avait déjà montré quelques faiblesses et prévoyait de manière explicite sa révision. Par contre, le gouvernement central a préféré une stratégie plus unilatérale, la création de deux fonds spéciaux, conçus comme des instruments exceptionnels – et de durée en principe limitée – de financement des CCAA : un Fonds pour le financement du remboursement aux fournisseurs (créé par un décret-loi en 2012 et prorogé jusqu'à présent) et le Fonds de liquidité autonome, conçu à l'image des Fonds d'aide européens aux pays en crise. Cet instrument suppose un mécanisme de crédit de l'État très fortement conditionné pour assurer la réalisation des objectifs de déficit et de dette ainsi que le remboursement des quantités apportées par l'État. Ces fonds apportent un financement aux CCAA avec des conditions meilleur marché (quelques CCAA ne pouvant plus accéder au marché financier), mais en contrepartie les pouvoirs de contrôle de l'État sont encore accrus.

D. Au-delà du contrôle budgétaire, une utilisation exacerbée du mécanisme exceptionnel du décret-loi pour restreindre les prestations publiques, et, en passant, réduire la capacité législative des CCAA

Malgré le fait de disposer de la majorité absolue dans les deux chambres du Parlement, le gouvernement central a usé et abusé d'un instrument prévu dans la Constitution pour faire face de manière exceptionnelle aux situations de nécessité urgente et extraordinaire. Vingt-huit décrets-lois ont été adoptés en 2012[19], de nouvelles dispositions approuvées par décret-loi, donc sans débat parlementaire, des mesures qui, sous couvert de la réduction des dépenses, entravent les compétences des CCAA dans des domaines très importants[20] : santé, éducation, fonction publique, services sociaux, commerce intérieur…

III. La crise a exacerbé les points faibles de l'État des autonomies à propos de la réforme constitutionnelle

A. Les raisons de la réforme : le débat entre une réforme globale[21] et une réforme ponctuelle

La Constitution a établi les bases pour la création de l'État des autonomies, les procédures, les conditions, les compétences réservées à l'État… Mais dans la mesure où le modèle final était ouvert, par rapport au nombre de communautés autonomes comme par rapport aux compétences et à l'organisation institutionnelle de celles-ci, la Constitution n'a pas pu adopter de manière suffisante les règles relatives au fonctionnement du système dans son ensemble. Les règles et les institutions qui devraient assurer les rapports horizontaux – entre les CCAA – et les rapports verticaux – entre l'État et les CCAA –, ainsi que la participation des CCAA à la prise de position espagnole dans les institutions européennes et les formes de l'exécution postérieure, ne sont pas envisagées ; un élément essentiel du modèle, le système de financement, est presque dépourvu de bases constitutionnelles alors qu'il faudrait établir de manière explicite les principes de solidarité (pour toutes

---

19. Pour trouver un chiffre équivalent il faut remonter en 1982, 21 décrets-lois, à l'époque du gouvernement de Calvo Sotelo, une période d'extrême faiblesse du gouvernement, car soutenu avec une exiguë majorité parlementaire – et celle-ci était traversée par de multiples querelles ; juste avant les élections de 1982, gagnées par le Parti socialiste sous la direction de F. Gonzalez.

20. E. ALBERTI « El impacto de la crisis financiera en el estado autonómico español », *REDC*, 2013, 98, p. 63 et s.

21. Voir les propositions de nombreux professeurs de droit public, J. GARCIA ROCA (ed.) : *Pautas para una reforma constitucional*, Madrid, ed. Thomson/Reuters Aranzad, 2014.

les CCAA, même celles qui disposent d'un modèle spécial) et de responsabilité. Les règles relatives à la constitution territoriale sont incomplètes et limitées, la plupart d'entre elles ont perdu leur sens, car elles avaient un caractère transitoire. Le Sénat n'a pas accompli son rôle de chambre de représentation territoriale, il reproduit mimétiquement les débats – et les votations – de la Chambre des députés ; cette absence de fonction spécifique explique le succès de la proposition issue des assemblées citoyennes lors de l'occupation des places de le supprimer pour épargner (2012).

Face aux problèmes suscités par l'épuisement du modèle dans son ensemble et les besoins de procéder à une adaptation à la réalité de l'Union européenne, il existe aussi des problèmes liés aux revendications d'une plus large autonomie politique – d'une meilleure « qualité » de l'autogouvernement – soulevés à partir de 2003 au Pays basque et en Catalogne. Dès le début, la voie suivie par les deux CCAA sera différente. Le plan de réforme du statut basque fondé sur un soi-disant « droit à décider du peuple basque » a été bloqué par la Chambre des députés (ratifié par la CC) ; par contre, l'adoption d'un nouveau statut d'autonomie de la Catalogne se fera en 2006, mais les éléments plus innovateurs et surtout les aspects de portée plus symbolique et identitaire ont été privés de contenu par un arrêt postérieur de la CC (2010), alors que d'autres réformes statutaires de la même période reprenaient des éléments équivalents sans que les textes aient été questionnés et portés devant la CC[22]. Nous reviendrons sur l'impact de cette situation.

Dans ce contexte et avec l'approfondissement du questionnement en Catalogne du modèle issu de la Constitution de 1978, deux options sont prioritairement envisagées : soit ne rien faire, car il n'y a pas de consensus à propos des voies à suivre pour la réforme de l'organisation territoriale (c'est la position actuelle du gouvernement central), soit envisager une réforme constitutionnelle qui permette de reconstruire les consensus.

Dans cette optique de réforme constitutionnelle (qui tient compte du rapport adopté par le Conseil d'État en 2006[23]), deux stratégies se dessinent. Tout d'abord, une solution qui a été qualifiée dans certains milieux universitaires et politiques

22. J. TORNOS : "El problema catalán : una solución razonable", *El Cronista del Estado social y democrático de derecho*, 2014, 42.

23. J. ALVAREZ JUNCO, F. RUBIO LLORENTE (dir.) : *El Informe del Consejo de estado sobre la reforma constitucional : texto del informe y debates académicos*, Madrid, ed. CEC/Consejo de Estado, 2006.

comme de type fédéral ; la Constitution devrait établir directement les compétences de l'État et des CCAA, ce qui suppose parallèlement d'éliminer cette fonction accomplie jusqu'à présent par les statuts d'autonomie de chaque communauté autonome et résoudre de manière plus claire, transparente et fiable la distribution des compétences, source interminable de conflits et de judiciarisation des rapports entre l'État et les CCAA[24] ; les règles fondamentales du financement des CCAA devraient être aussi directement inscrites dans la Constitution. Cette réforme devrait envisager aussi le régime juridique des langues officielles dans les différents territoires, au-delà du principe d'officialité consacré déjà dans la Constitution de 1978 et quelques spécificités dans les domaines qui gardent un rapport étroit avec la langue (éducation, culture, médias).

Mais, d'autres soutiennent qu'une réforme globale ne permettrait pas d'envisager de manière satisfaisante les revendications d'autogouvernement de la Catalogne et du Pays basque, ainsi que les demandes de reconnaissance liées à des questions identitaires – symboliques, avec le problème – ajouté – que, même si le Pays basque et la Navarre disposent d'un système de financement spécial, l'on ne peut ne pas ignorer que, dans le débat actuel catalan, une partie de la controverse est suscitée par la question du modèle de financement considéré comme injuste. Comment préserver la diversité, surtout de la Catalogne et du Pays basque ? Au-delà de la langue, comment introduire des dispositions spécifiques dans la Constitution ?[25] Pour l'instant, aucune solution précise n'a été avancée dans cette direction.

B. Le débat actuel sur les rapports de la Catalogne avec le reste de l'Espagne : trois flashs

1. Aux origines de la situation actuelle

La réaction d'une partie très importante de la population face à l'arrêt de la CC sur le nouveau statut d'autonomie de la Catalogne, suite à une réforme en profondeur du statut préalable de 1979, un nouveau texte qui avait été adopté en suivant la procédure complexe établie par la Constitution (proposé et voté par le Parlement catalan par une très large majorité, modifié par les *Cortes Generales* et adopté comme loi organique à nouveau avec une large majorité – au-delà de la majorité absolue requise –, et finalement approuvé par un référendum par le peuple de la

24. P. CRUZ VILLALON : « La dificultad del TC como garante de la autonomía territorial », *RCDP*, 2009, 39.

25. D'autant plus qu'elles existent déjà pour le Pays basque, la Navarre et les îles Canaries.

Catalogne, en suivant strictement avec la procédure établie dans la Constitution). Après sa publication, il a été porté devant la CC par le Parti populaire et après trois ans de débats internes éclaboussés par plusieurs incidents – un magistrat a été écarté des délibérations et du vote –, le tribunal a décidé – à la majorité simple et avec de nombreuses opinions dissidentes – que certains articles étaient contraires à la Constitution (arrêt de 31/2010). Pour la première fois, une CC se prononçait sur un texte adopté préalablement dans un référendum populaire, ce qui a été perçu comme un choc de légitimité. Le mouvement indépendantiste qui auparavant n'avait pas réussi à mobiliser la population a trouvé son standard, les grandes mobilisations populaires à l'occasion de la fête nationale se sont succédé. La crise économique et les politiques d'austérité – et de renforcement de la centralisation – mises en place par la nouvelle majorité issue des élections de 2011 ont aussi joué un rôle, qui n'est pas mineur si l'on ajoute le débat sur la langue utilisée pour l'enseignement.

2. À propos de la célébration d'un référendum. Quels sont les éléments du débat ?

Une demande de consultation populaire à propos des rapports entre la Catalogne et le reste de l'Espagne est largement partagée par la population (65-70 %), bien au-delà des cercles indépendantistes (qui sont fermement ancrés [23 %], bien que maintenant ceux qui sont favorables à l'indépendance, sous réserve que certaines conditions soient remplies, peuvent atteindre les 43 %). Les éléments du débat juridique et les réponses ne sont pas unanimement partagés : *a)* est-ce qu'il serait possible d'effectuer une consultation d'une partie de la population espagnole pour connaître la position réelle de la population de Catalogne ? Certains considèrent que cette possibilité est contraire à la Constitution, bien que la majorité des constitutionnalistes croient qu'une réforme de la loi organique de référendum permettrait d'envisager une consultation de ce genre, car elle ne supposerait pas l'adoption d'une décision définitive, seulement elle permettrait de constater l'orientation de la volonté ; *b)* qui peut ou qui doit convoquer le référendum/consultation ? Ici, la controverse parmi les juristes est plus limitée car la Constitution déclare explicitement que le gouvernement central doit autoriser la convocation des référendums (le débat se pose sur la portée de cette exigence qui pourrait ne pas être toujours pertinente – comme dans des domaines d'intérêt strictement local, comme la CC a essayé de préfigurer –, mais, qui dans ce cas d'espèce paraît très difficile à écarter étant donné la nature et la portée des enjeux) ; *c)* sur quelle base légale doit être faite la consultation ? Certains en Catalogne défendent qu'une loi du Parlement de Catalogne constituerait une base légale suffisante, mais la loi qui a été adoptée dans cette direction a été suspendue par la CC suite au recours présenté par le gouvernement central ; la majorité de la doctrine considère que pour célébrer une consultation avec ces caractéristiques, il faudrait au moins modifier la loi organique de référendum[26], étant donné la typologie du référendum observé, car le corps électoral envisagé est nécessairement équivalent à celui observé quand d'une question d'ordre *supra* local – même si la loi catalane avait essayé de détourner cet aspect en élargissant le corps avec les résidents extracommunautaires et les majeurs de 16 ans – et, évidemment le domaine de la question suscitée intéresse bien plus qu'une population locale (la CC a accepté le recours du gouvernement central, mais elle ne s'est pas encore prononcée explicitement sur le fond).

3. Le dilemme catalan : réforme du financement, réforme de la Constitution, indépendance ?

En tout cas, en Catalogne tous les partis politiques sont d'accord qu'il faut introduire des réformes, le débat se pose sur la portée de celles-ci et dans ce cadre la question du financement est au cœur du débat, car les critiques du modèle actuel – et qui aurait dû être révisé en 2013 – sont largement partagées dans les milieux académiques, sociaux et politiques ; c'est précisément ce contexte qui permet de comprendre pourquoi l'indépendance apparaît dans certains milieux comme une revendication pour faire *bouger* (demandons l'impossible pour obtenir le possible ?). Le dernier sondage de l'Institut officiel de la Catalogne qui s'occupe de l'état de l'opinion montre que des indépendantistes « à n'importe quelle condition » n'ont pas augmenté de manière significative – toujours aux alentours de 23 % – par rapport à ceux qui seraient favorables à l'indépendance, mais seulement à condition de rester membre de l'UE – alors le taux atteint 43 % –. Évidemment, les conditions de l'indépendance sont essentielles, le facteur clé dans les débats et celui, qui dans les sondages, fait réduire immédiatement le taux de favorables à l'indépendance, est l'appartenance ou non à l'UE.

Dans les prochains mois, avant la fin de 2015, plusieurs élections doivent se réaliser, les locales d'abord (24 mai 2015), les générales en tout cas avant décembre 2015 et peut-être aussi celles au parlement de Catalogne (en septembre 2015, si le président de la Generalitat décide finalement de les convoquer). L'avenir de l'État des autonomies et la façon d'envisager la sortie de la crise économique seront les deux aspects les plus controversés du débat politique et, comme nous l'avons montré, ils ont été très fortement entrelacés ces dernières années…

26. Voir J. TORNOS : *op. cit.*

***
*

La crise financière – transformée par la suite en Europe en crise de la dette souveraine – a été abordée dans le cadre de l'Union européenne avec une stratégie qui a privilégié la stabilité budgétaire et le renforcement de l'intégration par le biais de l'adoption de règles visant à renforcer cette politique – en parallèle à la création de l'Union bancaire –. Par la suite, cette approche a été transposée de manière mécanique au niveau interne espagnol, une simple réplique.

Le nouveau cadre légal, la réforme de la Constitution et l'adoption d'une nouvelle loi de stabilité budgétaire ont provoqué un considérable renforcement des pouvoirs de surveillance et de contrôle de l'État sur les CCAA.

La réduction de l'autonomie budgétaire n'a pas été accompagnée d'une augmentation des capacités de décider en commun.

Sinon, bien au contraire, l'on a assisté à une limitation de l'autonomie politique avec l'adoption par l'État de mesures de réduction de la dépense (en termes de réduction des effectifs de personnel ou de prestations aux usagers…).

La crise a bouleversé la constitution territoriale de l'Espagne, les rapports entre l'État et les CCAA ont été sérieusement ébranlés et certains parlent d'une mutation constitutionnelle – sinon d'une réforme implicite. Peut-être le moment de la réforme de la Constitution est venu, bien que cette pratique – courante dans les pays de longue tradition démocratique – soit jusqu'à présent étrangère à l'histoire constitutionnelle de l'Espagne, car l'on avait préféré remplacer les constitutions que les modifier… Réformer la Constitution pour la préserver. Réformer la Constitution pour assurer un débat public ouvert et transparent.

RÉGIONS, *LÄNDER* ET SYSTÈME FÉDÉRAL EN ALLEMAGNE

par

Hellmut WOLLMANN

Professeur émérite, Université Humboldt, de Berlin

Ma contribution va consister en trois parties.

- d'abord, on discutera de l'enjeu de la « restructuration » territoriale des *Länder* allemands ;
- puis, on abordera le changement que le statut des *Länder*, surtout en ce qui concerne leurs pouvoirs législatifs, a vécu à l'issue de la réforme constitutionnelle de 2006 ;
- enfin, on étudiera les réformes territoriales que les collectivités locales ont expérimentées dans le système intergouvernemental.

Ce faisant, trois dimensions cruciales de l'organisation des *Länder* au sein du fédéralisme allemand seront traitées.

I. Restructuration des Länder

Selon la tradition fédérale du pays, la reconstruction démocratique de l'Allemagne (« occidentale ») après 1945 fut basée sur la structure fédérale qui, en rétablissant des *Länder*, est enracinée dans l'histoire et la tradition du pays. Cependant, les frontières des nouveaux *Länder* ont été tracées d'une manière presque aléatoire suivant les confins des zones d'occupation que les alliés victorieux (américains, britanniques et français) avaient fixées entre eux. Seule la Bavière, dans la zone américaine, fut rétablie dans ses frontières historiques.

En conséquence, l'organisation territoriale des onze *Länder* allemands (seize après la réunification de 1990) est marquée d'une disparité démographique éclatante qui existe, par exemple, entre la ville-État (*Stadtstaat*, ayant le statut d'un *Land*) de Brême avec 600 000 habitants, d'un côté, et le *Land* de Rhénanie du Nord-Westphalie avec 18 millions d'habitants, de l'autre. De plus, il y a de grandes différences socio-économiques entre les *Länder*, en termes de produit intérieur brut *per capita* entre 64 000 euros (en 2009) dans la Bavière et 48 000 euros dans le Mecklembourg-Poméranie en Allemagne d'Est.

Dès la fondation de la République fédérale en 1949, l'enjeu de la restructuration territoriale de ses *Länder* se trouvait sur l'agenda politique.

Lors de l'entrée en vigueur de la loi fondamentale (*Grundgesetz*) de mai 1949, son article 29 réglait la restructuration du territoire fédéral en disposant :

> « (1) Le territoire fédéral doit être restructuré en vue de permettre aux Länder d'accomplir efficacement les tâches qui leur incombent en fonction de leur dimension et de leur capacité.
> Ce faisant, on devra tenir compte des particularismes régionaux, des liens historiques et culturels, de l'opportunité économique, ainsi que des impératifs de l'aménagement du territoire et du développement régional.
> (2) Les mesures de restructuration du territoire fédéral sont prises par une loi fédérale, qui doit être ratifiée par référendum. Les Länder concernés doivent être consultés.
> (3) Le référendum a lieu dans les Länder dont le territoire ou des portions de territoire sont appelés à former un Land nouveau ou à faire partie d'un Land aux frontières modifiées ».

En 1976, l'article 29 fut amendé en remplaçant la formulation « *doit* être restructuré » par celle de « *peut* être restructuré ». Ainsi le mandat constitutionnel était atténué.

La procédure pour « restructurer » le territoire fédéral est compliquée. D'abord, le Parlement fédéral (Bundestag) doit adopter un acte législatif qui ensuite doit être approuvé par référendum populaire dans le *Land* ou les *Länder* concernés.

Depuis 1949, il y a eu plusieurs initiatives et propositions de restructurer les *Länder* par le biais de « fusions ».

Cependant, le seul regroupement territorial qui fut réalisé date de 1952 : le *Land* de Bade-Wurtemberg, dont la capitale est Stuttgart, avait alors été créé par la fusion du *Land* de Bade, du Wurtemberg-Bade et du Wurtemberg-Hohenzollern.

En 1996, en vertu d'une loi fédérale spéciale adoptée à l'issue de l'unification allemande, un référendum fut conduit sur la fusion entre la ville-État (*Stadtstaat*) de Berlin et le *Land* de Brandebourg qui l'entoure, mais le projet fut rejeté par la population de Brandebourg à une large majorité.

A. Facteurs empêchant et freinant la fusion des Länder

Premièrement, il faut mettre en avant un facteur psychoculturel en tant que « patriotisme régional » et « conscience d'identité régionale » qui inspirent et conduisent la population régionale à retenir et à défendre « sa » région. Cet attachement régional peut surprendre parce que, comme mentionné, la plupart des nouveaux *Länder* manquaient de racines historiques communes qui pourraient avoir transmis tel « patriotisme régional ». De plus, à l'issue de la guerre, un pourcentage considérable de la population régionale d'après-guerre était constitué de réfugiés et déplacés arrivant des anciennes provinces allemandes de l'Est. Par exemple, deux tiers de la population d'après-guerre vivant dans le *Land* de Schleswig-Holstein provenaient de « l'Est ». Cependant, avec une rapidité étonnante, les *Länder* d'après-guerre artificiellement découpés et « peuplés » ont généré un fort sentiment d'identité régionale. Le vote de la population du *Land* de Brandebourg (qui est aussi un produit territorial artificiel d'après-guerre) refusant une fusion de son *Land* avec Berlin attestait de ce phénomène étonnant.

Deuxièmement, il faut souligner, comme facteur politique, la disposition et l'intérêt des élites régionales à retenir et s'accrocher à leurs positions d'influence et de pouvoir. Chaque *Land* possède ses institutions propres (parlement, gouvernement, tribunal constitutionnel, Cour des comptes, etc.) avec une multitude de postes et de fonctions qui seraient mis en cause par une fusion. De plus, ce sont surtout les élites politiques des *Länder* démographiquement petits qui craignent de perdre leur influence dans le Conseil fédéral (*Bundesrat*) sur la politique fédérale, parce que ces plus petits *Länder* (comme Brême et la Sarre avec moins de 1 million d'habitants) disposent de trois voix (sur un total de 69 voix) au sein du Conseil fédéral tandis que la Rhénanie-du-Nord-Westphalie (avec 18 millions d'habitants) ne dispose que de six voix.

B. Facteurs favorisant et accélérant une restructuration territoriale

L'urgence d'une restructuration territoriale et la demande d'abolir et de fusionner les petits *Länder* sont évoqués particulièrement par les « riches » *Länder*, tels que la Bavière, le Bade-Würtemberg et la Hesse qui dans le système de péréquation

« horizontale » entre les *Länder*, doivent payer pour les *Länder* déficitaires, comme Brême et les *Länder* de l'Est. Les « riches » *Länder* considèrent une réforme territoriale du pays comme indispensable pour remédier à ce système de péréquation.

C. Nouvelles perspectives ?

La pression budgétaire et économique poussant à une réorganisation territoriale pourrait croître avec la future « règle d'or » budgétaire qui interdira, en tant que frein à leur endettement, aux 16 *Länder* de lever de nouvelles dettes à partir du 1er janvier 2020. Cela va probablement causer de graves problèmes financiers et fiscaux à tous, mais plus particulièrement aux *Länder* de petite taille et de faible économie, et pourrait les prédisposer à chercher et accepter une fusion.

D. Note de précaution en considérant la situation des autres États fédéraux

La discussion sur l'urgence d'une restructuration territoriale des régions, soit « normales », soit fédérales, peut être tempérée si on jette un regard comparatiste sur d'autres pays de tradition fédérale comme la Suisse et les États-Unis.

En Suisse, le système fédéral fondé en 1848 est composé de 26 cantons entre lesquels existent de grandes différences de taille, notamment entre le canton de Zurich avec 1,4 million d'habitants et le canton d'Appenzell, avec seulement 15 000 habitants.

Entre les 50 États des États-Unis existent également des différences énormes, par exemple entre la Californie (avec 37 millions d'habitants) et le Vermont (avec 600 000 d'habitants).

Sans approfondir davantage ces réflexions, la stabilité territoriale de longue durée de ces deux pays « classiquement » fédéraux (et en même temps « décentralisés ») devrait faire hésiter sur la nécessité et sur les raisons de changer et bouleverser trop précipitamment les structures territoriales sur le plan régional (« meso ») d'un pays. L'expérience de longue date dans ces deux pays (comme celle similaire en Allemagne) suggère que ce n'est pas la taille démographique ou spatiale de la structure territoriale qui porte en premier sa « viabilité » et son efficacité, mais plutôt ses données économiques et culturelles, y compris son « capital social » régional.

II. L'élargissement récent des compétences législatives des Länder[1]

La répartition verticale des pouvoirs législatifs entre la Fédération (*Bund*) et les *Länder* est marquée par des tensions qui sont caractéristiques d'un système fédéral.

La Constitution fédérale (*Grundgesetz*, « Loi fondamentale ») de 1949, tout au début, énumère solennellement des « droits fondamentaux » qui, selon l'article 1, « lient les pouvoirs législatif, exécutif et judiciaire à titre de droits directement applicables ». L'article 3 déclare que « tous les hommes (êtres humains) sont égaux devant la loi » proclamant ainsi l'égalité principe primordial de la République. Dans un autre article clé (l'article 72 de la Constitution), il est écrit que « la Fédération a le droit de légiférer lorsque et pour autant que la réalisation de *conditions de vie équivalentes* sur le territoire fédéral (*Herstellung gleichwertiger Lebensverhältnisse im Bundesgebiet*) ou la sauvegarde de *l'unité juridique ou économique* dans l'intérêt de l'ensemble de l'État » (en italique, *H. W.*)[2] est concernée. En outre, concernant la péréquation, il est fixé dans l'article 104 de la Constitution que « les besoins financiers de la Fédération et des *Länder* doivent être ajustés entre eux de telle sorte qu'une juste péréquation soit obtenue, qu'une surimposition des contribuables soit évitée et que *l'homogénéité des conditions de vie* sur le territoire fédéral (*« Einheitlichkeit der Lebensverhältnisse im Bundesgebiet »*) soit sauvegardée » (en italique, *H. W.*). Sur la base de ces dispositions constitutionnelles, l'Allemagne se présente comme un État fédéral (légalement) égalitaire, (socioéconomiquement) « homogène » et (politiquement) « solidaire ».

D'autre part, en attribuant des pouvoirs législatifs propres aux *Länder* qui sont traditionnellement reconnus comme porteurs d'une autonomie (quasi) souveraine (*Eigenstaatlichkeit*), la Constitution fédérale admet que chaque *Land*, dû à son statut fédéral, peut lui-même, dans la limite de ses compétences législatives propres, adopter et mettre en vigueur des actes législatifs (en tant que loi du *Land*) qui, le cas échéant, peuvent différer de la législation des autres *Länder*. Donc, la Constitution fédérale ouvre la porte constitutionnelle à une différenciation et à des inégalités

1. Le paragraphe suivant s'appuie sur H. Wollmann, 2013.

2. Tandis que l'article 72 parle d'un « droit » de la Fédération, ce qui dans l'immédiat vise à circonscrire et limiter l'envergure du pouvoir législatif de la Fédération dans le processus législatif, cette formule a été interprétée constitutionnellement et politiquement aussi comme un mandat et une obligation de la Fédération. Initialement, le texte de l'article 72 disait « *einheitliche Lebensverhältnisse* » (conditions de vie homogènes). Par un amendement de la Constitution de 1994, la nouvelle formule (« *gleichwertig* », équivalent) était adoptée ce qui était entendu comme une restriction du « droit » de la Fédération.

entre les *Länder*. Dans sa décision du 25 février 1960, la Cour Constitutionnelle fédérale (*Bundesverfassungsgericht*) a reconnu ce principe clé de la structure fédérale que « Le législateur (d'un *Land*) n'est pas empêché par la garantie d'égalité (de l'article 3 de la Constitution fédérale) d'adopter des dispositions législatives spécifiques (*Sondergesetze*) si des conditions particulières l'exigent ou le justifient ». Dans la jurisprudence subséquente, la Cour Constitutionnelle a confirmé cette position selon laquelle « des dispositions législatives qui sont différentes entre les *Länder* et les municipalités ne sont pas seulement admissibles, mais sont intentionnelles (*beabsichtigt*). Faciliter la pluralité est un élément essentiel du principe de l'État fédéral autant que l'administration libre des municipalités ». Donc, la régionalisation des compétences législatives donne lieu à des phénomènes d'un fédéralisme « non-égalitaire », « *hétérogène* » et « concurrentiel ».

A. L'enjeu de la réforme constitutionnelle de 2006

Sous la Loi fondamentale (*Grundgesetz*) de 1949, la répartition des compétences législatives entre la Fédération (*Bund*) et les *Länder* était caractérisée par une distinction assez complexe entre quatre types de compétences législatives (pour détails, voir Wollmann 2013 : 102 avec des références).

Cette répartition compliquée des compétences législatives a, au fil des années, provoqué des conflits constitutionnels et politiques assez graves.

Premièrement, la compétence dite « cadre » du législateur fédéral a resserré la marge législative des *Länder* même dans des compétences qui, à proprement parler, relèvent des *Länder*, comme l'enseignement supérieur/universitaire. De plus, la coexistence des dispositions en droit fédéral (« lois-cadres ») et du droit d'un *Land* (législation « en détail ») a généré une espèce d'« enchevêtrement (du droit) à l'allemande »,

En outre, l'exercice de la compétence concurrente « par le législateur fédéral a abouti à une expansion permanente du droit fédéral et à une contraction correspondante du droit des *Länder*. Tandis que dans l'intention initiale des « pères » de la Constitution de 1949, cette clause constitutionnelle (article 72) ne devait être exercée par le législateur fédéral que pour « réaliser des conditions de vie équivalentes sur le territoire de la Fédération » et devait donc être conçue de façon restrictive, le législateur fédéral en a, au cours d'années, fait un usage intensif. Ceci a conduit à une sorte d'« homogénéisation » et de (« re)centralisation » du « droit du pays » qui n'a été ni voulue ni anticipée par les « pères » de la Constitution. Cette évolution a été décrite, avec une connotation critique, comme une marche vers un

« État fédéral unitaire » (*unitarischer Bundesstaat*) » (Konrad Hesse, 1962). En même temps, à cause du resserrement des activités législatives des *Länder*, leurs parlements risquaient d'être politiquement de plus en plus marginalisés.

La réforme constitutionnelle qui, à l'issue des conflits et négociations prolongées, est entrée en vigueur finalement le 1er septembre 2006, constitue un compromis entre les intérêts de la Fédération (*Bund*) et ceux des *Länder.* Elle a été qualifiée « plus grande réforme constitutionnelle depuis 1949 ».

D'une part, le gouvernement fédéral visait à réduire le catalogue des matières législatives pour lesquelles l'accord (*Zustimmung*) du *Bundesrat* (c'est-à-dire, pratiquement, des gouvernements des *Länder* qui contrôlent les votes dans le *Bundesrat*) est requis (*Zustimmungsgesetze*) ; ce sont donc des matières pour lesquelles le *Bundesrat* dispose *d'*un « veto absolu ».

D'autre part, les *Länder* poussaient à substantiellement élargir les matières législatives relevant de leur pouvoir législatif exclusif.

B. Élargissement des compétences législatives (exclusives) des Länder

En résultat de la réforme du fédéralisme de 2006, les compétences législatives des *Länder* ont été augmentées remarquablement.

La répartition des responsabilités pour le système éducatif était au centre des négociations et du « bras de fer » entre la Fédération et les *Länder*. En retenant et continuant leur seule compétence pour le système scolaire (écoles primaires, secondaires, etc.), les *Länder* possèdent désormais de plus la seule compétence et responsabilité (législative, opérationnelle, financière, etc.) pour l'enseignement supérieur (universités, etc.).

En outre, la régulation des rapports juridiques du service public des *Länder* et des collectivités locales est, sauf le statut juridique des fonctionnaires (*Beamten*), passée aussi sous la seule responsabilité législative des *Länder*.

De plus, les *Länder* ont retenu leur pouvoir législatif que chacun traditionnellement exerce individuellement sur la régulation de « son » système local, y compris la structure territoriale des collectivités locales (voire le paragraphe suivant et pour des détails, voir Wollmann 2014 : 107).

Au surplus, les *Länder* ont gagné des nouvelles compétences exclusives sur :
– le régime pénitentiaire (*Strafvollzugsrecht*) ;
– les restaurants/débits de boissons (*Gaststättenrecht*) ;
– la fermeture des magasins (*Ladenschlussrecht*) ;

– les réunions/meetings politiques (*Versammlungsrecht*) ;
– et la presse (*Presserecht*).

En somme, issu de la réforme constitutionnelle de 2006, l'élargissement des compétences législatives des *Länder* a abouti, réellement ou potentiellement, à une différenciation et des « inégalités » entre les *Länder* qui signalent la tendance vers un fédéralisme hétérogène et concurrentiel (pour des détails, voir H. Wollmann, 2013) contrairement à l'évolution de la République fédérale d'après-guerre qui était caractérisée plutôt par une tendance vers un fédéralisme homogène et solidaire appelé alors, certes de manière un peu caricaturale, un « État fédéral unitaire » (« *unitarischer Bundesstaat* », Hesse 1962). Comme mentionné auparavant, tel potentiel pluraliste, voire « inégalitaire », a été reconnu par la jurisprudence de la Cour constitutionnelle Fédérale qui a statué que pareille différenciation et diversité interrégionale ne sont pas seulement tolérables sous la Constitution fédérale, y compris sa garantie d'égalité (dans le fameux article 3 de la Loi fondamentale), mais est même entendue et intentionnelle comme issue de la structure fédérale (et, on pourrait extrapoler, d'une structure « véritablement » régionale).

En dressant un bilan de cette évolution, on peut, d'une part, mettre en valeur quelques atouts.

Premièrement, en vertu de l'élargissement des compétences législatives exclusives, le poids politique des *Länder* au sein du système fédéral (et aussi européen) a été conforté par les acteurs régionaux politico-administratifs, qui jouent un rôle crucial en prenant et réalisant des décisions sur le plan intermédiaire (régional/meso) alors que, dans le passé, ce rôle semblait en déclin.

Puis, la « régionalisation » du pouvoir législatif a introduit dans les relations mutuelles des *Länder* une composante concurrentielle qui est susceptible de les inciter à atteindre la meilleure performance possible individuellement en expérimentant, se comparant et en apprenant mutuellement.

D'autre part, il faut noter quelques inconvénients.
– d'abord, la décentralisation et la régionalisation des compétences législatives ont, sans doute, le « prix » d'aboutir à des inégalités légales et des disparités socio-économiques normativement problématiques ;
– de plus, la concurrence entre les *Länder* peut prendre les traces d'un « darwinisme » politique et économique dans lequel ceux des *Länder* qui sont économiquement et financièrement plus forts dominent et écartent ceux plus faibles. En outre notamment, la différenciation et les disparités entre les *Länder* dans les

systèmes scolaires et universitaires ont été attaquées et fustigées par ce qu'on appelle souvent « particularisme » (*Kleinstaaterei*) et « politique de clocher » (*Kirchtumspolitik*).

Bien que dans la pratique politique et économique du fédéralisme allemand, tels effets et impacts négatifs de la diversité et de l'autonomisation régionales existent sans doute, il convient de mettre en relief des mécanismes et des règles de conduite (aussi formelles qu'informelles) qui sont aptes à contrecarrer et atténuer pareils effets négatifs. En premier lieu, il faut faire ressortir le système de péréquation financière qui est ancrée dans la Constitution fédérale (article 106) et vise à mitiger et réduire les disparités socio-économiques interrégionales. Puis, dans ce qui est appelé « fédéralisme coopératif » (*kooperativer Föderalismus*) un grand nombre d'institutions composées de ministres, etc. fédéraux et des *Länder* existe depuis longtemps pour coordonner et « harmoniser », soit ad hoc soit en permanence, les politiques, programmes, projets, etc. Finalement, on devrait mentionner le principe non écrit du « comportement en esprit fédéral sympathisant/aimable » (*bundesfreundliches Verhalten*) qui appelle et oblige tous les acteurs au sein du système fédéral à agir d'une manière mutuellement « respectueuse » et solidaire.

III. Réformes territoriales des collectivités locales

Dans la tradition constitutionnelle allemande, le système local consiste en deux niveaux : les arrondissements (*Kreise*) et les communes (*Städte*, *Gemeinden*). Étant donné que, constitutionnellement parlant, les niveaux locaux font partie intégrante de la structure administrative des *Länder*, ceux-ci possèdent un pouvoir législatif qui leur permet de déterminer individuellement la structure juridique ainsi que territoriale de « leurs » collectivités locales. Par ailleurs, ils exercent un contrôle juridique (*Rechtsaufsicht*) et, dans la mesure où les fonctions administratives sont déléguées aux autorités locales par le *Land*, ils exercent aussi une tutelle opérationnelle (*Fachaufsicht*). Ainsi, tandis que dans leurs relations avec le niveau fédéral, les *Länder* réclament une position nettement décentralisatrice, en revanche, dans leurs relations avec « leur » administration locale, ils exigent d'occuper une position souvent franchement centralisatrice (voir Wollmann et Bouckaert, 2008).

À l'intérieur des frontières, qui remontent principalement au XIXe siècle, voire au-delà, la structure de l'administration locale à deux niveaux de l'Allemagne (de l'Ouest), on comptait jusqu'aux années 1960, 24 200 communes, ayant en moyenne 2 400 habitants chacune, et 425 arrondissements (*Kreise*), comptant 80 000 habitants chacun, en moyenne. Par ailleurs, 135 villes grandes et moyennes avaient le statut traditionnel des communes hors arrondissement (*Kreisfreie Städte*), qui combinent les fonctions de l'arrondissement (Kreis) et celles de la commune – plutôt comparable aux « London boroughs » (districts londoniens) et aux autorités unitaires (*« Unitary authorities »*) en Angleterre.

Pendant les années 1960 et 1970, certains *Länder* allemands ont entrepris des réformes territoriales propres au niveau communal et des arrondissements. Après la Réunification en 1990, les cinq *Länder* « nouveaux » de l'Est ont également mis en œuvre une réorganisation territoriale de leur administration locale.

Entre les diverses stratégies de réforme territoriale, qui est un aspect typique du fédéralisme, *grosso modo* on peut distinguer deux groupes de *Länder*. D'un côté, on voit que les *Länder* de *Rhénanie-du-Nord-Westphalie* et *Hesse*, les plus urbanisés qui représentent à eux seuls environ 30 % de la population totale du pays, ont poursuivi une stratégie de création de communes territorialement et fonctionnellement consolidées et intégrées (*Einheitsgemeinden*) par le biais de fusions à grande échelle et ont renoncé à installer des établissements intercommunaux. Dans le cas du *Land* de Rhénanie-du-Nord-Westphalie, la taille moyenne des communes a atteint 44 000 habitants, ce qui correspond au modèle « Nord européen », illustré par la réforme territoriale anglaise de 1974, qui a abouti à des districts/*boroughs* de 120 000 habitants en moyenne et par la réforme territoriale suédoise de 1974 qui a créé des communes de 34 000 habitants en moyenne.

De l'autre côté, la plupart des *Länder* de l'Ouest et, après la réunification, ceux de l'Est, ont opté pour des stratégies de réforme territoriale plus « douce » en choisissant de réaliser des fusions mineures et d'introduire un niveau supplémentaire d'établissement intercommunal, dont les communes (plutôt petites) devaient devenir membres (dans un système très semblable à l'intercommunalité française).

Il faut mettre en avant que, dans tous les *Länder*, les mesures de réforme territoriale se sont caractérisées par la méthode qu'on pourrait appeler de « la carotte et du bâton » : dans chaque *Land*, la réforme a été typiquement lancée par une phase participative (commissions consultatives, auditions publiques, etc.) et « volontaire », pendant laquelle les communes et les arrondissements concernés avaient l'opportunité d'adopter « volontairement » la structure territoriale proposée par le gouvernement du *Land*. Mais, par la suite, si l'accord local n'était pas atteint à la date fixée, le schéma territorial nouveau était déterminé, en dernier ressort, par la loi du *Land* d'une manière obligatoire et coercitive. Cela correspondait au modèle *nord-européen*, poursuivi au Royaume-Uni et en Suède, qui donnait le dernier mot au parlement (et qui est profondément contraire au principe de « volontariat » qui est enraciné dans la tradition et la culture politique des pays « du Sud », notamment de la France). Telle stratégie en dernier ressort « coercitive » adoptée dans les pays du « Nord » est basée sur la conviction que le parlement national (ou du *Land*) est légitimé et justifie à définir et mettre en pratique une rationalité nourrie et guidée par l'« intérêt général » supérieur aux intérêts « particularistes » et « égoïstes » des acteurs locaux.

Vers la fin des années 1990, dans les *Länder* de l'Est, une nouvelle campagne de réforme territoriale du niveau local a été lancée. Avant tout, ces réformes avaient pour objectif d'augmenter le nombre et l'étendue des communes consolidées (*Einheitsgemeinden*) et de réduire, d'une manière correspondante, le nombre et l'étendue des structures intercommunales. Les débats sur la réforme ont été inspirés et poussés par la critique de plus en plus vive des déficits opérationnel et démocratique de la structure « intercommunale ». Premièrement, on a noté que les petites communes, dans les zones périphériques en particulier, étaient en train de disparaître démographiquement, politiquement et économiquement.

Par ailleurs, on a souligné les effets négatifs sur la performance opérationnelle de ces petites communes. D'un côté, en supposant que l'établissement intercommunal leur offre du soutien opérationnel, les communes membres ont tendance à réduire leur organisation et leur personnel jusqu'à perdre leurs compétences administratives et leur propre savoir-faire. De l'autre côté, malgré le soutien offert par l'autorité intercommunale, les maires des communes membres, afin d'entretenir leur profil politique et opérationnel dans le contexte intercommunal, ont tendance à maintenir, si ce n'est à accroître, le personnel local, donc multiplier le personnel dans le cadre intercommunal et augmenter les coûts et dépenses.

De plus, les établissements intercommunaux sont de plus en plus critiqués du fait de leur manque de légitimité politique directe et de responsabilité. On considère que ce déficit démocratique est aggravé par la délégation de fonctions importantes qui leur sont transférées par leurs communes membres ou par le *Land*.

Enfin, la question du conflit, de la coordination et des « coûts de transaction » générés par la double structure a été sérieusement soulevée. On voit que ces coûts sont de plus en plus élevés au fur et à mesure que le nombre de leurs communes membres augmente.

En bref, dans les *Länder* de l'Est, le paysage territorial et organisationnel de l'administration locale a été considérablement réorganisé par l'avancée de la structure des communes/villes territorialement et fonctionnellement consolidées (*Einheitsgemeinde)* et, en conséquence, par le recul des établissements intercommunaux.

Bibliographie

– HESSE K., *Der unitarische Bundesstaat*, MÜLLER C.F. : Karlsruhe, 1962.

– WOLLMANN H., « Quelle modernisation du fédéralisme allemand ? », *Pouvoirs Locaux*, nº 64 II/2004, 2004, p. 133-140.

– WOLLMANN H., « Le fédéralisme allemand devient-il plus "hétérogène" et "concurrentiel" ? », *Pouvoirs Locaux*, nº 86, 2010, p. 82-90.

– WOLLMANN H., « L'élargissement récent des compétences législatives des *Länder* allemands. Quelles leçons pour les régions françaises ? », *Pouvoirs Locaux*, nº 98, III/2013, 2013, p. 101-110.

– WOLLMANN H., « Quelles tendances européennes en matière de réformes territoriales ? », *Pouvoirs Locaux*, nº 101, II/2014, 2014, p. 107-115.

– WOLLMANN H. et G. BOUCKAERT, « Réorganisation de l'État en France et en Allemagne. La France "mille feuilles" *versus* l'Allemagne "enchevêtrée" », *Pouvoirs Locaux*, nº 76, I/2008, 2008, p. 113-120.

LA RÉGION EST-ELLE L'AVENIR DE L'ORGANISATION TERRITORIALE DE L'ÉTAT EN EUROPE ?

par

Thierry AUMONIER
Délégué général de l'AERTE

Au terme d'un colloque international consacré aux régions en France et en Europe, la question titre sonne comme un défi pour l'État : saura-t-il s'adapter à un mouvement général qui paraît renforcer les régions… Ou celles-ci vont-elles sonner le glas de son obsolescence ? Intuitivement, la réponse peut être positive, aussi bien que négative. Oui, la région s'impose désormais comme un déterminant de l'organisation territoriale de l'État… mais non, la région n'apparaît pas pour autant comme l'échelon d'avenir obligé de l'État territorial en Europe. Le point de vue qu'appellent à donner l'expérience et les travaux de l'AERTE (Association européenne des représentants territoriaux de l'État) est contrasté.

L'AERTE regroupe 25 pays, dont 19 membres de l'Union européenne, deux pays non candidats, que sont la Norvège et la Suisse, et des pays plus périphériques, comme la Turquie ou l'Ukraine. Avec deux sessions par an, un thème annuel de travail, deux sites très riches sur la déconcentration en Europe, l'un en anglais (*www.eastr-asso.org*), l'autre en français (*www.aerte-asso.org*), l'AERTE organise depuis vingt-deux ans l'échange d'expériences professionnelles et de bonnes pratiques entre préfets et équivalents de toute l'Europe.

Par son expérience, l'association a constaté que le préfet napoléonien, dont le modèle a été largement répandu en Europe, a été en maintes occasions le précurseur, plutôt que l'adversaire, de la décentralisation. Ce fut le cas en France en 1982, en permettant une émancipation relativement fluide du département. Ce fut le cas en Grèce au niveau régional, où la décentralisation s'est même substituée à la préfecture jusqu'à en prendre le nom. Ce fut enfin le cas en République tchèque, où des préfets ont été créés après la chute du Mur, pour assurer la préfiguration des futures collectivités décentralisées.

Pour revenir à la question titre, on peut commencer par affirmer que l'avenir de l'État territorial est indissociable de l'avenir du fait régional. Là où la région s'est affirmée, l'État s'est adapté… même si l'Italie fait un peu figure d'exception, les préfets restant surtout attachés aux provinces en dépit de la montée en puissance des régions. Une bonne adaptation à la conduite du développement économique et social, un encouragement objectif des institutions européennes, un effort de resserrement général des finances publiques… la région a profité de l'évolution récente.

Pourtant, un nombre non négligeable de pays européens restent organisés autour d'un cadre infrarégional (provinces généralement). Ce sont la Bulgarie, la Norvège, la Roumanie, la Suède, la Turquie et l'Ukraine, sans que s'y profile une montée en puissance imminente de la région. Région ou province, une nouvelle collectivité s'impose de plus en plus à elles deux : la métropole, réponse à la nécessaire organisation des grandes agglomérations.

Un autre facteur s'impose de plus en plus qui, lui, est exogène : c'est la concurrence qui grandit entre les collectivités, notamment pour attirer les investissements : concurrence régionale, nationale, souvent européenne, parfois mondiale. Or, à l'échelle de la concurrence européenne et internationale, il n'y a pas de grande région sans métropole de rayonnement international… alors que l'exemple allemand des villes-*Länder* montre qu'il peut y avoir des métropoles internationales sans l'*hinterland* qui fait la région. Dans cette concurrence internationale, les collectivités territoriales ne sont pas opposées aux États, car elle constitue un enjeu commun.

À ce point de l'exposé, il est utile de dissiper un malentendu, selon lequel les régions seraient inéluctablement des entités plus vastes que les provinces ou les départements. Ce n'est pas, quoi qu'en laisse penser la réforme régionale française en cours, la superficie ou la population qui font la prospérité d'une région, mais sa richesse économique. À nouveau, l'exemple allemand en témoigne, avec des Länder, de Hanovre à la vaste Bavière, qui ont trouvé leur stabilité depuis soixante-dix ans. L'Allemagne est d'ailleurs souvent source de malentendus, présentée comme largement décentralisée, alors que les Länder sont de véritables États fédérés, souvent très structurés territorialement. À noter que quatre seulement des Länder sont dotés de représentants territoriaux de l'État (RTE) mais que ces Länder représentent à eux quatre près des deux tiers du PIB allemand.

Quant à la fonction de représentant territorial de l'État, on constate qu'elle s'est effacée ou s'efface dans quatre pays où leur circonscription était ou est infrarégionale : la Lituanie, le Luxembourg, le Portugal et la République tchèque. En revanche, les tentatives de suppression ont avorté en Grèce et en Hesse (Allemagne). La fonction a survécu dans trois pays qui ont mené d'importantes réformes territoriales : la Finlande, la France et le Danemark (où la fonction s'est toutefois affaiblie). Enfin, on constate qu'un pays européen a créé et solidement structuré la fonction de représentant territorial de l'État : il s'agit de la Hongrie.

***
*

Dans ce tableau contrasté, on peut dégager trois observations conclusives. La première est pour constater que l'État est presque toujours présent dans les territoires, ne serait-ce que par divers services, même en l'absence de RTE ; que, là où le niveau régional s'est renforcé, la fonction de RTE a été impactée : elle s'est adaptée en Finlande et en France ; elle s'est affaiblie en Belgique, au Danemark et en Espagne. Dans certains pays enfin, on voit que l'histoire et la géographie ont joué un rôle essentiel dans la conservation des structures territoriales traditionnelles (Norvège, Suède, par exemple).

La seconde observation est pour noter que, dans les pays où l'État central joue un rôle important et dispose de RTE, ceux-ci, quelle que soit leur circonscription territoriale, sont appelés à se trouver en relations étroites avec les élus. En effet, s'il est communément admis en Europe que les élus jugent librement de l'opportunité et que les RTE se contentent de contrôler la légalité, la pratique réelle est souvent plus compliquée. Mettant en œuvre les politiques publiques du gouvernement, RTE et élus peuvent se trouver en conflit d'opportunités ; cherchant un accord entre des collectivités menant des politiques différentes, les RTE peuvent être amenés à réaliser des synthèses d'opportunités ; enfin, poussés à intervenir en cas de crise, les RTE peuvent dépasser les opportunités dégagées par les élus.

La troisième observation conclusive est pour constater que partout où, en Europe, le fait régional s'est imposé, l'État territorial s'est adapté à cette échelle (l'Italie faisant pour le moment exception). Mais les collectivités infrarégionales ont une grande place dans le nord et l'est de l'Europe et, dans ces pays, c'est à cet échelon qu'est structuré l'État territorial.

Reste à savoir si l'État territorial lui-même a un avenir, notamment à travers les RTE. Cela dépendra de sa volonté d'être présent sur le territoire et du besoin de coordination et de conciliation qui se fera jour entre les collectivités territoriales ; mais aussi de la capacité des hommes et des femmes qui exerceront la fonction de RTE à exercer un pouvoir d'influence, à être des animateurs, des modérateurs, voire des médiateurs et pas seulement des décideurs.

LA PRISE EN COMPTE PAR L'UNION EUROPÉENNE DU DEGRÉ D'AUTONOMIE RÉGIONALE DANS LES ÉTATS MEMBRES

par

Laurence POTVIN-SOLIS

Professeur, Université de Caen Basse-Normandie, Chaire Jean Monnet
Membre du CRDFED
Responsable de la commission « Collectivités territoriales et Union européenne » du GRALE

Le degré d'autonomie régionale dans les États membres de l'Union fait partie intégrante de l'autonomie institutionnelle nationale qui compte au nombre des principes fondamentaux du droit de l'Union protégés par la Cour de justice de l'Union. Il en résulte que l'organisation territoriale de l'État et la répartition des compétences en son sein relèvent de la compétence nationale exclusive et échappent à celle de l'Union. Le degré d'autonomie des entités infra-étatiques est donc reçu par l'Union qui doit respecter à cet égard un principe de neutralité posé par le droit primaire, mais il doit être concilié avec l'obligation qui pèse sur l'État et toutes ses composantes territoriales de mettre en œuvre et de respecter le droit de l'Union, sans que puissent être invoqués des obstacles tenant à son ordre constitutionnel national ou à son système de compétences.

Dès lors, il s'agit d'identifier la mesure dans laquelle, face aux effets du droit de l'Union, l'autonomie régionale est prise en compte de façon positive par le droit de l'Union, tout particulièrement à la lumière de la jurisprudence de la Cour de justice. La recherche d'équilibre entre le processus d'égalisation des conditions sur le territoire de l'Union et le respect de l'autonomie et des identités régionales dans les États amène à enrichir les conditions d'appréciation du principe même de non-discrimination dans l'Union comme devant nécessairement intégrer la nature et le degré d'autonomie des compétences normatives régionales. Le développement d'une réception positive de l'autonomie régionale dans l'Union va de pair avec les progrès du principe de subsidiarité dans l'Union, également conforté dans sa dimension régionale et locale par le traité de Lisbonne[1], et des exigences de la cohésion économique et sociale dans l'Union, dont la dimension territoriale a aussi été renforcée dans le droit primaire[2].

Ces évolutions conduisent à s'interroger sur l'approche européenne des différents modèles d'États, décentralisés, à forte autonomie régionale, ou États fédéraux et du processus de renforcement au plan national des compétences régionales. À partir de quelques arrêts marquants de la Cour de justice de l'Union, il est possible d'identifier comment se dessinent dans sa jurisprudence les termes de la conciliation entre l'ancrage étatique de l'autonomie régionale prise en compte comme tel par le droit de l'Union et la primauté du droit de l'Union (I), dans quelle mesure la portée des règles du marché intérieur intègre une certaine réception des autonomies régionales dans les États (II) et comment ces autonomies sont protégées comme composantes de la diversité territoriale culturelle et linguistique dans l'Union (III).

I. L'ancrage étatique de l'autonomie régionale

L'autonomie régionale est ancrée dans les rapports d'autonomie entre l'Union et ses États membres et s'inscrit dans l'autonomie institutionnelle nationale[3] (A). Elle s'impose à l'Union qui doit respecter l'organisation territoriale des États, mais se combine avec les effets de la primauté du droit de l'Union (B).

1. Selon l'article 5 du TUE : « 1. Le principe d'attribution régit la délimitation des compétences de l'Union. Les principes de subsidiarité et de proportionnalité régissent l'exercice de ces compétences. 2. En vertu du principe d'attribution, l'Union n'agit que dans les limites des compétences que les États membres lui ont attribuées dans les traités pour atteindre les objectifs que ces traités établissent. Toute compétence non attribuée à l'Union dans les traités appartient aux États membres. 3. En vertu du principe de subsidiarité, dans les domaines qui ne relèvent pas de sa compétence exclusive, l'Union intervient seulement si, et dans la mesure où, les objectifs de l'action envisagée ne peuvent pas être atteints de manière suffisante par les États membres, tant au niveau central qu'au niveau régional et local, mais peuvent l'être mieux, en raison des dimensions ou des effets de l'action envisagée, au niveau de l'Union [...]. 4. En vertu du principe de proportionnalité, le contenu et la forme de l'action de l'Union n'excèdent pas ce qui est nécessaire pour atteindre les objectifs des traités [...] ».

2. L'article 3 du TUE qui énonce les objectifs de l'Union prévoit notamment qu'« elle promeut la cohésion économique, sociale et territoriale, et la solidarité entre les États membres. »

3. En ce sens : S. PLATON, « L'autonomie institutionnelle nationale », *in Le statut d'État membre de l'Union européenne*, Quatorzièmes Journées Jean Monnet, en cours de publication, Bruylant, coll. « Colloques Jean Monnet » et nos conclusions aux Douzièmes Journées Jean Monnet, « De la fonction du concept à la portée du principe d'autonomie locale et régionale dans l'ordre juridique de l'Union européenne », *in L'Union européenne et l'autonomie locale et régionale*, L. POTVIN-SOLIS (dir.), Bruylant, coll. « Colloques Jean Monnet », 2015, p. 329 et s.

A. L'obligation pour l'Union de respecter l'autonomie des États membres

L'obligation pour l'Union de respecter l'autonomie institutionnelle des États membres compte au nombre des principes fondamentaux du droit de l'Union, de source jurisprudentielle, et doit être rapportée à l'article 4 paragraphe 2 du TUE dont la dimension régionale et locale a été ajoutée par le traité de Lisbonne et selon lequel :

> « L'Union respecte l'égalité des États membres devant les traités ainsi que leur identité nationale, inhérente à leurs structures fondamentales politiques et constitutionnelles, y compris en ce qui concerne l'autonomie locale et régionale. Elle respecte les fonctions essentielles de l'État, notamment celles qui ont pour objet d'assurer son intégrité territoriale, de maintenir l'ordre public et de sauvegarder la sécurité nationale[4]. »

Comme l'a souligné l'avocat général J. Kokott, ce respect

> « implique que l'Union ne porte pas atteinte à l'ordre constitutionnel d'un État membre, que celui-ci soit centralisé ou fédéral et n'influence pas la répartition des compétences au sein d'un État membre »[5].

Ce principe de protection de l'État constitue l'une des composantes essentielles du statut d'État membre de l'Union[6] et peut faire l'objet d'un contrôle juridictionnel de la Cour de justice. Ainsi, à propos de la détermination de l'âge de départ à la retraite des fonctionnaires relevant de la compétence des *Länder* allemands, la Cour a jugé que le législateur national « peut estimer que, dans l'intérêt de l'ensemble des personnes concernées, il appartient aux *Länder* plutôt qu'aux autorités fédérales d'adopter certaines mesures législatives »[7].

---

4. Voir not. F.-X. Millet, *L'Union européenne et l'identité constitutionnelle des États membres*, LGDJ, coll. « Thèses », 2013, 386 p.

5. Pt 54 des conclusions sur l'arrêt de la Cour du 11 septembre 2008, *Union General de Trabajadores de la Rioja*, C-428/06 à C-434/06, ECLI:EU:C:2008:488.

6. Voir not. : J.-D. Mouton, « Vers la reconnaissance de droits fondamentaux aux États dans le système communautaire », *Les dynamiques du droit européen en début de siècle. Étude en l'honneur de Jean-Claude Gautron*, Paris, Pedone 2004, p. 463 ; même auteur, « Vers la reconnaissance d'un droit au respect de l'identité nationale pour les États membres de l'Union », *Mélanges en l'honneur de Jean Charpentier*, Bruxelles, Bruylant, 2009, p. 395 ; « La mondialisation et la notion d'État », *L'État dans la mondialisation*, colloque de la SFDI de Nancy, J.-D. Mouton (dir.), Pedone, 2013, p. 11 ; G. Marcou, « Les collectivités territoriales et l'Union européenne », *in L'Union européenne et l'autonomie locale et régionale*, L. Potvin-Solis (dir.), Bruylant, coll. « Colloques Jean Monnet », 2015, p. 15 ; E. Neframi, « L'État membre au service de l'Union européenne », *Ann. de droit européen*, 2004, Vol. II, p. 72 ; *Le statut d'État membre de l'Union européenne*, L. Potvin-Solis, (dir.), en cours de publication, Bruylant, coll. « Colloques Jean Monnet ».

7. Pt 55 de l'arrêt de la Cour de justice du 21 juillet 2011, *Fuchs et Köhler*, C-159/10 et C-160/10, EU:C:2011:508, pt 55, au regard du principe de non-discrimination en raison de l'âge et selon lequel « la circonstance qu'une disposition soit adoptée au niveau régional ne fait pas obstacle à ce qu'elle

Dans le même sens, elle a souligné, dans l'arrêt du 12 juin 2014, *Digibet*, que

> « la répartition des compétences entre les *Länder* ne saurait être remise en cause, celle-ci bénéficiant de la protection conférée par l'article 4, paragraphe 2, TUE, selon lequel l'Union est tenue de respecter l'identité nationale des États membres, inhérente à leurs structures fondamentales politiques et constitutionnelles, y compris en ce qui concerne l'autonomie locale et régionale »[8].

B. La conciliation entre le respect de l'organisation territoriale de l'État et la primauté du droit de l'Union

Le respect par l'Union de l'organisation territoriale de l'État doit être combiné avex les effets de la primauté du droit de l'Union[9].

La Cour juge de façon constante qu'

> « il incombe à toutes les autorités des États membres, qu'il s'agisse d'autorités du pouvoir central de l'État, d'autorités d'un État fédéré ou d'autres autorités territoriales, d'assurer le respect des règles du droit communautaire dans le cadre de leurs compétences »[10]

et qu'un État

> « ne saurait exciper de dispositions de son ordre juridique national, même constitutionnel, pour justifier le non-respect des obligations résultant du droit de l'Union »[11].

---

poursuive un objectif légitime, au sens de l'article 6, paragraphe 1, de la directive 2000/78 » du Conseil, du 27 novembre 2000, portant création d'un cadre général en faveur de l'égalité de traitement en matière d'emploi et de travail.

8. C-156/13, ECLI:EU:C:2014:1756, pt. 34.

9. Voir notamment nos articles sur « l'Europe et l'autonomie locale », *in Les tabous de la décentralisation*, N. KADA (dir.), Berger-Levrault, 2015 et « Constitutionnalisation et intégration des ordres juridiques », *in* G. GODIVEAU (dir.), *Les dimensions de la sphère publique en droit de la concurrence*, Revue électronique *Concurrences*, 1/2015. Voir aussi : *Les effets du droit de l'Union européenne sur les collectivités territoriales. Approches comparées*, R. ALLEMAND (dir.), *L'Harmattan*, coll. « GRALE », 2011, 427 p. ; *Les effets du droit de l'Union européenne sur les compétences des collectivités territoriales*, L. POTVIN-SOLIS (dir.), L'Harmattan, coll. « GRALE », 2013, 450 p. ; *L'Union européenne et l'autonomie locale et régionale*, L. POTVIN-SOLIS, *op. cit.*, 387 p.

10. CJCE, 15 décembre 1971, *International Fruit Company*, C-51 à 54/71, ECLI:EU:C:1971:128.

11. Voir l'arrêt de la Cour du 1er juin 1999, *Konle*, C-302/97, ECLI:EU:C:1999:271, (à propos d'une législation du *Land* du Tyrol instituant un régime d'autorisation préalable à l'acquisition de biens fonciers).

Des législations régionales fédérées peuvent affecter les droits des ressortissants de l'Union[12] et un État peut être condamné pour manquement à ses obligations communautaires même quand ce manquement tient à une pratique, une décision ou une réglementation émanant d'autorités régionales, décentralisées ou fédérées, ou lorsque ces dernières n'ont pas rempli leurs obligations en matière de transposition des directives de l'Union[13].

Cette solution s'impose au sein du marché intérieur et de l'Espace de liberté, de sécurité et de justice. Dans le cadre de celui-ci, la Cour de justice s'est notamment prononcée en ce sens dans un arrêt de grande chambre du 17 juillet 2014. Elle était amenée à interpréter, par voie préjudicielle, la directive 2008/115/CE du Parlement européen et du Conseil, du 16 décembre 2008, relative aux normes et procédures communes applicables dans les États membres au retour des ressortissants de pays tiers en séjour irrégulier, et plus particulièrement le premier paragraphe de son article 16 concernant les conditions de rétention à des fins d'éloignement. La Cour a en effet jugé que cet article exige des États qu'ils soient en mesure « d'effectuer la rétention dans des centres de rétention spécialisés » sans qu'il y ait lieu de tenir compte de « leur structure administrative ou constitutionnelle respective ».

---

12. Voir en particulier les arrêts de la Cour du 1er avril 2008, *Gouvernement de la Communauté française et Gouvernement wallon*, C-212/06, ECLI:EU:C:2008:178 (selon lequel les articles 39 TCE et 43 TCE s'opposent à un décret flamand posant une condition de résidence, soit dans une partie limitée du territoire belge, soit dans un autre État membre, pour l'affiliation à un régime de sécurité sociale et le bénéfice des prestations), et du 8 mai 2013, *Éric Libert*, C-197/11, ECLI:EU:C:2013:288 (selon lequel les libertés de circulation et les droits attachés à la citoyenneté européenne s'opposent à une réglementation flamande soumettant le transfert de biens immobiliers situés dans certaines communes « à la vérification par une commission d'évaluation provinciale de l'existence d'un « lien suffisant » entre l'acquéreur ou le preneur potentiel et ces communes »).

13. Voir les arrêts du 10 avril 1984, *Von Kolson et Kamman*, 14/83, ECLI:EU:C:1984:153 (à propos d'un contentieux concernant le *Land* de Nordrhein-Westfalen et l'interprétation de la directive 76/207 du Conseil du 9 février 1976 relative à la mise en œuvre du principe de l'égalité de traitement entre hommes et femmes en matière d'emploi), du 18 décembre 1997, *Inter-Environnement Wallonie*, C-129/96, ECLI:EU:C:1997:628 (à propos d'un arrêté de l'exécutif régional wallon relatif aux déchets toxiques ou dangereux au regard de la directive 75/442/CEE du Conseil du 15 juillet 1975 relative aux déchets) ou encore du 16 janvier 2003, *Commission c/Belgique*, C-122/02, ECLI:EU:C:2003:39 (condamnant la Belgique pour manquement pour défaut de transposition au niveau des régions fédérées de la directive 98/83/CE du Conseil du 3 novembre 1998 relative à la qualité des eaux destinées à la consommation humaine).

Elle dit pour droit que :

« Un État membre est tenu, en règle générale, de placer en rétention à des fins d'éloignement les ressortissants de pays tiers en séjour irrégulier dans un centre de rétention spécialisé de cet État, alors même que ledit État membre a une structure fédérale et que l'État fédéré compétent pour décider et exécuter un tel placement en vertu du droit national n'a pas de tel centre de rétention ».

Et précise que :

« Ainsi, si l'application de la législation nationale transposant la directive 2008/115 est confiée dans un État membre à des autorités relevant d'un État fédéré, la circonstance que, dans certains États fédérés, les autorités compétentes disposent de la possibilité de procéder à de tels placements ne saurait constituer une transposition suffisante de la directive 2008/115 par l'État membre concerné si les autorités compétentes d'autres États fédérés de ce même État membre étaient dépourvues de cette possibilité.
Cette interprétation de l'article 16, paragraphe 1, de la directive 2008/115 n'implique cependant pas qu'un État membre qui, comme la République fédérale d'Allemagne, a une structure fédérale soit obligé de créer des centres de rétention spécialisés dans chaque État fédéré. Toutefois, il doit être garanti, notamment en vertu d'accords de coopération administrative, que les autorités compétentes d'un État fédéré ne disposant pas de tels centres puissent placer les ressortissants de pays tiers en attente d'éloignement dans des centres de rétention spécialisés situés dans d'autres États fédérés »[14].

Il en est de même dans l'interprétation du devoir qui pèse sur l'État d'assurer la réparation des préjudices causés par une violation du droit de l'Union sur son territoire qui s'impose, quelle que soit l'autorité à l'origine du dommage.

Selon la Cour de justice :

« Il incombe à chacun des États membres de s'assurer que les particuliers obtiennent réparation du préjudice que leur cause le non-respect du droit communautaire, quelle que soit l'autorité publique auteur de cette violation et quelle que soit celle à laquelle incombe en principe, selon le droit de l'État membre concerné, la charge de cette réparation. Les États membres ne sauraient, dès lors, se décharger de cette responsabilité ni en invoquant la répartition interne des compétences et des responsabilités entre les collectivités qui existent dans leur ordre juridique interne ni en faisant valoir que l'autorité publique auteur de la violation du droit communautaire ne disposait pas des compétences, des connaissances ou des moyens nécessaires ».

14. C-473/13 et C-514/13, *A. Bero et E. Bouzalmate*, ECLI:EU:C:2014:2095, pts 28 et s.

Cela n'exige pas pour autant que la réparation soit assurée par l'État lui-même. La Cour en a jugé ainsi dans le contexte d'un État fédéral[15], mais cette interprétation vaut dans les mêmes termes pour les États à structure décentralisée

> « dans lesquels certaines tâches législatives ou administratives sont assumées de façon décentralisée par des collectivités territoriales investies d'une certaine autonomie ou tout autre organisme de droit public juridiquement distinct de l'État ».

Il en résulte qu'une responsabilité des entités décentralisées ou fédérées peut être engagée au plan national en plus de celle de l'État[16].

II. La réception européenne des autonomies normatives régionales dans l'Union

La portée nationale de l'autorité du droit de l'Union se décline, on l'a vu, au plan territorial des États et s'impose, par assimilation aux États, aux régions comme à toutes les autorités infra-étatiques, y compris aux entités fédérées. Elle n'exclut pas pour autant une prise en compte positive par l'Union du degré d'autonomie normative de ces autorités dans chaque État, comme en témoignent la jurisprudence de la Cour de justice relative au principe général de non-discrimination et d'égalité de traitement qui s'impose dans le champ d'application du droit de l'Union (A) et, dans le domaine de la concurrence, les critères jurisprudentiels d'appréciation de la sélectivité des aides publiques régionales (B).

A. L'autonomie normative régionale et le principe général de non-discrimination

La Cour de justice prend en compte l'autonomie normative régionale dans les États pour apprécier les termes du principe de non-discrimination et d'égalité de traitement qualifié par la Cour de « principe constitutionnel » du droit de l'Union. Les interdictions de discrimination en raison de la nationalité par lesquelles se réalisent les grandes libertés de circulation – y compris, pour les personnes dans leur dimension sociale – ne sont que l'expression de ce principe qui interdit que des situations comparables soient traitées de manière différente, « à moins qu'une différenciation ne soit objectivement justifiée ». Lorsque les États mettent en œuvre

15. Pts 27-30 de l'arrêt du 4 juillet 2000, *Haim*, C-424/97, ECLI:EU:C:2000:357 (en matière de liberté d'établissement, à propos de conditions d'ordre linguistique pour le conventionnement d'un dentiste). Voir aussi l'arrêt précité *Konle* (pt. 62-64), auquel se réfère cet arrêt.

16. Voir l'arrêt H*aim* précité, pts 31-32.

le droit de l'Union, ils doivent le faire au plan national dans le respect du principe de non-discrimination au regard de leur propre législation nationale. Selon une jurisprudence constante,

> « l'interdiction de discrimination ne vise pas les éventuelles disparités de traitement qui peuvent résulter, d'un État membre à l'autre, des divergences existant entre les législations des différents États membres du moment que ces législations affectent de manière égale toutes personnes relevant de leur champ d'application »[17].

Le principe de non-discrimination s'impose aussi aux États lorsque le droit de l'Union leur laisse un choix entre plusieurs modalités d'application ou entre plusieurs options. Dans ce cas, ils ne peuvent « retenir une option dont l'application sur leur territoire serait de nature à créer, directement ou indirectement, une discrimination »[18]. Cependant, la Cour de justice admet aussi que

> « lorsque les dispositions des traités ou des règlements reconnaissent des pouvoirs aux États membres ou leur imposent des obligations aux fins de l'application du droit de l'Union, la question de savoir de quelle façon l'exercice de ces pouvoirs et l'exécution de ces obligations peuvent être confiés par les États à des organes internes déterminés relève uniquement du système constitutionnel de chaque État ».

Elle en déduit que dans les États où les autorités compétentes sont des autorités régionales, « d'éventuelles divergences entre les mesures prévues par ces différentes autorités ne sauraient, de ce seul fait, constituer une discrimination ». Il en résulte que lorsque

> « le système constitutionnel d'un État membre prévoit que des autorités régionales disposent d'une compétence législative, la seule adoption, par lesdites autorités, de normes différentes [...] ne constitue pas une discrimination contraire au droit communautaire »[19].

Selon un mode de raisonnement similaire, la Cour a jugé, dans l'arrêt *Digibet*, à propos d'une réglementation plus permissive d'un *Land* en Allemagne en matière de jeux de hasard, que la libre prestation de services garantie à l'article 56 du TFUE

17. Voir en ce sens, les arrêts du 3 juillet 1979, *Van Dam e.a.*, 185/78 à 204/78, ECLI:EU:C:1979:177, point 10 ; du 1er février 1996, *Perfili*, C-177/94, ECLI:EU:C:1996:24, pt 17, ainsi que du 12 juillet 2005, *Schempp*, C-403/03, ECLI:EU:C:2005:446, pt 34.

18. Voir l'arrêt du 25 novembre 1986, *Klensch* e.a. 201/85 et 202/85, ECLI:EU:C:1986:439.

19. Voir l'arrêt de la Cour de gde ch. du 16 juillet 2009, *Horvath*, C-428/07, ECLI:EU:C:2009:458. pts 57-58.

> « ne s'oppose pas à une réglementation commune à la majorité des entités fédérées d'un État membre ayant une structure fédérale qui interdit, en principe, l'organisation et l'intermédiation des jeux de hasard au moyen d'Internet, alors que, pendant une période limitée, une seule entité fédérée a maintenu en vigueur une législation plus permissive coexistant avec celle, restrictive, des autres entités fédérées, dès lors qu'une telle réglementation est susceptible de satisfaire aux conditions de proportionnalité établies par la jurisprudence de la Cour »[20].

B. L'autonomie régionale comme critère de la sélectivité d'une aide publique

Dans le domaine de la concurrence, la Cour a aussi été amenée à prendre en compte le degré d'autonomie de la compétence normative régionale pour apprécier le caractère sélectif d'aides publiques régionales ou locales[21] afin d'apprécier leur compatibilité avec l'interdiction posée à l'article 107 du TFUE des aides d'État susceptibles de fausser la concurrence. Comme dans le champ des libertés de circulation, la notion d'« État » est englobante et intègre les autorités infra-étatiques.

La Cour a pris en compte l'autonomie normative dont bénéficient ces dernières dans l'État dans l'arrêt du 6 septembre 2006, *Portugal c./Commission*[22] où était en cause la réduction des taux de l'impôt sur le revenu des personnes physiques et morales ayant leur résidence fiscale aux Açores et selon lequel :

> « Il ne saurait être exclu qu'une entité infra-étatique dispose d'un statut de droit et de fait la rendant suffisamment autonome par rapport au gouvernement central d'un État membre pour que, par les mesures qu'elle adopte, ce soit cette entité, et non le gouvernement central, qui joue un rôle fondamental dans la définition de l'environnement politique et économique dans lequel opèrent les entreprises. »

---

20. La Cour renvoie à la juridiction nationale le soin de mener cette appréciation. Elle relève notamment qu'« à supposer même que l'existence d'une réglementation d'un *Land*, plus permissive que celle en vigueur dans les autres *Länder*, puisse éventuellement nuire à la cohérence d'ensemble de la réglementation en cause, il convient d'observer que, dans les circonstances de l'affaire au principal, une telle éventuelle atteinte à la cohérence a été limitée *ratione temporis et ratione loci* à un seul *Land* » et que « dès lors, il ne saurait pas être soutenu que la situation juridique dérogatoire dans un *Land* remet en cause gravement l'aptitude des restrictions aux jeux de hasard applicables dans tous les autres *Länder* à réaliser les objectifs légitimes d'intérêt général qu'elles poursuivent » (pt. 36).

21 Voir les articles précités, « L'Europe et l'autonomie locale » et « Constitutionnalisation et intégration des ordres juridiques ».

22. C-88/03, ECLI:EU:C:2006:511.

Elle juge qu'

> « en pareil cas, c'est le territoire sur lequel l'entité infra-étatique, auteur de la mesure, exerce sa compétence, et non le territoire national dans son ensemble, qui constitue le contexte pertinent pour rechercher si une mesure adoptée par une telle entité favorise certaines entreprises par rapport à d'autres se trouvant dans une situation factuelle et juridique comparable, au regard de l'objectif poursuivi par la mesure ou le régime juridique concerné »[23].

Dans l'arrêt du 11 septembre 2008, *Unión General de Trabajadores de la Rioja*, à propos de contestations relatives à des mesures prises en Espagne par le Pays basque et ses Territorios Históricos en matière de fiscalité des sociétés, elle a appliqué les trois conditions qu'elle présente comme communément admises et centrées sur « l'autonomie institutionnelle, procédurale ainsi qu'économique et financière » :

> « Pour qu'une décision prise par une autorité régionale ou locale puisse être considérée comme ayant été adoptée dans l'exercice de pouvoirs suffisamment autonomes de cette autorité, il faut tout d'abord que cette dernière soit dotée, sur le plan constitutionnel, d'un statut politique et administratif distinct de celui du gouvernement central. Ensuite, la décision doit avoir été adoptée sans que le gouvernement central puisse intervenir directement sur son contenu. Enfin, les conséquences financières d'une réduction du taux d'imposition national applicable aux entreprises présentes dans la région ne doivent pas être compensées par des concours ou des subventions en provenance des autres régions ou du gouvernement central ».

La Cour renvoie à la juridiction de renvoi le soin de

> « vérifier si les Territorios Históricos et la communauté autonome du Pays basque jouissent d'une telle autonomie, ce qui aurait pour conséquence que les normes adoptées dans les limites des compétences qui sont octroyées à ces entités infra-étatiques par la Constitution espagnole de 1978 et les autres dispositions du droit espagnol n'ont pas un caractère sélectif au sens de la notion d'aide d'État »[24].

III. La diversité régionale comme expression de la diversité culturelle et linguistique dans l'Union

La préservation de la diversité culturelle et linguistique est étroitement liée aux valeurs et aux objectifs de l'Union, affirmés aux articles 2 et 3 du Traité sur l'Union européenne (A). Comme l'a jugé à plusieurs reprises la Cour de justice, l'Union

---

23. Voir l'arrêt de la Cour du 6 septembre 2006, *Portugal c/Commission*, C-88/03, ECLI:EU:C:2006:511.

24. C-428/06 à C-434/06, précité, pt 51.

doit respecter la compétence des États en la matière, en ce compris celle des entités fédérées et régionales quand elles en disposent, mais cette compétence doit être exercée dans le respect du droit de l'Union (B).

A. Le respect de la diversité régionale par l'Union

Le droit de l'Union protège la diversité régionale comme composante de la diversité culturelle et linguistique dans l'Union[25] pouvant être elle-même rattachée à l'identité nationale des États. En particulier, il ne s'oppose pas à ce qu'un État mène une politique linguistique de défense de ses langues officielles. Dans l'arrêt du 28 novembre 1989, *Groener*, la Cour de justice juge notamment que

> « l'obligation, faite aux professeurs des écoles publiques d'enseignement professionnel, de posséder une certaine connaissance de la langue irlandaise prend place parmi les mesures prises par le gouvernement irlandais dans le cadre de cette politique »[26].

Selon cet arrêt, « il peut être légitime d'exiger d'un candidat à un emploi des connaissances linguistiques d'un certain niveau » et cette solution s'applique à des emplois dans des administrations au plan régional, comme le montre l'arrêt récent du 5 février 2015, *Commission c/Belgique* qui reconnaît comme étant légitime l'obligation imposée, par les lois coordonnées sur l'emploi des langues dans les services locaux des différentes régions linguistiques belges, à

> « un candidat à un concours organisé aux fins de pourvoir un emploi dans un service local, c'est-à-dire dans une entité concessionnaire d'un service public ou chargée d'une mission d'intérêt général sur le territoire d'une commune, qu'il dispose, à un niveau en adéquation avec la nature de l'emploi à pourvoir, de connaissances de la langue de la région dans laquelle se trouve la commune concernée »[27].

Ainsi, la protection des langues régionales constitue un motif légitime de restriction aux libertés de circulation admis par le droit de l'Union quand les mesures restrictives prises dans cet objectif ne sont ni disproportionnées ni discriminatoires.

---

25. L'article 3-3 du TUE prévoit notamment que l'Union « respecte la richesse de sa diversité culturelle et linguistique, et veille à la sauvegarde et au développement du patrimoine culturel européen ».

26. C-379/87, ECLI:EU:C:1989:599 (pt 18).

27. C-317/14, ECLI:EU:C:2015:63, dans lequel la Cour de justice constate qu'« il peut être en effet considéré qu'un emploi dans un tel service requiert une aptitude à communiquer avec les autorités administratives locales ainsi que, le cas échéant, avec le public » (pts 26-27). Voir not. notre commentaire au *Journal de droit européen*, mai 2015.

Dans l'arrêt du 13 décembre 2007, *United Pan-Europe Communications Belgium*[28], elle considère comme constituant un tel motif le maintien du pluralisme dans une région bilingue et que ce motif est susceptible de justifier l'obligation imposée aux câblodistributeurs de diffuser les programmes émis par certains organismes privés de radiodiffusion. Dans celui du 5 mars 2009, *UTECA*[29], elle juge proportionnée à l'objectif légitime de défense par un État de ses langues régionales l'obligation imposée aux opérateurs de télévision d'investir dans des films cinématographiques et de télévision dont la langue originale est l'une de ses langues officielles régionales. Par ailleurs, comme a pu l'observer l'avocat général P. Maduro, « le respect de la diversité linguistique est l'un des aspects essentiels de la protection accordée à l'identité nationale des États membres »[30].

La Cour a eu l'occasion de rattacher au champ de cette protection, la préservation de la ou des langues officielles de ces derniers, comme en témoignent l'arrêt du 12 mai 2011, *Runevič-Vardyn et Wardyn*[31] et l'arrêt du 16 avril 2013, *Las*, quand

28. C-250/06, ECLI:EU:C:2007:783. Concernant la prise en compte de l'argument de la Belgique qui faisait valoir que cette obligation visait à « préserver le caractère pluraliste et culturel de l'offre des programmes sur les réseaux de câblodistribution dans la Région de Bruxelles-Capitale et à garantir l'accès de tous les téléspectateurs au pluralisme et à la diversité des programmes », l'avocat général a rappelé dans ses conclusions la jurisprudence de la Cour selon laquelle « une politique audiovisuelle visant à établir des programmes de télévision pluralistes afin de sauvegarder la liberté d'expression et les différentes composantes d'une population, notamment sociales, culturelles, religieuses, philosophiques ou linguistiques, peut justifier une restriction à la libre prestation de services » à condition d'être proportionnée.

29. C-222/07, ECLI:EU:C:2009:124 (pt 27). Selon cet arrêt : « La langue et la culture étant intrinsèquement liées, ainsi que le rappelle, notamment, la Convention sur la protection et la promotion de la diversité des expressions culturelles, adoptée lors de la Conférence générale de l'Unesco tenue le 20 octobre 2005 à Paris et approuvée au nom de la Communauté par la décision 2006/515/CE du Conseil, du 18 mai 2006 (*JO* L 201, p. 15), qui énonce au quatorzième alinéa de son préambule que « la diversité linguistique est un élément fondamental de la diversité culturelle », il ne saurait être considéré que l'objectif, poursuivi par un État membre, consistant à défendre et à promouvoir l'une ou plusieurs de ses langues officielles, doit nécessairement être assorti d'autres critères culturels pour qu'il puisse justifier une restriction à l'une des libertés fondamentales garanties par le traité » (pt 33).

30. Dans ses conclusions présentées le 16 décembre 2004 sur l'arrêt de la Cour du 15 mars 2005, *Royaume d'Espagne c/Eurojust*, C-160/03, à propos d'une contestation par l'Espagne des conditions relatives aux qualifications en matière de connaissances linguistiques des candidats dans le cadre des appels à candidatures pour le recrutement de fonctionnaires d'Eurojust.

31. C-391/09, ECLI:EU:C:2011:291, pt 86 (à propos de règles de graphie propres à la langue officielle d'un État, imposées à la transcription des noms et des prénoms dans les actes d'état civil au regard du principe de non-discrimination en raison de la nationalité et des droits attachés à la citoyenneté européenne).

bien même il qualifie de restriction disproportionnée à la libre circulation des travailleurs, l'obligation d'user de la seule langue néerlandaise imposée par le décret flamand sur l'emploi des langues pour toutes « les relations sociales entre employeurs et travailleurs ainsi qu'en matière d'actes et de documents d'entreprise imposés par la loi »[32].

B. La conciliation entre la diversité régionale et le respect du droit de l'Union

Les États doivent exercer leur compétence en matière culturelle et linguistique dans le respect du droit de l'Union européenne, comme l'a rappelé la Cour dans l'arrêt du 5 février 2015, *Commission c/Belgique*[33] qui qualifie, dans la ligne des arrêts *Groener*[34] et *Angonese*[35], de restriction disproportionnée à la libre circulation des travailleurs[36], l'exigence d'un certificat unique de preuve des connaissances linguis-

32. C-202/11, ECLI:EU:C:2013:239. Cet arrêt intéresse directement l'ancrage constitutionnel de l'identité linguistique régionale en Belgique, placée au centre du fédéralisme belge, (l'on peut renvoyer aux développements de notre commentaire : « Le décret flamand sur l'emploi des langues face à la primauté du droit de l'Union : quand l'identité linguistique belge s'efface devant la libre circulation des travailleurs. » *Revue des affaires européennes*, 2013-2, p. 375-384). Voir aussi l'arrêt de la Cour du 18 juillet 2007, *Commission c/Allemagne*, C-490/04, ECLI:EU:C:2007:430, qui qualifie de restriction à la libre prestation de services l'obligation faite par la législation allemande de conserver des documents de travail en langue allemande pendant la durée de l'occupation effective des travailleurs détachés en Allemagne et toute la durée du chantier et juge cette restriction justifiée par « l'objectif d'intérêt général lié à la protection sociale des travailleurs du secteur de la construction et au contrôle du respect de celle-ci ».

33. Arrêt C-317/14, précité.

34. Arrêt de la Cour du 28 novembre 1989 précité, selon lequel « le principe de non-discrimination s'oppose à ce qu'il soit prescrit que les connaissances linguistiques en cause aient été acquises sur le territoire national » (pt. 23).

35. Arrêt de la Cour du 6 juin 2000, *Angonese*, C-281/98, ECLI:EU:C:2000:296 (pt 44) qui juge disproportionnées les conditions de preuve des connaissances linguistiques par un certificat unique délivré par une seule province italienne, avec une impossibilité d'apporter la preuve des connaissances linguistiques « par tout autre moyen, et notamment par d'autres qualifications équivalentes obtenues dans d'autres États membres, doit être considérée comme disproportionnée par rapport à l'objectif recherché » (pt. 44).

36. Le règlement (UE) n° 492/2011, du Parlement européen et du Conseil, du 5 avril 2011, relatif à la libre circulation des travailleurs à l'intérieur de l'Union, permet aux États « de fixer les conditions relatives aux connaissances linguistiques requises en raison de la nature de l'emploi à pourvoir » (pt 24).

tiques conditionnant l'accès aux emplois dans les services locaux des différentes régions linguistiques belges, ce certificat étant délivré par un seul organisme belge ayant en charge l'organisation des examens de langues pour toute la Belgique.

Selon cet arrêt,

> « bien qu'indistinctement applicable aux ressortissants nationaux et à ceux des autres États membres, [elle] défavorise en réalité les ressortissants des autres États membres qui souhaiteraient postuler à un emploi dans un service local en Belgique »,
> « cette exigence contraint en effet les intéressés résidant dans d'autres États membres, c'est-à-dire, en majorité des ressortissants de ces États, à se rendre sur le territoire belge aux seules fins de faire évaluer leurs connaissances dans le cadre d'un examen indispensable pour la délivrance du certificat requis pour le dépôt de leur candidature » et « les charges supplémentaires qu'implique une telle contrainte sont de nature à rendre plus difficile l'accès aux emplois en cause ».

Cette jurisprudence confirme, en matière de libre circulation des personnes, que les frontières régionales et le degré d'autonomie régionale dans les États membres ne sont appréhendées par le droit de l'Union qu'au regard de situations entrant dans son champ et présentant un caractère transfrontalier, et que les situations purement internes et la question des « discriminations à rebours » qui peuvent en résulter pour les nationaux de l'État mobiles entre différentes régions fédérées ou autonomes de cet État, relèvent de la seule compétence des autorités nationales ou régionales concernées. Elle conduit à rapprocher l'autonomie régionale au plan national, reçue par principe dans l'ordre juridique de l'Union, des progrès des droits fondamentaux et des droits attachés à la citoyenneté européenne et de l'articulation entre les exigences du principe d'égalité devant la législation nationale et devant le droit de l'Union.

C'est ainsi à propos de législations fédérées ou émanant d'entités régionales autonomes que se pose avec acuité la question des situations internes infra-étatiques, entendue comme « une question de droit constitutionnel intégré »[37] et qui représente

37. Selon l'expression de F. MARTUCCI, « Situations purement internes et autonomie régionale et locale dans l'Union », *in L'Union européenne et l'autonomie locale et régionale*, *op. cit.*, p. 69. Sur ces questions, voir aussi, du même auteur, « Situations purement interne et libertés de circulation », *L'unité des libertés de circulation - In varietate concordia ?*, E. DUBOUT, A. MAITRE DE LA MOTTE (dir.), Bruxelles, Bruylant, 2013, p. 43. Sur le champ d'application du droit de l'Union et les situations purement internes : RAE, 2003-2004, nº 1, p. 7-119, avec les études sur « Le champ d'application matériel, limite du droit communautaire – Libre circulation et situation interne » (F. PICOD, p. 47-54), « Le champ d'application personnel, horizon du droit communautaire ? Citoyenneté européenne et champ d'application personnel du droit communautaire » (Cl. BLUMANN, p. 73-82) et « Le champ d'application personnel, horizon du droit communautaire ? Quel statut personnel pour les

un défi pour les éléments essentiels du statut de la citoyenneté européenne. Il en est ainsi quand les droits attachés à ce statut ne s'expriment pas en termes de mobilité et touchent aux traditions et identités régionales dans les domaines civil, politique, économique, social, culturel ou linguistique, ce qui rejoint les réflexions sur la diversité de sens des valeurs communes aux États membres. Cette diversité est inhérente à la nature de l'Union et s'inscrit dans la dialectique des rapports d'identité et de solidarité qui évoluent en son sein et en gouvernent les mutations[38].

ressortissants des États tiers ? » (O. DUBOS) ainsi que les autres références citées dans notre article : « Qualification des situations purement internes », *in La marge d'appréciation du juge national et le renvoi préjudiciel*, E. NEFRAMI (dir.), Larcier, 2015, p. 41 et s. et dans notre article : « Principe général de non-discrimination et situation purement interne », *in Les principes généraux du droit de l'Union européenne*, Colloque du 50e Anniversaire des Cahiers de droit européen, *Cahiers de droit européen*, septembre 2015, p. 75.

38. Voir notamment : J.-Ch. BARBATO et J.-D. MOUTON, *Vers la reconnaissance des droits fondamentaux aux États membres de l'Union européenne ? Réflexions à partir des notions d'identité et de solidarité*, Bruylant, coll. « Droit de l'Union européenne », 2010, 332 p. ; *Les valeurs communes dans l'Union européenne*, L. POTVIN-SOLIS, (dir.), *Onzièmes Journées Jean Monnet*, Bruylant, coll. « Colloques Jean Monnet », 2014, 441 p.

Table des matières

Deuxième partie

IMPACT DES GRANDES RÉGIONS SUR L'ORGANISATION TERRITORIALE FRANÇAISE

Titre I

Grandes régions, territoires et acteurs

Titre II

Les grandes régions : un nouvel atout pour la France ?

Troisième partie

COMPARAISONS INTERNATIONALES

Titre I

Grands espaces et grandes régions

Titre II
L'Europe des régions est-elle en marche ?

Politique
aux éditions L'Harmattan

Dernières parutions

RENAÎTRE, OU DISPARAÎTRE
Borel Félicien
L'auteur approfondit ici quelques idées sur des sujets majeurs. La nature qui nous entoure est notre seul habitat. Il est important de réfléchir sur les périls qui la menacent. Les responsables qui conduisent leur pays arrivent à des carrefours où il faut choisir les bonnes voies. Il convient aussi de préparer l'avenir par une éducation appropriée et de nous préoccuper de notre langue. Notre civilisation se trouve aujourd'hui face à un avenir incertain : elle peut renaître ou risquera de disparaître.
(Coll. Questions contemporaines, 30.00 euros, 300 p.)
ISBN : 978-2-343-04388-3, ISBN EBOOK : 978-2-336-36094-2

NATION (LA) OU LE CHAOS
Manifeste pour le renouveau
Myard Jacques
Notre pays est-il condamné à voir croître jour après jour le nombre de chômeurs et de ceux qui partent tenter ailleurs leur chance ? Jusqu'à quand acceptera-t-il de laisser à Bruxelles et à l'Amérique le soin de décider à sa place ? Faut-il jeter la Nation aux orties ? L'auteur démasque derrière les maux de la France les renoncements, les pièges et les chimères, qui, de l'euro à la repentance, lacèrent notre pacte social. Il appelle à un renouveau qui partira d'une nation fière et confiante en ses atouts.
(16.50 euros, 160 p.)
ISBN : 978-2-343-04846-8, ISBN EBOOK : 978-2-336-36251-9

DE LA COLÈRE EN L'OCCIDENT FANTÔME
Essai
Teixeira Vincent
L'Occident n'a cessé de bruire de colères, masquant sa volonté de puissance sous la bannière de «la civilisation». Mais son devenir récent inquiète, tant la domination techno-industrielle, l'hyperconsommation, la religion du progrès s'avèrent aussi aventureuses qu'empoisonnées. Aux mutilations de la planète s'ajoutent la domestication des esprits. La colère ne devrait-elle pas renouer avec les pouvoirs de la parole, comme contre-poison et refus de consommer le monde ?
(12.00 euros, 106 p.)
ISBN : 978-2-343-04859-8, ISBN EBOOK : 978-2-336-36192-5

CONTRAT (LE) CITOYEN
Essai sur la réduction des inégalités politiques et socio-économiques pour un monde meilleur
Diouf Lamine Diack
L'auteur préconise la mise en œuvre à l'échelle planétaire d'une politique de concertation et de collaboration entre les peuples pour mettre en place des solutions justes et durables. Seuls les citoyens peuvent ressusciter le droit, la vertu et la solidarité. Ce livre, en plus de rafraîchir la mémoire en revisitant l'histoire de la République de l'Antiquité à nos jours ainsi que les textes des grands penseurs, est fondateur du XXIe siècle et utile pour un futur meilleur.
(24.00 euros, 240 p.)
ISBN : 978-2-296-99887-2, ISBN EBOOK : 978-2-336-36026-3

MISÈRE DE LA DÉMOCRATIE
Pour une réingénierie de la politique
Cognard Alain
Après un siècle de guerres planétaires, un siècle de pillage et d'escroquerie prend racine. Comment les peuples pourront-ils reprendre la main et retrouver un intérêt commun dans la poursuite d'une aventure humaine devenue si fragile ? La réponse tient dans le développement spectaculaire des compétences des individus et des groupes qui peuvent aujourd'hui commencer une réingénierie de la politique et évincer ceux qui profitent du système au lieu de le réformer.
(Coll. Questions contemporaines, 24.00 euros, 230 p.)
ISBN : 978-2-343-04171-1, ISBN EBOOK : 978-2-336-36126-0

C'ÉTAIT LA DÉMOCRATIE
Anthologie commentée de textes sur la démocratie antique, ses réussites et ses dérives
Ségur Philippe
Voici une présentation attractive et commentée de la démocratie athénienne à travers les textes d'historiens, de philosophes, d'orateurs, de tragédiens, de poètes comiques de l'Antiquité : Eschyle, Sophocle, Euripide, Aristophane, Hérodote, Thucydide, Platon, Isocrate, Aristote, Eschine, Démosthène. On comprend combien leur approche de la politique était moderne et à quel point certaines difficultés de l'époque sont proches de celles que nous connaissons aujourd'hui.
(Coll. Logiques Juridiques, 14.00 euros, 140 p.)
ISBN : 978-2-343-04441-5, ISBN EBOOK : 978-2-336-35984-7

POUVOIRS, IMPOSTURES
Du mensonge à l'encontre des peuples
Péruisset-Fache Nicole
Afin d'accepter sa condition, notre espèce a, au cours de sa longue histoire, eu recours aux dieux censés gouverner les affaires humaines. Néanmoins, au fil du temps et des progrès techniques et scientifiques, des substituts matériels tels que l'argent, la consommation, et l'omniprésence des médias de masse les ont remplacés. Recours aux dieux ou à des substituts sont sous-tendus par les pratiques d'imposture des puissants à l'encontre des peuples. Ce sont ces pratiques des puissants que cette analyse tente de mettre en lumière pour, si possible, permettre de les déjouer.
(Coll. Questions contemporaines, 22.00 euros, 224 p.)
ISBN : 978-2-343-04788-1, ISBN EBOOK : 978-2-336-36091-1

MER (LA) ROUGE OU L'ÉPREUVE DU DEUX
Ramond Michèle
Le monde actuel nous alarme par ses divisions intolérables et criminelles. Injustices, inégalités, sexisme, misogynie, homophobie, haine de l'autre, meurtres et guerres tous azimuts imposent jour après jour le fantôme d'un Dieu Deux terrifiant et cruel. Cet essai examine l'état divisé de notre société mais il s'efforce aussi de trouver des remèdes à ses maux : dans ces moments de grâce il rencontre les propositions de la littérature et il se transforme parfois en une rencontre amoureuse sur les bords de la Mer Rouge.
(Coll. Créations au féminin, 16.50 euros, 168 p.)
ISBN : 978-2-343-04738-6, ISBN EBOOK : 978-2-336-36183-3

DES ÉTATS *DE FACTO*
Abkhazie, Somaliland, République turque de Chypre nord...
Bonnot Maurice
Anomalies du système international, les États de facto, autoproclamés, non reconnus, existent malgré le vide juridique dans lequel ils sont relégués, tels l'Abkhazie, le Haut-Karabagh, le Kossovo, l'Ossétie du Sud, la République turque de Chypre nord, la Transnistrie, la RASD (République Arabe Sahraouie Démocratique). Nombre de leurs aspects sont d'une normalité avérée, loin des clichés de terres laissées à l'anarchie que certains se plaisent à opposer aux États souverains, ordonnés et stables.
(27.00 euros, 264 p.)
ISBN : 978-2-343-04074-5, ISBN EBOOK : 978-2-336-36121-5

PEUPLES AUTOCHTONES ET INDUSTRIES EXTRACTIVES
Mettre en œuvre le consentement, libre, préalable, informé
Sous la direction de Cathal Doyle et Jill Carino.
Trois organisations britanniques de la société civile ont établi, avec des représentants autochtones, un consortium pour le développement d'un projet visant à rendre effectif, dans l'industrie minière, le consentement préalable, libre et informé (FPIC en anglais, CPLI en français). Le présent rapport doit servir de base pour le dialogue. Il comprend à la fois des éléments de droits, le point de vue des autochtones, des études de cas aux Philippines, Canada, Panama et identifie les principaux enjeux et perspectives.
(Coédition GITPA / IWGIA France, Coll. Questions autochtones, 20.00 euros, 186 p.)
ISBN : 978-2-343-04698-3, ISBN EBOOK : 978-2-336-35993-9

OCÉAN ALERTE ROUGE
Chroniques d'un désastre annoncé
de Pompignan Nathalie, Albanel Constance – Préface de Bertrand de Lesquen
L'océan occupe 70% de la surface de notre planète. Vaste, on le croit indestructible. Il ne l'est pas. Désormais nous le savons, sa santé est en péril : immenses zones marines mortes, continent de plastique, disparition de récifs coralliens... A partir de données scientifiques et d'études reconnues, ce livre dresse un état des lieux des menaces, des risques et des actions collectives en cours sur le sujet.
(26.00 euros, 258 p.)
ISBN : 978-2-343-03817-9, ISBN EBOOK : 978-2-336-35675-4

FIN (LA) DU CAPITAL
Pour une société d'émancipation humaine
Prone André – Préface de Samir Amin
L'interventionnisme militaire, l'accaparement par les grandes puissances internationales des terres et des ressources des pays tiers, la montée des néofascismes, la profondeur de la crise généralisée, tout cela mène l'auteur à faire l'hypothèse de la fin du capital et de l'imminence d'une nouvelle phase historique. A partir de cette probabilité signifiante, il approfondit la matrice écomuniste dans le prolongement de la pensée marxienne, tout en recherchant le meilleur moyen d'ouvrir la voie à une société d'émancipation humaine.
(Coll. Questions contemporaines, 15.00 euros, 154 p.)
ISBN : 978-2-343-03950-3, ISBN EBOOK : 978-2-336-35369-2

UNE NOUVELLE SOCIÉTÉ SOLIDAIRE
Par un nouveau contrat social
Pittet Ignace
Pour sortir de la crise morale, politique, économique et écologique mondiale, voici une proposition sérieuse d'un projet de société élaboré à partir du Solidarisme des années 1900. L'auteur nous convie à réaliser ensemble ce projet à l'image d'une construction de la maison de nos rêves, une maison solide, aux lignes harmonieuses et dans laquelle il fera bon vivre.
(24.00 euros, 272 p.)
ISBN : 978-2-343-03306-8, ISBN EBOOK : 978-2-336-35216-9

COMMENT EN FINIR AVEC LA FAIM EN TEMPS DE CRISES
Commençons dès maintenant !
Trueba Ignacio, MacMillan Andrew
Texte traduit de l'anglais et édité par Mathias Maetz ; préface de José Graziano sa Silva
Parmi les sept milliards de personnes vivant au monde, plus de la moitié mange mal et un milliard n'a pas assez de nourriture, deux milliards sont en surpoids ou obèses. Près d'un tiers de la nourriture produite est gaspillée, dont une grande part est jetée par les consommateurs vivant en «Occident». Ceux qui ont le plus besoin de nourriture ne peuvent pas s'en procurer. Notre système alimentaire mondial est en désordre. Comment rendre meilleur le monde pour ses habitants ?
(13.50 euros, 122 p.)
ISBN : 978-2-343-03396-9, ISBN EBOOK : 978-2-336-35286-2

MACHIAVEL OU L'ILLUSION RÉALISTE
Bertrand Maurice
L'œuvre politique de Machiavel nous concerne aujourd'hui de façon directe parce qu'elle expose la théorie de l'asservissement des peuples et que nous sommes toujours asservis. Les formes de notre servitude ont changé, mais les méthodes qui permettent à une infime minorité de l'imposer sont toujours les mêmes. La vision du monde de Machiavel continue d'imposer une philosophie de résignation. Détruire le «faux réalisme» qui nous empêche d'y voir clair est une tâche très urgente.
(Coll. Questions contemporaines, 14.00 euros, 156 p.)
ISBN : 978-2-343-03664-9, ISBN EBOOK : 978-2-336-35215-2

DÉRAISON D'ÉTAT
Déshérence des villes
Lefebvre Jean-Pierre
Malgré sa dégénérescence au Nord, le capitalisme inégalitaire tire des milliards d'êtres humains du Sud du sous-développement. Mais la planète épuisée n'a plus les moyens de suivre cette voie. L'auteur relit Hegel, Proudhon, Henri Lefebvre, Bourdieu, Castoriadis, Onfray, Badiou, Laval, Dardot, Harribey... pour réenvisager les logiciels d'un après capitalisme viable.
(Coll. Questions contemporaines, 39.00 euros, 400 p.)
ISBN : 978-2-343-03599-4, ISBN EBOOK : 978-2-336-35285-5

ANTIMANUEL DU BON REBELLE
Guide de contre-politique pour subalternes anticapitalistes et antisystémiques
Aguirre Rojas Carlos Antonio
Traduit de l'espagnol (Mexique) par Solène Mallet
Quel est le visage de cette protestation sociale et politique qui ne cesse de se répandre de par le monde depuis 2011 ? Quelles sont les différences entre mobilisation sociale, mouvement social, mouvement anticapitaliste et mouvement antisystémique ? Quel est le rôle des mouvements antisystémiques d'Amérique latine dans le panorama mondial de la rébellion sociale actuelle ? Comment comprendre les rébellions de ces dernières années qui ont eu lieu, et qui ont lieu en Europe, dans le monde arabe, aux États-Unis et en Amérique latine ?
(17.00 euros, 162 p.)
ISBN : 978-2-343-03969-5, ISBN EBOOK : 978-2-336-35202-2

POUVOIR ET RESPONSABILITÉ AU SEIN DE L'ADMINISTRATION DÉCENTRALISÉE
Jouzel Tony
Le principe démocratique veut que l'élu local soit le détenteur du pouvoir de décision mais également de la responsabilité correspondante. Au sein des collectivités territoriales, cela signifie que le fonctionnaire ne peut avoir qu'un rôle d'exécutant. Pourtant, cette répartition a commencé à changer. Parce que l'élu souhaite ménager sa responsabilité au regard du pouvoir qui lui incombe, le fonctionnaire peut occuper la place laissée ainsi libre.
(38.00 euros, 380 p.)
ISBN : 978-2-343-00181-4, ISBN EBOOK : 978-2-336-35184-1

COOPÉRATION (LA) POLICIÈRE GLOBALE CONTRE LE TRAFIC DE DROGUE INTERNATIONAL
Perras Chantal
Ces dernières années, la coopération policière globale est l'objet d'un engouement souvent attribué à des vertus d'efficacité. Toutefois, peu d'informations sont disponibles sur le processus en lui-même. Voici fournie une analyse englobant les préoccupations des autorités politiques et des acteurs judiciaires et policiers : élaboration de concepts, signature de conventions, déroulement quotidien des activités policières transnationales, procédures judiciaires...
(Coll. Questions contemporaines, 26.50 euros, 256 p.)
ISBN : 978-2-343-02770-8, ISBN EBOOK : 978-2-336-35188-9

L'HARMATTAN ITALIA
Via Degli Artisti 15; 10124 Torino

L'HARMATTAN HONGRIE
Könyvesbolt ; Kossuth L. u. 14-16
1053 Budapest

L'HARMATTAN KINSHASA
185, avenue Nyangwe
Commune de Lingwala
Kinshasa, R.D. Congo
(00243) 998697603 ou (00243) 999229662

L'HARMATTAN CONGO
67, av. E. P. Lumumba
Bât. – Congo Pharmacie (Bib. Nat.)
BP2874 Brazzaville
harmattan.congo@yahoo.fr

L'HARMATTAN GUINÉE
Almamya Rue KA 028, en face
du restaurant Le Cèdre
OKB agency BP 3470 Conakry
(00224) 657 20 85 08 / 664 28 91 96
harmattanguinee@yahoo.fr

L'HARMATTAN MALI
Rue 73, Porte 536, Niamakoro,
Cité Unicef, Bamako
Tél. 00 (223) 20205724 / +(223) 76378082
poudiougopaul@yahoo.fr
pp.harmattan@gmail.com

L'HARMATTAN CAMEROUN
BP 11486
Face à la SNI, immeuble Don Bosco
Yaoundé
(00237) 99 76 61 66
harmattancam@yahoo.fr

L'HARMATTAN CÔTE D'IVOIRE
Résidence Karl / cité des arts
Abidjan-Cocody 03 BP 1588 Abidjan 03
(00225) 05 77 87 31
etien_nda@yahoo.fr

L'HARMATTAN BURKINA
Penou Achille Some
Ouagadougou
(+226) 70 26 88 27

L'HARMATTAN SÉNÉGAL
10 VDN en face Mermoz, après le pont de Fann
BP 45034 Dakar Fann
33 825 98 58 / 33 860 9858
senharmattan@gmail.com / senlibraire@gmail.com
www.harmattansenegal.com

L'HARMATTAN BÉNIN
ISOR-BENIN
01 BP 359 COTONOU-RP
Quartier Gbèdjromèdè,
Rue Agbélenco, Lot 1247 I
Tél : 00 229 21 32 53 79
christian_dablaka123@yahoo.fr

656974 - Mai 2016
Achevé d'imprimer par

1livre.com
du rêve à la réalité !

www.ingramcontent.com/pod-product-compliance
Lightning Source LLC
LaVergne TN
LVHW021153061026
849535LV00002B/449